全国中医药行业高等教育"十二五"规划教材
全国高等中医药院校规划教材（第九版）

药用植物生理生态学

（供药学类、中药学类及相关专业用）

主　编　黄璐琦（中国中医科学院中药研究所）
　　　　王康才（南京农业大学）
副主编　郭兰萍（中国中医科学院中药研究所）
　　　　谷　巍（南京中医药大学）
　　　　高文远（天津大学药学院）
　　　　王引权（甘肃中医学院）
　　　　马小军（中国医学科学院药用植物研究所）
　　　　张重义（福建农林大学）

中国中医药出版社
·北　京·

图书在版编目（CIP）数据

药用植物生理生态学/黄璐琦，王康才主编 . —北京：中国中医药出版社，
2012.8（2021.12重印）

全国中医药行业高等教育"十二五"规划教材

ISBN 978 – 7 – 5132 – 1074 – 4

Ⅰ.①药…　Ⅱ.①黄…②王…　Ⅲ.①药用植物学 – 植物生理学 – 中医
学院 – 教材②药用植物学 – 植物生态学 – 中医学院 – 教材　Ⅳ.①Q949.95

中国版本图书馆 CIP 数据核字（2012）第 164543 号

中 国 中 医 药 出 版 社 出 版

北京经济技术开发区科创十三街31号院二区8号楼

邮政编码　100176

传真　010 64405721

三河市同力彩印有限公司印刷

各地新华书店经销

*

开本 787×1092　1/16　印张 19.25　字数 430 千字

2014 年 8 月第 1 版　2021 年 12 月第 5 次印刷

书　号　ISBN 978 – 7 – 5132 – 1074 – 4

*

定价　59.00 元

网址　www.cptcm.com

全国中医药行业高等教育"十二五"规划教材
全国高等中医药院校规划教材（第九版）
专家指导委员会

全国中医药行业高等教育"十二五"规划教材
全国高等中医药院校规划教材（第九版）

《药用植物生理生态学》

主　　编　黄璐琦（中国中医科学院）
　　　　　王康才（南京农业大学）
副 主 编　郭兰萍（中国中医科学院中药研究所）
　　　　　谷　巍（南京中医药大学）
　　　　　高文远（天津大学药学院）
　　　　　王引权（甘肃中医学院）
　　　　　马小军（中国医学科学院药用植物研究所）
　　　　　张重义（福建农林大学）
编　　委　（以姓氏笔画为序）
　　　　　王　艳（甘肃中医学院）
　　　　　王丰青（河南农业大学）
　　　　　刘军民（广州中医药大学）
　　　　　刘湘丹（湖南中医药大学）
　　　　　李　佳（山东中医药大学）
　　　　　李　璇（西南交通大学）
　　　　　罗庆云（南京农业大学）
　　　　　金国虔（中国药科大学）
　　　　　张子龙（北京中医药大学）
　　　　　郭盛磊（黑龙江中医药大学）
　　　　　曾其国（成都理工大学）
　　　　　葛　菲（江西中医学院）
　　　　　濮社班（中国药科大学）
学术秘书　王　升（中国中医科学院中药研究所）

前　言

全国中医药行业高等教育"十二五"规划教材是为贯彻落实《国家中长期教育改革和发展规划纲要（2010－2020年)》、《教育部关于"十二五"普通高等教育本科教材建设的若干意见》和《中医药事业发展"十二五"规划》，依据行业人才需求和全国各高等中医药院校教育教学改革新发展，在国家中医药管理局人事教育司的主持下，由国家中医药管理局教材办公室、全国中医药高等教育学会教材建设研究会在总结历版中医药行业教材特别是新世纪全国高等中医药院校规划教材建设经验的基础上，进行统一规划建设的。鉴于由中医药行业主管部门主持编写的全国高等中医药院校规划教材目前已出版八版，为便于了解其历史沿革，同时体现其系统性和传承性，故本套教材又可称"全国高等中医药院校规划教材（第九版)"。

本套教材坚持以育人为本，重视发挥教材在人才培养中的基础性作用，充分展现我国中医药教育、医疗、保健、科研、产业、文化等方面取得的新成就，以期成为符合教育规律和人才成长规律，并具有科学性、先进性、适用性的优秀教材。

本套教材具有以下主要特色：

1. 继续采用"政府指导，学会主办，院校联办，出版社协办"的运作机制

在规划、出版全国中医药行业高等教育"十五"、"十一五"规划教材时（原称"新世纪全国高等中医药院校规划教材"新一版、新二版，亦称第七版、第八版，均由中国中医药出版社出版)，国家中医药管理局制定了"政府指导，学会主办，院校联办，出版社协办"的运作机制，经过两版教材的实践，证明该运作机制符合新时期教育部关于高等教育教材建设的精神，同时也是适应新形势下中医药人才培养需求的更高效的教材建设机制，符合中医药事业培养人才的需要。因此，本套教材仍然坚持这个运作机制并有所创新。

2. 整体规划，优化结构，强化特色

此次"十二五"教材建设工作对高等中医药教育3个层次多个专业的必修课程进行了全面规划。本套教材在"十五"、"十一五"优秀教材基础上，进一步优化教材结构，强化特色，重点建设主干基础课程、专业核心课程，加强实验实践类教材建设，推进数字化教材建设。本套教材数量上较第七版、第八版明显增加，专业门类上更加齐全，能完全满足教学需求。

3. 充分发挥高等中医药院校在教材建设中的主体作用

全国高等中医药院校既是教材使用单位，又是教材编写工作的承担单位。我们发出关于启动编写"全国中医药行业高等教育'十二五'规划教材"的通知后，各院校积极响应，教学名师、优秀学科带头人、一线优秀教师积极参加申报，凡被选中参编的教师都以积极热情、严肃认真、高度负责的态度完成了本套教材的编写任务。

4. 公开招标，专家评议，健全主编遴选制度

本套教材坚持公开招标、公平竞争、公正遴选主编原则。国家中医药管理局教材办公室和全国中医药高等教育学会教材建设研究会制订了主编遴选评分标准，经过专家评审委员会严格评议，遴选出一批教学名师、高水平专家承担本套教材的主编，同时实行主编负责制，为教材质量提供了可靠保证。

5. 继续发挥执业医师和职称考试的标杆作用

自我国实行中医、中西医结合执业医师准入制度以及全国中医药行业职称考试制度以来，第七版、第八版中医药行业规划教材一直作为考试的蓝本教材，在各种考试中发挥了权威标杆作用。作为国家中医药管理局统一规划实施的第九版行业规划教材，将继续在行业的各种考试中发挥其标杆性作用。

6. 分批进行，注重质量

为保证教材质量，本套教材采取分批启动方式。第一批于2011年4月启动中医学、中药学、针灸推拿学、中西医临床医学、护理学、针刀医学6个本科专业124种规划教材。2012年下半年启动其他专业的教材建设工作。

7. 锤炼精品，改革创新

本套教材着力提高教材质量，努力锤炼精品，在继承与发扬、传统与现代、理论与实践的结合上体现了中医药教材的特色；学科定位准确，理论阐述系统，概念表述规范，结构设计更为合理；教材的科学性、继承性、先进性、启发性及教学适应性较前八版有不同程度提高。同时紧密结合学科专业发展和教育教学改革，更新内容，丰富形式，不断完善，将学科、行业的新知识、新技术、新成果写入教材，形成"十二五"期间反映时代特点、与时俱进的教材体系，确保优质教育资源进课堂，为提高中医药高等教育本科教学质量和人才培养质量提供有力保障。同时，注重教材内容在传授知识的同时，传授获取知识和创造知识的方法。

综上所述，本套教材由国家中医药管理局宏观指导，全国中医药高等教育学会教材建设研究会倾力主办，全国各高等中医药院校高水平专家联合编写，中国中医药出版社积极协办，整个运作机制协调有序，环环紧扣，为整套教材质量的提高提供了保障机制，必将成为"十二五"期间全国高等中医药教育的主流教材，成为提高中医药高等教育教学质量和人才培养质量最权威的教材体系。

本套教材在继承的基础上进行了改革与创新，但在探索的过程中，难免有不足之处，敬请各教学单位、教学人员以及广大学生在使用中发现问题及时提出，以便在重印或再版时予以修正，使教材质量不断提升。

国家中医药管理局教材办公室
全国中医药高等教育学会教材建设研究会
中国中医药出版社
2012年6月

编写说明

1987 年 8 月由国家教育委员会决定在高等医药院校设置中药资源学专业。2002 年经教育部批准设置中药资源与开发专业，2008 年 7 月由中国自然资源学会天然药物资源专业委员会提出编写一套中药资源与开发专业系列教材。经过多方反复调研，最终确定本套教材的编写计划，并纳入国家"十二五"行业规划教材系列之中。本套教材在国家中医药管理局的统一规划和指导下，由全国高等教育研究会、全国高等中医药教材建设研究会具体负责，由南京中医药大学段金廒教授担任总主编，为我国中药与天然药物资源以及相关学科本科生提供了第一套包含 12 门课程的系列规划教材。

本系列教材的主要编写单位有：南京中医药大学、中国药科大学、中国中医科学院中药研究所、中国医学科学院药用植物研究所、山东中医药大学、长春中医药大学、北京中医药大学、黑龙江中医药大学、中国科学院昆明植物研究所、南京农业大学、沈阳药科大学、复旦大学、天津中医药大学、广东药学院、河南中医学院、湖北中医药大学、上海中医药大学、江西中医学院、安徽中医学院、甘肃中医学院、湖南农业大学等。

药用植物生理生态学是一门专业基础课程。近年来，以药用植物为材料的研究越来越广泛深入，从基因水平到性状表达，从生态因子到药用植物生理变化，特别是次生代谢产物合成的生理生化反应等研究均有了长足的进步。药用植物生理生态学在中药农业，中药资源的可持续利用等方面发挥了重要作用。

本教材和其他教材一样，继承发扬了国内外相关传统教材的基本内容和特色，吸收了学科近年来的新成果，在教材内容和格式上进行了探索和创新。本书分为 10 章，以生态因子为主线，从生态因子对药用植物分布、生态类型、生长发育、药材品质影响入手，进一步阐述了光合作用、呼吸作用、植物生长物质的机理，并将药用植物次生代谢、逆境与药用植物生理生态作为单独章进行详细介绍。

本教材由农业、中医药科研院校从事药用植物生理生态学教学研究的人员参与编写，由黄璐琦、王康才主编。各章节分别由王升、王艳、王丰青、王引权、王康才、马小军、刘军民、刘湘丹、谷巍、李佳、李璠、罗庆云、金国虔、张重义、张子龙、高文远、黄璐琦、郭兰萍、郭盛磊、曾其国、葛菲、濮社班等编写。全书由黄璐琦和王康才统一审改定稿。

本教材可供高等中医药、农林等院校的中药资源与开发、中药、药学及相关专业的本科生使用，同时，亦可供相关领域的研究人员和科技工作者参考。

本教材的编写，得到中国中医药出版社、中药资源与开发专业国家"十二五"系列规划教材专家的悉心指导。周荣汉教授、段金廒教授对教材的结构、内容提出了宝贵意见，在此，一并表示诚挚的谢意！由于编写者水平有限，时间仓促，缺点和错误在所难免，希望广大读者提出宝贵意见，以利于本教材修订和完善。

药用植物生理生态学编委会

2012 年 7 月

目 录

第一章　绪　论

第一节　药用植物生理生态学的概念

植物生理生态学（plant physiological ecology）是一门植物生理学和植物生态学结合的学科，它主要是用植物生理学的理论和方法分析生态学现象，研究生态因子和植物生理现象之间的关系，阐明植物基本生命过程与环境相互作用的内在机制。

药用植物生理生态学（medicinal plant physiological ecology）是一门借鉴植物生理生态学的研究方法和思路，研究和阐明药用植物生命过程中生理变化与生态环境的相互作用关系的一门学科，它立足于植物生理生态学的基础理论，重点阐述生态因子对药用植物生理变化，特别是次生代谢产物合成的生理生化反应的影响和机制。

药用植物生理生态学是药用植物生态学的分支。药用植物生态学（medicinal plant ecology）是研究药用植物的生长发育、分布、产量和质量与其周围环境之间的相互关系的学科。而药用植物生理生态学主要研究药用植物随环境因子变化而发生的生理现象及其机理。药用植物生理生态学与药用植物生态学的区别主要表现在前者重点关注生态因子对药用植物生理过程的影响，相关研究主要集中在个体水平；而后者是从个体、种群、群落、生态系统甚至景观的角度去研究生态因子对药用植物的影响。前者通过关注生态因子造成药用植物产生某种生理过程，揭示生态因子对药用植物造成某种影响的机理，后者重点关注生态因子影响药用植物的现象和规律。

药用植物生理生态学与药用植物栽培学关系密切，是药用植物栽培过程中的良种选育、种植地选择、田间管理、产量预测及合理采收加工等的理论基础。同时，药用植物生理生态学的基础理论在中药资源的可持续利用工作中也尤为重要，在药用植物野生抚育、引种栽培、人工驯化、资源保育、生态恢复等方面，药用植物生理生态学的理论和方法都具有重要指导意义。

第二节　药用植物生理生态学的形成与发展

一、植物生理生态学的形成与发展

（一）植物生理生态学的形成

西方现代植物生理生态学的起源是二元的，一方面是由植物地理学发展而来，另一方面则来源于植物生理学。19 世纪下半叶，植物生理学得到了发展，植物生态学的概念也被提出。哈伯兰特、辛泊尔、瓦尔明等人在植物生理学和植物生态学都取得一定发展的基础上，分别从植物解剖学、植物地理学和植物生态学的角度出发，提出了植物对环境的适应性，并围绕各自的研究提出了一系列重要的猜测和假说，这些假说就成为植物生理生态学的理论基础。随后，德国植物生态学家辛泊尔在 1898 年发表的经典著作《基于生理学的植物地理学》一书的序言中就强调了植物生理生态学研究的必要性，植物生理生态学的概念第一次被提出，在这之前植物生理生态学都只是处于萌芽阶段。

中国古代也有植物生理生态学思想的萌芽，西汉的《淮南子》"故食其口而百节肥，灌其本而枝叶美，天地之性也"，描述了植物地上部与地下部的关系。贾思勰（北魏）著的《齐民要术》中提出的"顺天时，量地力，则用力少而成功多；任情反道，劳而无获"，所记载的旱农地区的耕作和谷物栽培、树苗繁殖、嫁接方法，都是对植物生长习性的观察总结。但是这些思想都只停留在思辨阶段。

（二）植物生理生态学的发展

在 1900 年以前，植物生理生态研究都还只是停留在描述阶段，观察是当时植物生理生态研究的主要方法。

1900～1950 年期间植物生理生态学研究进入实验方法阶段。生理学家们开始利用仪器或控制设施有意识地控制自然条件，模拟自然现象进行生理生态学的实验，例如植物气孔的开张、光补偿点、光饱和点、CO_2 补偿点、CO_2 饱和点、温度、矿物质对光合作用的影响的实验等。

植物生理生态学主要发展于 20 世纪下半叶，自然科学得到迅速的发展，精确的测定植物代谢与其微环境变化成为可能，也为人工气候室内自然环境的模拟奠定了基础，特别是野外测定手段的不断改进和计算机的广泛采用使模型方法得到广泛的运用，植物生理生态学研究方法开始长足发展，植物生理生态学的发展进入理论方法和综合方法阶段。20 世纪 60 年代以后，精确测定代谢和微循环变化的大量研究奠定了定量研究环境对植物代谢影响的理论基础，如多种限制因素的相互作用对 CO_2 和 H_2O 气体交换的影响、C_3 和 C_4 代谢的研究、气体进出叶片阻力的研究，叶片能量平衡及植物干物质生产－气候模型等。20 世纪 60 年代末以后，植物生长模型研究进入繁荣时期，影响较大的有农作物同化、呼吸以及蒸腾作用的系统性模拟模型，作物生长与生产的模拟模型、光合作用模型及气孔调节模型。1975 年，奥地利学者拉夏埃尔编著的《植物生理生态学》

出版，宣告了这门学科的正式形成。

进入到 20 世纪 80 年代以来，植物生理生态学得到了长足的发展，进入现代植物生理生态学发展阶段，这在不同层次上都得以体现。生态环境问题的不断出现，解决气候变化、环境污染、粮食危机等实际问题成为植物生理生态学研究的重要内容；植物群落结构与功能的研究成为群落生理生态学研究的核心内容；植物个体生理生态学的研究则主要以农作物、经济林木、牧草和资源植物为研究对象，研究个体的光合生产、水分循环和抗性生理等；便携式快速而精确的测定仪器不断推出，实现了野外自然状态下植物气体交换过程、叶绿素荧光、能量交换、水势、水分子在植物体内的流动等的分析测定。

二、药用植物生理生态学的形成与发展

药用植物生理生态学是植物生理生态学发展的必然产物，是近代药用植物工作者们，将植物生理生态的理论和方法结合药用植物的实际特点提出来的一门学科。

20 世纪 80 年代开始，随着农作物、经济林木、牧草和资源植物等成为植物个体生理生态的主要研究对象，药学工作者们就开始从生态学和生物学两方面来考虑药用植物如山茱萸、人参、天麻等的引种驯化栽培研究。

20 世纪 90 年代，李先恩综述了温度、光照、土壤、海拔、寄生关系等各种生态因子对药用植物质量和产量的影响，徐颂芬、徐鸿华发表了生态因素对药用植物有效成分的影响。随后，田玉梅等发表了《野生药用植物轮叶沙参和玉竹生理生态学特性的研究》，聂绍荃等发表了《人参生理生态的研究》，在药用植物研究中提出了生理生态学的概念。

随着药用植物生理生态学研究的必要性不断突显，不少高校陆续开设了植物生理生态学这门课程，以"药用植物"为对象教授学生如何从生理、生态的角度去控制药用植物的生产。2004 年黄璐琦、郭兰萍提出中药资源生态学的概念，并相继出版了《中药资源生态学研究》和《中药资源生态学》。2009 年阮晓等编著第一本《药用植物生理生态学》专著。这些都促进了药用植物生理生态学的发展。

三、药用植物生理生态学的发展趋向

药用植物是我国重要的资源，药用植物作为一种绿色有效的药物的来源日益受到药物学家们的关注。我国药用植物生理生态学方面的研究相对于其他农作物（如粮油作物）来说起步较晚，发展比较落后。药用植物的生理生态学研究可以借鉴农业上其他植物的生理生态学研究方法和研究进展，结合药用植物自身的特点，突破发展。

药用植物生理生态学主要的发展趋向有：

1. 与药用植物对环境的适应和抗逆性相关的逆境生理生态学研究成为药用植物生理生态学研究的重要内容。

2. 药用植物药效成分次生代谢的研究成为重点。药用植物药效成分次生代谢的重要性是药用植物生理生态学有别于植物生理生态学的关键之一。

3. 与分子生药学紧密结合，开展分子水平上药用植物生态学和药用植物生理相结合的研究。

4. 道地药材成为模式研究材料，随着对某些重要的道地药材的研究越来越深入，如丹参、忍冬等药用植物基因组、转录组、代谢组等数据不断被认知，他们将发展成为药用植物生理生态学研究的模式材料。

第三节　药用植物生理生态学的特点

药用植物不同于普通的农作物，在药用植物的野生抚育与栽培生产中，产量并不是经济效益的唯一指标，它更加注重以药效物质基础为质量特征，因为药用植物的药效成分的含量直接影响临床疗效的好坏。另外，药用植物及其他作物和生物产品一样，药材的形、色、气、味、质地等特征也是中药材质量考察的重要方面，尤其是一些道地药材，通常具有特定的性状特征，如宁夏枸杞以粒大饱满、色红、肉厚、油润、籽少、味甜微苦等性状特征而优于其他产地的枸杞。由于药用植物自身的特点，使得药用植物生理生态学具有以下特点。

1. **从个体水平研究生态因子影响药用植物的生理现象**　药用植物生理生态学研究的问题以生态因子与药用植物生理现象之间的关系为主线，包括：药用植物的生命过程；药用植物与环境的相互作用和基本机制；环境因素影响下的药用植物代谢作用和能量转换；药用植物有机体适应环境因子改变的能力；药用植物产品品质形成的生态学研究。

2. **用生理学的理论和方法解释生态学问题**　药用植物生理生态学具有药用植物生理学和药用植物生态学相互交叉的特点，是利用生理学的理论和方法来解释生态学问题的一门学科。药用植物生理生态学将生理学的严谨实验和生态学的宏观思路相结合，利用生理学的基础理论和研究方法对一些生态学现象以及资源的可持续利用给予理论支撑。

3. **产量和质量并重**　药用植物的药物学属性决定了其在生产上产量和质量并重的特点，甚至质量比产量更加重要，这与林业、农业上的主要追求高产快繁的目的不一致，使得药用植物生理生态学研究在目的、方法、内容上具有和普通植物生理生态学有所不同。药用植物生理生态学的理论和方法在指导药用植物生产的过程中应当以优质高产为目标。

4. **重视次生代谢与调控机理**　药用植物药效成分的物质基础主要是一些小分子的次生代谢产物，因此，药用植物生理生态学的研究应当不仅关注药用植物的生长发育和初生代谢，同时应重视与中药材药效密切相关的次生代谢，阐明生态环境因子对药效成分代谢的生理生化作用，研究生态环境因子对药效成分代谢积累过程的影响机制，指导中药材生产。

5. **以道地药材为核心，研究道地药材形成的生理生态学机制**　道地药材以其巨大的经济价值、文化价值及其生态学上的独特地位，在过去和未来一直是药用植物研究的核心。道地药材的形成来源于地域因素引起的居群间质量变异，作为种内变异的优质产物，环境因素对道地药材的形成起决定性的作用。药用植物生理生态学的方法是研究道地药材的形成机制，继承和发展道地药材的重要手段。

6. **在药用植物野生抚育与栽培生产过程中，注重生态效益** 药用植物占据了植物资源的很大一部分，除了具有较高的药用价值和经济价值以外，药用植物还具有重要的生态学意义，尤其是一些种群中的关键种、常见种（如杜仲、厚朴等）和一些特殊生境下的植物（肉苁蓉、冬虫夏草、雪莲等）。这些植物具有显著生态效应的同时也具有生境的依赖性，一旦适应的生境消失或变动幅度超过其适应范围，就会造成这些药用植物资源量的急剧下降甚至消亡。依据药用植物生理生态学的理论基础，大力发展仿生栽培、野生抚育、人工围栏等，一方面能保护好野生药用植物资源，另外一方面可以保护好生态系统的多样性和稳定性，恢复生态系统的结构、功能以及群落替演。

第四节 药用植物生理生态学的研究任务与内容

随着药用植物生理生态学的不断发展，学科任务也逐渐明确。

1. **研究药用植物生长发育的生理生态** 以药用植物为对象，利用生理学的理论和方法，研究药用植物生长发育的生理过程以及环境因素影响下药用植物的代谢作用和能量转换，包括药用植物的光合作用、呼吸作用、水分代谢、矿质营养等植物的基本生理过程，以及环境对这些生理过程的影响和这些生理过程的生理生态学作用。此外，药用植物的生长发育从种子发芽、生根、长叶到植物体长大成熟、开花、结果，最后衰老、死亡，每一个阶段都是一个复杂的过程，都是植物按照固有的遗传模式和顺序，在一定生态环境的影响下，利用外界的物质和能量生长、分化的结果，具有重要的生理生态学意义。药用植物生长发育的生理生态研究是药用植物栽培的理论基础，药用植物高产稳产，必须有较多的产品器官、光合产物及具有一定生物活性的次生代谢产物，而这些决定于药用植物所处的生长环境和本身的生长发育及植物本身的光合性能等。药用植物生理生态首要的任务便是解决药用植物生长发育过程中所面临的问题。

2. **研究药用植物药效成分次生代谢产物积累的生理生态** 药用植物的药效物质基础通常都是药用植物的次生代谢物质，可以说药用植物的次生代谢直接关联着药用植物的临床疗效。但是，次生代谢具有其复杂的机制，并不是简单的光合产物的积累过程，与初生代谢产物相比，植物的次生代谢物的产生和变化与环境有着更强的相关性和对应性，具有更加明显的生态效应。药用植物的次生代谢产物对于植物本身和周围环境而言同样具有重要的生理作用和生态作用，例如乙烯、赤霉素等直接参与植物的生命活动，某些生物碱作为植保素干预植食性动物对药用植物的采食过程。药用植物次生代谢的生理生态研究是药用植物生理生态学研究的核心内容，研究次生代谢物合成和积累的规律及特点是认识和提高药用植物质量和产量的一条重要途径。药用植物次生代谢的生理生态学研究包括次生代谢物在植物生育期、不同器官中的分布和含量，药用植物特定次生代谢产物生物合成的生理生化代谢途径，以及有利于药用植物次生代谢物生物合成的生态环境因素及其相互作用，探寻调控药用植物次生代谢物合成的机理和方法等。

3. **阐明药用植物对环境的适应机制及其抗逆机理**　植物的抗逆是植物在外界环境的长期作用下形成的，是对植物周围生态环境的长期适应。植物逆境生理生态是植物生理生态学的重要内容，植物耐盐、抗旱等分子机理的研究充实了植物生理生态学的内容。由于药用植物次生代谢与生长环境和药材质量的双重关系，药用植物的抗逆具有特殊性，外界环境不仅影响药用植物的生长，更直接关系到它的次生代谢。在道地药材形成机制的研究过程中，阐明药用植物对环境的适应机制是道地药材"道地性"研究的重要内容，同时，药用植物对环境的适应机制及其抗逆机理也是药用植物栽培的重要理论基础。

第二章　药用植物的生长环境

　　我国土地广阔，地理、气候及土壤等环境条件复杂，形成了不同的生态区域和生态系统的多样性。中药资源生态学理论认为道地药材是药用植物在长期进化、适应过程中形成的相对稳定的产品，其形成过程受多种因素，如区系地理起源、气候、土壤、地质背景、其所在群落及生态系统，以及交通、经济、文化等人为因素的影响。同一物种药材的质量和疗效往往因产地的生态环境不同而有差异。因此，我们首先应该了解和掌握药用植物与环境的生态作用规律和机理。

第一节　环境与生态因子

　　环境（environment）是指某一特定生物体或生物群体以外的空间及直接、间接影响该生物体或生物群体生存的一切事物总和。环境既包括空气、水、土地、植物、动物等物质因素，也包括观念、制度、行为准则等非物质因素；既包括自然因素，也包括社会因素；既包括非生命体形式，也包括生命体形式。环境是相对于某个主体而言的，主体不同，环境的大小、内容也就不同。

一、环境因子

（一）环境类型

　　环境的构成因素复杂，尺度各异，性质不同。构成环境的各要素称为环境因子（environmental factors）。环境因子中对生物的生长发育具有直接或间接影响的外界环境要素（如食物、热量、水分、地形、气候等）叫做生态因子（ecological factors）。环境因子和生态因子是两个既区别又联系的概念，前者是指生物有机体以外的所有环境要素，是构成环境的基本成分，后者则是指环境要素中对生物起作用的部分。生态因子中生物生存不可缺少的因子称为生物的生存因子（或生存条件、生活条件）。所有的生态因子构成生物的生态环境（ecological environment）。具体的生物个体和群体生活地段的生态环境称为生境（habitat），包括必需的生存条件和其他对生物起作用的生态因素。生境是由生物和非生物因子综合形成的，而描述一个生物群落的生境时通常只包括非生物的环境。

依据环境范围大小可将生物的环境区分为大环境和小环境。大环境指具有不同气候和植被特点的地理区域，小环境是指对生物有着直接影响的邻近环境，如生物表面的大气环境、土壤环境等。按照环境的空间尺度，分为地球环境、区域环境、群落环境、种群环境和植物个体环境。植物生理生态学研究的环境尺度一般是指植物个体环境（individual environment），即接近植物个体表面或表面不同部位的环境。而按照人类影响程度，植物个体环境又可分为自然环境、半自然环境、人工环境。研究在人类干预下药用植物生长的生理生态效应，对指导中药农业生产具有重要意义。

（二）植物对环境的反应

生物的分布受人为和自然的选择作用处于不断的变化之中，人为的、自然的介入使存在于某一地区的物种库发生变化。在新的环境下能生长繁殖的物种，在演化进程中其生理过程渐趋适应新的生长环境，但不能认为，该物种在这一环境条件下表现最佳。事实上，由于生物互作阻碍，其他大多数物种在最有利环境下栖息，最常见的现象是大多物种处于亚最适的环境条件。因此，从这个角度上讲，植物对环境的反应就是指植物在逆境条件下的生理生态反应。逆境是指降低一些生理过程（如植物生长或光合作用）速率的生物或非生物因素。植物对逆境的直接反应是生长减少，但植物可以通过许多机制补偿逆境的不良反应。为了理解植物的反应机制，必须从更细的时间尺度考虑各个过程的反应，主要考虑以下三类植物逆境反应。

1. 逆境反应是一种逆境对植物某一过程的快速破坏效应，一般在几秒至几天的时间范围内发生，期间表现为某一过程的反应速率（值）下降。

2. 驯化是植物个体在形态和生理上的调整，以补偿逆境引起的生长减慢。这种体内平衡调整是通过新的化学组成，如酶的活性或合成上的改变实现的。这些生化改变随后产生的一系列效应，可在其他水平上观察到，如特定生理过程（如光合作用）的速度或环境敏感性、植物整体生长速度和器官或植株形态等方面的变化。对逆境的驯化总是在个体发育期间发生，一般是几天或几周。通过对生长在不同环境下遗传上相似的植物进行比较，可以明确这种驯化，使我们可以区分驯化（对某一逆境，如低温的体内平衡反应）和驯化作用（在复杂环境条件下对多个环境因子变化的平衡反应）。

3. 适应是一种进化反应，它是群体内遗传变化的结果。这种变化使植物在形态与生理上补偿逆境引起的生长减少，其反应的生理机制往往与驯化相似，因为两者都要求生化组分在活性或合成上的变化，从而引起各个生理过程、生长速率和形态上的变化。但是，适应与驯化的不同之处在于，它要求群体有遗传上的变化，一般需要几个世代。通过比较生长在同一环境下遗传组成不同的植物，可以进行适应性研究。

二、生态因子

（一）生态因子的类型

生态因子是指环境因子中对生物的生长发育具有直接或间接影响的外界环境要素。太空环境中没有生命，那里的光、温度等只能称环境因子而不能称生态因子。根据不同的研究目的和划分标准，可以划分出多种生态因子类型。

按照生态因子是否具有生物成分，生态因子可划分为：①非生物因子（abiotic factors），指生命周围的光、温、水、气、土壤等非生命的理化因子。②生物因子（biotic factors），指某一主体植物周围各等级层次的生物系统，包括同种类系统和异种类生物及其子系统。

按照生态因子的组成性质分为：①气候因子（climatic factors），光、温、水、气（包括风、O_2、CO_2）等。②土壤因子（edaphic factors），土壤的物理化学特性、土壤肥力等。③生物因子（biological factors），动物、植物、微生物等。④地形因子（topographic factors），高原、山地、平原、低地、坡度、坡向等。⑤人为因子（artificial factors），把人为因子从生物因子中分离出来是为了强调人的作用的特殊性和重要性，其影响远远超过了所有自然因子。如人类的技术应用到对植物性状的改变，则会改变其生态位；若用到环境的改变，就可以使沙漠有水生植物的生长环境，也可以使北极有温暖的环境生长植物。目前，在人类的努力下，植物的分布地域已发生了很大的变化。但人类必须与自然因子有机结合，才能发挥更大作用，所以人类必须大力发展生态学，通过各种手段提高植物的初级生产力，从而提高地球对生物尤其是人类的环境容纳量。应当指出的是，在植物生理生态学研究中，所指的生态因子主要是指前两种，即各类气候因子与土壤因子。对植物生长发育而言，光照、温度、水分、CO_2、O_2、矿物质（土壤）等6大因子最为重要，是最基本的生态因子。

（二）植物与生态因子之间的相互关系

植物与生态因子之间的关系主要表现为作用、适应和反作用。生态作用（ecological action）使得植物结构、过程和功能发生相应的变化，而植物改变自身的结构与生理过程以与其生存环境相协调的过程称为生态适应（ecological adaptation）。当然，植物在生命活动中对环境也起着改造作用，即生态反作用（ecological reaction）。从较短的时间尺度上看，植物与环境的关系以适应为主，反作用为辅；但从较长的进化尺度看，植物与环境的关系则以反作用为主，例如生物对大气成分的调控。而从研究药用植物生理生态的角度，为实现中药农业的可持续发展，生产高质量的中药材，我们更关注药用植物对生态因子的反应。

植物在每个生态因子轴上都有一个能够生存的范围（过去称耐受性范围），在此范围的两端是系统能够耐受的极限，分别为最低点和最高点，在中间有最适宜于生命活动的最适点，这三点合称植物对环境因子响应的三基点。一般来说，植物在某一生态因子维度上的分布常呈正态曲线（如图2-1），该曲线可以称为资源利用曲线（resource utilization curve）。从最低点到最高点之间的跨度称为生态幅（ecological amplitude）。

某种植物在某一个因子梯度上的生态幅实际上也就是该植物的生态位（niche），即植物在空间、食物以及环境条件等资源谱中的位置。任何一种植物都有自己的生态位，两个生态位重合的部分表示生态位重叠（niche overlap），其重叠程度可用数学模型进行定量。环境变量可以增加到3~4或更多，虽然对超过3个维度的生态位空间难以用图

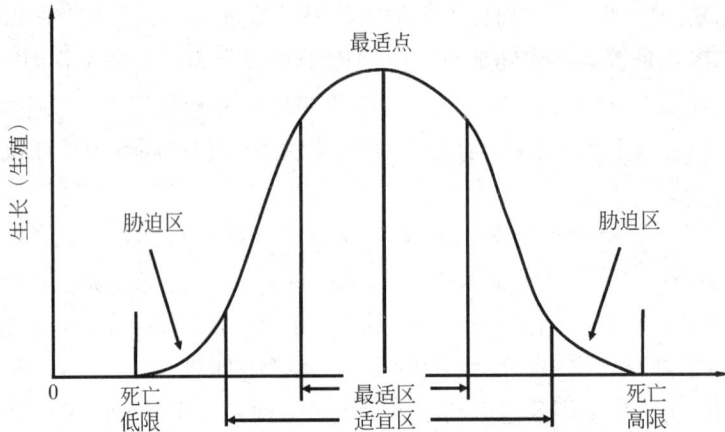

图2-1　植物适应某一生态因子的生态幅

解表示，但数学上是可以解决的。能够为某一物种所占据的理论上的最大空间，称为基础生态位（fundamental niche）；植物由于经常需要共同的生态因子，所以其基础生态位重叠是非常多的。但当在群落中有竞争对象存在时，其实际栖息的空间要小得多，称为实际生态位（realized niche）。

在资源利用曲线上，系统适宜区之外到最低或最高点之间的区间称为耐受区，此时植物要遭受一定程度的限制，即胁迫（stress）。而在生态学上，胁迫是指一种显著偏离于植物适宜生活需求的环境条件，也称之为环境应力（environmental stress）。这种环境条件引发植物在其功能性水平上产生变化和反应，尽管开始的时候是可逆的，但后来可变为永久性的。虽然有害的过程是暂时的，但植物的活力随胁迫时间的延长而相应变弱。当胁迫超过植物自身调节能力的极限时，潜在损伤就发展成慢性病或不可逆伤害。胁迫因子是指对植物胁迫刺激的生态因子；胁迫反应或胁迫状态是指植物对胁迫刺激的反应或适应的即时状态。

第二节　药用植物生理生态的影响因子

道地药材是药用植物在长期的生物进化过程中所形成的一类特殊产物，环境因素对中药材道地性的形成起到决定作用。因此，我们有必要了解影响药用植物生长的各种环境因素，如气候因子、土壤因子、地形因子、生物因子等及其生理生态效应。

一、气候

环境因子中对植物生长影响最大的是气候因子。中国南北跨纬度近50°，东西跨经度达61°，气候类型复杂多样。根据温度及湿度条件可将中国的自然区域分为东部季风区域、西北干旱区域和青藏高寒区域三个大区，各气候区分布着不同的植被类型。气候不仅直接影响着药用植物资源的分布，还同时影响了地形、土壤等因素，并由此造成不同的生物群落，使植被的分布呈现纬向地带性、经向地带性和垂直地带性。气候因子中，影响主要来自因纬度不同而导致的温度、光照和降水的差别，这些生态因子对药用植物的生长发育产生巨大影响，并直接影响药材品质。

（一）光

光是十分复杂而重要的生态因子。光对植物的影响主要有两个方面：首先，光是绿色植物进行光合作用的必要条件，植物体总干物质中，有90%～95%是通过光合作用合成的，只有5%～10%来自根部吸收的土壤养分；其次，光能调节植物整个生长和发育的过程，依靠光来控制植物的生长、发育和分化称为光的形态建成，如光质中的紫外波段可以抑制植物细胞的纵向伸长使植株生长健壮，而日照时间的长短则制约着很多植物的发育。光质、光照度及光照时间都与药用植物生长发育密切相关，对药材的品质和产量产生影响。

1. 光照强度对药用植物的生态作用

（1）药用植物对光照强度的生态适应型　不同药用植物对光照强度的反应是不一样的，根据药用植物对光照强度适应的生态类型可分为阳性药用植物、阴性药用植物和半阴性药用植物。

①阳性药用植物：在强光环境中才能生长健壮，在荫蔽和弱光条件下生长发育不良的药用植物。它们需要光的最下限度量是全光照的1/5～1/10，光补偿点为全光照的3%～5%，如低于此值则生长不良，枝叶枯落。阳性药用植物光的补偿点和饱和点均较高，要求全光照，光合和代谢速率都较高，多生长在旷野、路边、向阳坡地等光照条件好的地方。常见阳性药用植物有雪莲花、红景天、蒲公英、麻黄、甘草、肉苁蓉、锁阳、蓟、芍药等。

②阴性药用植物：在较弱的光照条件下比在强光下生长良好的药用植物。可以在低于全光照的1/50下生长，光补偿点平均不超过全光照的1%。它的光补偿点和饱和点均较低，光合和代谢速率也较低，多生长在潮湿背阳的地方或密林内。常见阴性药用植物有细辛、黄连、鱼腥草、连钱草、天南星、人参、三七、半夏、红豆杉、紫果云杉等。

③半阴性药用植物：介于上两类之间的植物。对光照具有较广的适应能力，它在全光照下生长最好，但也能忍耐适度的荫蔽，或是在生育期间需要轻度的遮阴。这类药用植物有麦冬、桔梗、黄精、肉桂、党参、核桃、侧柏、山毛榉、云杉等。

药用植物的年龄越小耐阴性越强，年龄越大则耐阴性越弱；气候适宜的条件，耐阴性较强，如在温暖湿润气候条件下，耐阴性就强，反之就弱；土壤水分与养分对耐阴性也有影响，水分充足，土壤肥沃，耐阴性就强，反之就弱；耐阴性的大小与物种的遗传特性有关，同一种植物不同的品种有些耐阴有些不耐阴。

（2）光饱和点与光补偿点　接受一定量的光照是药用植物获得净生产量的必要条件，因为植物必须生产足够的糖类以弥补呼吸消耗。当影响药用植物光合作用和呼吸作用的其他生态因子都保持恒定时，光合和呼吸这两个过程之间的平衡主要决定于光照强度。光合作用合成的有机物与呼吸作用的消耗相等时的光照强度称为光补偿点。光照强度在补偿点以下，药用植物呼吸消耗的能量大于光合作用产生的能量，不能积累干物质；在光补偿点以上，随着光照强度的增加，光合作用强度逐渐提高并超过呼吸作用，药用植物体内开始积累干物质，但当光照强度达到一定水平后，光合产物不再增加或增加很少，该光照强度就是光饱和点（图2-2）。

各种药用植物的光饱和点不同，阳性药用植物只有在足够光照条件下才能正常生长，其光饱和点、光补偿点都较高，而阴性药用植物比阳性药用植物能更好地利用弱光，它们在极低的光照强度下便能达到光饱和点。在药用植物生长发育的不同阶段，光饱和点也不同，一般在苗期和生育后期光饱和点低，而在生长盛期光饱和点高。

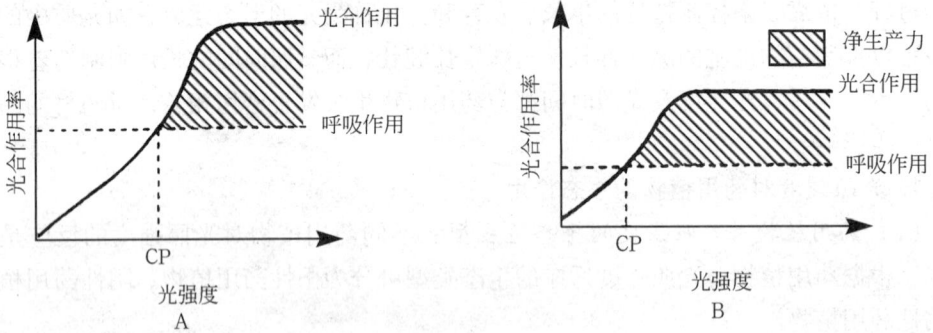

图2-2　阳性药用植物（A）和阴性药用植物（B）光补偿点位置示意图

一般来说，光补偿点高的药用植物其光饱和点往往也高。例如，草本药用植物的光补偿点与光饱和点通常高于木本药用植物；阳性药用植物的光补偿点和光饱和点高于阴性药用植物；C_4药用植物的光饱和点高于C_3药用植物。光补偿点和光饱和点是药用植物需光特性的两个主要指标，光补偿点低的药用植物较耐阴，如鱼腥草的光补偿点低于玉米，适于和玉米间作。环境条件不适宜，往往降低光饱和点和光饱和时的光合速率，并提高光补偿点。

（3）光照强度对植物形态及生长的影响　阳性药用植物和阴性药用植物在植株生长状态、茎叶等形态结构及生理特征上都有明显的区别。阳性药用植物叶片小而厚，叶片排列稀疏，角质层较发达，表面具蜡质或绒毛，单位面积上气孔多，叶脉密，机械组织发达。叶绿素含量高，体内含盐分多，渗透压高，可以抗高温干旱，这类植物光补偿点较高，光合作用的速率和代谢速率比较高。在弱光下呼吸消耗大于光生产便不能生长。阴性药用植物枝叶茂盛，没有角质层或很薄，气孔与叶绿素比较少，体内含盐分较少，含水分较多。这类植物的光补偿点较低，其光合速率和呼吸速率都比较低。

对于阳性药用植物而言，一般情况下是随着光强的降低，植物的生长受到抑制，表现为生物量降低。例如随着光强的降低，高山红景天全株生物量、根生物量、根的红景天苷含量和产量均有降低的趋势。相对光强为67.75%和44.71%的两种处理下的全株生物量、根生物量、根的红景天苷含量和产量差别不大；当相对光强减弱至31.96%，全株生物量、根生物量、根的红景天苷含量和产量均大幅度下降，根冠比显著增加（表2-1）。由于光照强度受纬度、海拔、坡向、季节变化的影响而不同，对一些阴性药用植物而言，光照成为决定其分布、生长发育和有效成分含量的重要条件。例如人参为阴性药用植物，怕强光直射，若光照过强，则会发生日灼病。

表2-1 不同光强下高山红景天的生物量

相对光强（%）	全株生物量（g）	根生物量（g/plant）	根冠比	红景天苷含量（%）	红景天苷产量（mg/plant）
31.96	3.66	1.07	0.42	0.073	1.43
44.71	8.30	1.53	0.23	0.053	0.93
67.75	8.58	1.67	0.24	0.058	0.96
100	9.77	2.01	0.26	0.017	0.16

（4）光照强度对药用植物品质的影响　光强不仅影响药用植物的初生代谢过程和生长状态，也会影响药用植物的次生代谢过程。如伊贝母在80%的相对光强下，生物碱含量最高而全光照或过度遮阴，含量均降低。绞股蓝总皂苷含量相对照度也在65%左右时最高，低于50%或高于85%总皂苷均呈降低趋势。对阳性药用植物，充足的光照则能提高有效成分的含量。如阳坡生长的金银花中绿原酸的含量高于阴坡。

低光照强度有利于株高和可溶性蛋白质含量的增加，但增重少，繁殖率低，代谢较弱；随光照强度的提高，光合能力递增，但呼吸消耗也随之加大；强光照破坏叶绿素的形成，使可溶性蛋白质与总糖含量显著下降，过氧化氢酶（CAT）活性明显降低，丙二醛（MDA）含量与过氧化物酶（POD）活性则显著提高，表明出现光抑制。如随着光照强度的提高，青蒿素的合成得到明显促进，在3000Lx达到最大值。但光对某些次级代谢物的生成呈抑制作用或不利于产物积累。如在黑暗条件下雷公藤愈伤组织中二萜内酯的含量比100 Lx光照下高57%左右，白光下紫草宁衍生物的含量与产量分别只有黑暗条件下的6.52%和3.66%。光合作用在一定范围内，光合速率随光照强度的增加而加快。但光照过强会抑制光合作用，致使光合速率下降，光合产物减少，并最终影响有效成分的含量。

光照时间与纬度、坡向、季节有密切关系，如在一定范围内，随纬度的升高，日照时间相应延长，对于药用植物的某些有效成分，延长光照时间对提高其含量有积极的影响。如麻黄枝茎生物碱含量随光照时间的延长而显著提高。在组织培养中，光照时间的影响也十分明显。如光照时间为20h/d，青蒿芽中青蒿素的含量达到最高，约为干重的0.27%。因此，选择纬度适宜的地区种植药用植物，或在组织培养时人工控制光照时间，成为提高有效成分含量的途径之一。

2. 光质对药用植物的生态作用　药用植物的生长发育是在太阳辐射的全光谱照射下进行的，能被光合作用所利用的太阳辐射称为生理有效辐射或光合有效辐射（PAR），占太阳总辐射的40%～50%。相对于光强而言，光质对药用植物生长的影响则较为复杂。不同波长的光的能量不同（在相同的光强下），对药用植物光合作用的有效性也不一样，一些特殊波长的光如红光、远红光、蓝光等还可以作为环境信号直接调节药用植物的生长发育进程，即光形态建成。

（1）不同波长辐射对药用植物的效应　可见光中红、橙光是被叶绿素吸收最多的成分，其次是蓝、紫光，绿光很少被吸收，因此又称绿光为生理无效光。药用植物的生长和组织分化受光质控制。红光和红外线可促进种子萌发，促进茎的伸长，红光能加速长日植物的生长发育，而减缓短日植物的生长发育。蓝紫光可被叶绿素吸收，具有强光合作用，使茎粗壮，加速短日植物的生长发育，而延迟长日植物的生长发育。紫外线促进种子发芽，抑制茎的伸长，促进果实成熟，提高蛋白质和维生素的含量。常受紫外线照射的药用植物，叶面积小，根系发达，幼苗健壮，茎叶富含花青素。不同波段光的生态作用如表2-2。

表2-2　不同波长辐射对药用植物的效应

波长范围 （nm）	光　色	对药用植物的影响
> 1000	远红外光	无特殊效应，一旦被吸收即转换成热量释放
720 ~ 1000	红外光	吸收很少，对药用植物有伸长作用，能增加干重，但抑制薏苡、枸杞等干重增加
610 ~ 720	橙红光	为强烈吸收光带，有强光周期效应，与叶绿体形成及叶片生长有直接关系，对叶肉及根的形成很重要
510 ~ 610	绿黄光	光合作用的弱活性带，光合效率低，对药用植物生长发育无明显影响
400 ~ 510	蓝紫光	叶绿体的强烈吸收光谱带和黄色素的吸收光谱带
310 ~ 400	长波紫外光	具有增厚叶片和抑制药用植物徒长的作用
280 ~ 310	紫外光	一定程度上可以促进次生代谢物质的合成，过量对药用植物造成损伤
< 280	紫外光	对植物有致死作用

（2）光质随时空的分布　在太阳的散射光中，红光和黄光占50%~60%；在太阳的直射光中，红光和黄光最多只有37%。光质随空间发生变化的一般规律是短波光随纬度增加而减少，随海拔升高而增加。在时间变化上，冬季长波光增多，夏季短波光增多；一天之内中午短波光较多，早晚长波光较多。能够穿过大气层到达地球表面的紫外光虽然很少，但在高山地带紫外光的生态作用还是很明显的，由于紫外光抑制植物茎的伸长，所以很多高山植物都具有特殊的莲座状叶丛。高山强烈的紫外线辐射不利于植物进行散布，是决定很多植物分布的一种因素。

（3）光质对药用植物品质的影响　不同光质对药用植物的有效成分也有一定的影响。在长春花组织培养中，红光比蓝光更有利于激素自养型细胞的生物碱生成。蓝光对水母雪莲愈伤组织中黄酮合成的促进作用最强，其次是远红外光和白光，而红光则最低。许多水溶性色素（如花青苷）要求有强的红光，维生素C要求紫外光等。用有色薄膜单透光棚对人参栽培试验结果表明，紫膜和黄膜可提高人参皂苷含量，深蓝膜则使其降低。非道地产区云南昆明的金银花绿原酸含量高于道地产区河南、山东，可能与该地区地处高海拔区，紫外线辐射的增强有利于酚类化合物的合成有关（表2-1）。太阳辐射经大气中各种成分（臭氧、氧、水气、尘埃等）的吸收、反射和散射，最后到达地球表面的仅为总太阳辐射的47%，太阳高度角、地面的海拔高度、朝向和坡度均引起太阳辐射强度、光质和日照时间的变化。

表2-3 不同产地金银花中几种化学成分含量的比较

产地	绿原酸（%）	总黄酮（%）	常春藤皂苷（mg/g）	齐墩果酸（mg/g）
封丘	6.01	2.14	8.96	2.52
密县	6.81	2.24	6.41	2.04
平邑	5.68	1.75	6.03	痕量
南京	2.99	0.65	5.31	未检出
昆明	6.69	1.59	7.25	痕量
桂林	4.10	0.18	6.12	痕量

单纯的某种光质虽然对某些物质合成有利，但从植物整体生长看，可能并非是最佳条件，目前农业生产中使用的农用塑料薄膜，薄膜的组成和色泽与透光的种类和多少有关，使用时要慎重选择。根据药用植物对光质的不同需求，选择合适的塑料薄膜，可以满足药用植物生长的需求。例如，在人参、西洋参栽培中，各种色膜以淡色为好，以淡黄、淡绿膜为最佳。薄膜色深者引起光照度不足，致使植株生长不良。而在当归的覆膜栽培中，薄膜色彩对增产的影响依次为黑色膜＞蓝色膜＞银灰色膜＞红色膜＞白色膜＞黄色膜＞绿色膜。光质对药用植物活性成分的积累也有影响。谢宝东等研究表明，长波长的光（如红光）不利于银杏叶中黄酮和内酯类物质的积累而有利于植株的生长，短波长的光不利于植株生长但有利于黄酮和内酯类物质的积累。光照时间对银杏叶黄酮和内酯类物质含量无显著影响，但对植株光合速率和相对生长量有显著影响。此外有研究表明，同种光质对药用植物有双重作用。阎秀峰等对高山红景天（*Rhodiola sachalinensis*）的研究结果表明，野外和温室的光质处理实验中，红膜对根的生长抑制程度最小，而对红景天苷含量的提高最多。

3. 光周期对药用植物生态作用 人们发现，同一植物品种在同一地区种植时，尽管在不同时间播种，但开花期相近；同一品种在不同纬度地区种植时，开花期表现出有规律地变化。植物的开花与昼夜的相对长度即光周期有关，许多植物必须经过一定时间的适宜光周期后才能开花，否则就一直处于营养生长状态。光周期的发现，使人们认识到光不但为植物光合作用提供能量，而且还作为环境信号调节着植物的发育过程。

（1）药用植物对光周期的生态适应型 根据开花过程与日照长度的关系，可将药用植物分为三类：长日药用植物、短日药用植物和中间型药用植物。

①长日药用植物：指在24h昼夜周期中，日照长度长于一定时数，才能成花的药用植物。对这些药用植物延长光照可促进或提早开花，相反，如延长黑暗则推迟开花或不能成花。属于长日药用植物的有：牛蒡、紫菀、凤仙花、金光菊、山茶、杜鹃、桂花、天仙子等。如典型的长日药用植物天仙子必须满足一定天数的8.5～11.5h日照才能开

花，如果日照长度短于 8.5h 就不能开花。

②短日药用植物：指在 24h 昼夜周期中，日照长度短于一定时数才能成花的药用植物。对这些药用植物适当延长黑暗或缩短光照可促进或提早开花，相反，如延长日照则推迟开花或不能成花。属于短日药用植物的有：苍耳、紫苏、大麻、黄麻、菊花、日本牵牛等。如菊花需要满足少于 10h 的日照才能开花。

③中间型药用植物：这类植物的花芽分化受日照长度的影响较小，只要其他条件适宜，一年四季都能开花。属于这类的药用植物有荞麦、丝瓜、曼陀罗、颠茄等。

光周期不仅影响药用植物花芽的分化与开花，同时也影响药用植物器官的形成。如慈菇、荸荠球茎的形成，要求有短日照条件，而洋葱、大蒜鳞茎的形成要求有长日照条件。另外，如豇豆、红小豆的分枝、结实习性等也受到光周期的影响。

（2）光周期与药用植物分布　自然界的光周期决定了药用植物的地理分布与生长季节，药用植物对光周期反应的类型是对自然光周期长期适应的结果。低纬度地区不具备长日条件，一般分布短日药用植物，高纬度地区的生长环境是长日条件，多分布长日药用植物，中纬度地区则长短日药用植物共存。在同一纬度地区，长日药用植物多在日照较长的春末和夏季开花，如鱼腥草等；而短日药用植物则多在日照较短的秋季开花，如菊花等。由于自然选择和人工培育，同一种药用植物可以在不同纬度地区分布，并各自具有适应本地区日照长度的光周期特性。例如短日药用植物菊花，从中国的东北到海南岛都有当地育成的品种，这些不同纬度地区的菊花品种均在北京地区栽培，则因日照条件的改变引起它们的生育期随其原有的光周期特性而呈现出规律性的变化：南方的品种由于得不到短日条件，致使开花推迟；相反，北方的品种因较早获得短日条件而使花期提前。这反映了药用植物与原产地光周期相适应的特点。

（3）光周期理论的应用　在生产上，从不同纬度地区引种时，首先要了解被引品种的光周期特性；如在中国将长日药用植物从北方引种到南方，会延迟开花，宜选择早熟品种；而从南方引种到北方时，应选择晚熟品种。

通过人工光周期诱导，可以加速良种繁育、缩短育种年限。如根据中国气候多样的特点，可进行药用植物的南繁北育：短日药用植物可在海南岛加快繁育种子；长日药用植物夏季在黑龙江、冬季在云南种植，可以满足药用植物发育对光照和温度的要求，一年内可繁殖 2~3 代，加速了育种进程。

在药用植物栽培中，以花入药的药用植物，已经广泛地利用人工控制光周期的办法来提前或推迟开花。菊花是短日药用植物，在自然条件下秋季开花，但若给予遮光缩短光照处理，则可提前至夏季开花。而对于忍冬等长日药用植物，进行人工延长光照处理，则可提早开花。对以收获营养体为主的药用植物，可通过控制光周期来抑制其开花。

（二）温度

温度是植物生长发育的重要环境因子之一，植物生长和温度的关系存在"三基点"——最低温度、最适温度、最高温度。超过两个极限温度范围，植物生理活动就会停止，甚至全株死亡。了解药用植物对温度适应的范围及其与生长发育的关系，是确定其生产分布范围、安排生产季节、制订布局和种植制度的重要依据。

1. 药用植物的温度适应型 药用植物种类繁多，对温度的要求也各不相同。依据药用植物对温度的不同要求，可将其分为四类：

（1）耐寒药用植物 一般能耐 −2℃ ~ −1℃ 的低温，短期内可以忍耐 −10℃ ~ −5℃ 低温，最适同化作用温度为 15℃ ~ 20℃。如人参、细辛、百合、平贝母、大黄、羌活、五味子、薤白、石刁柏及刺五加等。特别是根茎类药用植物在冬季地上部分枯死，地下部分越冬仍能耐 0℃ 以下，甚至 −10℃ 的低温。

（2）半耐寒药用植物 通常能耐短时间 −2℃ ~ −1℃ 的低温，最适同化作用温度为 17℃ ~ 23℃。如萝卜、菘蓝、黄连、枸杞、知母及芥菜等。在长江以南可以露地越冬，在华南各地冬季可以露地生长。

（3）喜温药用植物 种子萌发、幼苗生长、开花结果都要求较高的温度，同化作用最适温度为 20℃ ~ 30℃，花期气温低于 10℃ ~ 15℃ 则不宜授粉或落花落果。如颠茄、枳壳、川芎、金银花等。

（4）耐热药用植物 生长发育要求温度较高，同化作用最适温度多在 30℃ 左右，个别药用植物可在 40℃ 下正常生长。如槟榔、砂仁、苏木、丝瓜、罗汉果、刀豆、冬瓜及南瓜等。

药用植物生长发育对温度的要求因品种、生长发育的时期不同而不同。一般种子萌发期、幼苗生长期要求温度略低，营养生长期对温度要求逐渐增高，生殖生长期要求温度较高。了解药用植物各生育时期对温度要求的特性，是合理安排播期和科学管理的依据。

2. 积温 年平均温度或时段平均温度不能反映年或时段温度的周期性变化和变差时往往用植物发育期间所需温度总和——积温（accumulated temperate）来表示植物对温度的要求。积温指标同时反映着某一指标温度持续日数、温度高低两个因素，持续的时数愈长，温度愈高，积温愈大。

积温分活动积温和有效积温两种。活动积温是指高于最低生物学有效温度的日平均气温的总和，通常是用日平均气温≥10℃ 持续期的积温作为衡量大多数作物热量条件的基本指标。有效积温即有效温度的总和，有效温度等于活动温度减去生物学最低温度。

3. 界限温度与植物生长发育的关系 常用的农业界限温度有日平均气温 0℃、5℃、10℃、15℃ 等几种。日平均气温≥0℃ 的始现期和终止期，是土壤解冻和冻结期，也是田间耕作开始和结束的时间，其持续期即为农耕期；日平均气温≥5℃ 的始现期和终止期，是各种喜凉作物开始生长和停止生长时期，其持续时期为喜凉作物生长期，≥5℃ 时多数树木开始恢复生长；日平均气温≥10℃ 时，大多数喜温作物开始发芽生长，喜凉作物开始快速生长，10℃ 也是绝大多数乔木树种发芽和枯萎的界限温度；日平均气温≥15℃ 是一些对低温特别敏感的喜温作物安全播种和生长的温度，也是大部分热带作物组织分化的临界温度。

4. 极端温度对药用植物的影响 自然气候的变化总体上有一定的规律，但是超出规律的变化（如温度过高或过低）也时有发生。温度过高或过低，都会给植物造成障碍，使生产受到损失。

（1）低温   在温度过低的环境中，植物的生理活动停止，甚至死亡。低温对药用植物的伤害主要是冷害和冻害。冷害是生长季节内0℃以上的低温对药用植物的伤害。低温使叶绿体超微结构受到损伤，或引起气孔关闭失调，或使酶钝化，最终破坏了光合能力。低温还影响根系对矿质养分的吸收，影响植物体内物质的转运，影响授粉、受精。例如海南岛的热带植物丁香（*Syzygium aromaticum*）在气温降至6.1℃时叶片易受害，降至3.4℃时顶梢干枯，受害严重。当温度从25℃降到5℃时，金鸡纳就会因酶系统紊乱使过氧化氢在体内积累而引起植物中毒。冻害是在指春秋季节里，由于气温急剧下降到0℃以下（或降至临界温度以下）使茎叶等器官受害。冰晶的形成会使原生质膜发生破裂和使蛋白质失活与变性。当温度不低于-3℃或-4℃时，植物受害主要是由于细胞膜破裂引起的；当温度下降到-8℃或-10℃时，植物受害则主要是由于生理干燥和水化层的破坏引起的。冰点以下，植物细胞间隙形成冰晶，冰的化学势、蒸汽压比过冷溶液低，水从细胞内部转移到冰晶处，造成冰晶增大细胞失水。原生质失水收缩，盐类等可溶性物质浓度相应增高，引起蛋白质沉淀。

但有些植物，特别是起源于高海拔、高纬度地区的植物，必须经一定时间的低温刺激（低温效应）后才能发芽或开花。不仅生长阶段有感温效应，而且发育阶段也需要有一定的低温刺激，这种过程即春化作用。植物春化作用有效温度一般在0℃~10℃，最适温度为1℃~7℃，但因植物种类或品种不同，其春化作用的温度也有所不同。

（2）高温   高温障碍是与强烈的阳光和急剧的蒸腾作用相结合而引起的。高温使植物体非正常失水，进而产生原生质的脱水和原生质中蛋白质的凝固。高温不仅降低植物的生长速度，妨碍花粉的正常发育，还会损伤茎叶功能，引起落花、落果等。

5. 植物的温周期现象

（1）温度的昼夜节律   自然界，温度受太阳辐射的影响，存在昼夜之间及季节之间温度差异的周期性变化。一天中，最高气温在14:00~15:00时，而最低气温出现在日出前后，两者之差值称作气温日较差。在北半球，气温日较差随纬度的增高而减小。

植物都生活在温度有日变化的环境中，除赤道地区外，植物也受季节温度变化的影响。植物对温度的这两种节律性变化敏感，而且只有在已适应的昼夜和季节温度变化的条件下，才能正常生长，这一现象称为温周期现象。主要表现在：①变温影响种子萌发，多数植物变温下发芽良好，幼芽常能适应春季十几度的昼夜温差。②变温影响植物生长。植物生长要求一定的温差配合，多数植物在较大昼夜温差下，日增量较高。一定范围内，日温差越大，干物质积累越多，产量也就越高，而且品质也越好，表现在蛋白质、糖分含量提高等方面。

（2）温度的物候节律   季节明显地区，植物适应于气候条件的这种节律性变化，形成与此相应的植物发育节律，称为物候。植物发芽、生长、现蕾、开花、结实、果实成熟、落叶休眠等生长、发育阶段的开始和结束称为物候期。物候期受纬度、经度和海拔高度的影响。物候的纬度差异，主要是由于南北半球温度的不同所导致的。例如北京、南京纬度相差7°多，桃李开始开花，先后相差19d。物候的经度差异，主要由于气候的大陆性强弱不同所致。在海拔高的地方，物候较迟，古诗写道"人间四月芳菲尽，山寺桃花始盛开"也是说明了这个道理。

药用植物的品质形成与温度等生态因子密切相关，栽培上常根据其物候期来确定产品的采收期。我国劳动人民在长期采药过程中积累了丰富的经验，例如"正月茵陈二月蒿，三月四月当柴烧"，"五月益母六月枯"，"秋桔梗，冬沙参"等等，都说明在药用植物的最佳采收期，其药材的药效最好。又如浙贝鳞茎中生物碱含量百分率在四月上旬为最高，绝对含量在四月以后随着鳞茎的增加而减少；地上部分的生物碱则四月下旬为最高，以后便急速下降。薄荷含油量在开花盛期为最高。野生白屈菜的生物碱含量在花芽形成时最高。水蓼的芦丁含量在幼株茎部伸长前约等于全株干重的9%，成熟后的枯枝含量却很低。穿心莲（*Andrographis paniculata*）药用成分补骨酯含量以花期最高，若以花期为100%，则蕾期为90%，果期为80%，营养生长期为70%。根茎类植物如泽泻、黄连、人参、党参、沙参等一般在秋冬地上部分枯萎后或春季生长前，根部累积的有机物最丰富，有效成分含量最高。收获太早，有效成分还未全部转移到根部；收获过晚，则植物已消耗掉一部分养分，有效成分有所降低。但甘草在开花前有效成分含量最高。甘草苷含量在生长初期为6.5%，开花前为10%，开花期为4.5%，秋季（生长末期）仅3.5%。花类药用植物如忍冬以花蕾期产量最高，千蕾重大，品质好；而开花后采收，其品质迅速下降。因此，根据不同物候期与产品质量的关系，适时采收，才能保证产品优质高产。

（三）水分

水不仅是植物体的组成成分之一，而且在植物体生命活动的各个环节中发挥着重要的作用。首先，它是原生质的重要组成成分，同时还直接参与植物的光合作用、呼吸作用、有机质的合成与分解过程；其次，水是植物对物质吸收和运输的溶剂，水可以维持细胞组织紧张度（膨压）和固有形态，使植物细胞进行正常的生长、发育、运动。所以，水分是药用植物生长发育必不可少的环境条件之一。

药用植物的含水量有很大的不同，一般植物的含水量占组织鲜重的70%～90%。水生植物含水量最高，可达鲜重的90%以上，有的能达到98%，肉质植物的含水量为鲜重的90%，草本植物含水量约占80%，木本植物的含水量约占70%，树干含水量为40%～50%，就是干果和种子的含水量也有10%～15%。处于干旱地区的旱生植物含水量则较低。

1. 水的形态与植物的生态关系

（1）气态水 指空气中的水气，一般用相对湿度来表示空气中水气的含量。相对湿度是指空气中实际水气压与同温下饱和水气压之比。相对湿度越小，空气越干燥，植物的蒸腾和土壤的蒸发就越大。

（2）液态水和固态水 液态水包括雨、雾、露等，固态水包括雪、冰、雹、霜等。其中雨和雪是最主要的降水形式，对植物生长起重要作用。①降水：年降水量的多少是影响植物生产力和植被分布的重要因素。②降雪：冬雪是春墒的来源之一，在北方寒冷地区，冬季雪层覆盖对植物起到良好的保护作用，使植物免受冻害。但在土壤未结冰，植物未休眠时被积雪覆盖，反易受冻或窒息死亡。③冰雹：冰雹是强烈的上升气流所引起水气急剧冷却而形成的小冰球，当其急剧降落地面时，击伤植物造成灾害。

2. 药用植物对水的适应性　根据药用植物对水分的适应能力和适应方式，可划分成以下几类：旱生植物、湿生植物、中生植物、水生植物（见第三章）。

除了水生药用植物要求有一定的水层外，其他药用植物主要靠根系从土壤中吸收水分。当土壤处在适宜的含水量条件下，根系入土较深，构型合理，植物生长良好；在潮湿的土壤中，根系不发达，多分布于浅层土壤中，植物易倒伏，生长缓慢，而且容易导致根系呼吸受阻，滋生病害，造成损失；在干旱条件下，植物根系将下扎，入土较深，直至土壤深层。因此，在药用植物栽培过程中，要加强田间水分管理，保证根系的正常生长发育，从而获得优质、高产药材。

药用植物的种子萌发过程首先必须有水的参与，种子在吸收了大量的水分后，其他的生理活动才逐渐开始。水可以软化种皮，增加其透性，使胚容易突破种皮；水可使种子中的凝胶物质转变为溶胶物质，加强代谢；水参与营养物质的水解；各类可溶性水解产物通过水分运输到正在生长的幼芽、幼根中，为种子的萌发创造必要条件。例如，当归在种子吸水量达到自身质量的 25% 时，种子开始萌动，而当吸水量达到 40% 时，种子萌发速率最快。人参、西洋参种子的后熟也要有水分的参与，人参种子的贮藏水分控制在 10% ~ 15%，西洋参的控制在 12% ~ 14%。但水分过多，种子容易霉烂。

3. 旱涝对药用植物的危害　土壤水分是药用植物原生质的主要成分，能使植物保持固有的姿态。供水状态会直接或间接影响植物的光合作用，植物缺水时，根系吸收营养下降，叶片会出现萎蔫，气孔关闭，影响二氧化碳吸收，从而光合作用下降。土壤水分过多，植物根系环境缺氧，抑制呼吸作用的进行，甚至厌氧细菌会产生有毒物质，不利于根的生长，也影响光合作用的正常进行。例如，藏红花生长在水分过多的土壤中会引起藏红花球茎腐烂。植物水分的供应状况也影响到药用植物的代谢，如金鸡纳树在雨季并不形成奎宁，羽扇豆种子和植株中生物碱的含量，在温润年份较干旱年份少。

（1）干旱　缺水是常见的自然现象，严重缺水叫做干旱。干旱分大气干旱和土壤干旱，通常土壤干旱伴随大气干旱而来。气温高，太阳光照强，大气相对湿度低（10% ~ 20%），致使植物蒸腾消耗的水分大于根系吸收水分，破坏植物体内水分动态平衡，这种特征的干旱称为大气干旱。若由于土壤中缺乏植物能吸收利用的有效水分致使植物生长受阻或完全停止，则称为土壤干旱。大气干旱如果持续的时间长，也将并发土壤干旱。

干旱对植物造成的危害主要表现在：干旱影响原生质的胶体性质，降低原生质的水合程度，增大原生质透性，造成细胞内电解质和可溶性物质大量外渗，原生质结构遭受破坏；干旱使细胞缺水，膨压消失，植物呈现萎蔫现象；干旱可以改变植物各种生理过程，使植物气孔关闭、蒸腾减弱、气体交换和矿质营养的吸收与运输缓慢；同时由于淀粉水解成葡萄糖，增加呼吸基质，使光合作用受阻而呼吸强度加强，干物质消耗多于积累；干旱使植物生长发育受到抑制，水分亏缺影响细胞的分生、分化，并加速叶片衰老，植物叶面积缩小、茎和根系生长差、开花结实少；干旱造成细胞严重失水超过原生质所能忍受的限度时，会导致细胞死亡，植株干枯。

植物对干旱有一定的适应能力，这种适应能力称为抗旱性。例如知母、甘草、红花、黄芪、绿豆及骆驼刺等抗旱的药用植物在一定的干旱条件下，仍有一定产量，如果在雨量充沛的年份或灌溉条件下，其产量可以大幅度地增长。如在 20% ~ 70% 土壤体积含水量范围内，随着水分含量增加，甘草光合速率逐渐增加，水分利用效率也呈上升趋势；土壤含水量 50% 时甘草根系及茎生物量最大；在严重干旱胁迫下，甘草各器官生物量均明显下降。干旱胁迫对甘草地上器官影响程度要高于地下器官，根生物量和根冠比增大，是甘草对水分亏缺条件的适应性策略。

（2）涝害　涝害是指长期持续阴雨致使地表水泛滥淹没农田，或田间积水、水分过多使土层中缺乏氧气，根系呼吸减弱，植物最终窒息死亡。根及根茎类药用植物对田间积水或土壤水分过多非常敏感，红花、芝麻等也不耐涝，土壤过湿易于死亡。

土壤水分过多对植物造成的危害，不在于水分的直接作用，而是间接的影响。由于土壤空隙充满水分，氧气缺乏，植物根部正常呼吸受阻，影响水分和矿物质元素的吸收。同时，由于无氧呼吸而积累乙醇等有害物质，引起植物中毒。另外，氧气缺乏，好气性细菌如硝化细菌、氨化细菌、硫细菌等活动受阻，影响植物对氮素等物质的利用。另一方面，嫌气性细菌（如丁酸细菌等）活动大为活跃，在土壤中积累有机酸和无机酸，不但增大土壤溶液的酸性，同时产生有毒的还原性产物如硫化氢、氧化亚铁等，使根部细胞色素多酚氧化酶遭受破坏，呼吸窒息。药用植物栽培上常采取排涝措施，如起高畦、开排水沟等，以避免水涝危害。

药用植物规范化栽培过程中应根据药用植物不同生长发育时期的需水规律及气候条件、土壤水分状况，适时、合理地灌溉和排水，保持土壤的良好通气条件，以确保中药材产量稳定、品质优良。

二、土壤

土壤圈是地球生物圈的重要组成部分，它将水圈、大气圈和岩石圈有机地联系在一起，成为自然环境要素的中心环节。土壤是至关重要的有限自然资源，是农业和自然生态系统的基础要素。土壤为植物提供必需的营养和水分，植物的根系与土壤密切接触，在植物和土壤之间进行着频繁的物质交换，彼此影响。因此，土壤质量（soil quality）和土壤健康（soil health）与中药农业的可持续发展、水和空气环境质量的改善息息相关，并且影响植物、动物和人类的健康。

（一）土壤的组成、结构与质地

土壤是由固体、液体、气体三部分物质组成的复杂整体。固体部分包括矿物质颗粒、有机质、微生物。其中，土壤矿物质是土壤的"骨架"，是组成土壤固体部分的最主要、最基本物质，占土壤总质量的 90%。土壤有机质是植物残体（枯枝、落叶、残根等）和动物尸体、人畜粪便在微生物作用下分解产生的一种黑色或暗褐色胶体物质，常称为腐殖质。腐殖质能调节土壤的水、肥、气、热，满足植物生长发育需要。土壤微生物包括细菌、放线菌、真菌、藻类、鞭毛虫和变形虫等，其中有些细菌（如硝化细菌、氨化细菌、硫细菌等）能够对有机质和矿质营养元素进行分解，为植物生长发育提供营养，具有重要作用。液体是指含有可溶性养分的土壤溶液。气体是指固体部分空隙间的空气，它能为种子发芽、根系的生命活动以及好气性细菌的分解活动提供所需要的氧气。组成土壤的三类物质不是孤立存在的，也不是机械地混合，而是相互联系、相互制约的统一体，并在外界因素的作用下发生复杂的变化。

根据土粒直径的大小可把土粒分为粗砂（0.2～2.0mm），细砂（0.02～0.2mm），粉砂（0.002～0.02mm）和黏粒（0.002以下）。这些大小不同固体颗粒的组合百分比就称为土壤质地。土壤按质地可分为砂土、黏土和壤土。土壤颗粒中直径为0.01～0.03mm的土壤颗粒占50%～90%的土壤称为砂土。砂土通气透水性良好，耕作阻力小，土温变化快，保水保肥能力差，易发生干旱。适于在砂土种植的药用植物有珊瑚菜、仙人掌、甘草和麻黄等。含直径小于0.01mm的土壤颗粒在80%以上的土壤称为黏土。黏土通气透水能力差，土壤结构致密，耕作阻力大，但保水保肥能力强，供肥慢，肥效持久、稳定。所以，适宜在黏土中栽种的药用植物不多，如泽泻等。壤土的性质介于砂土与黏土之间，是最优良的土质。壤土土质疏松，容易耕作，透水良好，又有相当强的保水保肥能力，适宜种植多种药用植物，特别是根及根茎类的中药材更宜在壤土中栽培，如人参、黄连、地黄、薯蓣、当归和丹参等。

土壤结构是指固相颗粒的排列方式、孔隙的数量和大小以及团聚体的大小和数量等。土壤结构可分为微团粒结构（直径小于0.25mm）、团粒结构（直径为0.25～10mm）和比团粒结构更大的各种结构。团粒结构是土壤中的腐殖质把矿质土粒粘结成直径为0.25～10mm的小团块，具有泡水不散的水稳性特点。具有团粒结构的土壤是结构良好的土壤，因为它能协调土壤中水分、空气和营养物之间的关系，改善土壤的理化性质。团粒结构是土壤肥力的基础，无结构或结构不良的土壤，土体坚实、通气透水性差，植物根系发育不良，土壤微生物和土壤动物的活动亦受到限制。土壤的质地和结构与土壤中的水分、空气和温度状况有密切关系，并直接或间接地影响着植物和土壤动物的生活。

（二）土壤肥力

土壤肥力是指土壤供给植物正常生长发育所需水、肥、气、热的能力。水、肥、气、热相互联系，相互制约。衡量土壤肥力高低，不仅要看每个肥力因素的绝对储备量，而且还要看各个肥力因素间搭配是否适当。

土壤肥力因素按其来源不同分为自然肥力与人为肥力两种。自然土壤原有的肥力称为自然肥力，它是在生物、气候、母质和地形等外界因素综合作用下，发生发展起来的。人为肥力是在自然土壤的基础上，通过耕作、施肥、种植植物、兴修水利和改良土壤等措施，人为创造出来的肥力。自然肥力和人为肥力在栽培植物当季产量上的综合表现，称为土壤的有效肥力。药用植物产量的高低与土壤有效肥力的高低密切相关。

1. 土壤有机质　土壤有机质包括非腐殖质和腐殖质两大类。后者是土壤微生物在分解有机质时重新合成的多聚体化合物，约占土壤有机质的85%～90%。腐殖质是植物营养的重要碳源和氮源，土壤中99%以上的氮素是以腐殖质的形式存在的。腐殖质也是植物所需各种矿物营养的重要来源，并能与各种微量元素形成络合物，增加微量元素的有效性。土壤有机质能改善土壤的物理结构和化学性质，有利于土壤团粒结构的形成，从而促进植物的生长和养分的吸收。

2. 土壤中的矿物养分　植物从土壤中所摄取的无机元素中，有对植物的正常生长发育都是不可缺少的必需元素，还有一些元素仅为某些植物所必需，如豆科植物必需钴，藜科植物必需钠，蕨类植物必需铝和硅藻必需硅等。植物所需的无机元素主要来自土壤中的矿物质和有机质的分解。腐殖质是无机元素的储备源，通过矿质化过程缓慢地释放可供植物利用的养分。土壤中必须含有植物所必需的各种元素和这些元素的适当比例，才能使植物生长发育良好，因此通过合理施肥改善土壤的营养状况是提高中药材产量和品质的重要措施。

（三）土壤酸碱度

土壤酸碱度是土壤最重要的化学性质，因为它是土壤各种化学性质的综合反应，对土壤肥力、土壤微生物的活动、土壤有机质的合成和分解、各种营养元素的转化和释放、微量元素的有效性以及动物在土壤中的分布都有着重要影响。

各地各类的土壤都有一定的 pH 值，一般土壤 pH 值变化为 5.5～7.5，土壤 pH 值小于 5 或大于 9 的是极少数。土壤 pH 值可以改变土壤原有养分状态，并影响植物对养分的吸收。土壤 pH 值为 5.5～7.0 时，植物吸收 N、P、K 最容易；土壤 pH 值偏高时，会减弱植物对 Fe、K、Ca 的吸收量，也会减少土壤中可溶性 Fe 的含量；在强酸（pH＜5）或强碱（pH＞9）条件下，土壤中 Al 的溶解度增大，易引起植物中毒。也不利土壤中有益微生物的活动。此外，土壤 pH 值的变化与病害发生也有关，一般酸性土壤中立枯病较重。总之，选择或创造适宜于药用植物生长发育的土壤 pH 值，是获取优质、高产中药材的重要条件。

土壤酸碱度常用 pH 值表示。我国土壤酸碱度可分为 5 级：pII＜5.0 为强酸性，pH5.0～6.5 为酸性，pH 6.5～7.5 为中性，pH 7.5～8.5 为碱性，pH＞8.5 为强碱性。

各种药用植物对土壤酸碱度（pH）都有一定的要求。多数药用植物适于在微酸性或中性土壤中生长。有些药用植物（荞麦、肉桂、黄连、槟榔、白木香和萝芙木等）比较耐酸，另有些药用植物（宁夏枸杞、土荆芥、藜、红花和甘草等）比较耐盐碱。根据植物对土壤酸碱度的反应，可以把植物划分为酸性土植物、碱性土植物、中性土植物。

酸性土植物只能生长在酸性土壤上，而在碱性土或钙质土上不能生长或生长不良。

如：石松（*Lycopodium clavatum*）、狗脊（*Woodwardia japonica*）等。这些植物具有耐酸性，可生活在 pH < 6.5，甚至 pH3 ~ 4 的强酸性土上。中性土植物只能生活在 pH6.5 ~ 7.5 的中性生长土壤上，在酸性土壤中生长不良。

（四）土壤温度

土壤温度除了有周期性的日变化和季节变化外，还有空间上的垂直变化。一般说来，夏季的土壤温度随深度的增加而下降，冬季的土壤温度随深度的增加而升高。白天的土壤温度随深度的增加而下降，夜间的土壤温度随深度的增加而升高。但土壤温度在 35 ~ 100cm 深度以下无昼夜变化，30m 以下无季节变化。土壤温度除了能直接影响植物种子的萌发和实生苗的生长外，还对植物根系的生长和呼吸能力有很大影响。大多数作物在 10℃ ~ 35℃ 的温度范围内其生长速度随温度的升高而加快。温带植物的根系在冬季因土壤温度太低而停止生长，但土壤温度太高也不利于根系或地下贮藏器官的生长。土壤温度太高和太低都能减弱根系的呼吸能力，例如向日葵的呼吸作用在土壤温度低于 10℃ 和高于 25℃ 时都会明显减弱。此外，土壤温度对土壤微生物的活动、土壤气体的交换、水分的蒸发、各种盐类的溶解度以及腐殖质的分解都有着明显影响，而土壤的这些理化性质又都与植物的生长有着密切关系。

（五）地质背景系统

药用植物在生命活动过程中，各种生化反应（包括合成已知的有效成分及各种天然产物）的原料，包含物质、能量和信息，部分来自空气，受到气温、光照、水分等的影响；另一部分则直接由植物根系从土壤中吸取。而土壤的类型、结构、理化性质及土壤肥力，已如前述，除了在成土过程中受到气候、生物的影响外，还直接受到岩石即母岩的制约。因此，地质背景对药用植物有着特殊的潜在的资源意义。它通过"岩石 - 土壤 - 药用植物"向量系统完成了地质大循环与生物小循环的统一，并通过地质、气候及生物等多因子组合的"地质背景系统"（geologic background system，GBS）制约着药用植物（特别是道地药材）的分布、生长发育、产量及品质。也就是说，药用植物有效成分的形成和积累与地质背景系统有着密切的关系（表 2 - 4）。

表2-4 金银花不同产区地质背景系统比较

产区	地质	地貌	成土母质	土壤类型	黏土矿物组分	植被区划	气候类型
江苏南京	第四系黄戈壁及冰渍	湖积冲积及侵蚀山地	长江冲积物及山地侵蚀风化物黄土状母质	黄棕壤	高岭石、蒙脱石型	北亚热带常绿、落叶阔叶混交林区	北亚热带季风性气候
重庆武隆	寒武系海相	岩溶化山地	酸性结晶岩、泥质岩类、石英砂岩类风化物及部分红色黏土	黄壤	蛭石为主,另含水云母、高岭石	中亚热带常绿阔叶林区	中亚热带季风性气候
山东平邑	寒武系形成的碎屑岩类	侵蚀平原	母岩的风化物及均质黏土	棕壤	水云母、蛭石为主,另含高岭石	暖温带南部落叶栎林区	暖温带季风性半干旱气候
河南新密	蓟县型浅变质岩类	侵蚀山地	黄土性沉积物石灰岩、泥质岩类风化物	石灰性褐土	主含水云母	暖温带南部落叶栎林区	暖温带季风性半干旱气候
河南封丘	第四系冲积、湖积、风积	沉积、冲积平原	各时期黄河冲积物	黄潮土	水云母为主另含蒙脱石、绿泥石、高岭石	暖温带南部落叶栎林区	暖温带季风性半干旱气候

　　除上述因子外,土壤微生态系统中土壤微生物、土壤动物及植物根系都与药用植物的生长发育及品质形成密切相关。

三、地形

(一) 地形对小环境气候的影响

　　地形是指地球表面的起伏形态,是地貌和地物的总称,地貌是地球表面的自然状态,如山地、平原、丘陵、盆地等;地物是指分布于地表之上的人工或自然物体,如建筑物、江河、森林等。地形是影响土壤与环境之间进行物质交换的一个重要场所条件。其主要作用表现一方面是使物质在地表进行再分配;另一方面是使土壤及母质在接受光、热条件方面发生差异,以及接受降水或潜水在土体的重新分配方面的差异。

　　环境中的地形因子,如地势、海拔、坡度、坡向、地形外貌等对生物的作用不是直接的,但它们能影响当地气温、太阳辐射、湿度等因素,而这些地方的光照、温度、水分状况则对生物类型、生长和分布起直接的作用(见图2-3)。

　　海拔高度不同,温度、光照强度、光质组成都受到影响,不仅影响药用植物的形态和分布,而且可以影响到药用植物有效成分含量的变化。如不同海拔麻花艽植物光合特性不同,低海拔的麻花艽植物光合潜力和温度适应范围广,引种栽培具有极大的优势,

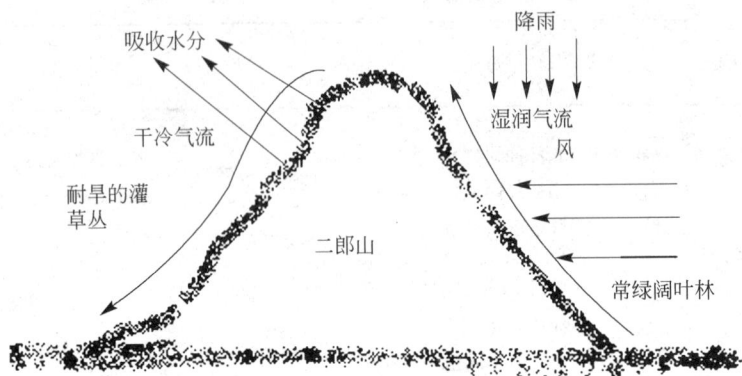

图2-3 地形对小气候及植被分布的影响

但是高温有可能造成光抑制，会降低光合生产力。高海拔的海北麻花艽植物光合色素的含量较低但具有较高的抗氧化酶的活性，保护了光合机构免遭破坏。在对药用植物化学成分与环境影响研究中发现，地理成分及海拔与中药性味之间具有某些相关性，青藏高原多产苦味药，华中多产辛味药和涩味药，蒙新荒漠多产甘味药和咸味药，青藏高原寒性药比例较高，与其他地区相比具有极显著性差异或显著性差异，苦味药比例与海拔呈正线性相关，辛味药、咸味药、酸味药、淡味药与海拔之间呈负线性相关，寒性药与海拔之间呈强正线性相关，温性药、平性药与海拔之间呈强负线性相关。

坡向和坡度对药用植物的种植也有很大关系，如黄连喜冷凉气候，但是山高谷深，有寒风吹袭，易造成冻害，要选东北向和西北向坡度缓且避风的地段；若选阳坡种植，早春气温回升，嫩叶发得早，由于早春气温不稳定，如遇寒流突然降温，嫩叶常受冻害。又如广东培植砂仁的地区，应选择坡度30°以下，三面环山，一面空旷，坡向东南的斜地种植，并修成梯田，保持水土。这种条件下砂仁花多、果多，授粉昆虫多，结果率高。由此可见大地形中选择有利于药物生长的小地形也十分重要。

（二）药用植物分布的垂直地带性

地球上植被分布的地带性，不只表现在因纬度和经度的不同而呈现的水平地带性，而且还表现在因海拔高度不同而呈现出的垂直地带性。从山麓到山顶，随着海拔升高，温度逐渐下降，平均海拔每升高100m，温度下降0.5℃～1℃，而湿度则随海拔升高而增大。风力、光照强度、水分、土壤条件等也随海拔的升高而发生变化。在这些因素的综合作用下，导致了植被随海拔升高依次成带状分布。这种植被带大致与山体的等高线平行，并且具有一定垂直厚度的分布规律，称为植被分布的垂直地带性。而山地植被垂直带的组合排列和更迭顺序形成一定的体系，这个体系被称为植被垂直带谱或植被垂直带结构。药用植物的分布，也就随着海拔的升高，而出现明显的成层现象，一般喜温的植物达到一定高度逐渐被耐寒植物所代替，从而形成垂直分布带。海拔高度不仅影响植物的形态和分布，而且可以影响到植物有效成分含量的变化。

据调查研究中药资源分布比较集中的山脉，药用植物的垂直分布带谱与总的植物垂直分布状况是一致的，同样具有以下的共同特点。

1. 药用植物的垂直分布类型与山地海拔高度有密切关系，一般山体愈高，垂直分布的类型越多，种类的构成也越复杂。

2. 每一山地的药用植物垂直分布带谱的基底与该山体所在地的药用植物水平地带分布类型是一致的。在一个山地只能看到它所在的水平地带以北的包括药用植物在内的植被类型。

3. 从低温山地到高温山地，药用植物的垂直分布带谱由繁变简，垂直带的高度也逐渐由高到低。

4. 从东部的湿润地区到西部的干旱地区山地，药用植物垂直带谱逐渐由少变多，而垂直带的高度逐渐增高。

种植的中药材品种应符合本地气候，不同的药材品种对气候、土壤有着不同的要求。如柴胡喜冷凉而温润的气候，较为耐寒耐旱，忌高温和涝洼积水。种植柴胡应选择土层深厚疏松肥沃、排水良好的砂质壤土和腐殖质土为佳。板蓝根对气候适应性强，对土壤要求不严，一般以微碱性的土壤最为适宜，pH $6.5 \sim 8.0$。其根深长，耐肥性较强，适宜种植于土层深厚、疏松肥沃、排水良好的砂质壤土上，土质黏重以及低洼易积水地容易烂根，不宜种植。大黄和党参喜凉爽、湿润气候，耐寒，怕高温，要选择背阳向阴，水分条件好的地方，要求土层深厚、土质疏松、肥沃的砂质壤土或含腐殖质多的壤土。黄芪喜凉爽气候，有较强抗旱、耐寒能力，一般选择地势高、向阳的中性或微酸性土地种植。

四、生物

生态系统分为非生物部分（生命支持系统）和生物部分（生产者、消费者和分解者）。生态系统中各个成分之间最本质的联系是通过营养来实现的，即通过食物链把生物与非生物、生产者与消费者、消费者与消费者连成一个整体。食物链（food chain）是指生态系统内不同生物之间在营养关系中形成的链条式的关系。药用植物处于食物链的最底层，在整个生态系统中与其发生直接关系的主要是一些食草动物和土壤中的微生物。另外，植物与植物之间处于相同的生态位，相互竞争空间、水分、养分。

（一）动物与药用植物

动物与药用植物间的直接联系，主要有两种，一是与传粉类昆虫的互利共生关系，如蜜蜂、蝶类等；二是农业害虫及食草动物的取食关系，农业害虫又包含地上害虫和地下害虫。昆虫的取食除了造成药用植物的光合产物受损外，由于其取食在植物体上所造成的伤口，还易使药用植物感染病害，昆虫中能引起植物损伤的主要有三类害虫，韧皮部害虫如蚜虫、粉虱，细胞害虫如螨虫，咀嚼式口气的害虫，如毛虫、蝗虫、甲虫等。植物与动物的这两种关系有时还可以互相转化，如蝶类昆虫的幼虫取食叶片，成虫可为植物传粉。

土壤动物区系包括在土壤中至少渡过部分生命史的所有动物。有些土壤动物除了取食植物根系外，还兼具土壤的机械粉碎，纤维素和木质素的分解等功能。土壤动物数量适宜时可改良土壤结构，有利于植物生长，但数量过多时，容易造成土壤结构过于疏松，毁坏植物根际微生态环境，反而不利于植物存活。如蚯蚓对土壤的翻松作用早有研究。

植物不同于动物，它不能通过移动的方式来逃避食草动物、昆虫等天敌的危害，在长期的进化过程中，为了抵御外界的伤害，完成其生命过程，植物形成了一些保护机制，即形成保护性结构，如植物体表的角质、蜡质和木栓层，既可以减少植物体内水分的丧失，也能阻止致病菌和细菌的侵入；另外植物还通过分泌次生代谢物质的方式来抵御食草动物和病原菌，如菊花中的拟除虫菊酯及一些香精油物质，蜕皮激素可阻断取食昆虫的生长发育过程造成昆虫死亡，强心内酯和皂苷可抵御食草脊椎动物，木质素化学的持久性使其难以被食草昆虫和动物消化，单宁酸的毒性可降低食草动物的生存能力，生物碱具有广泛的毒性和拒食作用等。此外，酚类化合物除了具有抵御食草动物、细菌和真菌的功能外，很多花色素还可以吸引一些传粉昆虫，帮助它们定位花粉和蜜源。

（二）微生物与药用植物

植物与周围环境生物的互作是一种普遍现象，其中植物微生物的相互作用是重要形式之一。在叶围和根围区域，植物体时刻与众多的有害、有益和中性微生物共同生存，并产生直接或间接的接触。在长期的协同进化过程中，植物对微生物的侵染已经形成一种适应性的机制，即能够识别来自微生物的信号分子并作出相应的生理反应，包括亲和性的互作和非亲和性的互作。植物为了适应复杂的生态环境，进化成很多形式的植物微生物共生体系统。

1. 根瘤菌　是一类重要的固 N 微生物，是一类广泛分布于土壤中的革兰阴性细菌，它与豆科植物形成共生关系，将空气中分子态 N 转化为植物可利用的化合态 N。在长期进化过程中，由于受寄主的选择和环境的胁迫，分别向不同的方向进化，形成了丰富的生物多样性（biodiversity）特征。根瘤菌被划分在细菌门 α 变形杆菌纲的根瘤菌属（*Rhizobium*）、中华根瘤菌属（*Sinorhizobium*）、中慢生根瘤菌属（*Mesorhizobium*）、异根瘤菌属（*Allorhizobium*）、慢生根瘤菌属（*Bradyrhizobium*）和固氮根瘤菌属（*Azorhizobium*）等 6 个属。近年研究结果表明，根瘤菌不仅存在于 α 变形杆菌纲，还存在于 β 变形杆菌纲，分别称为 α 根瘤菌和 β 根瘤菌。此外，根瘤菌菌株也被发现尚隶属于非共生细菌建立的 α 变形杆菌纲 *Devosia*、*Herbaspirillum*、*Blastobacter*、*Ochrobactrum* 和 *Phyllobacterium* 等属。因此，进行根瘤菌选种时，必须针对生态环境及宿主植物选择出最佳匹配的根瘤菌。同时经试验证明，植物不同品种与不同根瘤菌共生，其有效性差异很大，所以选种时还需针对植物品种进行匹配，才能达到更好的共生固氮效果。

近几年，研究联合固 N 菌特性与植物之间的相互关系及田间接种效益等方面，已成为各国科学家关注的热点。Alam 等研究发现接种固 N 菌（*Azotobactersp.*）使水稻干物质量、水稻产量及 N 的积累量增加 6% ~ 24%。Saubidet 等报道接种固氮螺菌属微生物后，小麦的生物量、产量、蛋白质含量、植物含 N 量明显增加，且 N 的吸收促进了植物的生长。

2. 菌根 菌根（mycorrhizae）是自然界中一种普遍的植物共生现象，是一些土壤真菌与植物根系形成的互惠共生体。它既有一般植物根系的特征，又有专性真菌的特性。德国植物病理学家 Frank 于 1885 年首次发现了菌根。根据寄主植物的种类、入侵方式（界面形态）及菌根的形态特征，将菌根主要分为三大类型：

（1）外生菌根（ectomycorrhiza，EM、ECM） 是菌根真菌菌丝体侵染宿主植物尚未木栓化的根部形成的，其主要特征是菌丝在植物营养幼根表面形成菌套，并在菌根真菌不侵入细胞内部的情况下，只在根的皮层组织细胞间隙形成可以通过染色切片观察到的哈蒂网（Hartig net）。仅 3% 左右的植物形成外生菌根，一般是由担子菌纲的一些真菌侵染树木根系形成的。

（2）内生菌根（endomycorrhiza，AM、VAM） 是分布最为广泛的菌根类型，由接合菌纲的内生真菌和植物根系共生发育而成的丛枝菌根。自然界中约有 90% 的维管植物都能形成丛枝菌根。VA 菌根（vesicular - arbuscular mycorrhiza）是典型的内生菌根，它得名于其菌丝在根细胞内的特殊变态结构——泡囊和丛枝，因此又称为泡囊丛枝状菌根。

（3）内外生菌根（ectendomycorrhiza） 是指菌根菌在树木根系细胞间、细胞内均有分布。包括 3 组 7 种类型。

除此以外，还有混合菌根（mixed mycorrhiza），外围菌根（peretrophic mycorrhiza），假菌根（pseudomycorrhiza）等。

近年来，菌根对植物的多种效益已引起人们的高度重视，菌根技术不断地应用在农林业生产和环境保护中。在林业生产上主要用于引种、育苗、造林和防治苗木根部病害、生产食用菌等方面，已取得良好的效果。

丛枝菌根通过大量伸展到土壤中的菌丝体吸收土壤中的矿质营养和水分，并将它们输送到植物根内供植物吸收利用。丛枝菌根自身则通过根内菌丝从植物体内获得糖类，根外菌丝体可与不同的植物或同种植物的不同植株共生，形成的菌丝桥或菌丝网能够在不同植株间传递水分和养分。其菌丝还能够增加根区吸收面积，帮助植物根系吸收矿质营养和水分，抗水分和养分胁迫。丛枝菌根能通过菌根增强寄主对土壤中 P、N、K 及一些微量元素的吸收和运输，特别是磷的吸收和运输，同时，丛枝菌根还可增强土壤磷酸酶的活性，将有机磷矿化为无机磷被植物所吸收。丛枝菌根对于重金属有很强的生物吸附潜力，可降低植物对重金属的吸收。

许多研究表明，丛枝菌根影响植物的次生代谢过程，导致植物的次生代谢产物发生变化。王曙光等发现，丛枝菌根能提高茶叶水浸出物氨基酸、咖啡碱和茶多酚的浓度，改善茶叶的品质。赵昕等发现，丛枝菌根有助于提高喜树幼苗中喜树碱的含量。Abu - Zeyad 等发现接种了丛枝菌根的澳大利亚粟籽豆（*Castanospermum australe*）中粟籽豆碱（castanospermine，一种吲哚生物碱）含量更高。Rojas - Andrade 等用一种丛枝菌根接种牧豆树（*Prosopis laevigata*）时发现，根中葫芦巴碱含量比对照组增加了 1.8 倍。

3. 内生菌 内生菌（endophyte）是指一类在其部分或全部生活史中存活于健康植

物组织内部，不引发宿主植物表现出明显感染症状的微生物。植物内生菌包括内生真菌和内生细菌（包括内生放线菌），可从经过严格消毒的植物组织表面或内部分离得到。内生菌在植物体内广泛存在，从藻类、苔藓、蕨类、裸子植物和被子植物中均已分离得到了内生菌。其分布于植物的根、茎、叶、花、果实和种子等器官组织的细胞内部或细胞间隙。

1993 年美国蒙大拿州立大学的 Strobel 小组首次从短叶红豆杉（*Taxus brevifolian* Nutt.）中分离得到一株能合成抗癌物质紫杉醇的内生真菌，证明内生菌具有合成与宿主植物相同或相似的活性成分的功能。植物内生菌影响活性成分产生和积累的途径主要有两种：一是内生菌自身产生药用植物活性成分。如紫杉醇是 1971 年 Wani 等从短叶红豆杉树皮中分离到的一种二萜类衍生物，具有独特的抑制微血管解聚和稳定微血管的作用。二是内生菌促进药用植物产生活性成分。杨靖等用分离自剑叶龙血树根部的内生真菌 9568D 镰孢霉接种于剑叶龙血树材质（经灭活处理），保湿培养 4～5 个月后，发现在接种部位有红色血脂颗粒（即血竭）形成，同时采用经 UV、IR 光谱分析及抗菌活性实验初步证实，该血脂与来自剑叶龙血树的天然血竭无本质差异，表明特异性内生真菌作用于龙血树材质可促成血竭的形成。陈晓梅等采用离体共培养的方式研究 4 种内生真菌对金钗石斛无菌苗生长及其多糖和总生物碱含量的影响，研究结果表明，4 种内生真菌都能提高金钗石斛中多糖的含量，其提高的量分别为 153.4%、52.1%、18.5%、76.7%；而只有内生真菌 MF23 能使金钗石斛总生物碱含量提高 18.3%。

4. 兰科植物共生菌　兰科植物中普遍存在共生菌现象，尤以天麻和石斛为典型代表。如天麻在不同生长期需与不同真菌共生。天麻种子胚细胞中，虽含有一些多糖等营养物质，但不足以提供种子萌发的营养，无外源营养供给，天麻种子不能发芽。徐锦堂等从天麻种子发芽的原球茎中共分离到 18 种可供给天麻种子萌发营养的真菌，其中紫萁小菇（*Mycena osmundicola* Lange）是最优良的一种。天麻在种子萌发阶段需消化紫萁小菇等萌发菌，获得营养而发芽；发芽后的原球茎分化出营养繁殖茎，又必须被蜜环菌侵染，建立共生营养关系，才能正常生长；而蜜环菌在天麻种子萌发阶段抑制种子发芽。

（三）药用植物的化感作用

植物与药用植物由于处于同一生态位，其间有互利共生关系，又有对光、水等能源的竞争。植物与药用植物的关系中，表现最为明显的就是药用植物的化感自毒作用与连作障碍问题。

1. 植物的化感作用　植物化感作用是指一种活体植物产生并以挥发、淋溶、分泌和分解等方式向环境释放次生代谢物而影响邻近伴生植物生长发育的化学生态学现象。植物化感作用应具有三个基本特征：①相互作用主客体都是植物，不包括植物和动物及其他有机体的相互作用；②相互作用的化学物质是植物次生物质，且必须通过合适的途径进入环境，不包括在植物体内变化运转的次生物质；③化感物质主要用于影响自身或邻近植物的生长发育，若用于植物间化学通讯或污染环境，如报警，或一些树木释放挥发物和氧化氮形成烟雾等均不属于化感作用研究范围。当受体和供体同属于一种植物时产生抑制作用的现象，称为植物的化感自毒作用（Allelopathic autotoxicity）。自毒作用是植物种内相互影响的方式之一，是种内关系的一部分，是生存竞争的一种特殊形式，从达尔文的进化观来分析，自毒作用在于减轻同种内部的竞争压力。化感自毒作用在药用植物连作障碍中的表现尤其显著，人参、三七、地黄、黄连、山药、半夏、天麻等都具有化感作用，这些化感作用不仅表现在种间，种内的自毒效应也非常强烈，自毒是导致中药材生产中连作障碍的主要因子之一。

2. 药用植物的化感物质　植物的次生代谢是植物在长期进化中与环境（生物的和非生物的）相互作用的结果，次生代谢产物在植物提高自身保护和生存竞争能力、协调与环境关系上充当着重要的角色，其产生和变化比初生代谢产物与环境有着更强的相关性和对应性。植物中所发现的化感物质主要来源于植物的次生代谢产物，分子量较小，结构简单。主要分为水溶性有机酸、直链醇、脂肪族醛和酮、简单不饱和内酯、长链脂肪酸和多炔、醌类、苯甲酸及其衍生物、肉桂酸及其衍生物、香豆素类、类黄酮类、单宁、内萜、氨基酸、生物碱和氰醇、硫化物和芥子油苷、嘌呤和核苷等 14 类。这些小分子物质在药用植物栽培中很容易释放到环境中，从而改变根际土壤理化性质，并进而影响土壤环境的微生物群落结构。同时，这些小分子物质多是化感物质，会对其他植物甚至自身产生毒害作用，直接影响药用植物生长发育。其中酚类和类萜类化合物是高等植物的主要化感物质。它们分别是水溶性和挥发性物质的典型，这恰恰与雨雾淋溶和挥发是化感物质的主要释放方式相吻合。它们在植物体内有自己独特的代谢途径，在次生代谢中通过醋酸途径或莽草酸途径而产生。大量的研究表明，这些次生代谢物大多具有 OH 基、C＝O 基和 S→O 基等，且分子内含有较多的氧原子以及容易激发的双键和三键。而药用植物有效成分又多是次生代谢产物，并分布在药用植物的各个器官（特别是药用部位），如根、茎、叶、花、果实、种子等，这一特点与植物能产生化感作用是一致的。因为，植物次生代谢的一个基本特征就是次生代谢产物在植物体内不是普遍存在，而是限于一些特定的器官或组织与细胞中，合成或储存这些次生代谢产物的细胞在内部结构上必须达到一定的分化程度。次生代谢途径的表达也正是某些特化细胞的特征表达。如烟草（*Nicotiana tabacum*）和莨菪（*Atropa belladonna*）的生物碱主要在根部合成，然后运输到叶肉细胞中储存；金鸡纳属（*Cinchona*）奎宁和奎宁丁只存在于树皮中；辣椒（*Capsicum spp.*）中的辣椒素只有在生殖生长后期才能在果皮中合成并积累；番红花（*Crocus sativus*）的色素成分主要存在于花柱和柱头；罂粟（*Papaver somniferum*）和长春花（*Catharanthus roseus*）的生物碱储存在乳汁管或特化的薄壁组织细胞中；薄荷属（*Mentha*）的腺毛、芹属（*Apium*）的油管和云香科植物体内的分泌囊含有精油化合物。

提高次生代谢产物含量是药用植物育种及栽培的目标。长期选择使栽培药用植物次生代谢产物的含量不断提高，这不但可能使该药用植物在逆境下更容易释放化感物质，也使适应该药用植物根际环境条件的病虫害逐年增加。因此，相对于普通作物，药用植物栽培更易产生化感自毒作用。

3. 化感自毒作用与连作障碍　通过多年来对其他作物连作障碍的研究看，造成连作障碍的原因，主要有三个方面。

（1）土壤营养失衡　不同种类的药用植物对土壤中矿质营养元素的需求种类及吸收的比例具有特定的规律，尤其是对某种微量元素更有特殊的需求。同一种中药材长期连作，必然造成土壤中某些元素的亏缺，在得不到及时补充的情况下，便会影响下茬植株的正常生长。许多化感物质不仅影响邻近植物的生长发育，也影响到土壤的理化性质，改变其养分状况，进而影响植物自身的生长。已有研究表明，土壤养分缺乏可使植物产生和释放次生物质的能力发生变化，包括次生物质含量的增加或减少，但在大多数情况下表现为有所增加，导致植物的抗逆能力下降，病虫害发生严重，使产量和品质下降。

（2）药用植物根系分泌物的自毒作用　药用植物在正常的生命活动过程中，根系会不断地向根际土壤中分泌一些有机物或无机物。在这些分泌物中有一些有机酸、酚类等分泌物在土壤中积聚，对作物自身具有毒害作用。

（3）病原微生物数量增加　中药材长期连作，植物与微生物相互选择的结果造成土壤微生物区系的变化，有益微生物的减少和某些病原菌数量的增殖，从而影响植物的正常生长和生命活动。据张重义等研究地黄（*Rehmannia glutinosa*）不同种植年限根际土壤细菌群落多样性指数和丰富度指数的变化规律表明，连作年限为2年的地黄根际土壤细菌群落的多样性指数和丰富度指数分别比对照组降低了9.8%和31.8%。表明种植地黄后的土壤细菌群落结构多样性水平下降，而且连作后下降明显，特别是芽孢杆菌纲和放线菌等种类下降，不利于降解土壤中酚酸类、苯酚类等有毒化合物，使得群落降解有毒物质的能力降低，对地黄生长产生抑制作用；而螺杆菌属病原菌类增多，使地黄的生存环境恶化，加重了病害对植物的侵袭，对植物生长发育不利。

五、人类活动

人类的活动对自然界的影响已经越来越大且越来越具有全球性，把人为因子从生物因子中分离出来是为了强调人作用的特殊性和重要性。从生态系统能量流动的角度来看，人类对药用植物的影响主要通过提供辅助能来实现的。辅助能即除太阳辐射能以外，其他进入系统的任何形式的能量。辅助能不能直接被生态系统中的生物能转换为化学潜能，但能促进辐射能的转化。辅助能又分为自然辅助能和人工辅助能，其中人工辅助能是指人们在从事生产活动过程中有意识地投入的各种形式的能量，主要是为了改善生产条件、加快产品流通、提高生产力，如农田耕作、灌溉、施肥、防治病虫害、农业生物的育种以及产品的收获、贮藏、运输、加工等。人类活动对药用植物的影响主要表现在以下几个方面。

（一）人类活动对药用植物资源分布的影响

早在远古时代人类就通过引种驯化来利用药用植物。药用植物的引种驯化，就是通过人工培育，使野生植物变为家种植物，使外地植物（包括国外药用植物）变为本地植物的过程。也就是人们通过一定的手段（方法），使植物适应新环境的过程。药用植物引入新地区后，会出现两种情况：一种是原分布地与引种地自然环境差异较小，或者药用植物本身的适应范围较广泛，不需要特殊处理及选育过程，只要通过一定的栽培措施就能正常的生长发育，开花结实，繁衍后代，即不改变药用植物原来的遗传性，就能适应新环境，这叫"简单引种"，亦称"归化"；另一种是分布地与引种地之间自然环境差异较大，或者药用植物适应范围较窄，需要通过各种技术处理、选择、培育，改变它的遗传性，使之适应于新环境，叫"驯化引种"，或"驯化"，包括"风土驯化"、"气候驯化"等。驯化引种强调以气候、土壤、生物等生态因子及人为对药用植物本性的改造作用，使药用植物获得对新环境的适应能力。因此，引种是初级阶段，驯化是在引种基础上的深化和改造阶段，两者统一在一个过程之中。通常将两者联系在一起，称为"引种驯化"。

引种驯化可丰富本地区药用植物资源。如西洋参、番红花、金鸡纳、肉豆蔻、白豆蔻、乳香、丁香、胖大海、马钱、檀香、安息香等，过去依靠进口，需耗费大量外汇，还远不能满足需要，现在很多已引种成功，逐步做到自给。除此之外，引种驯化对保护药用植物资源十分重要。随着医药卫生事业的发展，一些药用植物的野生资源日益减少，甚至濒临灭绝，而需求量又日益增大，因此对这些种类的野生变家种就尤为重要。江苏省 1982 年将茅苍术野生变家种，濒危珍稀药用植物肉苁蓉于 20 世纪 80 年代栽培成功。

为了保护生态环境及解决一些难以大规模家种的药材资源问题，研究者近年来提出了野生抚育的方法。药用植物野生抚育（wild medicinal plants tending）是指根据药用植物生长特性及对生态环境条件的要求，在其原生或相类似的环境中，人为或自然增加种群数量，使其资源量足以维持人们的采集利用，并能继续保持群落平衡的一种药用植物生产方式。药用植物野生抚育有时也称为半野生栽培（semi - wild cultivation）或仿野生栽培。药用植物野生抚育是野生药用植物采集与药用植物栽培的有机结合，是中药材农业产业化生产经营的新模式，药用植物野生抚育显示出了良好的生命力，有效地解决了如下矛盾：药用植物采集与资源更新的矛盾；野生药材供应短缺与需求不断增加的矛盾；药用植物生产与生态环境保护的矛盾；当前利益与长远利益的矛盾。同时还可提供高品质的地道野生药材，有效保护中药资源生长的生态环境，有效节约耕地，以低投入取得高回报。

（二）药用植物栽培提高了药材的产量与品质

药用植物栽培学主要研究药用植物生长发育规律，产量、质量构成因素及其与环境条件相适应的调控途径，以其理论和技术来指导，使作物获得高产、优质、低耗、高效的一门科学。药用植物栽培是保护、扩大、再生产药用植物资源的最有效手段。

我国植物药资源非常丰富，目前有记载的药用植物已达 10 000 多种。据统计，新中国成立以来我国野生变家种成功的药用植物有 200 余种，如：天麻、阳春砂、罗汉果、防风、巴戟天、川贝、龙胆、半夏、金钗石斛、甘草、丹参、何首乌、猫爪草、绞股蓝等，有效提高了这些主要药用植物的产量，满足了中医药事业发展的需要。同时，通过对这些药用植物生长发育特性及品质形成规律的研究，为其药材品质控制奠定了很好的基础。

药用植物栽培的发展前景主要集中在以下几个方面：常用药用植物的规范化栽培体系建立及重要野生药用植物的生物学特性、生长发育规律的研究；药用植物栽培中的生态学原理探讨；无公害中药材栽培技术的研究；种质资源的收集和保存及良种选育研究；现代生物技术在中药材栽培中的应用研究。

（三）人类活动引起的环境污染及生态问题

随着社会的发展和技术的进步人类对自然环境的影响范围和强度都在不断加大，由此引起的环境污染问题也在不断扩大和加剧。一般来讲，环境污染主要是指人类活动向环境排放的污染物质超过了环境的自净能力而引起环境质量发生不良变化，并进而危害人类及其他生物的正常生存和发展的现象。根据接受污染物的环境要素，环境污染可分为大气污染、水污染和土壤污染等，其中以大气污染和水污染的危害面积较广，同时也易于转变为土壤污染。

药用植物中有害物质的来源一方面与药用植物生长的环境有关，另一方面与植物自身的遗传特性、主动吸收功能和对有害物质的富集能力有关。由于化学元素能从植物的一个器官被输送到另一个器官，并在植物某一器官内大量积累，进行并参与生物活性物质的生物合成。因此，各种污染物对药用植物的影响与药用植物生长的环境，污染物和药材的种类以及药用部位等因素有关。

环境污染会给生态系统造成直接的破坏和影响，如沙漠化、森林破坏等，也会给生态系统和人类社会造成间接的危害，如温室效应、臭氧层破坏、土壤盐渍化、酸雨等。这些生态环境的变化正严重威胁着药用植物的生存，改变着它们的生存条件例如土质、光合作用、呼吸作用等。当环境中的污染物含量超过植物的忍耐限度时，会引起植物的吸收和代谢失调。一些污染物在植物体内残留，还会影响植物的生长发育，甚至导致遗传变异。环境污染的这些综合作用无疑会引起药用植物生物多样性降低，生长失调，植物形态解剖和生化指标改变，药材中的有效成分发生变化，有害物质含量增加等。

第三章　水分与药用植物生理生态

水是影响药用植物生存的重要生态因子之一，在生命活动的各个环节中发挥着极大的作用，对药用植物品质形成至关重要。不同药用植物对水分的要求不同，形成了不同适应能力和适应方式的水分生态类型。根系从土壤中吸收水分，水分自根的组织运输到地上部分的茎和叶中，再经过蒸腾作用散逸到大气中，形成植物－土壤－大气连续体。在根吸收水和叶蒸腾水之间保持适当的平衡是保证药用植物正常生长的必要条件，植物个体的水分关系是群落水分平衡的基础。药用植物群落能截留降水、保蓄水分，使降落在群落中的水分进行再分配，因而能创造群落内部特殊的空气和土壤湿度条件，从而维持良好的群落水分平衡。

第一节　水分对植物生理生态的作用

一、水是药用植物的重要组成部分

水是植物必不可少的重要组成部分。植物体一般含 60% ~ 80% 的水分，有些植物可达 95%。植物一切代谢活动都必须以水为介质，土壤中矿物质、空气中的氧和二氧化碳等都必须先溶于水后，才能被药用植物吸收并在体内运转，药用植物体中生物化学反应必须在水中才能进行；水可以维持细胞组织紧张度（膨压）和固有形态，以利于各种代谢的正常运行；水有很高的比热和汽化热，又有较高的导热性，当温度剧烈变动时，能缓和原生质的温度变化，以保护原生质免受伤害，这在一定程度上增强了药用植物的抗逆能力。

二、水对植物生长发育的作用

水主要通过不同形态、不同量以及持续时间长短三方面的变化影响药用植物的生长、发育、繁殖和分布。不同形态的水是指固态水、液态水及气态水；不同的量是指降水量的多少、大气湿度的高低以及田间持水量的多少；持续时间长短是指降水、淹水、干旱等的持续时间。水分对植物生长在量上有最高、最适、最低三基点。

药用植物在种子萌发过程中吸收大量的水分后，其他的生理活动才逐渐开始。水可以软化种皮，增加其透性，使胚容易突破种皮；水可使种子中的凝胶物质转变为溶胶物质，加强代谢；水参与营养物质的水解；各类可溶性水解产物通过水分运输到正在生长的幼芽、幼根中，为种子的萌发创造必要条件。例如，当归（*Angelica sinensis*）在种子吸水量达到自身重量的 25% 时，种子开始萌动，而当吸水量达到 40% 时，种子萌发速率最快。人参（*Panax ginseng*）、西洋参（*Panax quinquefolium*）种子的后熟也要有水分的参与，人参种子的贮藏水分控制在 10%～15%，西洋参控制在 12%～14%，水分过多种子容易霉烂。

植物细胞必须在水分饱满状态下才能成功地进行细胞分裂、细胞伸长和物质代谢等生理活动。当含水量减少时，代谢活动减弱。严重缺水时，将导致原生质结构破坏，植物趋于死亡。光合作用、呼吸作用、有机物质的合成与分解等代谢过程都必须有水分子参与。水是光合作用的原料之一，没有水就形成不了干物质。

三、水对药用植物分布的影响

水对药用植物分布的影响主要表现在群落分布的经向地带性（longitudinal zonality）。我国降水量与距海洋远近有关，以东南最多，由此向大陆各方向递减。根据我国降水特点，可明显地分为干旱和湿润两部分，其界限大致自大兴安岭走向西南，经过河套至青藏高原的东南侧，相当于 400mm 的年降水量等值线。在东部湿润地区，降水量由南向北逐渐减少。界线东西两侧的药用植物分布呈现明显不同的特征，此线以东主要受夏季季风影响较大，降水较丰富，分布了我国绝大多数的药用植物；以西的大部分地区受夏季季风影响很小，则属半干旱和干旱气候，分布了许多野生干旱药用植物，如甘草（*Glycyrrhiza uralensis*）、麻黄（*Ephedra sinica*）等，它们主要凭借很长的根系利用地下水。其中甘草分布区的东部边缘与年降水量为 400mm 等雨水线基本一致，在哈尔滨、长春和沈阳一线以西约 200km 处。

雨量的不同季节分配与药用植物分布也有一定关系，我国除台湾地区东北角外，均是雨热同期，主要属于夏雨型，降水量主要集中在夏季，特别是我国东南部是夏季风控制时间最长的地区，夏季降水量是世界上同纬度雨量较多的地区，因此，引进地中海和美国西海岸冬雨型的植物往往不易成功，如月桂（*Laurus nobilis*）等。南方药用植物尤其是常绿阔叶药用植物不能在我国华北地区越冬，除该地区冬季寒冷外，与冬季干旱也有密切关系。

雾、露、雪等降水形式对药用植物分布可产生不同的影响。雾和露在干燥地区可被浅根系植物所利用，以补充土壤和空气中水分的不足。石斛（*Dendrobium nobile*）等附生药用植物主要分布于我国南方，与该地区湿润的气候密切相关。地表积雪可以保护药用植物越冬，而且可以提供大量的水分。如天麻当土壤温度长时间低于 -5℃时，易发生冻害，所以多分布在温暖湿润的南方地区，但在东北高寒山区因为冬季有积雪覆盖，天麻也能安全越冬。

水分因子对药用植物分布的影响还取决于地形变化。在山地一定高度范围内，降水量随海拔升高而递增。在新疆地区，由于塔城、伊犁地区降水量比周围其他地区高，因而贝母的种类较丰富，分布密度也高；在天山北坡中海拔地区（2000m 左右），年降水量较丰富，贝母的种类也较多；而在其他地区由于受大陆性温带沙漠气候的影响，降雨较少，因此种类很少，分布密度也很低。

四、水分对药用植物品质的影响

水分是决定植物生长的限制因子，影响各种生理代谢过程，制约着次生代谢产物的生物合成，与药用植物有效成分形成密切相关。

不同药用植物对水分的需求不一样。如土壤相对含水量为80%时，人参的光合速率高，根增重快，生长健壮，药材品质好；土壤相对含水量在60%以下时，根生长缓慢；土壤过湿（相对含水量100%）则出现烂根现象。菘蓝（*Isatis indigotica*）的叶和根在不同水分条件下，其有效成分含量有明显差异，根中靛玉红含量在土壤含水量为45%时含量最高，而在90%时最低；叶中靛玉红含量在土壤含水量为70%时最高，而在30%时最低。土壤含水量在55%~75%时，生长在高山上的红景天其红景天苷含量最高。薄荷（*Mentha haplocalyx*）从苗期至营养生长期都需要一定水分，但进入开花期，则要求较干燥气候，若阴雨连绵，或久雨初晴，都可以使薄荷油的含量下降至正常量的75%左右。

对陆生药用植物来说，水分过多对有效成分的形成是不利的，尤其是对生物碱的形成不利。金鸡纳树（*Cinchona ledgeriana*）在雨季不形成奎宁，在高温干燥条件下，奎宁含量较高，而在土壤湿度过大的环境下，含量就显著降低，甚至不能形成。东莨菪（*Scopolia carnioliea*）在干燥条件下，阿托品含量可高达1%左右，而在湿润环境下只有0.4%左右。麻黄体内生物碱含量雨季急剧下降，而在干燥秋季上升到最高值。羽扇豆（*Lupinus polyphyllus*）种子和其他器官的生物碱含量在湿润年份较干燥年份少。另外，水分过多也影响其他代谢产物的形成。甘肃武都属半干旱气候环境，当归长期生长于多光干燥环境，挥发油含量高达0.66%，而四川当归生长在少光潮湿环境下，挥发油含量较低，为0.25%。

另外，环境湿度对病原物影响最大，大多数真菌的孢子必须在水中才能萌发，其中经气流传播的病原菌，湿度越高，对入侵越有利。南方的梅雨季节和北方的雨季，病害发生普遍且严重，少雨干旱季节发病较轻或不发病。而存在于土壤中的病原物，湿度过高，影响氧气供应，对入侵不利。

第二节　水分与药用植物的生理生态类型

不同药用植物对水分的要求有很大差异，根据药用植物对水分的适应能力和适应方式，可将药用植物划分为水生、湿生、中生和旱生4种类型。

一、水生药用植物

生长在水中的药用植物称为水生药用植物。该类药用植物通常根的吸收能力很弱，输导组织简单，通气组织发达。由于水体中光照弱，氧的含量低，水生药用植物根、茎、叶内形成一整套相互连接的通气组织系统，以适应缺少氧气的外界环境。如莲（*Nelumbo nucifera*），气孔进入的空气能通过叶柄、茎的通气组织，进入地下茎和根部的气室，形成一个完整的开放型通气系统，以满足地下器官、组织对氧的需要；另一类药用植物如金鱼藻（*Ceratophyllum demersum*），属封闭式的通气组织系统，这个系统不和植物体外的大气直接相通，但可贮存由呼吸作用释放出来的二氧化碳，以供光合作用的需要，贮存由光合作用释放出来的氧供呼吸用。水生药用植物体内存在大量通气组织能减轻体重，增加药用植物体积，特别是叶片的漂浮能力。

水生药用植物由于长期适应水中弱光、缺氧的环境，水下的叶片常分裂成带状、线状或者很薄，以增加对光线、无机盐和二氧化碳的吸收表面积。如狸藻属（*Utricularia*）、金鱼藻属（*Ceratophyllum*）、狐尾藻属（*Myriophyllum*）植物沉没在水中的叶呈线状或带状；有些水生药用植物叶片非常薄，只有 1~2 层细胞，这不仅能增加受光面积，并且使水中的二氧化碳和无机盐类容易直接进入植物细胞内。异形叶可作为水生药用植物叶片形态建成的一个典型例子，如蔊菜（*Nasturtium amphibium*）在同一植株上有两种以上类型的叶片，水面上的叶片执行光合作用任务，而沉没在水下、高度分裂的叶片还能执行无机营养的使命。水中虽然光照弱，但二氧化碳含量高，约比大气中的二氧化碳含量高 700 倍，能补偿水下光强的不足。

水生药用植物对环境和气候没有陆生药用植物敏感，主要是水生环境较陆地环境相对稳定，所以有些水生药用植物种类分布较为广泛，如芡实（*Euryale ferox*）、睡莲（*Nymphaea tetragona*）、莲、泽泻（*Alisma orientale*）、菖蒲（*Acorus calamus*）、宽叶香蒲（*Typha latifolia*）等。另一些水生药用植物，对环境有一定选择性，如黑三棱属（*Sparganium*）主要生长在黄河以北，在南方的高山区或高原地带仅有少数种类。

水能溶解各种无机盐类，按照水中所含盐的成分和量的不同，可以把水体划分为海水和淡水。海水中的药用植物具有等渗透特点，缺乏调节渗透压的能力。淡水药用植物生活在低渗透的水环境中，必须具有自动调节渗透压的能力，才能保证其生存。

根据水生药用植物对水深度适应性的不同，可分为沉水药用植物、浮水药用植物和挺水药用植物。

（一）沉水药用植物

整个药用植物体沉没在水下，与大气完全隔绝，如海带（*Laminaria japonica*）、甘紫菜（*Porphyra tenera*）、海蒿子（*Sargassum pallidum*）、羊栖菜（*Sargassum fusiforme*）、螺旋藻（*Spirulina platensis*）、金鱼藻（*Ceratophyllum demersum*）、黑藻（*Hydrilla verticillata*）、水王孙（*Hydrilla verticillata*）等。沉水药用植物是典型的水生药用植物，表皮细胞不具角质层、蜡质层，能直接吸收水分、矿质营养和水中的气体，这些表皮细胞逐步取代根的机能，根逐渐退化甚至消失，如狸藻、金鱼藻等。沉水药用植物长期适应弱光的结果和阴性药用植物很相似，叶绿体大而多，栅栏组织极度退化，皮层厚而中柱很小。沉水药用植物适应水中氧的缺乏，形成一整套的通气组织。此外，沉水药用植物无性繁殖比有性繁殖发达，有性繁殖的受粉过程是在水面或水面以上进行。

（二）浮水药用植物

浮水药用植物的叶片都漂浮在水面。根据浮水药用植物在水下扎根与否又可划分为两类：完全飘浮的如菱（*Trapabis pinosa*）、浮萍（*Spirodela polyrrhiza*）、槐叶萍（*Salvinia natans*）、满江红（*Azolla imbircata*）、无根萍（*Wolffia arrhiza*）等；扎根的如睡莲（*Nymphaea tetragona*）、莼菜（*Brasenia schreberi*）等。

浮水药用植物气孔通常长在叶的上面，叶上表皮有蜡质，栅栏组织比较发达，但厚度常不及海绵组织，维管束和机械组织不发达，有完善的通气组织。

（三）挺水药用植物

植物根和根状茎在水下土壤中，茎、叶露出水上，如水菖蒲（*Acorus calamus*）、香蒲（*Typha angustifolia*）、芦苇（*Phragmites communis*）等。挺水药用植物外部形态很像中生药用植物，但由于根部长期生长在水中，具有发达的通气组织。

二、湿生药用植物

湿生药用植物多生长在水边和潮湿的环境中，如沼泽、河滩、山谷等外，地下水在地表附近，或有季节性淹水。该类药用植物在潮湿环境中生长好，不能忍受较长时间的水分不足，是抗旱能力最小的陆生药用植物。水分缺乏将影响药用植物的生长发育以致萎蔫。该类植物由于长期适应水分充沛的环境，蒸腾强度大，叶片两面均有气孔分布。根据环境的特点，湿生药用植物可以分为阳性湿生药用植物（强光、土壤潮湿）和阴性湿生药用植物（弱光，大气潮湿）两类。

（一）阳性湿生药用植物

主要生长在阳光充沛、土壤水分经常饱和的环境中，最典型的代表有毛茛（*Ranunculus japonicus*）、半边莲（*Lobelia chinensis*）、三白草（*Saururus chinensis*）、鱼腥草（*Houttuynia cordata*）、薏苡（*Coix lacryma - jobi*）、灯心草（*Juncus effuses*）等。这类药用植物虽生长在潮湿的土壤中，但由于土壤常发生短期缺水，因而这类药用植物湿生形态结构不明显。叶片有角质层等防止蒸腾的各种适应结构，输导组织较发达。由于适应潮湿土壤的结果，根系不发达，没有根毛，根部有通气组织与茎叶的通气组织相连，以保证根部取得氧气。

湿生药用植物通常抗涝性强，根部通过通气组织取得游离氧，同时根系氧化能力强，能阻止铁离子进入根内。

（二）阴性湿生药用植物

典型的阴性湿生药用植物，主要分布在阴湿的森林下层，如热带雨林中的各种附生蕨类和附生兰科药用植物。这类药用植物或者由于叶片极薄，或者由于气生根外有根被，都能直接从空气中吸收水气；还有一类阴性湿生药用植物，如大海芋（*Alocasia* macrorhiza)、观音座莲（*Angiopteris evecta*）、天南星（*Arisaema erubescens*）、七叶一枝花（*Paris polyphylla*）、八角莲（*Dysosma pleantha*）、贯众（*Cyrtomium fortunei*）、凤尾草（*Pteris multifida*）等，它们生长在森林下层荫蔽湿润的环境中，由于所处环境光照弱，大气湿度大，蒸腾弱，容易保持水分平衡，这些药用植物根系极不发达，叶片质地柔软，海绵组织发达，栅栏组织和机械组织不发达，防止蒸腾、调节水分平衡的能力极差。

三、中生药用植物

对水的适应性介于旱生药用植物与湿生药用植物之间，多生长在水湿条件适中的陆地上。绝大多数陆生的药用植物均属此类，其抗旱与抗涝能力不强，原生质的黏性及弹性均小于旱生植物，故其耐高温及抗脱水均不如旱生植物。

由于环境中水分的减少，中生药用植物逐步发展和形成了一整套保持水分平衡的结构和功能，其根系、输导系统机械组织和节制蒸腾作用的各种结构，都比湿生药用植物发达，这样就保证能吸收、供应更多的水分；叶片表面具角质层，栅栏组织一般只有一层，比湿生药用植物发达，中生药用植物细胞的渗透压介于湿生和旱生药用植物之间，一般是 5～25 个大气压，能抵抗短期内轻微干旱；中生药用植物叶片虽有细胞间隙，但没有完整的通气系统，故不能在长期积水、缺氧的土壤中生长。中生药用植物如芍药（*Paeonia lactiflora*）、桔梗（*Platycodon grandiflorum*）、白芷（*Angelica dahurica*）、丹参（*Salvia miltiorrhiza*）、菊花（*Dendranthema morifolium*）、牛蒡（*Arctium lappa*）、白术（*Atractylodes macrocephala*）、地黄（*Rehmannia glutinosa*）、浙贝母（*Fritillaria thuubergii*）、延胡索（*Corydalis yanhusuo*）、异叶假繁缕（*Pseudostellaria heterophylla*）等，它们生产率很高，在保证合适的营养条件下，均能获得高产。

四、旱生药用植物

该类药用植物在干旱的气候和土壤环境中仍能维持水分平衡和正常的生长发育，抗旱能力强，它们的形态和生理功能常发生变化，表现出特殊适应性。在干热的草原和荒漠地区，旱生药用植物的种类丰富。根据形态、生理特征和抗旱方式不同，旱生药用植物可进一步分为真旱生、深根性和肉质药用植物。

（一）真旱生药用植物

这类药用植物一般叶面积小，叶表面常具有厚的毛茸，蒸腾强度较低。如麻黄叶片退化成不明显的小鳞片状，刺叶石竹（*Acanthophyllum pungens*）的叶片极度退化成针刺状，苦艾（*Artemisia absinihium*）叶面有较多的毛茸。这些都在一定程度上缩小了蒸腾面积。真旱生药用植物通常在叶片上有减少蒸腾的防御结构，如叶表皮细胞角质层发达，叶表面密被厚绒毛，或有一层光泽的蜡质反射部分光线等。这类植物叶片栅栏组织多层、排列紧密，细胞空隙少，海绵组织不发达，气孔数量多且大多下陷，并有特殊的保护结构。有些禾本科叶片有多条棱和槽，气孔深陷在沟内，干燥时叶缘向内反卷或由中脉向下叠合起来，能大大降低蒸腾量。总之，减少水分的消耗是真旱生药用植物的主要特征之一。

真旱生药用植物的另一个特征是原生质渗透压高。淡水水生药用植物细胞渗透压仅有 2~3 个大气压，中生药用植物细胞渗透压一般不超过 20 个大气压，但真旱生药用植物可高达 40~60 个大气压，甚至可高达 100 个大气压。渗透压高能保证根系从含水量很少的土壤中吸收水分，而不至于水分从细胞中反渗透到干旱的土壤里。此外，真旱生药用植物在干旱的条件下，能抑制碳水化合物和蛋白质分解酶的活性，保持合成酶的活性，从而使药用植物在干旱条件下仍能进行正常的代谢活动。

（二）深根性药用植物

这类药用植物蒸腾强度一般较大，原生质不耐高温和脱水，但具有深根系，有的可深达地下水，增加吸水量，保证水分供应以维持水分平衡。深根性药用植物的根系生长速度快，扩展范围广而深，以增加和土壤的接触面及吸收表面积。如生长在沙漠地区的骆驼刺，地上部分只有几厘米而地下部分深达 15m，扩展的范围达 623m。生长在高温干旱的荒漠、草原地区的深根性药用植物的多年生根外面，包有一层很厚的木栓层外壳，土壤高温干旱时期能保护根系，防止失水变干，如甘草等。

（三）肉质药用植物

这类药用植物的茎或叶呈肉质，具有发达的薄壁组织，贮藏大量的水分，气孔少，角质层发达，蒸腾强度低，原生质黏性大，含束缚水多，能耐较高的温度。肉质药用植物由于本身储有水分，环境中又有充沛的光照和温度条件，因此，在极端干旱的沙漠地区，能长成高大植株。例如北美洲沙漠的仙人掌树，高达 15~20m，可储水 2 吨以上。仙人掌科、景天科、大戟科、马齿苋科、石蒜科、百合科等都有肉质药用植物的代表。肉质药用植物的一个主要特点是面积与体积的比例很小，因而可以减少蒸腾表面积。它们中大多数种类叶片退化，由绿色茎代行光合作用，茎的外壁覆有很厚的角质层，表皮下面有多层厚壁细胞，气孔数量较少，大多数种类的气孔都深埋在坑沟里。这些结构特征都有利于减少水分的蒸腾。

肉质药用植物细胞里能保持大量水分，其原因是含有一类特殊的五碳糖，这类五碳糖，能提高细胞液的浓度，增强药用植物的保水性能，在极端干旱条件下也不至于失水过多而萎蔫、干枯。

肉质药用植物有特殊的代谢方式，气孔白天关闭以减少蒸腾量，而夜晚大气湿度缓和时，则气孔张开。夜间进行呼吸作用时，碳水化合物只分解到有机酸的阶段，白天在光照条件下，CO_2 才分解出来，作为光合作用的原料。

肉质药用植物虽具有很强的抗旱能力，但由于代谢特殊，生长缓慢，一般说来生产量很低。

第三节　水分的吸收、运输及散失

植物从环境中不断吸收水分，以满足正常生命活动的需要。但是，植物又不可避免地要丢失大量水分到环境中去。只有水分的吸收、在体内的运输和散失保持适当的平衡，植物才能进行正常的生命代谢过程。

一、细胞与水分的关系

（一）束缚水与自由水

水分在植物体内通常以自由水和束缚水两种状态存在。自由水是指距离原生质胶粒较远而可以自由流动的水分，束缚水是指被原生质胶体颗粒紧密吸附而不易自由流动的水分，两者的比例影响代谢强度。自由水参与各种代谢活动，它的数量制约着植物的代谢强度，如光合速率、呼吸速率、生长速度等。自由水含量占总含水量百分比越大，则代谢越旺盛。束缚水不参与代谢活动，但束缚水含量与植物抗性大小密切相关。

（二）植物细胞的水势

水势（water potential）就是每偏摩尔体积水的化学势（差），即溶液的化学势与同温同压同一体系纯水的化学势之差，除以偏摩尔体积所得的商为水势。水势差成为水分流动的驱动力。在一个物理系统中，水分总是由水势高的区域自发地向水势低的区域流动；反之，水分逆水势下降梯度的运动需要从外部加入能量才能实现。

植物细胞的水势（ψ_w）由四个组分来决定，即渗透势（ψ_π）、压力势（ψ_p）、衬质势（ψ_m）和重力势（ψ_g），即：

$$\psi_w = \psi_\pi + \psi_p + \psi_m + \psi_g$$

其中，因为溶质的存在而降低的水势称为溶质势，亦称渗透势。由于溶质颗粒的存在而降低了水的自由能，因而其水势低于纯水的水势，它是溶液浓度的函数（随溶液浓度的增加而降低）；压力势是由于细胞壁压力的存在而增加的水势；衬质势是细胞胶体物质亲水性和毛细管对自由水束缚而引起水势降低的值。未形成液泡的细胞具有一定的衬质势。重力势与水的密度和测点高度成正比。由于已形成液泡的细胞衬质势很小，只占整个水势的微小部分，通常省略不计，而重力势只有对特别高大的植物才适用，因此，上述公式可简化写为：

$$\psi_w = \psi_\pi + \psi_p$$

改变渗透势或调节压力势是植物调节自身细胞水势的主要机制。生活细胞必须维持一定的膨压才能保持其生理活性，因而渗透势是调节细胞水势的重要组分。植物细胞是一个渗透系统，可以将原生质层（包括质膜、细胞质和液泡膜）当作一个半透膜来看待。液泡里面的细胞液含有许多溶解在水中的物质，具有水势。这样，细胞液、原生质层和环境中的溶液之间，便会发生渗透作用。渗透势与水的摩尔分数和水的活度有关，但对多数生物溶液来说，可用较简单的范德霍夫（Vant Hoff）关系式来求得渗透势：

$$\psi_\pi = -RTC_S$$

其中：R：为气体常数，$=0.0083dm^3 \cdot MPa \cdot mol \cdot K^{-1}$；8.32 焦耳/摩尔·K；

　　　　T：为绝对温度，以卡尔文（kelvin）为单位；

　　　　C_S：为溶质的浓度，每升水中完全溶解的溶质的摩尔数来表示（mol/L），负号表示溶解的溶质降低溶液的水势。

细胞与外界溶液水分交换的规律，是从水势高的系统流向水势低的系统。两个相邻细胞间水分移动方向，决定于两细胞间的水势差。

当多个细胞连在一起时，如果一端水势较高，另一端水势较低，即形成顺次下降的水势梯度，水分就会自发地从水势高的一端流向水势低的一端。水势梯度越大，流动越快，反之梯度越小，流动越慢。

在同一植株上，地上器官的水势低于根部的水势，树冠上部的水势低于下部的水势；即使是同一片叶子，距主脉越远的部位，其水势越低。不同的细胞或组织的水势变化很大。在根部则内部低于外部。由于细胞水势高低说明细胞水分充分与否，故可利用水势为指标，诊断作物灌溉适宜的时期。

（三）渗透调节物质

渗透调节（osmotic adjustment），是指植物生长在渗透胁迫下，其细胞中在渗透上有活性、无毒害作用溶质的主动净增长过程。这种主动净增长的结果，使细胞质浓度增加，渗透势降低，便于植物在低渗透势生境中吸收水分，进而维持膨压。

渗透调节机制分为两种：无机渗透调节和有机渗透调节。植物从土壤或细胞外界溶液中吸收积累各种无机离子，提高细胞内盐分浓度，只要这些离子不致造成极高浓度和表现出毒性，就能被植物吸收用以提高细胞内渗透势。盐生植物碱蓬（*Suaeda glauca*）、星星草（*Puccinellia tenuiflora*）、獐茅（*Aeluropus sinensis*）等植物体内以无机离子 Na^+、Cl^-、K^+ 作为主要渗透调节物质，而非盐生植物高粱（*Sorghum vulgare*）、芦苇等则主要以 K^+ 和有机渗透调节物质为主。

有机渗透调节物质主要包括甘氨酸、甜菜碱、山梨糖醇、脯氨酸等。脯氨酸是水溶性最大的氨基酸，在发生干旱、盐渍时，许多植物都积累了高水平的脯氨酸，在胁迫适应中起着作用。游离脯氨酸的积累现象最初是在遭受干旱胁迫的黑麦草（*Lolium perenne*）的叶子中发现的，后来在许多植物中得到证实，对干旱胁迫敏感并且变化幅度大，即当外界渗透势下降但细胞膜相对透性尚未发生显著变化时，游离脯氨酸含量就可增加数十倍甚至上百倍，相应的，它在总游离氨基酸中所占百分比也呈大幅度增加；随着干旱胁迫的持续，游离脯氨酸含量会趋于稳定甚至有所下降，推测可能与植物发生适应性反应后脯氨酸的再次利用有关。盐胁迫条件下，植物体内蛋白质合成受抑制而分解被促进，结果使氨基酸含量上升，其中最突出的就是脯氨酸含量的上升，而且随盐胁迫程度的加重，脯氨酸含量呈上升趋势，这在小麦（*Triticum aestium*）、苜蓿（*Medicago sativa*）等植物中已得到证明。

甜菜碱（Betaine，N-甲基代氨基酸）是一类季铵化合物。在微生物、植物、动物体内都有存在。植物中最简单的、研究最多的是甘氨酸甜菜碱（Glycinebetaine）。许多高等植物，尤其是藜科和禾本科植物，在受到水/盐胁迫时积累大量甜菜碱，且其积累水平与植物抗胁迫能力成正比。甜菜碱不仅作为无毒害的渗透调节剂维持细胞膨压，而且还具有稳定酶和细胞膜结构，清除自由基等功能。

（四）细胞壁弹性

细胞壁的弹性决定了细胞体积能够减小的限度，同时也是细胞水势能够降低的最低程度（此时压力势降至零）。壁弹性好的细胞，如 CAM 植物伽蓝菜（*Kalanchoe laciniata*），膨压最大时保持的水分较多，因而失去膨压过程中体积的减小程度较大。细胞壁弹性好的细胞晚上积累储存水，白天由于叶片蒸腾逐渐失去水分。通过这种方式，植物能承受短暂失水量大于根系吸水量的状况。因此植物细胞壁的弹性大小与植物的抗旱性有着密切的关系。

表征细胞壁弹性大小的一个物理量是弹性模量 ε，单位为 MPa。其含义是在某一个初始细胞体积下细胞体积（V）每发生一个小的改变量（ΔV）所导致的膨压（P）的改变量（ΔP）：

$$\Delta P = \varepsilon \cdot \Delta V / V, \text{ 或 } \varepsilon = \mathrm{d}P / \mathrm{d}V \cdot V$$

这样，具较高弹性的细胞壁可以表达为具有较小的弹性模量 ε。一般来说，壁较厚的细胞比起较薄的细胞来具有较高的 ε 值。草本植物的叶子柔软而有弹性，弹性模量通常在 $1 \sim 5$ MPa，表明细胞壁易随细胞体积的增大而膨胀，所以膨压缓慢升高，它们的细胞能够贮存较多的水分。相反，乔木和灌木的叶子比较坚硬，其弹性模量一般较高，其中落叶树叶子的 ε 在 $10 \sim 20$ MPa，常绿叶在 $30 \sim 50$ MPa，贮水容量较低。

当细胞并不是独立存在而是形成组织时，每个细胞的壁压可能受到相邻细胞的壁压作用而发生变化，这时必须考虑到组织张力因素的影响。如果相邻细胞的壁压增大，那么细胞就在较低含水量下膨胀，这一点对植物幼嫩组织的细胞是很重要的，因为在此条件下它们无须获得多少水分就能够保持膨压；然而对于壁较坚硬的细胞来说，相邻细胞间的影响就不那么大。这样在水分缺乏的情况下，水分就可能从具有较大弹性壁的细胞（如鲜嫩茎的贮水组织）转移到具有较小弹性壁的相邻细胞中。

（五）植物细胞的吸胀作用及代谢性吸水

吸胀作用（imbibition）是亲水胶体吸水膨胀的现象。原生质、细胞壁、淀粉粒、蛋白质等都呈凝胶状态，水分子（液态水或气态水）会以扩散方式或通过毛细管作用进入这些凝胶内部，由于这些凝胶是亲水性的，而水分子是极性分子，水分子以氢键与亲水性凝胶结合，使后者膨胀。原生质凝胶的吸胀作用大小与凝胶物质亲水性有关，蛋白质、淀粉和纤维素三者的亲水性依次递减。

细胞在形成液泡之前的吸水主要靠吸胀作用，如风干种子的萌发吸水、果实与种子形成过程的吸水、分生细胞生长的吸水等，吸胀作用的大小就是衬质势的大小。根据 $\psi_w = \psi_\pi + \psi_p + \psi_m + \psi_g$，由于干燥种子的细胞没有液泡，$\psi_\pi = 0$，$\psi_p = 0$，$\psi_g$ 省略不计，

所以 $\psi_w = \psi_m$，即衬质势等于水势。吸胀过程的水分移动方向，也是从水势高的流向水势低的，溶液或水的水势高，吸胀物的水势低，水分就流向吸胀物。

根系吸水有两种机理，即主动吸水和被动吸水。它们的区别是产生水势梯度的原因不同。主动吸水是由于根系代谢活动造成的水势差引起的根系从环境中吸水的过程。这种利用细胞呼吸释放出的能量，使水分经过质膜而进入细胞的过程，称为代谢性吸水（metabolic water absorption）。当通气良好，细胞呼吸加强时，细胞吸水就增强；相反，减小氧气或以呼吸抑制剂处理时，细胞呼吸速率降低，细胞吸水也就减少。由此可见，原生质代谢过程与细胞吸水有着密切关系。

二、根系对水分的吸收

（一）根吸水部位与吸水动力

根系是陆生植物吸水的主要器官，其生长特点与吸水机能密切相关。根系吸水的部位主要是根尖幼嫩部分，在根尖中，又以根毛区的吸水能力最大，根冠、分生区和伸长区较小。根毛区以上细胞壁栓化，吸水能力较弱。根毛区有大量的根毛，增加了吸收面积，根毛细胞壁含丰富的果胶物质，黏性和亲水性较强，能和土壤颗粒紧密黏着，有利于吸收水分。根毛区的输导组织发达，对水分移动的阻力小，亦利于吸水。由于根部吸水主要在根尖部分进行，幼苗移植时应尽量避免损伤细根。

根系吸水有两种动力：根压（root pressure）和蒸腾拉力（transpirational pull）。在根系吸水动力作用下，根系从土壤吸收的水分和矿物质进入植物体后形成连续不断的液流。根压是根系的生理活动使液流从根部上升的压力，由此产生的吸水现象是一种主动吸水。根部导管周围的生活细胞进行代谢活动，不断向导管分泌无机盐和有机酸，引起导管溶液的水势下降，所以水分不断流入导管，进一步向地上运送。

由蒸腾失水所产生的使液流向上移动的压力称为蒸腾拉力。叶片水分蒸腾时，气孔下腔附近的叶肉细胞因蒸腾失水而引起水势下降，于是从周围细胞吸收水分，周围细胞又从另一个细胞吸取水分，如此下去就从导管吸水，最后导致根系从土壤吸水。所以靠蒸腾拉力吸水是一种由叶、枝形成的吸水力传到根部引起的被动吸水。

在根压和蒸腾拉力两者之间，通常后者作用更为重要，只是在春季植物叶片尚未展开、蒸腾效率很低时，根压才能为吸水的主要动力。

（二）影响根系吸水的土壤因子

1. 土壤的溶液浓度　一般情况下，土壤溶液浓度较低，水势较高，利于植物吸收水分。盐碱土则相反，因为可溶性盐含量高，土壤水势降低，使根系吸水困难，植物不能正常生长或成活。过量施用化肥也会出现这种危害。

2. 土壤温度　低温能降低植物根系的吸水能力，原因很多：低温使根系代谢活动减弱，影响主动吸水；根系生长缓慢，有碍吸收表面的增加；低温使水和原生质的黏滞性增加，使水分子在土壤中和在原生质中的扩散速率减慢，水分不易通过原生质。

土壤温度过高，容易导致根系代谢失调，使根系易衰老，对植物根系吸水也不利。

不同植物对土壤温度的敏感性也不同，例如喜温的火炬松当土温从15℃降低到5℃时，其吸水速率只相当于耐寒的东部白松的吸水率的60%。温度过高使酶钝化，细胞质流动缓慢甚至停止。

3. 土壤通气状况　根系吸水正常以正常代谢为基础，与有氧呼吸密切相关。根系在良好的通气环境条件下，代谢活动正常进行，吸水旺盛。在通气不良的环境中，由于氧气缺乏，二氧化碳积累较多，使根系呼吸等代谢活动减弱，根系吸水减少；时间较长，形成无氧呼吸，产生和累积较多酒精，根系细胞中毒受伤，吸水更少。土壤中水分过多，则通气性差，也会造成植物萎蔫。植物受涝，出现缺水现象，也是由于土壤空气不足，影响吸水。

黏土土壤通气不良，雨季深层黏土中的含氧气量几乎不到总气体体积的3%。砂壤土中氧气含量较高，几乎接近大气中的氧气含量。不同植物对土壤通气不良的耐受能力差异很大。如柳树（*Salix babylonica*）、红树（*Rhi - zophora apiculata*）等的根系能在被水淹没的土壤里正常生长，而马尾松（*Pinus massoniana*）、侧柏（*Platycladus orientalis*）等却不能长期生活在缺氧的环境里。

（三）根系提水现象

根系提水作用是指植物在蒸腾降低情况下，处于深层湿润土壤中的部分根系吸收水分，并通过输导组织运送至浅层根系，进而释放到周围较干燥土壤中的一种现象。

在干旱条件下，土壤表面物理蒸发和植物的蒸腾作用常常导致土壤剖面上水分分布的不平衡，土壤中只有深层的水分是可以利用的，但是即使有些根系能够达到土壤深层去吸收水分，其根毛密度也很小，这就限制了吸水作用，根系提水为植物提供了一种夜晚在上层土壤中暂时贮水的有效机制。在旱区农作物生产中，由于连续不断的耕作和施肥，浅土层聚集着植物生长和发育所需的大量营养物质，但常处于干旱胁迫状况，而深层水分较富足，养分相对匮乏，形成严重的水分养分剖面空间错位，植物通过根系提水作用能够维持处于干旱土壤中根系的活力，增强植物抗旱性。

三、植物体内水分的运输

（一）水分运输的途径

水分在植物体内的运输途径可分为质外体途径和共质体途径（图3-1）。

根据原生质的有无，植物组织可分为质外体（apoplast，又称非原质体）和共质体（symplast）两大部分。质外体是指没有原生质的部分，包括细胞壁、细胞间隙和导管的空腔，贯穿各个细胞之间，是一个连续的体系。质外体不是空隙就是具有细孔的网状体（如细胞壁），水分、溶质和气体可以在其中自由扩散，运输迅速。成熟的导管和管胞，原生质已消失，细胞纵壁木质化，横壁消失或者具有孔道。因此，水分在其中运输阻力很小，适于长距离运输，使植株有可能高达数十米，甚至百米。质外体是运输的主要形式，在运输过程中，质外体与活细胞间保持着水分平衡。

共质体是指无数细胞的原生质体，通过胞间连丝联系，形成一个连续的整体。共质体途径是通过胞间连丝连接的细胞到细胞的运输途径。由根毛到木质部导管经过的内皮层细胞，以及由叶脉导管到叶肉的细胞都是活细胞。水分在这些细胞之间的运输距离虽然不过几毫米，但由于水分要通过活细胞的原生质体，受到的阻力很大。水分和溶质在共质体内进行渗透性运输，速度较慢。

根中内皮层细胞壁增厚情况特殊，存在凯氏带，在这个部位水分既不能做径向移动也不能在壁和质膜上移动，水分到达中柱的唯一通道是穿过质膜的原生质。这样水分运输的质外体途径和共质体途径在内皮层合为一处。在内皮层靠近木质部的地方常可以发现一种通道细胞，它们虽然也有凯氏带存在，但缺少其内皮层细胞所具有的木栓化和厚的纤维壁，水分流过这些细胞时遇到阻力比较小。内皮层使已吸收到中柱的溶质不能轻易倒流到根外，使根吸收的离子更有效供给地上部分。目前，一般认为幼根的径向运输阻力平均分布在各组织中，但如果内皮层的细胞壁已木栓化或木质化，则运输阻力主要集中在内皮层。

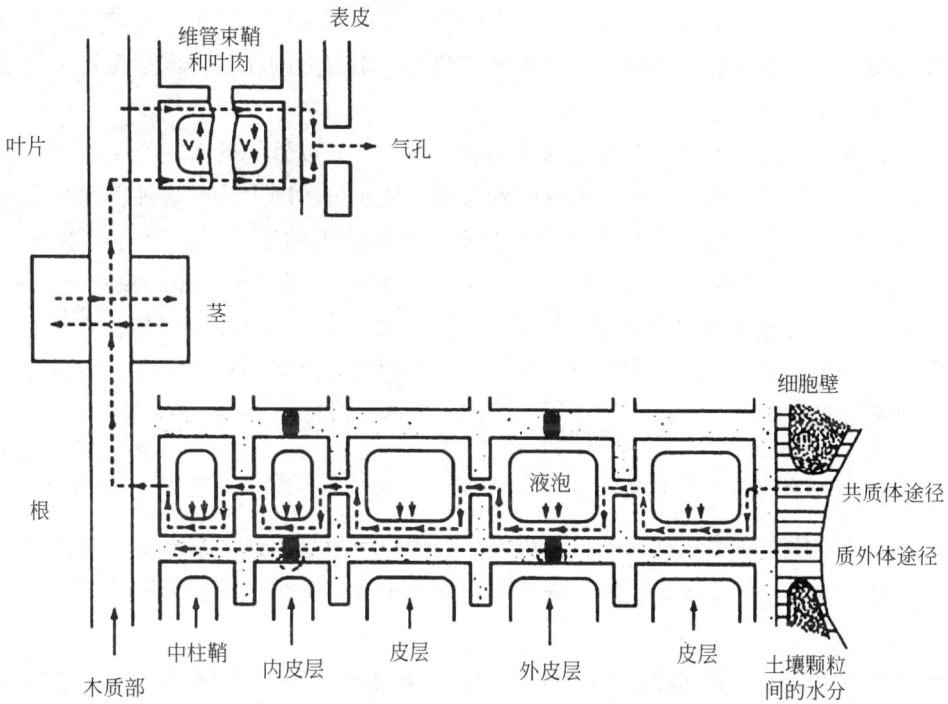

图 3-1　水分进入植根的两条途径：质外体途径和共质体途径

（二）水分沿导管或管胞上升的动力

木质部在植物体形成一个连续的长距离水分运输系统，它从近根尖开始，向上通过茎进入叶子，在叶子中形成大量分枝，与叶肉薄壁细胞相连接。因此水分沿导管或管胞上升运输的动力，上端为蒸腾拉力，下端为根压。

根压能使水分沿导管上升，但根压一般不超过 0.2MPa，至多只能使水分上升20.4m。只有在土壤水分充足、土温较高、大气相对湿度较大、蒸腾作用很弱的条件下，或是在早春叶片尚未充分展开前，根压对水分上升才起较大的作用。

水在植物体内的运输过程中，可以把根、茎、叶导管内的水溶液看作是一个连续不断的水柱，水柱上端好像悬挂在叶肉细胞上，而下端连接着根的活细胞。当叶肉细胞因蒸腾作用失水而水势下降时，依次向相邻细胞夺取水分，最后从导管夺取水分。叶肉细胞从导管夺取水分时，此连续的水柱就受到一种向上的牵引力，这种牵引力可通过连续的水柱传递到根系的活细胞，降低根系活细胞的水势，促其从土壤溶液中吸收水分，蒸腾越强，失水越多，水势越负，牵引水分子上升的蒸腾拉力也越大。

蒸腾拉力要使水分在茎内上升，导管的水分必须形成连续的水柱。导管中的水柱不仅受到向上的牵引力，同时受到自身重力作用而产生向下的牵引力。这样水柱就受到上拉下坠，使水柱产生张力。木质部导管水柱的张力约在 $0.5 \sim 3MPa$。水柱受到如此巨大的张力如果断裂，将在导管中产生气泡或空穴，从而阻碍水流上升。但相同分子之间有相互吸引的力量，称为内聚力。据测定，导管内水分子之间的内聚力可达 $20MPa$，而张力不超过 $3MPa$，内聚力远大于张力，故可使水柱不断。受到张力作用的水柱将会变细，有可能导致水柱产生脱离管壁的倾向，但由于导管壁的亲水性，使水柱和管壁之间存在着很强的附着力，当水柱变细时，导管也随之收缩。附着力的存在，也是保持水柱连续的一个因素。

总之，叶片因蒸腾失水而向导管或管胞吸水，使导管或管胞的水柱产生张力，由于水分子内聚力大于水柱张力，保证水柱的连续性而使水分不断上升。这种以水分具有较大的内聚力保证由叶至根的连续水柱来解释水分上升原因的学说，称为内聚学说（cohesion theory），这个学说亦称蒸腾拉力－内聚力－张力学说（transpiration－cohesion－tension theory）。几十年来，对此学说有很多争议，如认为木质部中有气泡，水柱不可能连续等。但是观察指出，在大多数树干中，水分运输主要是在边材中进行，所以此学说目前仍普遍被接受。

（三）水分运输的速率

活细胞原生质体对水流移动的阻力很大。因为原生质是由许多亲水物质组成的，具水合膜，当水分流过时，水流受阻。据实验，在 $0.1MPa$ 条件下，水流经过原生质的距离只有 $10^{-3}cm/h$。

水分在木质部中运输的速度比在薄壁细胞中快得多，为 $3 \sim 45m/h$。具环孔材树木的导管较粗而长，其中的水流速率可达 $20 \sim 40m/h$，散孔材树木，导管较细而短，水流速率 $1 \sim 6m/h$。裸子植物只有管胞，水流速率一般不到 $0.6m/h$。草本植物的水流速率和环孔材树种差不多。

植物体内水流速率，随植物种类、生理状况和环境条件的不同有着很大变化。在同一植株上，水流速率茎部快，枝条慢；晚上水流速度最低，白天最高。同样枝条，被太阳直接照射的水流速度快于不直接照射的。

四、植物水分的散失

陆生植物吸收的水分，从茎部运输到叶子的水分仅小部分（1% ~ 5%）用于代谢过程，其余绝大部分都散逸到体外。水分从植物体散失到外界去的方式有两种：一种以液体状态排出体外，即吐水现象；另一种以气体状态散逸到体外，即蒸腾作用，这是主要的方式。

（一）蒸腾作用

植物的蒸腾作用绝大部分是在叶片上进行的。蒸腾作为一个生理过程，叶片蒸腾作用有两种方式：通过叶片表面的气孔蒸腾，称为气孔蒸腾；通过叶片表皮的角质层的蒸腾，称为角质蒸腾。一般后者所占比重只占总蒸腾量的 10% 以下，因此，气孔蒸腾是蒸腾作用的主要形式。

1. **气孔蒸腾**　气孔既是光合作用吸收空气中 CO_2 的入口，也是水蒸气逸出叶片的主要出口，是蒸腾的主要通道，在控制碳的吸收和水的损失过程中起平衡作用。光照不足或者水分缺乏可能导致叶片脱水时，气孔关闭；相反，气孔张开。气孔蒸腾是一个扩散过程，水分由液相变为气相，通过气孔逸出。蒸汽再从植物体表面扩散到邻近空气层，并由此扩散进入空气中。这一过程受植物的构造、气孔的调节和控制物理蒸发的因素影响。用公式表达：

$$E_s = (C_i - C_a) / (r_a + r_s)$$

式中 E_s 为气孔蒸腾，与叶片内部水气含量 C_i 和大气中水气含量 C_a 之差成正比。r_s 和 r_a 分别代表气孔阻力和边缘阻力，气孔蒸腾与这些阻力的总和成反比。其中边缘阻力主要决定于风速，气孔阻力主要决定于气孔开度，气孔大开时，阻力小，蒸腾快；气孔很小时，阻力大，蒸腾慢。

药用植物种类不同，调节气孔开闭的能力是不同的。一般说来，大部分树木和阴生草本药用植物在轻度缺水时，能减少气孔开度，甚至能主动关闭气孔；阳生草本药用植物仅在相当干燥的环境里，气孔才缓缓关闭，以调控其气孔蒸腾。同一种药用植物生长在不同地区，甚至同一个体不同部位的叶片，它们的气孔开闭规律也是各不相同的。

气孔的开张和关闭对蒸腾作用的影响最大。气孔一般在日出后缓缓开放，在黑夜降临时又逐渐关闭。

水分蒸发是从叶肉细胞壁蒸发到细胞间隙中，然后扩散到空气中。叶内部的蒸发表面常称为内表面，叶的内表面积越大，细胞间隙的水气越容易保持饱和，越有利于蒸腾。旱生药用植物和阳生药用植物叶子的内外表面积比要比中生药用植物和阴生药用植物大。气孔蒸腾速率还受到界面层厚薄的影响。界面层厚，阻力大，水气通过速率减慢。有些药用植物，如麻黄、夹竹桃等气孔下陷，有些药用植物气孔外面有许多表皮毛，这些都能减缓水气扩散，抑制蒸腾速率。实验证明，叶片上下表皮细胞代谢机能有所差异，如下表皮保卫细胞淀粉水解和 K^+ 积累比上表皮多，影响气孔开闭。

2. **角质蒸腾**　角质蒸腾是指通过表皮角质化的外壁和角质层所进行的水分子的扩散。角质层扩散的阻力很高，不同植物，因表皮外壁上角质片层和蜡质片层的排列方式、密度和数目以及角质层的厚度不同而异。角质层虽不易使水分通过，但在角质层中杂有亲水性的果胶物质，同时角质层也有极性孔隙可使水分通过。在幼嫩的叶子里，角质层蒸腾可达总蒸腾量的40%~70%，但成长后其角质层蒸腾仅占3%~5%。气孔蒸腾是一般植物蒸腾的主要方式，但气孔关闭后则主要靠角质层蒸腾。角质层扩散阻力很大，旱生药用植物和针叶药用植物扩散阻力可高达400s/cm；湿生药用植物叶片可达20~100s/cm。在低温和叶片外表皮干缩时，角质层扩散阻力会大大增加。在硬叶的药用植物中，角质层蒸腾仅占总蒸腾量的1/20~1/30；柔软叶片角质层蒸腾量也只占1/3~1/10。

总之，蒸腾作用是植物吸水和水分运转的重要动力，对于高大的树木这一点尤为重要。蒸腾流是盐类和其他多种物质在植物内传导和运输的载体，此外，蒸腾作用具有降低叶面温度的效应。

（二）影响蒸腾作用的因子

1. 内部因子　蒸腾作用之所以和蒸发不同，就在于蒸腾作用受到植物内部生理因素的影响。

内部阻力是影响蒸腾作用的内部因素，凡是能减小内部阻力的因素，都会促进蒸腾速率。

气孔频度、气孔下腔和气孔导度都直接影响蒸腾速率。

（1）气孔频度（stomatal frenquency）　是指每平方厘米叶面积里所包含的气孔数目。气孔频度大且气孔大时，内部阻力小，蒸腾较强；反之则内部阻力大，蒸腾较弱。

（2）气孔下腔　气孔下腔容积大，即暴露在气孔下腔的湿润细胞壁面积大，不断补充水蒸气，气孔下腔保持较高的相对湿度，叶内外蒸汽压差大，蒸腾快；反之则较慢。

（3）气孔导度（stomatal conductance）　是指气孔对水蒸气、二氧化碳等气体的传导度，单位为$mmol \cdot m^{-2} \cdot s^{-1}$。在叶子长成后，气孔频度、气孔大小和气孔下腔大小都是固定不变的，只有气孔导度仍有变化。因此，叶片长成后的内部阻力主要决定于气孔导度。

有一些植物的气孔构造特殊，也影响蒸腾作用。苏铁（*Cycas revoluta*）和印度橡胶树的气孔陷在表皮层之下，扩散层相对加厚，蒸汽压梯度小，阻力大，蒸腾慢。

叶片内部面积大小也影响蒸腾速率。因为叶片内部面积（指内部暴露的面积）增大，细胞壁的水分变成水蒸气的面积就增大，细胞间隙充满水蒸气，叶内外蒸汽压差大，有利于蒸腾。

2. 外部因子　外界环境因子可以是直接，也可以通过影响其他生理过程而间接影响植物的蒸腾作用。

（1）光照　光影响蒸腾的主要作用是促进气孔开放。光是影响蒸腾的最主要的外界因子。气孔只要全日照的1%~2%，就可以明显地张开，光照增强，开张会加速，且最终达到稳定较大的开张度。一般气孔对蓝光的反应要比红光敏感。光照不仅可以提高大气的温度，同时也提高了药用植物体温，使叶内外的蒸汽压差增大，蒸腾速率更快。

（2）大气湿度　大气湿度直接影响蒸腾速率。大气相对湿度的高低，使叶内外的水气压梯度发生变化。当大气中的相对湿度低时，叶面与大气间的水气压梯度大，加速蒸腾，反之蒸腾速率减弱。

（3）温度　在一定范围内温度升高，蒸腾加速。这是因为细胞间隙内的水蒸气总是接近饱和，当温度升高时，水分子运动速率增加，其饱和蒸汽压的数值也升高，但此时大气中的水气压却不会因气温升高而增加。因此增大了细胞间隙与外界的水气压梯度，从而促进蒸腾作用。

（4）风　对蒸腾的影响比较复杂。在一定范围内，风能吹散叶面上的水蒸气分子，补充一些相对湿度较低的空气，增大了叶面和大气间的水气压梯度，降低界面层厚度，加速蒸腾。风力摇动加速了叶内水气分子的运动，有利于气孔内外气体交换，蒸腾加速。风速过大，则会导致保卫细胞失水，气孔关闭，内部阻力加大，蒸腾减慢。此外，强风会降低叶温，使饱和水气压下降，减少气孔内外的水气压梯度，降低蒸腾。

（5）土壤条件　土壤中有效水分的多少直接影响蒸腾作用的强弱。土壤溶液浓度、土壤温度和土壤通气状况等因素影响根系吸水，从而间接影响蒸腾的强度。气孔开闭与土壤成分状况之间的密切关系也已得到许多实验的证实。

以上各种环境因素对蒸腾作用的影响并不是孤立的，它们综合作用于药用植物体。

五、植物个体的水分平衡

植物个体水分平衡包含的基本过程是水分吸收、水分运输和水分损失。在一定时间内植物吸收的水的数量与蒸腾损失的水的数量之间的差值即为水分平衡（water balance），其值的大小表示系统（植物体）偏离平衡点的方向和大小。当根系的水分吸收不能满足叶子的蒸腾需求时，水分平衡为负值，或称为负平衡；相反，当叶导度降低导致蒸腾作用减弱时，如果根系吸水没有变化，则水分平衡可能变为正值或称为正平衡。这种动态水分平衡是由植物体内的水分调节机制和环境中各生态因子间相互调节、制约的结果。

植物在长期进化过程中，形成了能调节水分的吸收和消耗以维持其水分平衡的能力。如叶子的外表覆盖有蜡质、不易透水的角质层，能把叶表面的蒸腾量减少到最小值。同时叶表面又有许多气孔，气孔的自动开闭，既保证叶子内部和大气中的空气及水分的交换，又能避免水分过多蒸腾。当水分充足时，气孔开张，水分、空气交换畅通；缺水、干旱时，气孔闭合，减少水分的耗损。所以气孔就像一个自动的"安全阀门"控制着植物体的水分平衡。此外，发达的根系能从土壤中吸取大量的水分，以保证植物对水分的消耗，也是维持植物体水分平衡的一种适应机制。

当大气湿度很高，植物蒸腾微弱，根系吸水量常常超过蒸腾量而呈现水分过剩，如果时间短，叶片会以吐水的方式将液态水排出体外。如果持续阴雨或低洼涝湿，长时间水分过多，则使植物体内正常水分平衡受到破坏，常导致涝害。当土壤含水量降低，植物蒸腾失水大于根系吸水，细胞膨压降低，气孔关闭，呈现萎蔫。这时如果降低蒸腾，植株又可以恢复挺立状态。这种萎蔫称暂时萎蔫（temporary wilting）。如果土壤长期缺水，蒸腾很弱，萎蔫的植株仍不能恢复正常状态时，称为永久萎蔫（permanent wilting）。植物开始发生永久萎蔫时土壤的含水量称为永久萎蔫系数（permanent wilting percentage）。不同土壤种类的永久萎蔫系数值相差很大，有人测定小麦在沙质壤土中为6.3%，在壤土为10.3%。该数值是依据植物从土壤中吸水的能力确定的，所以在同一土壤中，不同植物的数值也稍有差别。以壤土为例，小麦为10.3%，玉米为9.9%。植物开始发生永久萎蔫现象时，土壤的水势对草本植物相当于 -7 ~ -8 巴，大多数农作物为 -10 ~ -20 巴。永久萎蔫对植物生长发育具有极大的危害。

植物水分平衡表现出明显的日变化和季节变化特征。白天大部分时间内由于植物蒸腾作用超出植物水分吸收，故水分平衡常为负值，到傍晚或夜间才出现正平衡或接近完全平衡，前提是土壤贮存足够的水。在干旱时期植物水分负平衡通常经过一整夜也不能完全恢复，因而水分亏缺逐渐积累起来，直到下次降水发生时才会得到缓解或恢复，呈现出周期性不规则季节性变化特点（图3-2）。

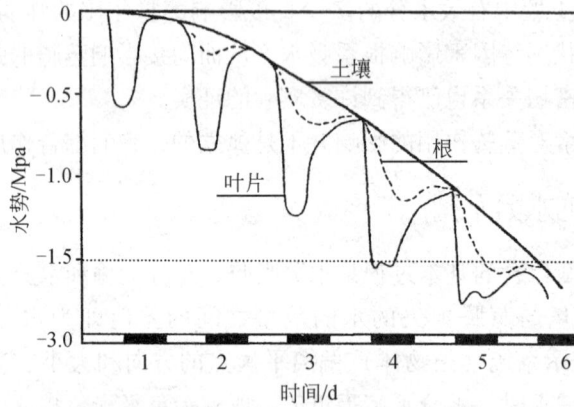

图3-2　连续数日干旱，土壤水势和植物水势（根水势和叶水势）的日变化进程
（横坐标中黑色部分表示夜间水分平衡情况）

在不同地区和不同季节，植物达到水分平衡时，所吸收和消耗的水量是不同的。植物吸水和蒸腾量与温度高低有直接关系。在低温地区和低温季节，植物吸水量和蒸腾量小，生长缓慢；在高温地区和高温季节，植物蒸腾量大，耗水量多，生长旺盛，生产量大。因此，在高温地区和高温季节，必须多供应水分，才能保证植物对水的需要，以维持更高生产量的水分平衡。

植物含水量的变化常被用作水分平衡的指标，可以通过直接测定茎或叶部位的含水量获得水分亏缺的信息。为了克服天气条件带来的影响，通常使用相对含水量（relative water content, RWC）代替绝对含水量，它是相对于饱和含水量的百分比。水分亏缺（负平衡）的度量也可以采用测定水分饱和亏缺（water-saturated deficit, WSD）来完成，它表示某组织含水量同处于完全饱和状态下的组织含水量相比而得到的数值。

组织水势的变化也可以反映出植物体水分平衡状态。当水分平衡为负值时，组织渗透势就升高。渗透势不仅随含水量的变化而改变，而且随渗透调节过程而改变（液流中无机离子、糖、脯氨酸积累）。水分亏缺的直接结果是与组织水势的显著下降相伴随的膨压的丧失，特别是在轻度水分亏缺时，水势的变化比渗透势更快。

第四节 药用植物群落的水分平衡

群居在一起的植物并非杂乱的堆积，而是一个有规律的组合，一定植物种类的组合，在环境相似的不同阶段有规律地重复出现。每一个这样的单元是一个植物群落（plant community）。而药用植物群落是具有特定药效的植物群落，只有人工复合药用植物群落中各种植物种群都是纯粹的药用植物种类，但在自然条件下，植物群落很难与植物群落区分开来。药用植物群落能截留降水、保蓄水分，使降落在群落中的水分进行再分配，因而能创造群落内部特殊的空气和土壤湿度条件，从而维持良好的群落水分平衡。

一、群落冠层对降水的截留

在缺少植物覆盖的陆地上，天然降水在一定范围内可以均匀地落至地表，然而只要有植物群落存在，就会有一部分水被冠层截留而无法到达土壤表面，群落的这种作用随群落结构复杂程度的增加而加大。以森林群落为例，森林林冠截留雨水多少与上层树种的生态习性有关，通常耐阴性树种截留的雨水要比阳性树种为多。如云杉林冠能截留总雨量的30%，松林为18%，桦树林则仅9%。森林截留雨量也和森林的层次结构有关，群落结构愈复杂，林内的层次愈多，则截留的雨量也愈多。林冠截留雨量还与降雨强度有关，降雨强度愈小，或雨时愈短，则林冠截留雨量的百分比就愈高；如雨滴大，雨时长，那么被林冠截留的雨量百分比相对就小。

二、群落对水分的再分配

降水到达林冠层时，一部分保留在植物表面，其余的以两种形式进入群落内部：从群落冠层滴落下来的或者从冠层空隙处直接降落下来的穿透水（through fall）；沿着茎干流下来到达土壤的茎流（stem flow）。

茎流沿叶片、枝条、茎干向下运动，最终直达植物根部。作为植被对降雨再分配过程中的重要环节，这部分水量使降水高度集中于根部土壤，减少了蒸发损失，增加了植物对水分的有效性，改变了降水的空间分布格局。此外，树干茎流在形成过程中淋滤并溶解了大量来自于枝条及其附生物、叶片和空气尘埃中的营养物质，亦是对土壤养分的有效补充。特别在干旱、半干旱地区，树干茎流被认为是植物在贫瘠环境下重要的水分及养分来源，在那里许多植物的形态构造有利于增加茎流。

三、地表径流与土壤渗漏

地表的水分并非全部为群落的蒸腾蒸发所利用，其中一部分从地表流走，形成径流损失，而另一部分则渗入深层土壤汇入地下水，最终流出群落环境之外。在坡度较大的地方，可能有一半以上的降水以径流形式损失，特别是在降水集中而植被稀少的地段，以这种方式损失的水可高达降水量的 2/3 ~ 3/4。

　　水分在下渗进入土壤之前，首先要经过群落的地被层，这时如果地被物比较潮湿，水分的下渗速度往往会相当快，因为地被物存在许多大孔隙和有机物质，持水量较高。但在夏季地被物变得非常干热时，它可能产生疏水性，使得水分进入地被的速率降低。当地被物吸持的水分超过它本身的最大持水量时，水分就下渗进入土壤。土壤的质地和结构影响水分的下渗速度，砂土水分下渗速度较黏土要快，具有团粒结构的土壤，有利于水分的下渗，如砂性大的土壤，砂壤土、高砂土等土肥渗漏现象严重。水分在水势梯度、毛细管作用力和重力作用下在土壤中运动。在降雨季节，当有大量的水分输入土壤中时，这三种力常常促成水分向下运动。水分向下运动时，可能会遇到透水性很低的土层或不透水层，形成一个上悬潜水面。如果没有这个不透水层，水分就会继续下渗，与地下水汇合作横向运动，最终流出生态系统之外。

四、群落的蒸发蒸腾作用

　　群落的蒸发蒸腾作用也可以称为蒸散作用（evapotranspiration），包括土壤表面和植物表面的物理蒸发与群落冠层的生理性蒸腾作用，其中土壤蒸发和冠层蒸腾占主导地位。

（一）土壤表面蒸发

　　太阳辐射能和土壤中从下向上的水流决定了水分能从土壤表面蒸发。在缺少植被覆盖的土壤上，起初蒸发速率很高，但首先蒸发掉的是土壤大孔隙中的水分，当大孔隙中的水分蒸发完后，再蒸发小孔隙的水分。当蒸发速率很快时，由于毛细管水运动相当慢，表土层与底土层的连续水柱就会被中断，毛细管水向上运动就会基本停止。这种现象在质地较粗的土壤中更容易发生。因此，在质地粗到中等粗细的土壤中，夏季蒸发速率最初很快，但一旦表土层变干，蒸发速率就降低至很低水平，此时表土层以下的土壤却仍可能处于田间持水量水平；而在质地较细的土壤中，毛细管水柱可长时间保持，因而底层土壤也会逐渐变干。在植被盖度较高的条件下，太阳辐射能只有小部分可以到达土壤表面引起蒸发。如果地表有机质积累较多，则土壤的蒸发还会进一步减少，这是由于从土壤到地被物表面之间缺乏连续的孔隙，自土壤中上升的水分会被无机 - 有机界面的水力不连续性阻断。地被物可以减少水分的蒸发损失，有效地防止土壤水分的散失。

（二）植物群落蒸腾

　　同单株植物的蒸腾情形相类似，植物群落的蒸腾作用受太阳辐射、温度和大气湿度等生态因子周期性变化的影响，表现出显著的日进程和季节进程。在晴朗的天气条件下，植物群落的蒸腾速率和群体蒸腾耗水量通常呈单峰曲线。不同群落蒸腾的日进程曲线可能在峰值出现位置和峰值高低等特征上存在明显差异，但在总的变化趋势上存在鲜明的共性，这与一天中光辐射强度、气温和相对湿度的周期相变化相一致。有些群落可能呈现双峰形蒸腾曲线，如我国东北松嫩平原的两种碱茅——星星草（*Puccinellia tenui-*

flora）和朝鲜碱茅（*Puccinellia chinamopensis*）群落，但峰值的高低明显不对等，主峰和次峰界限明显。在温带地区，与太阳辐射强度、气温、湿度的变化基本同步，尽管每日的变化具有很大的波动性和不确定性（受当日天气条件波动的影响），植物群落水平的蒸腾速率呈现明显的季节性特征。

随着植物群落的发育，其叶面积指数会在一定的范围内呈现出先增加后稳定的趋势，这一时期群落的蒸腾速率也会出现同样趋势，但单位叶面积的蒸腾量会逐渐减少，这一点对于人工植物群落尤其明显，这是因为随着群落郁闭度增加，群落内部会形成风力小、相对湿度大的小气候，限制了单个叶片的蒸腾作用。群落因蒸腾而发生的水分消耗也随着群落积累的生物量的增加而增大，二者之间存在线性关系。

不同植被型下植物群落的蒸腾作用既与所在区域的气候、土壤及水文条件有密切关系，又受不同群落所积累的生物量多少的影响。因此，不同植被型或植被型组之间的蒸腾耗水量的比较常能发现很大的差异。

影响群落蒸腾的生态因子有多种，对于不同地带及生态类型下分布的植物群落，影响因子可能有较大的不同。如草本植物群落的影响因子一般包括太阳辐射强度、温度和大气湿度、降水量、土壤含水量、土壤紧实度、风速等。各个因子的相对重要性随着群落所在环境的特点、演替阶段的改变而变化，但在多数情况下，太阳辐射强度是影响群落蒸腾的主导因子。

五、群落水分平衡

植物群落的水分收支状况可以用水分平衡方程式来表示：假定大气降水（P）是群落唯一的水分输入，并且不存在侧向水分补给，群落内植物有机体、枯萎落叶层以及土壤中贮存有一定的水分（ΔW），而群落的水分输出包括蒸发散失水量（ET）、地表径流和地下渗漏（L），则水分平衡式就可表述为：

$$P = \Delta W + ET + L$$

在水分平衡方程式中，与植物群落特征直接相关的输出项是蒸散量 ET，它是群落内土壤蒸发量（E）与群落本身蒸腾量（T）之和。两者之间的比例 T/E 或者蒸腾量和蒸散量的比例（T/ET）代表着重要的生态学意义。可以通过测定蒸腾、蒸发并计算 T/ET 来了解群落本身的生物学过程（蒸腾作用）对水分散失的影响。

一般情况下，在草本植物群落中水分可占绿色植物生物量鲜重的 3/4 以上，木本植物群落中这一比例也在 1/2 以上。

植物群落的水分平衡基本上决定其所在生态系统的水分平衡，由于各气候区、植被区降水多少、蒸散强弱不同，地球上陆生植物群落的水分平衡状况存在显著差异。

由于群落能阻挡降水，这就大大地减少了地表径流，减少了表土的冲刷。而渗入土壤中的水分，一部分能不断供植物生长的需要，一部分渗入地下水，源源不断地流向江河，这样就能很好地调节江河流水，防止江河暴涨暴落。因此，在江河上游、水库周围营造大面积的水源林，可起到涵养水源，保持水土，调节小气候的作用。森林也能降低地下水位，这是因为树木能通过根系把土壤深层的水分吸收上来，运送到枝叶并蒸腾到大气中去。在北方，森林的砍伐往往会导致土壤的沼泽化，原因就在于此。

第五节　土壤－植物－大气中的水分流动

在陆地生态系统中，植物凭借其发达的根系从土壤中吸取水分，水分进入根系后沿木质部向上运输，经过茎干到达叶中，最终通过气孔和角质层蒸腾到大气中去，形成一个连续的水分运输体系，称为植物－土壤－大气连续体（soil－plant－atmosphere continuum，SPAC）。水分通过这个体系的数量和速度取决于：土壤中水分的可利用性；根系吸收水分的能力；水分通过导管/管胞的运输能力；叶片导性/阻力大小；空气中水气压差。

一、土壤水分的可利用性

土壤中的水分对植物来说，并不是都能被利用的。根部有吸水的能力，而土壤也有保水的能力，如果前者大于后者，则根系吸水，否则不吸水。植物从土壤中吸水，实质上是植物和土壤彼此争夺水分的问题，植物只能利用土壤中可用水分（available water）。土壤可用水分多少和土粒粗细以及土壤胶体数量有密切关系，粗砂、细砂、砂壤和黏土的可用水分数量依次递减。

根据土壤的持水能力和水分移动情况，可将土壤水分分为重力水、毛管水和吸湿水三种状态。降雨或灌水后一部分水因重力而向下流失，称为重力水，这部分水一般不易被植物吸收。吸湿水是由分子吸附力作用而保持在土粒表面的水分，黏粒吸附吸湿水的力量很强，这部分水不能为药用植物吸收利用。由土壤毛细管的毛管力而保持在土壤孔隙中的水称为毛管水。毛管水含量的多少与土壤质地有关。黏土毛管多而细，保水力强，透水力差；砂土毛管少而粗，保水力差，透水力强。毛管水在土层中总是从湿润的地方朝着失去水的、干燥的地方移动。因此，毛管水是植物最能利用的有效水分，它能保证根系吸水的不断补给，在生产上要尽量减少毛管水的无益损耗。

影响根系吸水的主要因素是根系分布和吸水活力。改善土壤中根系合理分布、增强根系吸水活力是提高土壤水分利用效率的主要途径。影响根系生长与分布的因素是多方面的，除遗传因素外，土壤质地、水分、养分等因素也非常重要。根系分布调控就是利用耕作栽培技术来改善根系生长的环境来促进根系的定向生长，一般认为，深耕能打破犁底层，促进根系的深扎，有利于吸收土壤深层水分。根长密度是限制根系充分利用土壤水分的主要因素，深耕后中下部土层根长密度增加明显，为植物充分利用土壤储水创造了条件。表层土壤水分充足会促进根系表聚，表层土壤水分不足会促进根系下扎；上下茬作物的合理搭配与深浅根系作物的间套种可促进根系在垂直空间的合理分布，提高对不同土层水分的利用效率。另外，通过灌溉、施肥、耕作等可适度调控根系生长活力。

二、植物体内的输水通道

水分进入植物体内，沿着水势梯度运动，以细胞间扩散和木质部输导方式进行。根吸收的水分经由皮层薄壁组织进入到内皮层，质外体运输受到内皮层凯氏带的阻挡，而不得不汇入共质体途径，进入到根、茎的维管系统，开始了它的长距离运输，到达叶的维管系统，最后通过扩散作用分配到叶肉细胞中。

水分在植物体内形成蒸腾流，其最大速度主要依赖于植物体中输导系统的结构，因而植株各部位的流速不尽相同。只要根对水分吸收不受阻碍，木质部的蒸腾流就随蒸腾强度的加大而提高。在形体较大的乔木中，水分移动开始于清晨树冠顶部分枝的前端，拉动起自根部到树干基部的水柱。此后液流开始迅速启动，与树冠的蒸腾速度一致。傍晚液流变缓，但直到深夜水流还会缓缓进入树干，形成水分的储备。

如果植物与大气间水势梯度很低，木质部的水分移动也可通过渗透力来加以保持。春季当落叶树的叶子还未展开前，贮藏于根部射线和薄壁组织中淀粉的移动可以将可溶性碳水化合物释放到导管中，产生渗透梯度，水分仍可以沿此梯度向上流动。

三、蒸散作用的气相控制

水分在土壤、植物和大气之间虽形成一个连续的体系，但植物蒸腾的速度却只能在整个途径的气相部分被直接控制。如果在植物发生蒸腾作用期间把茎切断，水分供应就会被终止，但此时水分蒸腾的速度起初不会立即降低，后来随着叶水势降低，导致气孔关闭，这时叶的蒸腾速度才会下降。土壤含水量或根对水的阻力发生变化，也只有通过气孔运动来间接影响蒸腾的速度。

提高作物叶面积指数（leaf area index，LAI）可有效降低土壤蒸发（evaporative，E）占蒸散（evapotranspiration，ET）的比例，在实践中作物苗期叶面积指数小，农田耗水以土壤蒸发为主，通过缩小行距增大作物苗期冠层覆盖度可有效减少土壤蒸发，冬小麦行距7.5，15和30cm下 E/ET 分别为：25.5%，26.7%和27.1%。种植方式显著影响农田能量辐射平衡，进而影响水分平衡。东西行向玉米种植方式与南北行向比较，吸收热量多、净辐射多、水分散失多；沟麦与畦麦相比，蒸发耗热量减少2%～7%，田间蒸发量减少3%～11%；间作套种与间作相比，复合群体有利于减少棵间蒸发。

第四章　矿质营养与药用植物生理生态

植物除了从土壤中吸收水分外，还要从中吸收各种矿质元素，以维持其正常的生命活动。植物吸收的这些元素，有的作为植物体组成成分，有的参与调节生命活动，有的则兼有这两种功能。通常把植物对矿质元素的吸收、转运、同化以及矿质在生命活动中的作用称为植物矿质营养（plant mineral nutrition）。

人们对植物矿质营养的认识，经历了漫长的实践探索，第一位用实验方法探索植物营养来源的科学家是荷兰的 van Helmont（1577 - 1644 年），他于 1640 年在布鲁塞尔进行了著名的柳条试验。1699 年，英国的 John Woodward 分别用雨水、河水、泉水、自来水和菜园土壤浸提液培养薄荷，发现植株在河水中比在雨水中生长得好，而在菜园土壤浸提液中生长最好。据此他认为，植物体的构成中不仅有水，还有来自于土壤中的一些特殊物质。1804 年，瑞士的 N. T. de Saussure（1767 - 1845 年）发现，若将种子播种于蒸馏水中并让长出的植株继续在蒸馏水中生长，结果植株不久即死亡，其灰分含量与种子的灰分含量相比没有增加；若将正常生长植株的灰分和硝酸盐加入蒸馏水中，植物便可正常生长。这证明了灰分元素对植物生长的必需性。之后，德国的 C. S. Sprengel（1787 - 1859 年）提出，土壤中若缺少任何一种对植物生长必需的元素都不能被视作肥沃。法国的 J. Boussingault（1802 - 1879 年）在石英砂和木炭中加入无机化学药品培养植物，并对植物周围的气体做了定量分析，证明了植物体内的 C、H、O 是从空气和水中得来的，而植物所需的矿质元素来源于土壤。1840 年，德国的 J. Liebig（1803 - 1873 年）提出植物从土壤中获得无机态的营养物质，矿质肥料可以补充土壤矿质营养的消耗，从而建立了矿质营养学说，并否定了当时流行的腐殖质营养学说。1860 年，德国的 J. Sachs（1832 - 1897 年）和 W. Knop 在完全无土的情况下，用含有已知成分的无机盐溶液培养植物完成生活史，自此探明了植物营养的根本性质，即自养型（无机营养型），同时也使植物营养研究进入了精确化和定量化阶段。为植物必需的大量元素和微量元素的陆续发现创造了条件，也为作物施肥奠定了理论基础。

矿质营养对植物生长发育非常重要，了解矿质营养对植物的生理作用、植物对矿质的吸收、转运以及同化规律，可以指导作物合理施肥，提高产量，改善品质和保护生态环境。

第一节 药用植物必需的矿质元素及其生理作用

一、植物体内的元素

将新鲜植物材料放在 105℃ 下烘干称重，可测得蒸发的水分占植物组织的 10% ～ 95%（因不同植物种类或植物组织和器官不同而异），而干物质占 5%～90%。干物质中包括有机物和无机物。将干物质放在 600℃ 下灼烧时，有机物中的 C、H、O、N、S 等元素以 CO_2、H_2O、NH_3、N 和 S 的氧化物等气体形式挥发到空气中，剩余不能挥发的灰白色残渣称为灰分（ash），其总质量占干物质重的 5%～10%。灰分中的物质为各种矿质的氧化物、磷酸盐、硫酸盐、氯化物等。构成灰分的元素称为灰分元素（ash element），由于这些元素直接或间接来自土壤矿质，故又称为矿质元素（mineral element）。由于 N 在燃烧过程中变为各种气态物质而挥发，并不存在于灰分中，所以一般认为 N 不是矿质元素。但在高等植物中，除了能依赖共生固氮菌，自大气中直接获取氮素的豆科等植物种类外，其他大部分植物体内的 N 也和其他灰分元素类似，主要是从土壤中吸收的，所以通常将 N 归于矿质元素一起讨论。矿质元素也可称为矿质营养物或矿质养料，它们多以盐分的形式参与矿质的构成。

不同种类植物体内的矿质元素含量不同，同一植物的不同组织或器官的矿质元素含量也不同。甚至生长在不同环境条件下的同种植物，或不同年龄的同种植物体内矿质元素的含量也不同。一般水生植物矿质元素含量只有干重的 1% 左右，中生植物占干重的 5%～10%，蕨类植物为 6%～10%，而盐生植物最高，有时达 45% 以上。同种植物不同器官的矿质元素含量差异也很大，木本植物的树皮为 3%～8%，树叶为 3%～8%，木质部约为 0.5%～1%，种子约为 3%，草本植物的茎和根为 4%～5%，叶则为 10%～15%。

通过灰分分析可以了解植物体内矿质元素的种类和含量。现已发现有 70 种以上的元素存在于不同植物中。其中，在植物体内存在较为普遍且含量较多的元素有十多种，如 P、K、Ca、Mg、S、Fe、Si、Cl、Na 和 Al 等。表 4-1 是分析不同植物所得的比较常见的 35 种化学元素的平均含量。

表 4-1 植物体中部分化学元素含量（引自武维华 2008）

元素	占干重%	元素	占干重%	元素	占干重%	元素	占干重%
氧	60～70	硫	约0.05	铜	约0.0002	镍	约0.00005
氢	8～10	铁	约0.02	钡	约0.0001	砷	约0.00003
碳	15～18	钠	约0.02	钛	约0.0001	氟	约0.00001
钾	0.3～3	钙	约0.02	锶	约0.0001	钼	约0.00001
氮	0.3～1	铝	约0.02	钒	约0.0001	铯	约0.00001
磷	约0.1	钴	约0.02	锆	约0.0001	锂	约0.00001
锰	约0.1	铬	约0.0005	铅	约0.0001	氯	约0.00001
硅	约0.1	铷	约0.0005	硼	约0.0001	碘	约0.00001
镁	约0.1	锌	约0.0003	镉	约0.0001		

二、植物必需的矿质元素及其生理作用

(一) 植物必需元素的标准与分类

虽然在各种植物体内已发现了 70 种以上的元素，但这些元素并不都是植物正常生长发育所必需的。某一元素对植物的生长发育是否必需，并不一定取决于该种元素在植物体内的含量。所谓必需元素（essential element 或 essential nutrient）是指植物生长发育必不可少的营养元素。

1939 年，Arnon 和 Stout 提出了确定植物必需元素的 3 个标准：①该种元素对所有高等植物的生长发育是不可缺少的，缺少该种元素植物就不能完成其生命周期。对高等植物来说，即由种子萌发到再结出种子的过程。②缺乏该种元素后，植物会表现出特有的症状（缺素症），而且其他任何一种化学元素均不能代替其作用，只有补充该种元素后症状才能减轻或消失。③该种元素必须是直接参与植物的新陈代谢，对植物起直接的营养作用，而不是因土壤、培养液或介质的物理、化学或微生物条件所引起的间接效果。这 3 个标准可概括为：元素的不可缺少性、不可替代性和直接功能性。

根据这些标准，通过溶液培养法等研究手段，现已确定有 17 种元素是植物的必需元素：碳（C）、氢（H）、氧（O）、氮（N）、磷（P）、钾（K）、钙（Ca）、镁（Mg）、硫（S）、铁（Fe）、锰（Mn）、硼（B）、锌（Zn）、铜（Cu）、钼（Mo）、氯（Cl）、镍（Ni）。在上述元素中，除植物自大气和水中摄取的 C、H、O 不是矿质元素外，其余 14 种元素均为植物所必需的矿质元素（表4 – 2）。

表4 – 2　植物的必需元素*（引自李合生2006）

必需元素	植物利用的形式	在干物质中的质量分数%	必需元素	植物利用的形式	在干物质中的质量分数%
C	CO_2	45	Cl	Cl^-	1×10^{-2}
O	O_2, H_2O	45	Fe	Fe^{2+}, Fe^{3+}	1×10^{-2}
H	H_2O	6	B	H_3BO_3, $B(OH)_3$	2×10^{-3}
N	NO_3^-, NH_4^+	1.5	Mn	Mn^{2+}	5×10^{-3}
K	K^+	1.0	Zn	Zn^{2+}	2×10^{-3}
Ca	Ca^{2+}	0.5	Cu	Cu^{2+}, Cu^{3+}	6×10^{-5}
Mg	Mg^{2+}	0.2	Mo	MoO_4^{2-}	1×10^{-5}
P	$H_2PO_4^-$, HPO_4^{2-}	0.2	Ni	Ni^{2+}	1×10^{-5}
S	SO_4^{2-}	0.1			

*表中数值来自于多种植物的平均值，这些值在具体植物间可能会有较大差异。

需要说明的是，国际植物生理学界对植物必需元素种类的确定尚有一些争议，如 Na 和 Si 是否为植物的必需元素一直就有不同观点。因为有些盐生植物的正常生长发育确实需要摄取大量的钠，而且在有些情况下利用其他元素（如同为一价阳离子的钾）还不能完全替代钠的作用。而硅对有些植物（特别是禾本科植物）的生长发育也确实

有积极影响，除了可能的直接功能外，对植物抵御病原菌的侵染等也有特别重要的作用。总之，随着科学技术的进步，今后还会可能证实某些元素是植物所必需的营养元素，也有可能发现一些新的营养元素。根据植物对必需元素需要量的多少，通常把植物必需元素划分为两类，即大量元素（macroelements 或 macronutrient）和微量元素（microelement，micronutrient 或 trace element）。大量元素是指植物需要量较大，其含量通常为植物体干重 0.1% 以上的元素，共有 9 种，即 C、H、O、N、P、K、Ca、Mg、S。微量元素是指植物需要量极微，其含量通常为植物体干重的 0.01% 以下，这类元素在植物体内稍多即会发生毒害，微量元素有 8 种，它们是 Fe、Mn、B、Zn、Cu、Mo、Cl、Ni。

（二）植物必需矿质元素的生理作用及其缺素症

必需元素在植物生长发育过程中的生理功能概括起来讲主要有 5 个方面。①作为活细胞结构的物质组成成分，如细胞壁和细胞膜等结构中存在的钙离子对稳定这些结构有重要作用；②作为能量转换过程中的电子载体，如铁和铜离子在呼吸和光合电子传递中作为不可或缺电子载体的作用；③作为活细胞电化学平衡的重要介质，在稳定细胞质的电荷平衡、维持适当的跨膜电位等方面有重要作用；④作为活细胞的重要渗透物质调节细胞的膨压，如钾离子、氯离子等在细胞渗透压调节、胶体稳定中有重要作用；⑤作为重要的细胞信号转导信使，如钙离子已被证明是细胞信号转导中的重要第二信使等。

各种必需矿质元素的主要生理作用及其缺乏症简述如下：

1. **氮**　植物吸收的氮主要是无机氮，即铵态氮（NH_4^+）和硝态氮（NO_3^-），也可吸收利用尿素等有机氮。氮的主要生理作用：①氮是构成蛋白质的主要成分，蛋白质中氮含量约占 16% ~ 18%。细胞膜、细胞质、细胞核、细胞壁中都含有蛋白质，各种酶也都是以蛋白质为主体的。物体内含氮化合物主要以蛋白质形态存在。②氮也是核酸、核苷酸、辅酶和辅基（如 NAD^+、$NADP^+$、FAD 等）、磷脂、叶绿素、细胞色素、某些植物激素（如吲哚乙酸、细胞分裂素）、维生素（如维生素 B_1、B_2、B_6、PP 等）及植物次生代谢中的许多中间产物分子结构的成分。由此可见，氮在植物生命活动中占有重要地位，因此，氮又被称为生命元素。

植物在生长发育过程中缺氮时，细胞的许多生理生化活动受到影响。如一些重要物质（蛋白质、核酸、磷脂等）的合成受阻、功能蛋白质的活性降低、细胞的生长分裂减缓等。其结果造成植株生长矮小，分枝、分蘖很少，叶片小而薄，花果少且易脱落；缺氮还会影响叶绿素的合成，使枝叶变黄，叶片早衰甚至干枯，从而导致产量降低。缺氮植物的根系最初比正常的色白而细长，但根量少；而后期根停止伸长，呈现褐色。因为植物体内的氮素化合物有高度的移动性，能从老叶转移到幼嫩组织中去被重复利用，所以缺氮症状通常先从老叶开始，逐渐扩展到上部幼叶，这是缺氮症状的显著特点。

氮素过多时，容易促进植株体内蛋白质和叶绿素的大量形成，致使枝叶徒长，叶面积增大，叶色浓绿，叶片柔软披散。另外，氮素过多时，导致植株体内的含糖量相对不足，茎秆中机械组织不发达，易造成倒伏和被病虫侵害等。

2. 磷　磷主要以 $H_2PO_4^-$ 或 HPO_4^{2-} 的形式被植物吸收。植物吸收磷的这两种形式的多少取决于土壤 pH 值，pH <7 时，以 $H_2PO_4^-$ 居多；pH >7 时，以 HPO_4^{2-} 较多。当磷进入根系或经木质部运到枝叶后，大部分转变为有机物质如糖磷脂、核苷酸、核酸、磷脂等，有一部分仍以无机磷形式存在。植物体内磷的分布不均匀，根、茎的生长点较多，嫩叶比老叶多，果实、种子中也较丰富。磷的主要生理作用：①磷是细胞质和细胞核的组成成分之一，它存在于磷脂、核酸和核蛋白中。②磷在植物的代谢中起重要作用。磷参与组成的 ATP、FMN、NAD^+、$NADP^+$、FAD、CoA 等参与光合作用、呼吸作用，是糖类、脂肪及氮代谢过程中不可缺少的。此外，磷还能促进糖的运输。③植物细胞液中含有一定的磷酸盐，构成缓冲体系，对于维持细胞的渗透势起一定作用。④磷还能提高作物的抗旱、抗寒、抗病等能力。在磷的影响下，可提高细胞结构的水化度和胶体束缚水的能力，减少细胞水分的损失，并增加原生质的黏性和弹性，这就增强了原生质对局部脱水的抵抗力。

缺磷对植物光合作用、呼吸作用及生物合成过程都有影响。植株表现生长延缓、矮小、分枝或分蘖减少。在缺磷初期叶片常呈暗绿色，这是由于缺磷对细胞伸长的影响程度超过叶绿素所受的影响，因而，缺磷植物的单位叶面积中叶绿素含量反而较高，但其光合作用的效率却很低，表现为结实状况很差。植物缺磷的症状常首先出现在老叶上，因为磷的再利用程度高，在植物缺磷时老叶中的磷可运往新生叶片中再被利用。缺磷的植株，因为体内碳水化合物代谢受阻，有糖分积累，从而易形成花青素（糖苷）。许多一年生植物的茎常出现典型的紫红色症状。此外，在缺磷的情况下，某些植物还能分泌有机酸，使根际土壤酸化，从而提高土壤磷的有效性，使植物能吸收到更多的磷。

施用磷肥过多时，叶片会产生小焦斑（磷酸钙沉积所致），植株地上部分与根系生长比例失调，在地上部生长受抑制的同时，根系非常发达，根量极多而粗短。还会诱发锌、锰等元素代谢的紊乱，常常导致植物缺锌症等。

3. 钾　钾在植物体内几乎都呈离子状态。钾的主要生理作用：①作为酶的活化剂参与体内重要的代谢。现已发现钾是 60 多种酶的活化剂，钾同植物体内的许多代谢过程密切相关，如：光合作用、呼吸作用和碳水化合物、脂肪、蛋白质的合成等。②促进蛋白质、糖类的合成，也能促进糖的运输。③增强植物的抗逆性。钾能使作物体内可溶性氨基酸和单糖减少，纤维素增多，细胞壁加厚；钾在作物根系累积产生渗透压梯度能增强水分吸收；钾在干旱缺水时能使作物叶片气孔关闭以防水分损失。④改善植物产品品质。

缺钾时，叶片缺绿，叶缘枯焦，生长缓慢，茎秆柔软易倒伏，抗旱性和抗寒性差。钾也是易移动可被重复利用的元素，故缺钾症状首先出现在较老的组织或器官。

4. 钙　钙元素以 Ca^{2+} 的形式被植物体吸收。钙的主要生理作用：①钙与细胞壁的形成有关，是植物细胞壁胞间层果胶钙的成分。②钙与细胞分裂有关，因为有丝分裂时纺锤体的形成需要钙。③钙具有稳定生物膜的作用。④钙有解毒作用。植物（尤其是肉质植物，如景天科植物）代谢的中间产物有机酸积累过多对植物有害，Ca^{2+} 可与有机酸结合为不溶性的钙盐（如草酸钙、柠檬酸钙），从而起到解毒作用。⑤钙也是一些酶的活化剂，如由 ATP 水解酶、磷脂水解酶等酶催化的反应都需要 Ca^{2+} 的参与。⑥Ca^{2+} 是植物活细胞信号转导过程的重要第二信使，Ca^{2+} 与钙调素（calmodulin，CaM）结合成钙－钙调蛋白（Ca^{2+}－CaM）复合体参与信息传递，在植物生长发育中起重要的调节作用。⑦钙有助于植物愈伤组织的形成，对抵抗病原菌的侵染有一定作用。

有些植物仅生长在石灰性土壤中，称为钙质土植物；而有些植物却只能生长在缺钙的硅质和砂质土壤中，称为嫌钙质土植物。石灰性土壤通常较易透水，植物会遇到干旱胁迫。石灰性土壤中含有大量的 Ca^{2+} 和 HCO_3^-，土壤呈碱性。石灰性土壤中，氮的矿化速度快，P、Fe、Mn 和大多数重金属元素的利用性差。而当它们生长在酸性土壤中时，会受到过多的 Fe、Mn 和 Al 离子的毒害。钙质土植物一般都具有耐旱性，并能从石灰性土壤中吸收 P 和其他微量元素。典型的钙质土植物有黄连木等。

嫌钙质土植物对 Ca^{2+} 和 HCO_3^- 高度敏感，如果 Ca^{2+} 和 HCO_3^- 过高会抑制生长使根系受害。如水藓属植物在 Ca^{2+} 和 HCO_3^- 高的土壤中时，根会产生大量的苹果酸抑制其自身生长，毒害根系。

植物缺钙往往不是土壤供钙不足而引起的，主要是由于作物对钙的吸收和转移受阻，而出现的生理失调。缺钙初期植株顶芽、幼叶呈淡绿色，继而叶尖出现典型的钩状，随后坏死。

5. 镁　镁以 Mg^{2+} 状态进入植物体。镁的主要生理作用：①镁是叶绿素的重要成分之一。②镁是光合作用及呼吸作用中多种酶的活化剂。③蛋白质合成中氨基酸的活化过程都需镁的参加，核糖体大、小亚基间的稳定结合需要一定浓度的镁。④镁是 DNA 聚合酶及 RNA 聚合酶的活化剂，参与 DNA 和 RNA 的合成。⑤镁也是染色体的组成成分之一，在细胞分裂过程中起作用。

缺镁最明显的症状是叶片失绿，其特点是首先从下部叶片开始，往往是叶肉变黄而叶脉仍保持绿色，这是与缺氮病症的主要区别。严重缺镁时可引起叶片的早衰与脱落。

6. 硫　硫主要以 SO_4^{2-} 形式被植物吸收。硫的主要生理作用：①硫氨酸几乎是所有蛋白质的组成成分之一，所以硫是原生质的构成元素。②含硫氨基酸中半胱氨酸－胱氨酸系统能影响细胞中的氧化还原过程，具有稳定蛋白质空间结构的作用。③硫是辅酶 A 和硫胺素、生物素（维生素 H）的构成成分。且辅酶 A 中的硫氢基（－SH）具有固定能量的作用。④硫还是硫氧还蛋白、铁硫蛋白与固氮酶的组分之一，因而硫在光合、固氮等反应中起重要作用。

硫元素在植物体内不易移动，缺硫时一般在幼叶表现缺绿症状，且新叶均衡失绿，呈黄白色并易脱落。缺硫情况在作物栽培实践中很少遇到，因为土壤中有足够的硫满足植物需要。

7. 铁　铁主要以 Fe^{2+} 的螯合物的形式被植物吸收。铁进入植物体内就处于被固定状态而不易移动。铁的主要生理作用：①铁是许多酶的辅基，如细胞色素、细胞色素氧化酶、过氧化物酶和过氧化氢酶等。在这些酶中铁可以发生 $Fe^{3+} + e^- = Fe^{2+}$ 的变化，它在呼吸电子传递中起重要作用。细胞色素也是光合电子传递链中的成员（Cytf、$Cytb_{559}$、$Cytb_{563}$），光合链中的铁硫蛋白和铁氧还蛋白都是含铁蛋白，它们都参与了光合作用中的电子传递。豆科植物根瘤菌中的血红蛋白也含铁蛋白，因而它还与固氮有关。②铁是合成叶绿素所必需的。虽然其具体机制尚不清楚，但催化叶绿素合成的酶中有两三个酶的活性表达需要 Fe^{2+}。近年来发现，铁对叶绿体构造的影响比对叶绿素合成的影响更大。

铁是不易重复利用的元素，因而缺铁最明显的症状是幼芽、幼叶缺绿发黄，甚至变为黄白色，下部叶片仍为绿色。土壤中含铁较多，一般情况下植物不缺铁。但在碱性土或石灰质土壤中，铁易形成不溶性的化合物而使植物缺铁。

8. 锰   锰主要以 Mn^{2+} 形式被植物吸收。锰的主要生理作用：①锰是光合放氧复合体的主要成员，缺锰时光合放氧受到抑制。锰为形成叶绿素和维持叶绿素正常结构的必需元素。②锰是许多酶的活化剂，如一些转移磷酸的酶和三羧酸循环中的柠檬酸脱氢酶、草酰琥珀酸脱氢酶、α-酮戊二酸脱氢酶、苹果酸脱氢酶、柠檬酸合成酶等，都需锰的活化。③锰还是硝酸还原的辅助因素，缺锰时硝酸就不能还原成氨，植物也就不能合成氨基酸和蛋白质。

缺锰时植物不能形成叶绿素，叶脉间失绿褪色，但叶脉仍保持绿色，此为缺锰与缺铁的主要区别。

9. 硼   硼以硼酸（H_3BO_3）形式被植物吸收。硼的主要生理作用：①硼与植物的生殖有关。硼有利于花粉形成，可促进花粉萌发、花粉管伸长及受精过程的进行。②硼能与游离态的糖结合，使糖带有极性，从而使糖容易通过质膜，促进其运输。③硼与核酸及蛋白质的合成、激素反应、膜的功能、细胞分裂、根系发育等生理过程有一定关系。

缺硼时，花药和花丝萎缩，花粉发育不良，受精受阻，籽粒减少。缺硼时还能引起绿原酸等酚类化合物含量过高，使顶芽坏死、失去顶端优势。

10. 锌   锌以 Zn^{2+} 形式被植物吸收。锌的主要生理作用：①锌是许多重要酶的组分或活化剂。如谷氨酸脱氢酶、超氧化物歧化酶、碳酸酐酶等。②锌也可能参与蛋白质、叶绿素的合成。③锌参与生长素（吲哚乙酸，IAA）的合成。

缺锌时会抑制植物体内 IAA 的合成，从而导致植物生长受阻，出现通常所说的"小叶病"和丛叶症（rosette）。

11. 铜   在通气良好的土壤中，铜多以 Cu^{2+} 的形式被吸收，而在潮湿缺氧的土壤中，则多以 Cu^+ 的形式被吸收。铜为多酚氧化酶、抗坏血酸氧化酶、漆酶的成分，在呼吸的氧化还原中起重要作用。铜也是质蓝素的成分，它参与光合电子传递，故对光合作用有重要作用。

植物缺铜时，叶片生长缓慢，呈现蓝绿色，幼叶缺绿，随之出现枯斑，最后死亡脱落。另外，缺铜会导致叶片栅栏组织退化，气孔下面形成空腔，使植株即使在水分供应充足时也会因蒸腾过度而发生萎蔫。

12. 钼   钼以钼酸盐（MoO_4^{2-}）的形式被植物吸收，当吸收的钼酸盐较多时，可与一种特殊的蛋白质结合而被贮存。豆科植物根瘤菌的固氮特别需要钼，因为氮素固定是在固氮酶的作用下进行的，而固氮酶是由铁蛋白和铁钼蛋白组成的。钼是硝酸还原酶的组成成分。缺钼则硝酸不能还原，呈现出缺氮病症。

缺钼时叶较小，叶脉间失绿，有坏死斑点，且叶边缘焦枯，向内卷曲。十字花科植物缺钼时叶片卷曲畸形，老叶变厚且枯焦。禾谷类作物缺钼则籽粒皱缩或不能形成籽粒。

13. 氯　氯以 Cl^- 的形式被植物吸收。氯在光合作用水的光解过程中起催化作用。叶和根细胞的分裂也需要 Cl^- 的参与。Cl^- 还与 K^+ 等离子一起参与渗透势的调节，如与 K^+ 和苹果酸一起调节气孔开闭。

缺氯时，叶片萎蔫，失绿坏死，最后变为褐色；同时根系生长受阻、变粗，根尖变为棒状。

14. 镍　植物吸收 Ni^{2+} 形式的镍，镍是脲酶、氢酶的金属辅基，对植物氮代谢起重要作用。缺镍时，植物体内的尿素积累过多，产生毒害，导致叶尖或叶缘坏死，影响植物生长发育。

三、有益元素和有害元素

（一）有益元素

在植物体内，有些矿质元素并非是植物必需的，但它们对某些植物的生长发育能产生有利的影响，这些元素被称为有益元素（beneficial elements）。常见的有益元素有钠（Na）、硅（Si）、钴（Co）、硒（Se）、钒（V）等。

1. 钠　钠对许多植物（特别是盐生植物）的正常生理活动是有利的。钠能够促进滨藜属（*Atriplex*）盐生植物的糖酵解；Na^+ 有部分代替 K^+ 调节气孔开关的作用。盐生植物中往往以 Na^+ 调节渗透势，降低细胞水势，促进细胞吸水。

2. 硅　硅在土壤中含量最多，通常以 SiO_2 形式存在，而植物能够吸收的硅的形态是单硅酸〔$Si(OH)_4$〕。硅在木贼科、禾本科植物中含量很高，禾本科植物体内硅的含量可占其干重的 $1\% \sim 20\%$。硅多集中在表皮细胞内，使细胞壁硅质化，可增强作物对病虫害的抵抗力和抗倒伏的能力。Si 对生殖器官的形成可能有促进作用。

3. 钴　植物体内钴含量为 $0.02 \sim 0.5 mg \cdot kg^{-1}$ 鲜重，豆科植物含量较高，禾本科植物含量较低。钴是维生素 B_{12} 的成分，在豆科植物共生固氮中起着重要作用。钴是黄素激酶、葡糖磷酸变位酶、焦磷酸酶、酸性磷酸酶、异柠檬酸脱氢酶、草酰乙酸脱羧酶、肽酶、精氨酸酶等酶的活化剂，它能调节这些酶催化的代谢反应。

4. 硒　低浓度的硒对植物的生长有利，而过多的硒则有毒害作用。硒毒害表现为植物生长发育受阻、黄化。硒引起植物毒害的原因可能是硒酸盐干扰了 S 的代谢。

5. 钒　钒对高等植物是否必需，至今尚无确切证据。施用适量的钒，可促进作物生长，并增加产量和改善品质。

6. 稀土元素（rare earth element）　稀土元素是元素周期表中原子序数由 $57 \sim 71$ 的镧系元素及其化学性质与 La 系相近的钪（Sc）和钇（Y）等共 17 种元素的统称。土壤和植物体内普遍含有稀土元素。小剂量的稀土元素对作物种子萌发、幼苗生长、植物扦插生根具有一定的"低剂量促进效应（Hormesis 效应）"。

（二）有害元素

有些元素少量或过量存在时对植物有不同程度的毒害作用，通常将这些元素称为有害元素。如重金属镉、汞、铅、钨、铝等。镉、汞、铅等对植物有剧毒。钨对固氮生物有毒，因其竞争性地抑制钼的吸收。铝含量多时可抑制铁和钙的吸收，强烈干扰磷代谢，阻碍磷的吸收和向地上部的运转。铝的毒害症状系抑制根的生长，根尖和侧根变粗成棕色，地上部生长受阻，叶子呈暗绿色，茎呈紫色。

近年来的一些研究表明，低浓度的重金属对生物体也具有一定的 Hormesis 效应。例如，低剂量 Cd^{2+} 处理，苜蓿的株高、主根长、干质量较之对照组均有所提高；随 Cd^{2+} 处理质量分数增加，上述指标呈显著降低趋势。低浓度 Cu^{2+} 对紫背萍的生长有低浓度促进、高浓度抑制作用。Hg^{2+}、Cd^{2+} 在低浓度时导致叶绿素含量增加，高浓度时，引起叶绿素含量降低；低浓度胁迫对夏枯草毒害作用较低，同时能一定程度上增加熊果酸的积累，而高浓度胁迫对夏枯草的毒害作用明显。

第二节　植物对矿质元素的吸收、运输、利用与再分配

一、根系吸收矿质元素的区域

尽管正常生长的陆生植物除根系以外的其他组织和器官也能从环境中吸收少量矿质营养元素，但陆生植物的根系是植物吸收矿质营养元素的最主要器官，根系对矿质元素的吸收情况影响着整个植物体的生长发育。

有关植物根系吸收矿质元素主要区域的问题，是植物生理学家经常争论的问题。过去不少人分析进入根尖的矿质元素，发现根尖分生区积累最多，由此认为根尖分生区是吸收矿质元素最活跃的部位。后来更细致的研究发现，根尖分生区大量积累离子是因为该区域无输导组织，不能及时运出而积累的结果；而实际上根毛区才是吸收矿质离子最快的区域，根毛区积累离子较少是由于离子能及时运出根毛区的缘故。综合离子积累和运出的结果可以确定，根毛区是植物吸收矿质元素的主要区域。

二、根系吸收矿质的过程

植物根系吸收矿质要经过以下步骤：

1. 离子被吸附在根组织细胞表面　根部细胞呼吸作用放出 CO_2 和 H_2O。CO_2 溶于水生成 H_2CO_3，H_2CO_3 能解离出 H^+ 和 HCO_3^- 离子，这些离子可作为根系细胞的交换离子，同土壤溶液和土壤胶粒上吸附的离子进行离子交换。

离子交换有两种方式：

（1）根与土壤溶液中的离子交换（ion exchange）　根呼吸产生的 CO_2 溶于水后可形成 CO_3^{2-}、H^+、HCO_3^- 等离子，这些离子可以和根外土壤溶液中以及土壤胶粒上的一些离子如 K^+、Cl^- 等发生交换，结果土壤溶液中的离子或土壤胶粒上的离子被转移到根

表面。如此往复，根系便可不断吸收矿质（见图4-1）。

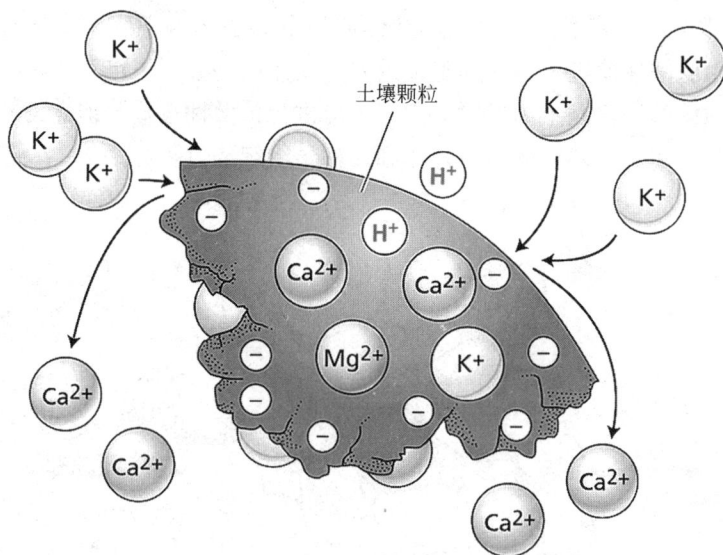

图4-1 土壤颗粒表面阳离子交换法则
（引自 Lincoln Taiz and Eduardo Zeiger，2002）

（2）**接触交换**（contact exchange） 当根系和土壤胶粒接触时，根系表面的离子可直接与土壤胶粒表面的离子交换，这就是接触交换。因为根系表面和土壤胶粒表面所吸附的离子，是在一定的吸引力范围内振荡着的，当两者间离子的振荡面部分重合时，便可相互交换。

离子交换按"同荷等价"的原理进行，即阳离子只同阳离子交换，阴离子只能同阴离子交换，而且价数必须相等。由于 H^+ 和 HCO_3^- 分别与周围溶液和土壤胶粒的阳离子和阴离子迅速地进行交换，因此盐类离子就会被吸附在根表面。

至于难溶性的盐类，根系可通过呼吸放出的 CO_2 遇水所形成的碳酸，或者直接向外分泌的柠檬酸、苹果酸等有机酸来溶解，再进一步吸收。岩缝中生长的树木、岩石表面的地衣等植物就是通过这种方式来获取矿质营养的。

2. 离子进入根部导管 离子从根表面进入根导管的途径有质外体和共质体两种。

（1）**质外体途径** 根部有一个与外界溶液保持扩散平衡、自由出入的外部区域称为质外体（apoplas），又称自由空间（free space）。自由空间的大小虽然不易直接测得，但可由表观自由空间（apparent free space，AFS）或相对自由空间（relative free space，RFS）的大小间接地衡量。AFS 系自由空间占组织总体积的百分比，可通过对外液和进入组织自由空间的溶质数的测定加以推算，大部分植物活组织的 AFS 为5%～10%。

各种离子通过扩散作用进入根部自由空间，但因为内皮层细胞上有凯氏带，离子和水分都不能通过，因此自由空间运输只限于根的内皮层以外，而不能通过中柱鞘。离子和水只有转入共质体后才能进入维管束组织。不过根的幼嫩部分，其内皮层细胞尚未形成凯氏带前，离子和水分可经过质外体到达导管。另外在内皮层中有个别细胞（通道细胞）的胞壁不加厚，也可作为离子和水分的通道。

（2）共质体途径 离子由质膜上的载体或离子通道运入细胞内，通过内质网在细胞内移动，并由胞间连丝进入相邻细胞，进入共质体内的离子也可运入液泡内而暂存起来。溶质经共质体的运输以主动运输为主，也可进行扩散性运输，但速度较慢。

根毛区吸收的离子经共质体和质外体到达输导组织的过程如图4-2所示。

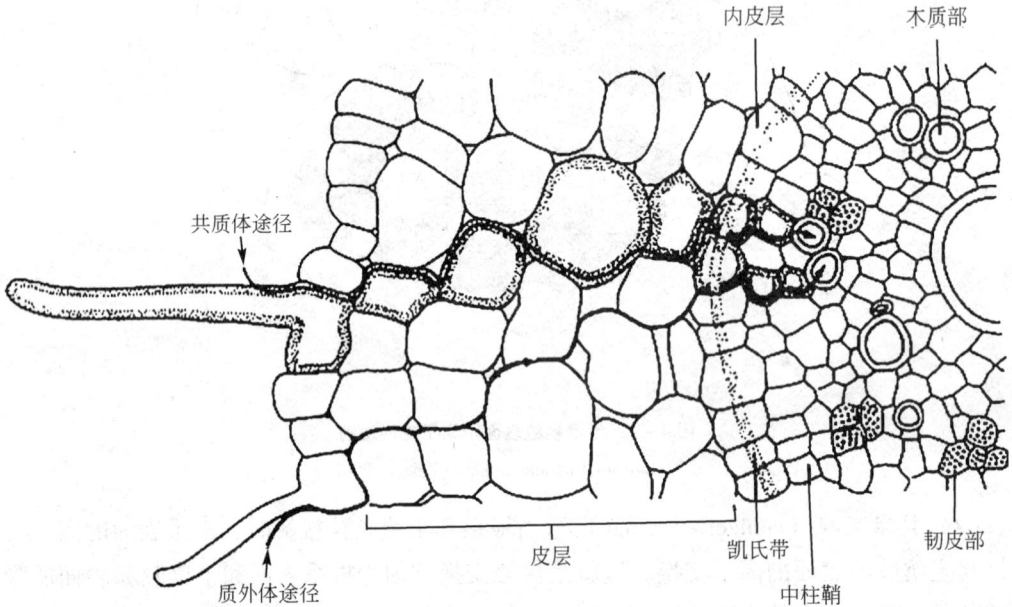

图4-2 根毛区离子吸收的共质体和质外体途径
（引自 Salisbury and Ross, 1992）

三、植物吸收矿质元素的特点

（一）根系吸收矿质与吸收水分不成比例

由于植物主要吸收溶于水中的矿质元素，所以过去人们总认为植物吸收矿质元素和水分是成正比例的。但后来的大量研究证明事实并非如此。例如在溶液培养时，若营养液浓度低，则根系吸收矿质元素相对多，营养液浓度会越来越低；相反，当营养液浓度较高时，根系吸收水分相对多，结果使营养液浓度越来越高。也有实验证明，植物吸水增强时吸收矿质元素也多，但不呈一定的比例，甚至吸水增强时吸收某些矿质元素减少，吸水少时吸收某些矿质元素反而多。

总之，植物对水分和矿质元素的吸收既相互关联，又相互独立。所谓相互关联，是指矿质元素一定要溶于水中，才能被根系吸收，并随水流进入根部的质外体。而矿质元素的吸收，降低了活细胞的渗透势，促进了植物的吸水。所谓相互独立，是指两者的吸收比例不同，并且吸收机理也不同。水分吸收主要是以蒸腾作用引起的被动吸水为主，而矿质元素吸收则是以消耗代谢能的主动吸收为主。另外两者的分配方向不同，水分主要分配到叶片，而矿质元素主要分配到当时的生长中心。

（二）根系对离子吸收具有选择性

离子的选择吸收（selective absorption）是指植物对同一溶液中不同离子或同一盐的阳离子和阴离子吸收的比例不同的现象。例如供给 $NaNO_3$，植物对其阴离子（NO_3^-）的吸收大于阳离子（Na^+）。由于植物细胞内总的正负电荷数必须保持平衡，因此就必须有 OH^- 或 HCO_3^- 排出细胞。植物在选择性吸收 NO_3^- 时，环境中会积累 Na^+，同时也积累了 OH^- 或 HCO_3^-，从而使介质 pH 值升高。故称这种盐类为生理碱性盐（physiologically alkaline salt），如多种硝酸盐。同理，如供给（NH_4）$_2SO_4$，植物对其阳离子（NH_4^+）的吸收大于阴离子（SO_4^{2-}），根细胞会向外释放 H^+，因此在环境中积累 SO_4^{2-} 的同时，也大量地积累 H^+，使介质 pH 值下降，故称这种盐类为生理酸性盐（physiologically acid salt），如多种铵盐。如供给 NH_4NO_3，则会因为根系吸收其阴、阳离子的量很相近，而不改变周围介质的 pH，所以称其为生理中性盐（physiologically neutral salt）。生理酸性盐和生理碱性盐的概念是根据因植物的选择吸收引起外界溶液变酸还是变碱而定义的。如果在土壤中长期施用某一种化学肥料，就可能引起土壤酸碱度的改变，从而破坏土壤结构，所以施化肥应注意肥料类型的合理搭配。

（三）根系吸收单盐会受毒害

将植物培养在某一单盐溶液中（即溶液中含有一种金属离子），不久植株就会呈现不正常状态，最终死亡，这种现象称单盐毒害（toxicity of single salt）。单盐毒害无论是营养元素或非营养元素都可发生，而且在溶液浓度很稀时植物就会受害。例如把海水中生活的植物，放在与海水浓度相同的 NaCl 溶液中，植物会很快死亡。许多陆生植物的根系浸入 Ca、Mg、Na、K 等任何一种单盐溶液中，根系都会停止生长，且分生区的细胞壁黏液化，细胞破坏，最后变为一团无结构的细胞团。

若在单盐溶液中加入少量其他盐类，这种毒害现象就会消除。这种离子间能够互相消除毒害的现象，称离子拮抗（ion antagonism），也称离子对抗或离子拮抗。所以，植物只有在含有适当比例的多盐溶液中才能良好生长，这种溶液称平衡溶液（balanced solution）。对于海藻来说，海水就是平衡溶液。对于陆生植物而言，土壤溶液一般也是平衡溶液，但并非理想的平衡溶液，而施肥的目的就是使土壤中各种矿质元素达到平衡，以利于植物的正常生长发育。金属离子间的拮抗作用因离子而异，钠不能拮抗钾，钡不能拮抗钙，而钠和钾是可以拮抗钙和钡的。

四、影响根系吸收矿质元素的因素

植物对矿质元素的吸收受多种外界环境条件的影响。其中以土壤温度、土壤通气状况、土壤酸碱度和土壤溶液浓度等因素的影响最为显著。

（一）土壤温度

在一定范围内，根系吸收矿质元素的速度，随土壤温度的升高而加快，当超过一定温度时，吸收速度反而下降。这是由于土壤温度能通过影响根系呼吸而影响根对矿质元素的主动吸收。土壤温度也影响到酶的活性，在适宜的温度下，各种代谢加强，需要矿质元素的量增加，根吸收也相应增多。原生质胶体状况也能影响根系对矿质元素的吸收，低温下原生质胶体黏性增加，透性降低，吸收减少；而在适宜温度下原生质黏性降低，透性增加，对离子的吸收加快。高温（40℃以上）可使根吸收矿质元素的速度下降，其原因可能是高温使酶钝化，从而影响根部代谢；高温还导致根尖木栓化加快，减少吸收面积；高温还能引起原生质透性增加，使被吸收的矿质元素渗漏到环境中去。

（二）土壤通气状况

土壤通气状况直接影响到根系的呼吸作用，通气良好时可加速气体交换，从而增加 O_2，减少 CO_2 的积累。因此，增施有机肥料，改善土壤结构，加强中耕松土等改善土壤通气状况的措施能增强植物根系对矿质元素的吸收。土壤通气除增加 O_2 外，还有减少 CO_2 的作用。CO_2 过多会抑制根系呼吸，影响根对矿质的吸收和其他生命活动。

（三）土壤溶液浓度

据试验，当土壤溶液浓度很低时，根系吸收矿质元素的速度，随着浓度的增加而增加，但达到某一浓度时，再增加离子浓度，根系对离子的吸收速度不再增加。这一现象可用离子载体的饱和效应来说明。浓度过高，会引起水分的反渗透，导致"烧苗"。所以，向土壤中施用化肥过度，或叶面喷施化肥及农药的浓度过大，都会引起植物死亡，应当注意避免。

（四）土壤溶液的 pH 值

土壤溶液 pH 值对矿质元素吸收的影响，因离子性质不同而异，一般阳离子的吸收速率随土壤 pH 值升高而加速；而阴离子的吸收速率则随土壤 pH 值增高而下降。

土壤 pH 值对阴阳离子吸收影响不同的原因，可认为与组成细胞质的蛋白质为两性电解质有关，在酸性环境中，氨基酸带阳电荷，易吸收外界溶液中的阴离子；在碱性环境中，氨基酸带阴电荷，易吸收外部的阳离子。一般认为土壤溶液 pH 值对植物营养的间接影响比直接影响大得多。例如，当土壤的碱性逐渐增加时，Fe、Ca、Mg、Cu、Zn 等元素逐渐变成不溶性化合物，植物吸收它们的量也逐渐减少；在酸性环境中，PO_4^{3-}、K^+、Ca^{2+}、Mg^{2+} 等溶解性增加，植物来不及吸收，便被雨水冲走。故在酸性红壤土中，常缺乏上述元素。另外，土壤酸性过强时，Al、Fe、Mn 等元素的溶解度增大，当其数量超过一定限度时，就可引起植物中毒。对多数植物而言，最适生长的土壤溶液的 pH 值在 6 ~ 7 之间。

五、叶片对矿质元素的吸收

植物除了根系以外，地上部分（茎叶等器官）也具有吸收矿质元素的功能。在作物栽培实际中常把速效性肥料直接喷施在叶面上以供植物吸收，这种施肥方法称为根外施肥或叶片营养（foliar nutrition）。

溶于水中的营养物质喷施叶面以后，主要通过气孔，也可通过湿润的角质层进入叶内。角质层是多糖和角质（脂类化合物）的混合物，分布于表皮细胞的外侧壁上，不易透水。但角质层有裂缝，呈细微的孔道，可让溶液通过。溶液经过角质层孔道到达表皮细胞外侧壁后，进一步经过细胞壁中的外壁胞质连丝（ectodesmata）到达表皮细胞的质膜。外壁胞质连丝里充满表皮细胞原生质体的液体分泌物，从原生质体表面透过壁上的纤细孔道向外延伸，与质外体相接。当溶液经外壁胞质连丝抵达质膜后，就被转运到细胞内部，最后到达叶脉韧皮部。外壁胞质连丝是营养物质进入叶内的重要通道，它遍布于表皮细胞、保卫细胞和副卫细胞的外围。

营养物质进入叶片的量与叶片的内外因素有关。嫩叶比老叶的吸收速率和吸收量要大，这是由于二者的表层结构差异和生理活性不同的缘故。温度对营养物质进入叶片有直接影响，在 30℃、20℃ 和 10℃ 时，叶片吸收 ^{32}P 的相对速率分别为 100、71 和 53。由于叶片只能吸收溶解在溶液中的营养物质，所以溶液在叶面上保留时间越长，被吸收的营养物质的量就越多。凡能影响液体蒸发的外界环境因素，如光照、风速、气温、大气湿度等都会影响叶片对营养物质的吸收。因此，向叶片喷营养液时应选择在凉爽、无风、大气湿度高的时期（例如阴天、傍晚）进行。

根外施肥具有肥料用量省、肥效快等特点，特别是在作物生长后期根系活力降低、吸肥能力衰退时；或因干旱土壤缺少有效水、土壤施肥难以发挥效益。或因某些矿质元素如铁在碱性土壤中有效性很低；Mo 在酸性土壤中强烈被固定等情况下，采用根外追肥可以收到明显效果。常用于叶面喷施的肥料有尿素、磷酸二氢钾及微量元素。根外施肥的不足之处是对角质层厚的叶片效果较差；喷施浓度过高，易造成叶片伤害。根外施肥所用溶液的肥料质量分数一般以 2.0% 以下为宜。

六、矿质元素在植物体内的运输和分配

植物根系吸收的矿质元素除少部分留在根内被利用外，其余大部分随蒸腾流被运输到地上各部位；除硅外，其他元素大部分运至生长点、幼叶、幼枝、幼果等生长旺盛部位，少部分运至功能叶及老叶。在植物生长发育过程中，如果某种元素缺乏时，矿质元素同样会在植物体不同部位之间进行再分配。

（一）矿质元素在植物体内的运输形式

根系吸收的氮素，大部分在根内转化成有机氮化合物再运往地上部。氮的主要运输形式是氨基酸（主要是天冬氨酸、谷氨酸，还有少量的丙氨酸、缬氨酸和蛋氨酸等）和酰胺（主要是天冬酰胺、谷氨酰胺）。也有少量的氮素以硝酸根的形式向上运输。磷素主要以磷酸根离子的形式向上运输，但也有少量先合成磷酰胆碱和 ATP、ADP、AMP、6 - 磷酸葡萄糖、6 - 磷酸果糖等有机化合物后再运往地上部；钾、钙、镁、铁、硫等元素则分别以 K^+、Ca^{2+}、Mg^{2+}、Fe^{2+}、SO_4^{2-} 等形式运往地上部。

（二）矿质元素在植物体内的运输途径

根系吸收的矿质元素经质外体和共质体途径进入木质部的导管后，随蒸腾流沿木质部向上运输，或顺浓度差而扩散的横向运输。而叶片吸收的矿质元素主要是通过韧皮部向下运输到根部，也有横向运输。可重复利用的元素从老叶运出时，也是通过韧皮部运输的。

（三）矿质元素在植物体内的分配利用

矿质元素运到生长部位后，大部分参与体内的合成代谢形成复杂的有机物质，未形成有机化合物的矿质元素，有的作为酶的活化剂，参与生化反应；有的作为渗透物质，调节水分的吸收。有些已参加到生命活动中去的矿质元素，经过一个时期后也可被分解并运到其他部位被重复利用，这些元素便是可再利用元素。必需元素被重复利用的情况不同，N、P、K、Mg易重复利用，它们的缺乏病症，首先从下部老叶开始。Cu、Zn在一定程度上可重复利用，S、Mn、Mo较难重复利用，Ca、Fe不能重复利用，它们的缺乏病症首先出现于幼嫩的茎尖和幼叶。氮、磷可多次参与重复利用；有的从衰老器官转到幼嫩器官（如从老叶转到上部幼叶幼芽）；有的从衰老叶片转入休眠芽或根茎中，待来年再利用；有的从叶、茎、根转入种子中等。矿质元素不只在植物体内从一个部位转移到另一个部位，同时还可排出体外。已知植物根系可以向土壤中排出矿质和其他物质；地上部分通过吐水和分泌也可将矿质和其他物质排出体外；另外下雨和结露能淋走植株中的许多物质，尤其是质外体中的物质。据报道，一年生植物在生长末期，钾的淋失可达最高含量的1/3，钙达1/5，镁达1/10。可见，阴雨连绵会破坏植物体内的元素平衡。然而一些被淋洗和排出到土壤中的物质，有些可被植物根系再度吸收和利用，这种循环具有一定生态意义。

第三节　矿质元素对药用植物品质形成的影响

药用植物品质是指中药材产品的利用质量，直接关系到中药的质量及其临床疗效。药用植物品质的主要评价指标，包括化学成分和物理指标等。

药用植物品质的形成和决定的实质主要是由植物体内光合初生代谢产物（primary metabolites），如糖类、氨基酸、脂肪酸等，作为最基本的结构单位，通过体内一系列酶的作用，完成其新陈代谢活动，从而使光合产物转化，形成结构复杂的一系列次生代谢产物（secondary metabolites），即药用植物产品的有效成分。

药用植物代谢类型可分为碳水化合物和蛋白质两类。也就是相对形成碳水化合物类复合体为主和相对蛋白质类为主的两种类型。含鞣质（单宁）、油脂、树脂及树胶等植物多属于碳水化合物的代谢类型；含生物碱的植物多属于蛋白质类的代谢类型。如碳水化合物代谢类型的萜类（terpenoid），则是由两个或多个异戊二烯骨架构成的一类次生代谢物质，据其异戊二烯数目多少不同而分为单萜、双萜、三萜及四萜等。单萜及倍半萜化合物多是挥发油（又称香精油）的主要成分，如香叶油、玫瑰油、橙花油、香茅油、薄荷醇、龙脑（冰片）、樟脑、青蒿素等；双萜如紫杉醇；三萜如人参皂苷；四萜如类胡萝卜素；多萜如杜仲胶等。又如属蛋白质类代谢类型的天仙子胺，多存在于颠茄属、曼陀罗属和天仙子属植物中，是由莨菪碱和托品酸两部分组成。因此，药用植物产品的品质形成是由植物体内的某种代谢途径决定的。

在特定地区，药用植物品种一旦被人们确定，人们对药用植物生长的环境资源各要素进行优化就成为生产优质药用植物产品的主要手段。影响药用植物品质的能量资源要素主要包括光照和温度，物质资源要素主要包括水、养分、O_2 和 CO_2 等，除设施条件较好的温室外，一般生产体系很难人为调控药用植物生长环境中的光照、温度、O_2 和 CO_2 等因素。因此，向药用植物生产体系输入矿质营养和水分等就成为调控其产量和品质的最有效措施。

一、大量营养元素与药用植物品质

氮素的适量供应可促进药用植物体细胞分裂及膨大，增强光合作用，促进生长，增大收获器官。氮素供应不足时通常会抑制药用植物生长，导致植株矮小，叶片发黄，光合作用变弱，同化产物积累速度变慢，导致营养器官发育不良，细胞分裂受阻，细胞数目减少，收获器官明显变小，严重影响中药材外观品质。

适宜的氮素供应有利于促进药用植物体内与品质有关的含氮化合物如蛋白质、必需氨基酸、酰胺和环氮化合物（包括叶绿素 a、维生素 B 和生物碱）等的合成与转化。含挥发油和生物碱类的药用植物需氮量较高，增加氮素供应能提高生物碱类药材的成分含量，而缺乏氮素则严重抑制生物碱的合成。研究表明，适合黄连生长、有效成分含量又高的氮浓度范围应该在 1/2Hoagland 标准氮浓度到 Hoagland 标准氮浓度；过高、过低的氮浓度都不利于黄连的生长和有效成分的积累。在一定氮营养范围内，施氮量增加对甘草生长、生理、产量等指标均有良好的促进作用，提高施氮水平对甘草酸含量有不同程度的促进作用。而施氮量超过一定值时，甘草生长开始受到抑制，各生长指标均有不同程度的下降。高山红景天株高、全株生物量、地上部分生物量随氮水平的增加而增加，而根生物量、根冠比则随着氮水平的增加而降低。低氮水平和高氮水平均不利于红景天苷的积累。银杏沙培时，当营养液中 N 浓度在 0.14 g/L～0.28 g/L 范围内，施氮可提高银杏叶中黄酮的含量，以 0.2g/L 时银杏叶黄酮含量最高，0.28g/L 时银杏叶黄酮产量最高。适当施用氮肥能提高银杏叶中黄酮含量和总量，缺氮或施氮过量都不利于提高银杏叶中黄酮的含量和产量。氮肥可提高金银花的产量，但其施用量与金银花花中绿原酸含量呈显著负相关。

氮素形态对次生代谢产物的合成有很大影响。氮素形态对黄檗幼苗三种生物碱含量的影响表明，氮素形态差异对生物碱的合成和积累也有影响，可导致生物碱含量或各组分比例的改变。氮素养分在药用植物生育期各阶段的分配状况可影响收获器官的大小和内在品质。在块根类药材生长初期，供应充足的氮素是保证产量的重要条件，而后期供氮过多则会导致叶片徒长、块根体积膨大速率下降，有效成分含量大量下降。花果类药材前期氮素水平过大时会使枝叶旺长而不利于开花坐果，后期供氮不足时会抑制枝叶生长，减少叶片的叶绿素含量，抵制光合作用，不利于果实膨大。

磷素在光合产物形成和运输及药用植物体内多种物质的合成与代谢中有重要作用。磷素既可作为必需营养元素参与细胞生成和能量转化，也可作为核酸和 DNA 的基本组分而影响细胞分裂。药用植物缺磷时会减少细胞数量，抵制光合作用及光合产物向贮藏器官的转运而减小贮藏器官。但磷素供应过多，易引起块根类药材形成裂口或畸形。如人参花蕾期至开花前应喷施磷肥，以促进参根的形成和膨大，抑制生殖器官的生长发育和营养物质的损耗，对提高人参产量和质量均有显著作用。施用磷肥可提高植物体黄酮和绿原酸类化合物的含量。施用磷肥能显著提高银杏叶中黄酮的含量和总量，且银杏叶中黄酮的含量与施磷量成正比。磷肥施用量与金银花花中绿原酸含量呈明显的正相关。也有观点认为施磷对植物体黄酮类化合物没有影响，如在银杏施肥研究中发现，磷肥对提高银杏叶黄酮含量的效果不明显。

钾素虽然不是植物有机化合物的组成部分，但对维持植物生命的几乎所有过程都是必不可少的。钾素是植物体内合成酶、氧化还原酶和转移酶等多种酶的活化剂，这些酶类参与多种代谢，对植物生长发育起着独特的生理作用。钾能提高光合作用强度，促进光合产物的运转，有利于糖类和淀粉合成。钾对氮的代谢有良好的影响，能促进氮的吸收，有利于蛋白质的形成和核酸代谢。钾能够促进维管束的发育，增大厚角组织的强度，韧皮部变粗，茎秆坚韧，增加植物抗倒伏能力和抗病虫害能力。钾是植物细胞具有一定压力的主要成分，对维持细胞正常的结构与形态具有重要作用。钾能促进植物经济用水，提高根的氧化力，提高作物对干旱、霜冻、盐碱、还原性毒害物质的抗逆能力。钾素可显著提高牛膝单株根产量和促进牛膝根的增粗。半夏对氮、磷、钾的需求量以钾最大，氮次之，磷最小。缺钾的根类药用植物的新生根很少。例如，黄连缺钾根系发育不良，须根长度及稠密情况都不及正常供给全营养的植株，几乎无新的须根。施钾量和银杏叶中含钾量同银杏叶片中黄酮的含量成负相关，施钾抑制了银杏黄酮的合成代谢，且叶片黄酮与叶片 N/K 呈正相关，较高的 N/K 比有利于秋后银杏叶片中黄酮类化合物的累积，并提出通过平衡施肥，适当控制施钾，增施氮和磷肥以增加生物量，从而提高植株黄酮的单产。也有研究发现施用钾肥可促进植物体黄酮类化合物的合成代谢。如在银杏上研究发现，施用钾肥能够显著提高银杏叶片中黄酮含量。磷、钾肥对人参有不同的增产效果。单施磷肥较单施钾增产多，且特等参和一等人参率高。磷钾肥混合施用增产效果明显好于磷、钾肥单独施用。但在研究金银花施肥时也认为钾肥对金银花花中绿原酸含量影响不大。

二、中量及微量元素与药用植物的品质

药用植物的生长发育及次生代谢过程不仅需要氮、磷、钾等大量元素，还需要一些中量和微量元素。土壤中的中量和微量元素对药用植物作用品质的形成影响很大，它们不仅影响植物的根系营养及生理活动，促进植物的生长发育，而且还参与植物有效成分的结构形成而影响植物化学成分的形成和积累，最终影响有效成分的含量及药效。中药

质量优劣很大程度取决于药材生长环境中土壤化学元素种类及元素含量，几乎所有中药都含有不同种类及不同比例的微量元素。由于各地土质结构不同，土壤中微量元素的种类和含量有很大差异，直接导致了同种药用植物在不同地区有效成分含量的不同。施用锰肥、铁肥、硼和锌肥能促进丹参素含量增加；施用铁、锰、锌和铜等微肥有利于丹参酮的累积；而硼肥不利于丹参酮 II_A 的累积。人参施用微肥后，人参根中的铜、锰、钼等近 20 种微量元素含量明显提高；人参总皂苷含量由 4.82% 提高到 5.53%，淀粉含量由 46.34% 提高到 54.91%，人参产量也随之增高。施用钼、锰微肥还能提高当归挥发油、多糖、70% 醇溶物和阿魏酸含量。施用 $ZnSO_4 - MnSO_4$ 混合微肥后，可使阳春砂仁挥发油含量达 3.8%，比对照提高 5.56%，其氨基酸含量也比对照显著提高。金银花药材与土壤中的微量元素含量无直接相关，但金银花中钙和铬、钴、钠；锌和钴、铬、锰；钠和钴；镁和锰的吸收和积累有协同作用。在党参高效栽培中，施用钼、锌、锰、铁等微肥，比对照增产 5% ~ 17.5%，其中钼对产量影响较大，锌有明显提高党参内在质量的作用，施用锌肥对多糖含量的正效应最大，且锌、锰肥对醇浸出物含量及蛋白质含量等影响较大，施用钼、锌、锰等微肥不仅能有效地提高党参产量和品级，且施微肥样品与对照药材所含有效成分基本一致，无显著差异。

尽管中量或微量元素对提高药用植物产量及有效成分含量有促进作用，有些微量元素甚至还是药材药效成分之一，但微量元素过多会对植物代谢产生毒害，甚至导致重金属超标，过少又不能发挥其生理作用，因此在施用微量元素肥料中必须依据药用植物的营养特性进行，使药材中的微量元素种类及含量符合药典标准。

第四节　药用植物的生物地球化学循环

地球上有 110 种地球化学元素，它们分布在岩石、矿物、土壤、水、大气和生物体内，多数以化合物的形式存在，并不断地在物质运动中迁移、转化和富集。生物地球化学循环控制着地球化学平衡，推动地球化学的有机进化，生物的产生，促成了生物地球化学循环，生物地球化学循环是地球生命的新的机制。生物地球化学迁移是药用植物产生和存在的基础，生物在一定的生物地球化学平衡条件下生存，生物地球化学循环为人类提供各种道地性药材，中药材是从地球化学过程到生物地球化学过程转变的产物，是地球上动物、植物、微生物与环境相互作用的过程，它对地球和人类生命也有至关重要的作用。

一、药用植物的生物地球化学基本单元

生物地球化学循环（biogeochemistry circulation）是指在生态环境中地球化学元素按照一定的方向和一定量的流动，也称为地球化学元素的生物地球化学循环。药用植物的生物地球化学循环（medicinal plant's biogeochemistry circulation）目前尚无明确的定义，"道地性"成为药用植物的主要特色，它不仅是地理标志，更是质量、品质、经济和文化概念，也是评价中药材质量的一项综合判断标准。从生物地球化学元素的角度来研究

药用植物，更能明确中药材的生物地球化学特征是引起地道药材形态和品质变异的因素，不仅是气候，更重要的是地质环境、土壤背景和土壤中地球化学元素的组成、含量及其存在形态。

（一）药用植物的地球化学元素

表4-3　植物必须的地球化学元素及在宇宙和各圈层的丰度值（引自徐瑞松等，遥感生物地球化学，2003）

原子序数	元素	植物利用形式	植物干组织浓度（×10⁻⁶）	与Mo相比较相对原子数 a	生物圈质量百分比/% b	水圈（海水）/% c	大气圈质量百分比/% d	岩石圈质量百分比/% e	土壤质量百分比/% f	宇宙 logM g
42	Mo	MoO_4	0.1	1	1×10^{-5}	0.010		1.1×10^{-4}	2×10^{-4}	1.88
29	Cu	$Cu^+\ Cu^{2+}$	6	100	2×10^{-4}	0.003		4.7×10^{-3}	2×10^{-3}	4.50
30	Zn	Zn^{2+}	20	300	5×10^{-4}	0.010		8.5×10^{-3}	5×10^{-3}	428
25	Mn	Mn^{2+}	50	1000	1×10^{-3}	0.002		1.0×10^{-1}	8.5×10^{-2}	5.12
26	Fe	$Fe^{3+}\ Fe^{2+}$	100	2000	1×10^{-3}	0.010		4.65	3.80	6.57
5	B	$BO_3^-\ B_4O_7^+$	20	2000	1×10^{-3}	4.600		1.2×10^{-3}	1.0×10^{-3}	2.88
17	Cl	Cl^-	100	2000	2×10^{-3}	19000		1.7×10^{-2}	1.0×10^{-2}	6.25
16	S	SO_4^{2-}	1000	30000	5×10^{-1}	885.0		4.7×10^{-2}	8.5×10^{-2}	7.35
15	P	$H_2PO_4^-\ H_2PO_4^{2-}$	2000	60000	7×10^{-1}	0.070		9.3×10^{-2}	8.0×10^{-2}	5.40
12	Mg	Mg^{2+}	2000	60000	4×10^{-2}	1.350		1.87	0.63	7.40
20	Ca	Ca^{2+}	5000	125000	5×10^{-1}	400.0		2.96	1.37	6.19
19	K	K^+	1000	250000	3×10^{-1}	380.0		2.50	1.36	4.82
7	N	$NO_3^-\ NH_4^+$	15000	1000000	3×10^{-1}	0.500	75.51（N_2）	1.8×10^{-5}h		8.05
8	O	$O_2\ H_2O$	45000	3000000	70.0	857000	23.15（O_2）	46		8.95
6	C	CO_2	45000	35000000	18.0	28.00	0.046（CO_2）	0.28		8.60
1	H	H_2O	60000	60000000	10.5	108000	3×10^{-6}（H_2）	0.04		12.00
占总量百分数/%			99.53		99.99		98.7	58.5		39.46

药用植物的地球化学元素及其在宇宙和各圈层的丰度值，可以用高分辨率的仪器进行测量，在元素周期表中的元素，几乎在药用植物中都能检测出，从表4-3得出植物中的元素在元素周期表中的分布规律：①植物中的大量元素主要是周期序数小于30的元素，这些元素中的15种元素占了植物干组织总量的近99.53%，在元素周期表中原子序数愈大的元素在植物中含量愈少。②元素周期表中元素序数为偶数的元素在植物中的含量都大于相邻的奇数元素。③植物中的大量元素均位于元素周期表中的气态和固态元素交界线的两侧，如C、H、N、O、P、S等。④组成植物中的地球化学元素在元素周期表中多属酸性元素，如C、N、O、Si、P、S、Se、Cl、Mn、Mo等。

（二）药用植物的原子结构

在生物地球化学演化中，元素的原子核不易发生变化，而生物地球化学作用最活跃的是构成原子最外层的电子层。当原子的能量均小于其外界能量均值时，原子就吸收外界能量使自身的能量升高，使原子最外层电子从低能量电子轨道跃迁到高能量级电子轨道；当原子的能量均大于其外界能量均值时，原子就向外界释放能量，使自身的能量降低到低能量电子轨道。能量场的变化，导致原子外层的电子层得到和失去电子，使原子变成离子参与药用植物的生物地球化学作用。

原子在植物的生物地球化学行为中，除了受能量场制约外，还要取决原子半径的大小和原子的外层电子构型。在元素周期表中的元素从左到右，从上到下，其原子半径减小，电离能和负电性增强，在生物地球化学反应中容易得到电子而成为负离子，因此，药用植物的大量元素都是原子半径较小，电离能和负电性较大的原子。元素周期表中的原子从 $1 \sim 7$ 周期的外层电子构型为：s、sp、p、ds、fds。植物的主要元素都是以最外层电子构型为 s、sp 的原子组成，如 C、H、O、N 等。

（三）药用植物的分子结构

药用植物跟其他植物一样组成的基本形式是各种分子（见图 4-3），即药用植物的物理、化学、生物地球化学性质，主要取决于药用植物组成物质结构单位（原子、分子、离子）的性质和这些物质间的作用力（原子间力、分子间力、离子间力）的强度。药用植物的主要组成单位是有机分子和大分子化合物，它们之间主要是色散力，偶极和氢键的范德华力，故其与离子和金属键力相比要弱得多，因此药材与岩石和金属相比，硬度、熔点、沸点都低，导电性也比金属差。离子型和金属药材物质，在药用植物中形成一些次生代谢物，在药材的生理作用中仅起到辅助性的生理作用，如生物诱发、催化、阻碍作用，但对人类的疾病却能起到很好的疗效。

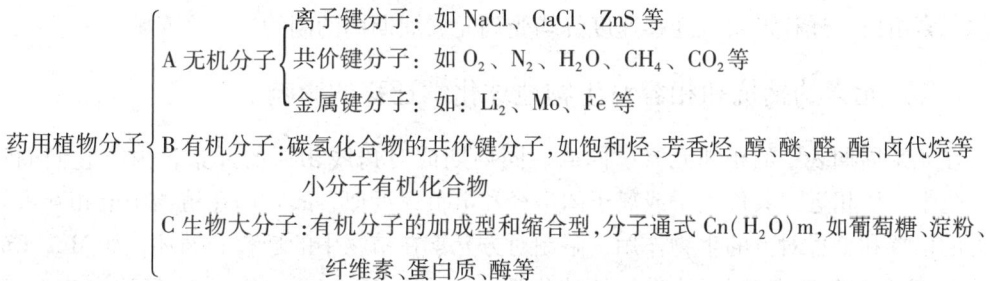

$$
\text{药用植物分子}
\begin{cases}
\text{A 无机分子}
\begin{cases}
\text{离子键分子：如 NaCl、CaCl、ZnS 等} \\
\text{共价键分子：如 } O_2 \text{、} N_2 \text{、} H_2O \text{、} CH_4 \text{、} CO_2 \text{ 等} \\
\text{金属键分子：如：} Li_2 \text{、Mo、Fe 等}
\end{cases} \\
\text{B 有机分子：碳氢化合物的共价键分子，如饱和烃、芳香烃、醇、醚、醛、酯、卤代烷等} \\
\qquad\qquad\quad \text{小分子有机化合物} \\
\text{C 生物大分子：有机分子的加成型和缩合型，分子通式 } Cn(H_2O)m \text{，如葡萄糖、淀粉、} \\
\qquad\qquad\quad \text{纤维素、蛋白质、酶等}
\end{cases}
$$

图 4-3 分子结构示意图

二、药用植物的生物地球化学迁移

元素的迁移主要是以液体、熔融体和有机体进行，其次以气体和固体的形式在地球化学环境中迁移，元素在生物体内主要是以气态分子、离子和化合物的形式进行迁移。

1. 气态迁移 参与气态迁移的主要元素有：C、H、O、N、S 等，植物吸取大气、

土壤和水溶液中的 CO_2、HCO_3^-、H_2O、O_2、NO_3^-、NH_4^+、N_2、SO_4^{2-}、SO_2 等气态分子，在植物的整个生命运动中组成植物有机质的主体，参与酶、维生素、糖类、脂肪等生物体的组成，促使各生物体间的能量交换，并在植物体内的氧化还原反应中被同化。植物在光合作用中，吸收 CO_2，放出 O_2，当植物死亡、腐烂或者燃烧时，植物体中的 C、H、O、N、S 等又成为气体进入到大气层或溶入水溶液或进入固体的空隙中，完成它们的一个生命周期。

2. 液态迁移　参与液态迁移的元素几乎涵盖了元素周期表中的所有元素，这些元素在溶液中呈离子、盐类、螯合物等形式被植物吸收。呈离子态的元素有：K、Na、Ca、Mg、Mn、Cl、Fe、Cu、Zn、Mo 等；呈盐类的元素有 P、B、Si 等组成磷酸盐、硼酸盐、硅酸盐等形式；呈螯合物的元素有 Fe、Cu、Zn、Mo、Co、Cr、Ni 等。总之，呈液态迁移的元素一般是植物的营养元素。

3. 有机质迁移　金属有机物中的过氧化氢酶、过氧化物酶与细胞色素氧化酶中的铁卟啉等；非金属有机化合物中的 B 族维生素和核苷酸类衍生物，如 N 以谷氨酸与谷氨酰胺，S 以蛋氨酸与谷胱甘肽，P 以磷酰胆碱与核苷酸、烟酰胺腺嘌呤二核苷酸（NAD^+）、黄素单核苷酸（FMN）、三磷酸腺苷（ATP），还有植物的生长素类、赤霉素类、细胞分裂素类、脱落酸和乙烯等均以有机物的形式在植物体中迁移并完成其生物循环。

三、生物地球化学迁移的影响因子

（一）元素性质对生物地球化学迁移的影响

生物地球化学元素的结构、构造、物理及化学性质，主要是指元素的原子核、中子、质子、电子构成，元素具有放射性、同位素、质量、体积、密度、原子半径、共价半径、离子半径、元素的金属性、电性、磁性、电负性、酸性、碱性、氧化还原电位等。生物地球化学元素的这些特性在元素周期表中得到反映。元素的生物地球化学迁移中的元素组成、迁移形式、迁移速度等均受到元素周期律的制约。

（二）元素的拮抗和相容对生物地球化学迁移的影响

在元素周期表中的相邻元素、同族、同周期或对角线相邻的元素，由于它们的物理、化学性质相近、共价离子或离子团半径和电负性近似，故它们在植物中会相互占据对方的位置和替代对方的生物作用，限制对方元素在植物中的迁移和循环，如 Mn、Cu、Ca、Zn 等会抑制植物对 Fe 的生物地球化学迁移，故 Mn、Cu、Ca、Zn 等称之为 Fe 的相克元素（antagonism），亦称为拮抗元素。某些元素由于其物理和化学性质上有互补性，故在植物体中能相互依存，在生物地球化学迁移中能相互促进，如 K 能促进植物吸收 Fe、Mn，促进 Fe、Mn 的生物活性，加速它们的生物地球化学迁移和循环，这些元素称为相容元素（stimulation）。图 4 - 4 是元素在生物地球化学迁移中的相容相克关系。

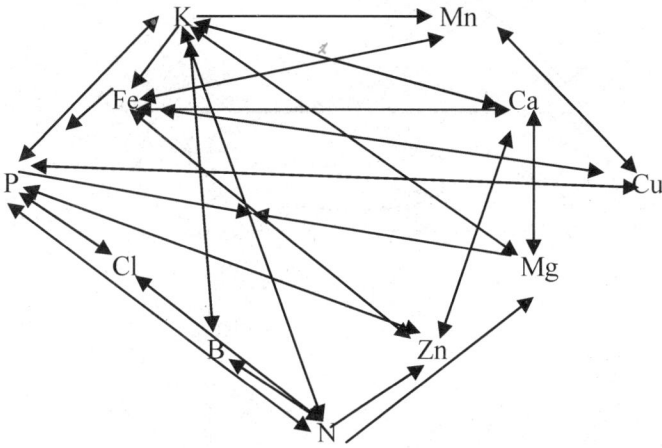

图 4-4 元素在生物地球化学迁移中的相容相克关系（引自 Mulder，1953）
→表示相容元素，↔表示相克元素，箭头是指作用方向

（三）元素的表生地球化学特征对生物地球化学迁移的影响

表生地球化学环境的特点是常温且速变，昼夜和季节变化的最大温差达 160℃，常压富氧和二氧化碳，水极活跃，pH 值、Eh 变化大，生物活性强烈，加之人类活动的干扰等因素。因此，表生地球化学环境是一个在太阳和重力能的作用下，以岩石圈、水圈、大气圈和生物圈为物质基础，固相、液相、气相共存，物理、化学和生物等一起作用的一个巨大的多组分的综合系统。元素在这个特定的综合系统中表现出各自的表生地球化学特性，影响着生物地球化学迁移。

四、植物的生物地球化学循环

元素在生物体和自然环境中不停地进行生物地球化学循环。生物地球化学循环可以在两个库中进行，一是储存库，它的容积大而活动缓慢，一般为非生物成分；二是交换库，它的库容小，交换速率高，比较活跃。生物体中的 C、H、O、N、S、P 极其化合物是构成生物体的主体，通过光合作用、呼吸作用、蒸腾作用、风化作用、搬运、沉积、成岩、燃烧及其人文活动等与环境不断地进行着生物地球化学元素和能量的交换。

碳是构成一切有机物的基本元素。绿色植物通过光合作用将吸收的太阳能固定于碳水化合物中，这些化合物再沿食物链传递并在各级生物体内氧化并释放能量，从而带动群落整体的生命活动。在大气和水中，它以二氧化碳的形式存在，是地壳生物地球化学循环中最重要的化合物。它参与岩石、土壤、生物、大气和海洋之间的物质循环。碳循环是从植物的光合作用开始的，其过程包括：一是物质（植物）生产过程：大气中的二氧化碳，在光合作用中被植物吸收，转化成各种形式的碳水化合物。二是物质消费过程：动物消费植物（碳水化合物），植物中的碳转移到动物体内；同时动物的呼吸过程，吸收氧气呼出二氧化碳，碳又回到环境中。三是物质分解过程：植物生产过程和动

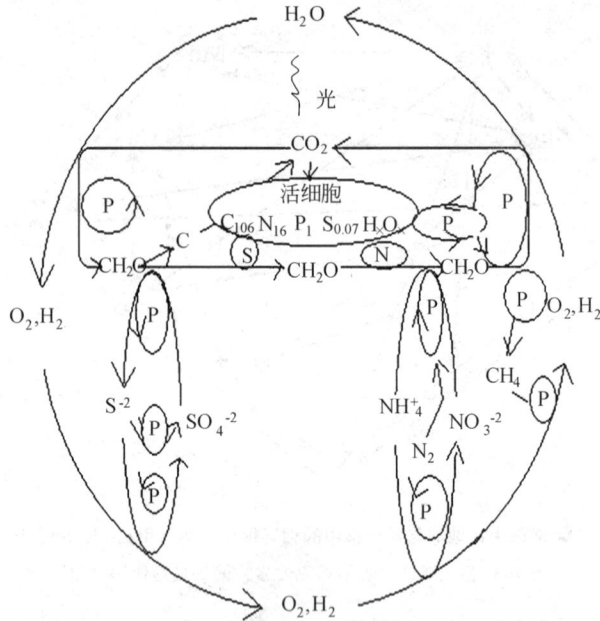

图4-5 C、H、O、N、S、P的生物地球化学循环图

(引自 P. A. Trudinger and D. J. Swaine 资料，→元素循环方向)

物消费过程积累的碳，在生物排泄或死亡后被微生物分解，二氧化碳回到环境中。四是碳的矿化过程：环境中的碳和一部分生物有机体经过成矿作用，如碳贮藏在煤、石油、天然气等矿藏和碳酸盐沉积物中，以化石燃料自燃、火山爆发和地震形成释放到环境中。这四个过程属于自然进行的生物地球化学循环。五是工业过程：矿化的碳被人类从地下挖掘出来，作为燃料或材料，燃烧和使用后释放出二氧化碳返回到环境中。上述过程中返回到环境中的二氧化碳重新被植物利用，这是一个不断循环的过程，它是生命生存的条件。但是，只有正常的碳循环才有生命的永恒发展。人类活动释放过多的二氧化碳，损害碳平衡，导致今天的"温室效应"，被认为是人类第一号环境问题。

磷是生命必需的元素，又是易于流失而不易返回的元素，因此很受重视。磷主要以磷酸盐形式贮存于沉积物中，以磷酸盐溶液形式被植物吸收。但土壤中的磷酸根在碱性环境中易与钙结合，酸性环境中易与铁、铝结合，都形成难以溶解的磷酸盐，植物不能利用。而且磷酸盐易随径流携带而沉积于海底。磷与氮、硫不同，在生物体内和环境中都以磷酸根的形式存在，因此其不同价态的转化都无需微生物参与，是比较简单的生物地球化学循环。磷不易返回，除非有地质变动或生物搬运。因此，磷的全球循环是不完善的。

硫主要以硫酸盐的形式贮存于沉积物中，以硫酸盐溶液形式被植物吸收。但沉积的硫在土壤微生物的帮助下却可转化为气态的硫化氢，再经大气氧化成硫酸（H_2SO_4）复降于地面或海洋中。与氮相似的是，硫在生物体内以（-2价）形式存在，而在大气环境中却主要以硫酸盐（+6价）形式存在。因此在植物体内也存在相应的还原酶系。在土壤富氧层和贫氧层中，分别存在氧化和还原两种微生物系，可促进硫酸盐与水之间的相互转化。

此外，氧循环、氢循环以及钾、钙、铁、镁、钠等所有生命元素，都不断地在生物与环境之间，以相似的形式不断地进行生物地球化学循环。图4-5是C、H、O、N、S、P循环之间的关系，在生态系统中各元素的循环是互相依存、互相制约的。生物地球化学循环过程的价值，我们以氮循环为例。

五、氮的生物地球化学循环

氮气是大气圈中最丰富的元素（约占78%），也是构成植物细胞中蛋白质和核酸两大类有机物质中最重要的化学元素。无论是全球循环、区域循环，还是生物内循环都离不开氮的参与（见图4-6）。

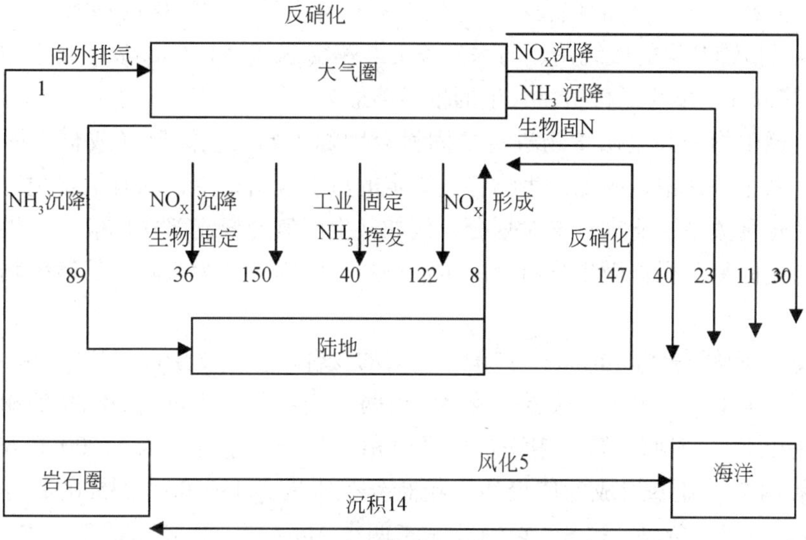

图4-6　全球N循环（TgN/a）（引自Jaffe，1992）

氮气主要靠微生物的生物固氮，以结合态氮被植物利用。生物固氮是土壤中有机和无机氮化合物的主要来源。土壤中90%是有机态氮和10%无机态氮。有机态氮化合物主要是由动、植物和微生物遗体分解产生的，其中一小部分形成氨基酸、酰胺和尿素等被植物直接吸收；大部分通过氨化作用（ammonification）转变为氨。氨可与土壤中其他物质反应再形成铵盐，或通过硝化作用（nitrification）氧化成亚硝酸盐（NO_2^-）和硝酸盐（NO_3^-）。硝酸盐又可通过反硝化作用（denitrification）形成 N_2 等气体返回大气。上述作用是通过土壤微生物进行的，其中氨化作用由土壤中的一些细菌和真菌进行，硝化作用通过亚硝酸菌属（*Nitrosomonas*）与硝酸杆菌属（*Nitrobacter*）的细菌进行，反硝化作用由一些嫌气性细菌进行的。土壤中的无机氮化合物以铵盐（NH_4^+）和硝酸盐（NO_3^-）为主。植物吸收铵盐和硝酸盐后必须进行同化才能被植物体进一步利用。

（一）生物固氮

氮气（或游离氮）转变成含氮化合物的过程叫做固氮（nitrogen fixation）。固氮分为自然固氮（占总固氮量的85%）和工业固氮（占15%）。在自然固氮中10%通过闪电进行，而90%是通过生物固氮。生物固氮（biological nitrogen fixation）是指某些微生物把大气中的游离氮转化为含氮化合物（NH_3和NH_4^+）的过程。

1. 固氮微生物的种类　生物固氮是由能独立生存的非共生微生物（asymbiotic microorganism）和与其他植物共生的共生微生物（symbiotic microorganism）产生的，它们都是产生的原核微生物（prokaryotic microorganism）。非共生微生物又包括自养的（autotropic）和异养的（heterotrophic）微生物，其中蓝藻是最重要的自养固氮微生物，固氮菌（*Azotobacter*）和梭状芽孢杆菌（*Clostridium*）分别是需氧的（aerobic）和厌氧的（anaerobic）异养固氮微生物的代表。共生微生物有与豆科植物共生的根瘤菌（*Rhizobium*）、与非豆科植物共生的放线菌、与水生蕨类红萍（满江红）（*Azolla*）共生的鱼腥藻（*A. azollae*）等，其中以与豆科植物共生的根瘤菌最为重要。

由非共生微生物和共生微生物进行的固氮分别称为非共生固氮（或自生固氮）和共生固氮。在共生关系中，固氮微生物将其固定的氮供应给寄主，同时从寄主取得所需的营养物质。这种关系不能进行绝对划分，例如共生固氮的根瘤菌在低氧、提供碳源的条件下也能自生固氮。根据微生物所处的生活场所可将固氮分为根际固氮微生物和叶际固氮微生物。

2. 固氮酶　固氮酶（nitrogenase）是一种酶的复合体，由铁蛋白（Fe protein）和钼铁蛋白（Mo Fe protein）构成，铁蛋白较小，由两个相对分子质量为30000的相同亚基组成，含有一个Fe_4-S_4原子簇；钼铁蛋白是由相对分子质量分别为51000和60000的两个α亚基和两个β亚基组成的四聚体，相对分子质量为180000～235000，分子中有两个Mo、各28个左右的Fe和S，它们分布于两个$Mo-Fe-S$簇和若干个Fe_4-S_4簇中。铁蛋白和钼铁蛋白需结合才有固氮能力，Fe和Mo均参与固氮中的氧化还原反应。

O_2可使铁蛋白和钼铁蛋白不可逆失活。在空气中，铁蛋白半寿期（half-life）约为30～45s，钼铁蛋白半寿期为10min。因此，固氮作用必须在缺氧或低氧条件下进行。须氧的固氮微生物在有氧的条件下可通过适当机制创造缺氧环境来固氮。

固氮酶可以还原多种基质，它在固氮时除还原N_2外，还能还原H^+为H_2。H_2在氢化酶（hydrongenase）作用下裂解，电子可传给O_2而生成H_2O，或传给铁氧还蛋白再用于N_2的还原。此外，固氮酶也能还原乙炔为乙烯，乙烯可通过气相色谱加以检测，因此常作为测定固氮酶活性的一种方法，但近年来发现乙炔可以抑制固氮酶活性，所以对于不含氧化酶的材料（如许多豆科植物），可通过测定H_2的参量来测定固氮酶的活性。

3. 固氮的生化过程　固氮微生物在固氮酶将N_2还原为NH_3（NH_4^+）的过程中，还原N_2所需的电子最终来自于寄生的呼吸作用。寄生呼吸作用将NAD（P）$^+$还原为NAD（P）H，电子又通过铁氧还蛋白（Fd）或黄素氧还蛋白（flavodoxin）传递给铁蛋白，铁蛋白再将电子传递给钼铁蛋白，同时伴随有ATP的水解。ATP的水解一方面有助于降低铁蛋白的氧化还原电位从而利于电子进一步传给钼铁蛋白，另一方面能够提供还原 N_2 所需的 H^+（$ATP^{4-} + H_2O \rightarrow ADP^{3-} + HOPO_3^{2-} + H^+$）。电子最终由钼铁蛋白传递给 N_2 和 H^+ 形成 NH_3 和 H_2。其总反应式如下：

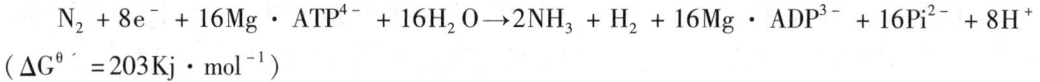

$$N_2 + 8e^- + 16Mg \cdot ATP^{4-} + 16H_2O \rightarrow 2NH_3 + H_2 + 16Mg \cdot ADP^{3-} + 16Pi^{2-} + 8H^+$$

（$\Delta G^{\theta'} = 203Kj \cdot mol^{-1}$）

上式表明总的反映强烈地向着生成 NH_3 的方向进行。但实际上固氮酶转换速率较慢，会对此过程有所限制。总之，固氮作用是一个十分复杂的生化过程。

（二）硝酸盐的代谢还原

植物从土壤中吸收的硝酸盐必须经代谢性还原（metabolic reduction）才能被利用，因为蛋白质的氮呈高度还原状态，而硝酸盐的氮却呈高度氧化状态，硝酸盐还原按以下步骤进行：

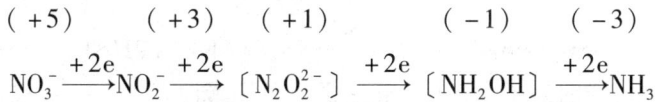

$$\begin{array}{ccccc} (+5) & (+3) & (+1) & (-1) & (-3) \\ NO_3^- & \xrightarrow{+2e} NO_2^- & \xrightarrow{+2e} [N_2O_2^{2-}] & \xrightarrow{+2e} [NH_2OH] & \xrightarrow{+2e} NH_3 \end{array}$$

上式中，圆括号内的数字为 N 的价位数，方括号内的步骤未确立，整个过程需要 8 个电子，最后将 NO_3^- 还原为 NH_3。

1. 硝酸盐还原为亚硝酸盐　硝酸盐还原为亚硝酸盐（$NO_3^- \xrightarrow{+2e} NO_2^-$）是由硝酸还原酶（nitrate reductase，NR）催化的，其反应如下：

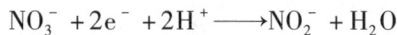

$$NO_3^- + 2e^- + 2H^+ \longrightarrow NO_2^- + H_2O$$

在高等植物体内，NR 存在于细胞质的胞液（cytosol）里，NR 为同型二聚体（homodimer），相对分子质量为 200000～500000；含有 FAD、细胞色素 b_{557} 及钼复合体（Mo－Co）等三种辅基，三种辅基在酶促反应中起电子传递体的作用；NR 的每个亚基含 FAD、血红素、Mo 各一个；NR 由核 DNA 编码。

在 NR 催化的反应中，还原所需的一对电子由 NADH 提供（在少数植物中由 NADPH 提供），电子从 NADH 经 FAD、细胞色素 b_{557} 传至 Mo，最后还原 NO_3^- 和 NO_2^-。整个酶促反应为：

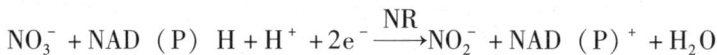

$$NO_3^- + NAD(P)H + H^+ + 2e^- \xrightarrow{NR} NO_2^- + NAD(P)^+ + H_2O$$

NR 属于一种诱导酶（或适应酶），因为 NRmRNA 和 NR 在植物缺乏硝酸盐时不能合成，只有在硝酸盐的参与下才能合成。这种特定物质对酶合成的诱导叫做酶诱导（enzyme induction），被诱导形成的酶则称为诱导酶（induction enzyme）或适应酶（adaptive enzyme）。这是植物的一种适应性，对于以硝态氮为主要氮源的植物，NR 的活性可作为植物利用氮素能力非常有益的指标。

NR 中含有钼，植物缺钼时，NR 活性降低，这时即使植物吸收大量硝态氮，也不能利用，因此植物一方面积累硝态氮，另一方面却出现缺氮症状；光照可促进硝酸盐还原过程。光照充足，有利于激活叶绿体中的光系统而增加 NADPH 和 ATP，NADPH 可使

NR 处于高活性状态，ATP 可促进液泡中储藏的 NO_3^- 运进胞液，发挥对 NR 的诱导作用。较强的光照也有利于合成较多光合产物并运到细胞质参加糖酵解，进一步形成较多还原酶（NADH）；光照激活了光敏色素系统，后再激活编码 NR mRNA 的基因。

硝酸盐的还原在植物的根或叶中均可进行。但 NO_3^- 供应少时，还原主要在根中进行，NO_3^- 量较大而根中还原力不足时，NO_3^- 可上运到叶片中进行还原。如苍耳几乎全在根中进行，白羽扇豆几乎在叶中进行。硝酸盐的还原能力在不同植物中也不相同，燕麦 > 玉米 > 向日葵 > 大麦 > 油菜；硝酸盐还原也受温度等因素影响。

2. 亚硝酸盐的还原 NO_3^- 还原为 NO_2^- 后，被迅速运进质体（plastid）即根中的前质体（proplastid）或叶中的叶绿体，并进一步被亚硝酸还原酶（nitrtie reductase NiR）还原为 NH_3 或 NH_4^+。其酶促反应为：

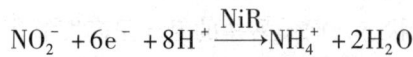

$$NO_2^- + 6e^- + 8H^+ \xrightarrow{NiR} NH_4^+ + 2H_2O$$

在叶绿体中，还原所需的电子来自于还原态的铁氧还蛋白，亚硝酸盐还原反应为：

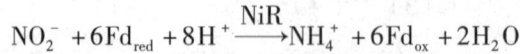

$$NO_2^- + 6Fd_{red} + 8H^+ \xrightarrow{NiR} NH_4^+ + 6Fd_{ox} + 2H_2O$$

式中 Fd_{red} 和 Fd_{ox} 分别为还原态和氧化态的铁氧还蛋白。

叶绿体中 NiR 相对分子质量为 60000 ~ 70000，含两个亚基，其辅基由一个铁硫原子簇（4Fe – 4S）和一个西罗血红素（sirohaem）组成。NO_2^- 结合在 4Fe – 4S – 西罗血红素部位，被直接还原为 NH_4^+（见图 4 – 7）；还原过程中未发现从 NO_2^- 到 NH_4^+ 的中间产物，这可能是在还原过程中产生的硝酰基（NOH）和羟氨（NH_2OH）与酶结合为复合物，直至最后还原为 NH_4^+ 才释放出来。

在非绿色组织中，有可能来自于呼吸作用产生的 NADH 或 NADPH。但 NADH 或 NADPH 不能像 Fd 那样直接作为 NO_2^- 还原时的电子供体，承担中间过渡的电子传递。

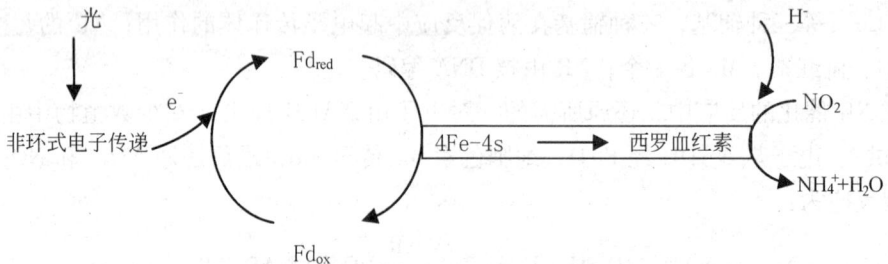

图 4 – 7 叶绿体中亚硝酸还原酶的催化作用

与 NR 一样，NiR 也被核 DNA 编码。NiR 在细胞质的胞液里合成后，运进质体时被加工。NiR 也可被硝酸盐（NO_3^-）诱导产生。NO_2^- 可通过其被氧化为 NO_3^- 而间接发挥对 NiR 的诱导作用。

亚硝酸盐还原过程受光促进，可能与光照时植物生成 Fd_{rex} 有关。当植物缺铁时亚硝酸还原受阻，可能是 Fd 含量不足所致。亚硝酸还原需要氧，缺氧时该过程受阻。以上两式可得：

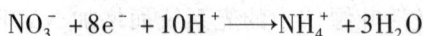

$$NO_3^- + 8e^- + 10H^+ \longrightarrow NH_4^+ + 3H_2O$$

（三）氨态氮的同化

氨态氮（ammonia - nitrogen）包括氨（ammonia，NH_3）和铵（ammonium，NH_4^+）。铵就是铵盐中的阳离子，称为铵根（或铵离子）。高浓度的氨态氮对植物是有害的，因其能使光合磷酸化或氧化磷酸化解偶联，并能抑制光合作用中水的光解；而游离氨可能对呼吸作用中的电子传递系统有抑制作用。因此，植物吸收的氨态氮（或由硝酸盐还原产生的氨态氮）都会迅速同化为有机物，只有少数植物如秋海棠（*Begonia*），在中央大液泡中可以积累氨态氮。

氨态氮同化时，首先在谷氨酰胺合酶（glutamine synthase，GS）催化下与谷氨酸结合形成谷氨酰胺，这是氨态氮同化最重要的反应（图4-8反应①）。生成的谷氨酰胺再在谷氨酸合酶（glutamate synthase）催化下与α-酮戊二酸形成谷氨酸（图4-8反应②）。谷氨酸合酶又称为谷氨酰胺-α-酮戊二酸转氨酶（glutamine α - ketoglutarate aminotransferase，GOGAT）。因此，上述连续反应亦被称为GS-GOGAT循环。GS对氨有很高的亲和力（K_m为$10^{-5} \sim 10^{-4}$ mol·L^{-1}），因此可使植物避免氨累积所造成的毒害。GS在绿色组织中定位于叶绿体和细胞质中，在非绿色组织中定为位于质体。GOGAT有两种形式，一种以Fd_{rex}为电子供体，多定位于绿色组织中的叶绿体；另一种以NADPH为电子供体，多定位于非绿色组织中的前质体。

以上反应形成的谷氨酰胺，也可以在天冬酰胺合酶（asparagine synthase）催化下将其酰胺氮转移给天冬氨酸而形成天冬酰胺（图4-8反应③）。Cl$^-$对天冬酰胺合酶有强烈激活作用。

形成的谷氨酸还可以通过转氨作用或氨基交换作用（transamination）将其α-氨基转移给草酰乙酸的α-酮基，从而形成天冬氨酸和α-酮戊二酸（图4-8反应④），该反应由转氨酶（aminotransferase）催化，在细胞质的胞液、叶绿体及微体中都有转氨酶。反应中的草酰乙酸系磷酸烯醇式丙酮酸羧化而来（图4-8反应⑤）。

氨也可以在谷氨酸脱氢酶（glutamate dehydrogenase，GDH）催化下与α-酮戊二酸结合生成谷氨酸。GDH位于叶绿体和线粒体中，由于GDH对NH_3的亲和力很低（K_m值为$5.2 \sim 7.0$ mmol·L^{-1}），因此GDH在植物氮的同化中不太重要。

通过上述各种作用，氨最终进入氨基酸，即可参加蛋白质及核酸等含氮物质的代谢，并进一步在植物的生长发育中发挥作用。

总之，药用植物在生物地球化学循环过程中除了产生次生代谢物，具有药用价值外，还具有食用和保健价值，药用植物是人类生存不可分离的生物链和食物链。人类除了从药用植物中得到糖类、蛋白质、脂肪等食物和药用成分外，还可以从药用植物中分离出人体必须的酶，对于目前人类防治艾滋病和癌症也许是最好的良药。药用植物也是人类重要的经济来源。人们继承传统中医药学的理论同时还应该吸收生物地球化学等现代科学，采用现代分离、分析技术，结合传统中医药理论，使其发展成为现代中医药理论。既为我国寻求到新的经济增长点，又为世界人民的健康作出新贡献。加强对药用植物生物地球化学研究是寻求新的药物的一种新的和前缘性课题。

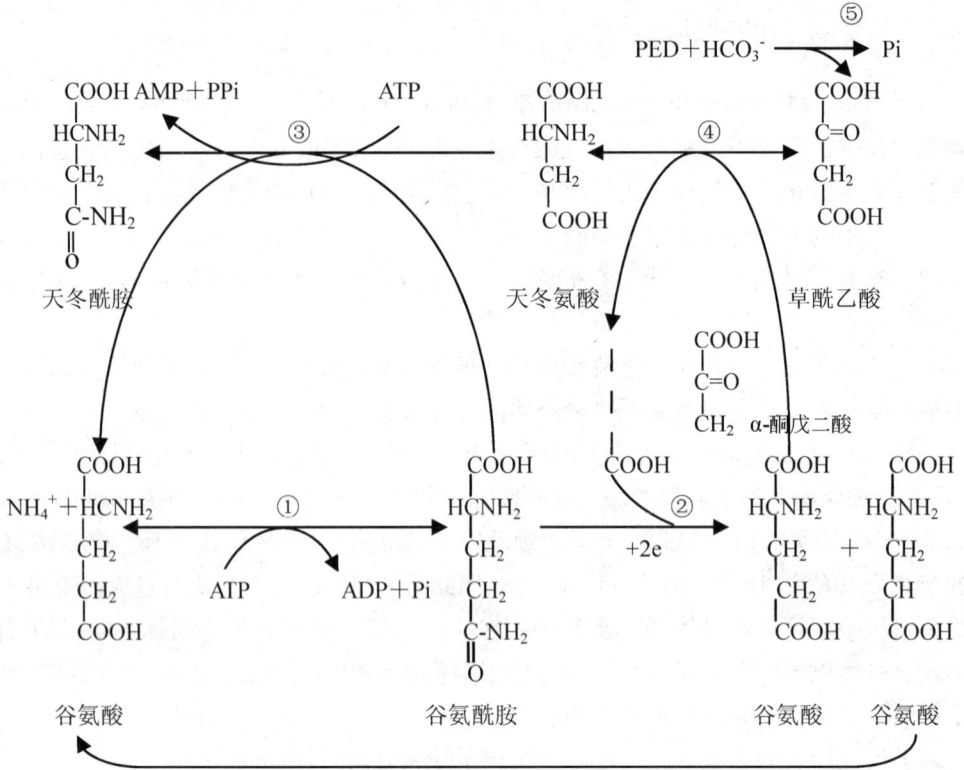

图 4-8　氨态氮同化为氨基酸和酰胺的过程
①谷氨酰胺合酶；②谷氨酸合酶；③天冬酰胺合酶；④转氨酶；⑤PEP 羧化酶

第五章　光合作用与药用植物生理生态

光合作用是指绿色植物吸收光能，同化二氧化碳和水，制造有机物质并释放氧气的过程。光合作用是绝大多数生物生存的基础和起点。植物的光合作用只有在可见光谱内进行，光照的强弱直接影响植物光合作用的强度。各种植物对光照强度都有一定的适应范围，也都有一定的需光程度。植物长期适应于不同的生境条件，形成了不同的光合生态类型。

第一节　叶绿体及光合色素

一、叶绿体及其成分

叶片是植物进行光合作用的主要器官，叶绿体是光合作用的重要细胞器，是光合作用的形态学单位。叶绿体是植物质体的一种。所有的质体都是由前质体发育而成的，它们在大小、形态、内含物及功能上可发生很大变化。当叶原基从顶端分生组织形成时，细胞中前质体在光下发育为叶绿体。

（一）叶绿体的形态

高等植物的叶绿体大多呈扁平的椭圆形，直径约为 $3\sim6\mu m$，很少超过 $10\mu m$，厚约为 $2\sim3\mu m$。在苔藓和藻类植物中叶绿体的形态变化较大。如水绵的叶绿体呈带状，衣藻的为杯状，小球藻的呈钟状。不同细胞含有的叶绿体数目也有所不同，每个叶肉细胞含有 $20\sim200$ 个叶绿体，主要集中于栅栏组织中。如蓖麻叶肉细胞中叶绿体数目为 $13\sim36$ 个，栅栏组织细胞约为 36 个，海绵组织细胞约为 20 个；拟南芥成熟叶肉细胞中约含有 120 个叶绿体。叶绿体的总表面积远远大于叶片面积，有利于充分吸收光能。

叶绿体在细胞质中的位置随光照方向与强度发生移动。弱光下叶绿体以扁平的一面向光，并沿着光源方向垂直的细胞壁分布，可接受更多的光能以满足光合作用的能量需求。在强光下叶绿体以窄面受光，同时向与光源方向平行的细胞壁移动。这种叶绿体运动是植物对外界环境条件长期适应的结果。如阴生植物紫露草（*Tradescantia albiflora*）叶绿体的运动可以保护其光系统Ⅱ。叶绿体运动涉及肌动蛋白和肌球蛋白系统、隐花色素、Ca^{2+}，有时还涉及光敏色素。

（二）叶绿体的结构

叶绿体由被膜、类囊体和基质三部分组成。叶绿体的被膜是一双层膜，包括内膜和外膜，外膜与内膜间距约20nm，两层膜均具有选择透过性。内膜上存在负责物质转运的膜蛋白，选择性更强，物质进出叶绿体主要由内膜控制。

叶绿体被膜以内的半透明区域为基质。基质的电子密度较小，主要成分有：①可溶性蛋白质，包括光合作用固定 CO_2 所需的各种酶，如 RuBP。②DNA 和核糖体，叶绿体在遗传上具有一定的自主性，可以合成部分叶绿体发育和执行功能所需要的蛋白。③淀粉粒，是光合作用产物在叶绿体中的储存形式。④质体小球，亦称为嗜锇颗粒，它的主要成分是脂类物质，它的变化与叶绿体的发育、糖代谢、脂类代谢以及抗逆性有关。基质是光合作用中 CO_2 固定与还原的场所，叶绿体的其他各种代谢也在基质中进行。

叶绿体被膜以内还存在一种膜结构——类囊体。类囊体是一个扁平的囊状结构，直径为 $0.5\sim1\mu m$，厚 $4\sim7\mu m$，内有一个内腔。由两个或更多的类囊体相互垛叠在一起而形成的结构称为基粒，或称为基粒片层。基粒通常由 $10\sim100$ 个类囊体组成，在一个典型的叶绿体中约含有 $40\sim60$ 个基粒。基粒与基粒互相接触的部位称为垛叠区或紧贴区，其他部位则称为非垛叠区或非紧贴区。贯穿于基质中连接基粒的大类囊体称为基质类囊体或基质片层。类囊体的非垛叠区和基质类囊体都直接与基质相接触，它们的膜蛋白与基粒类囊体的垛叠区有所不同，在光反应中的作用也不相同。在类囊体膜中蛋白质和脂类约各占一半。叶绿体色素占类囊体膜脂成分的一半，另一半主要是半乳糖脂和磷脂。膜脂中富含亚麻酸和亚油酸等不饱和脂肪酸，它们使类囊体膜具有很高的流动性。类囊体膜是叶绿体进行光能吸收与转换的场所，称为光合膜。

叶绿体中的主要物质是水（约占75%）、有机物质和无机盐。有机物质主要是蛋白质、脂类和色素。蛋白质是叶绿体的结构和功能基础，其在叶绿体中的重要功能是作为代谢过程中的催化剂。叶绿体中的脂类占干重的 20%～40%，是组成叶绿体膜、基粒等的主要骨架成分之一。叶绿体色素占干重8%左右，参与光能的吸收、传递和转化。叶绿体中还含有干重 10%～20% 的贮藏物质（糖类等），10% 左右的灰分元素（铁、铜、锌、钾、磷、钙、镁等）。此外，叶绿体还含有各种核苷酸和醌，它们在光合作用过程中起着传递氢原子（或电子）的作用。

二、光合色素

光合色素即叶绿体色素，在光合作用过程中对光能的吸收、传递和转化起着关键作用。主要有叶绿素、类胡萝卜素和藻胆素。高等植物叶绿体中含有前两类，藻胆素仅存在于藻类。

（一）光合色素的化学结构

1. 叶绿素　叶绿素（chlorophyll）是使植物呈现绿色的色素，约占绿叶干重的1%。植物的叶绿素包括 a、b、c、d 四种。高等植物中含有 a、b 两种，叶绿素 c、d 存在于藻类中，而光合细菌中则含有细菌叶绿素（bacteriochlorophyll）。叶绿素 a（Chl a）呈蓝绿色，叶绿素 b（Chl b）呈黄绿色，分子量分别为 892 和 906，叶绿素是双羧酸叶绿酸的酯，叶绿酸是双羧酸，其羧基分别被甲醇（CH_3OH）和叶绿醇（phytol，$C_{20}H_{39}OH$）所酯化。叶绿素 a 与 b 的分子式很相似，不同之处是叶绿素 a 比 b 多两个氢少一个氧。两者结构上的差别仅在于叶绿素 a 的 B 吡咯环上一个甲基（$-CH_3$）被醛基（$-CHO$）所取代。所以叶绿素 a 和叶绿素 b 的分子式可写成：

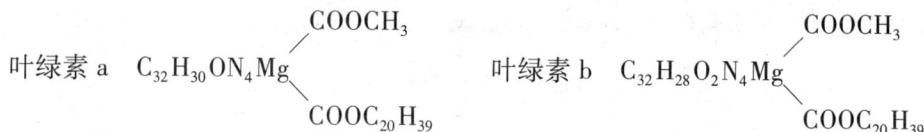

$$\text{叶绿素 a} \quad C_{32}H_{30}ON_4Mg \begin{cases} COOCH_3 \\ COOC_{20}H_{39} \end{cases} \qquad \text{叶绿素 b} \quad C_{32}H_{28}O_2N_4Mg \begin{cases} COOCH_3 \\ COOC_{20}H_{39} \end{cases}$$

叶绿素分子含有一个卟啉环（porphyrin ring）的"头部"和一个叶绿醇（植醇，phytol）的"尾巴"。卟啉环由四个吡咯环与四个甲烯基（$-CH=$）连接而成，它是各种叶绿素的共同基本结构。卟啉环的中央络合着一个镁原子，镁偏向带正电荷，而与其相连的氮原子则带负电荷，因而"头部"有极性，是亲水的。另外还有一个含羰基的同素环（含相同元素的环），其上的一个羧基以酯键与甲醇相结合。环 D 上有一个丙酸侧链以酯键与叶绿醇相结合，叶绿醇是由四个异戊二烯单位所组成的双萜，是亲脂的，能伸入类囊体的拟脂层，故叶绿素能定向排列。

卟啉环上的共轭双键和中央镁原子容易被光激发而引起电子的得失，这决定了叶绿素具有特殊的光化学性质。卟啉环中的镁可被 H^+、Cu^{2+}、Zn^{2+} 等所置换。当被 H^+ 所置换后，即形成褐色的去镁叶绿素（pheophytin，Pheo）。去镁叶绿素中的 H^+ 再被 Cu^{2+} 取代，形成铜代叶绿素，颜色比原来的叶绿素更鲜艳稳定。根据这一原理可用醋酸铜处理来保存绿色标本。叶绿素是一种酯，不溶于水。通常用含有少量水的有机溶剂如 80% 的丙酮，或者 95% 乙醇，或丙酮∶乙醇∶水 =4.5∶4.5∶1 的混合液来提取叶片中的叶绿素，用于测定叶绿素含量。之所以要用含有水的有机溶剂提取叶绿素，这是因为叶绿素与蛋白质结合很牢，需要经过水解作用才能被提取出来。

2. 类胡萝卜素 类胡萝卜素（carotenoid）是由 8 个异戊二烯形成的四萜。叶绿体中的类胡萝卜素包含两种色素，即胡萝卜素和叶黄素，前者呈橙黄色，后者呈黄色。

胡萝卜素是不饱和的碳氢化合物，分子式是 $C_{40}H_{56}$，有 α、β、γ 三种同分异构体。在一些真核藻类中还含有 ε－类胡萝卜素。叶子中常见的是 β－胡萝卜素，它的两头有一个对称排列的紫罗兰酮环，它们中间以共轭双键相连接，它们不溶于水而溶于有机溶剂。它在动物体内水解后即转变为维生素 A。叶黄素是由胡萝卜素衍生的醇类，分子式是 $C_{40}H_{56}O_2$。

一般情况下，叶片中叶绿素与类胡萝卜素的比值约为 3∶1，所以正常的叶子呈现绿色。秋天，叶片中的叶绿素较易降解，数量减少，而类胡萝卜素比较稳定，所以叶片呈现黄色。类胡萝卜素总是和叶绿素一起存在于高等植物的叶绿体中，此外也存在于果实、花冠、花粉、柱头等器官的有色体中。

类胡萝卜素除了有吸收传递光能的作用外，还可在强光下逸散能量，如 β－胡萝卜素就是单线态分子氧（$^1O_2$）的猝灭剂，具有使叶绿素免遭伤害的光保护作用（photoprotection）。

3. 藻胆素　藻胆素（phycobilin）是藻类主要的光合色素，仅存在于红藻和蓝藻中，常与蛋白质结合为藻胆蛋白，呈红色或蓝色。主要有藻红蛋白（phycoerythrin）、藻蓝蛋白（phycocyanin）和别藻蓝蛋白（allophycocyanin）三类，前者呈红色，后两者呈蓝色。它们的生色团与蛋白以共价键牢固地结合。藻胆素分子中的四个吡咯环形成直链共轭体系，不含镁也没有叶绿醇链。藻胆素也有收集光能的功能。

由于类胡萝卜素和藻胆素吸收的光能能够传递给叶绿素用于光合作用，因此它们被称为光合作用的辅助色素（accessory photosynthetic pigments）。

（二）光合色素的光学特性

1. 吸收光谱　太阳照到地球表面的光波长不同（300～2600nm），但对光合作用有效的可见光波长在400～700nm之间。

叶绿素主要吸收波长为640～660nm的红光部分和波长为430～450nm的蓝紫光部分。此外，对橙光、黄光的吸收较少，对绿光的吸收最少，所以叶绿素的溶液呈绿色。绝大部分叶绿素a分子和全部叶绿素b分子具有收集光能的作用。少数不同状态的叶绿素a分子有将光能转换为电能的作用，这是光合作用的核心问题。胡萝卜素和叶黄素的吸收光谱与叶绿素不同，它们最大的吸收带在蓝紫光部分，不吸收红光等长光波的光（见图5-2）。

全部的叶绿素和类胡萝卜素都包埋在类囊体膜中，并以非共价键与蛋白质结合在一起，组成色素蛋白复合体（pigment protein complex），各色素分子在蛋白质中按一定的规律排列和取向，以便于吸收和传递光能。

藻胆素主要吸收绿、橙光。具体来说，藻蓝蛋白主要吸收橙红光部分，而藻红蛋白主要吸收绿光和黄光部分。

2. 荧光现象和磷光现象　叶绿素溶液在透射光下呈绿色，而在反射光下呈红色，这种现象称为荧光现象。荧光的寿命很短（$10^{-10} \sim 10^{-8}$s）。去掉光源后，叶绿素还能继续辐射出极微弱的红光，这种光称磷光。磷光的寿命较长（10^{-2}s）。

叶绿素的荧光和磷光现象说明叶绿素能被光激发。但激发态不稳定，在回到基态的过程中，叶绿素发出荧光或磷光。但是，叶片或叶绿体发出的荧光很弱，只有用仪器才能测到。现在，人们用叶绿素荧光仪可精确测定叶片发出的荧光，而荧光的变化可以反映光合机构能量转化的状况，叶绿素荧光的测定已被广泛用于光合作用研究和农业生产。

（三）叶绿素的生物合成及其与环境条件的关系

1. 叶绿素的生物合成　叶绿素是在一系列酶的作用下合成的（图5-3）。高等植物叶绿素的生物合成是以谷氨酸与α-酮戊二酸作为原料的，然后合成δ-氨基酮戊酸（δ-aminolevulinic acid，ALA）。2分子ALA脱水缩合形成一分子具有吡咯环的胆色素原；4分子胆色素原脱氨基缩合形成一分子尿卟啉原Ⅲ，合成过程按A→B→C→D环的顺序进行，尿卟啉原Ⅲ的四个乙酸侧链脱羧形成具有四个甲基的粪卟啉原Ⅲ，以上的反应是在厌氧条件下进行的。

（A）叶绿素

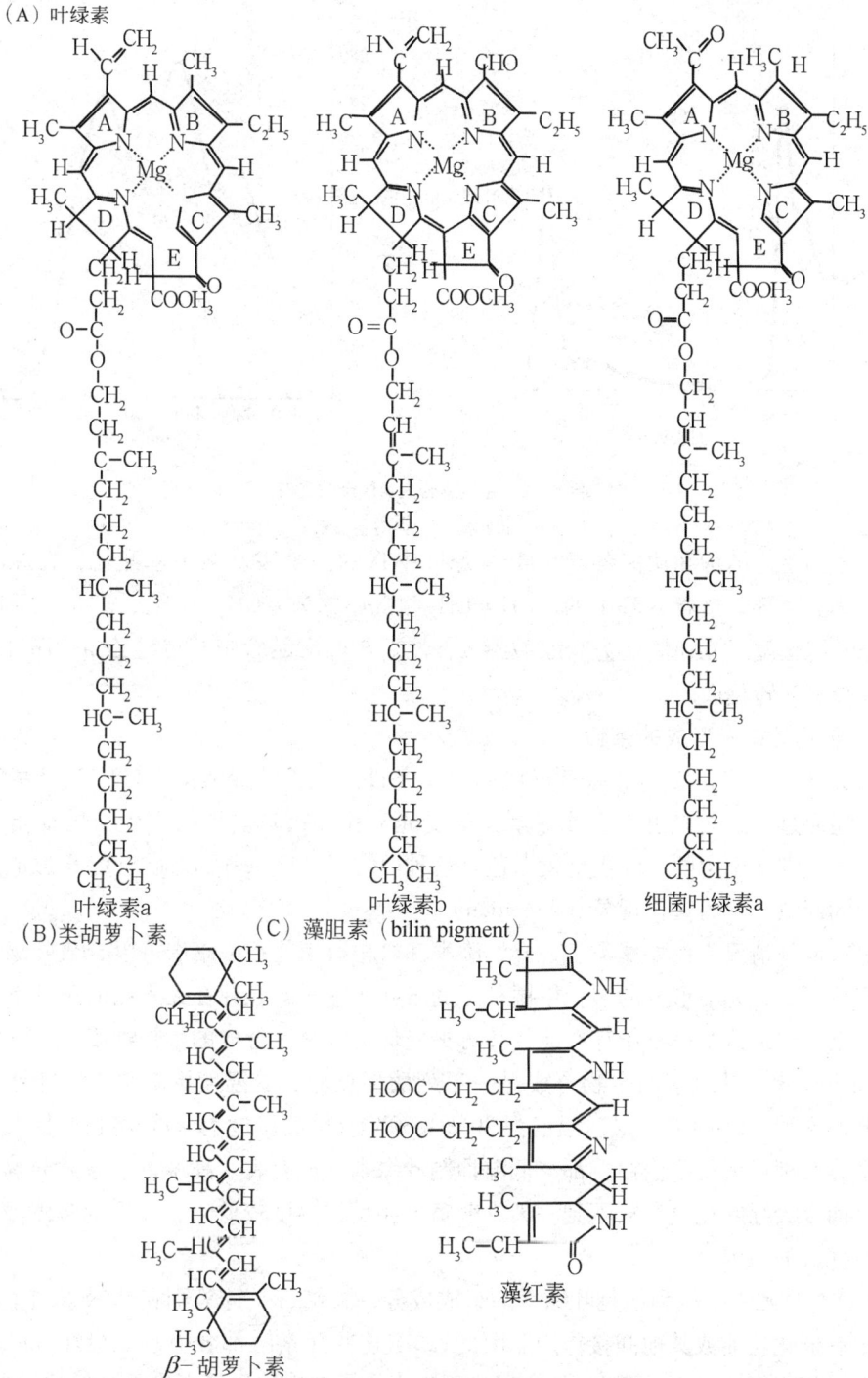

叶绿素a

叶绿素b

细菌叶绿素a

（B）类胡萝卜素

β-胡萝卜素

（C）藻胆素（bilin pigment）

藻红素

图5-1 一些光合色素的分子结构（Taiz & Zeiger，1998）

在有氧条件下，粪卟啉原 III 再脱羧、脱氢、氧化形成原卟啉 IX，原卟啉IX是形成叶绿素和亚铁血红素的分水岭。如果与铁结合，就生成亚铁血红素；若与镁结合，则形成 Mg-原卟啉 IX。由此可见，动植物的两大色素最初是同出一源的，以后在进化的过

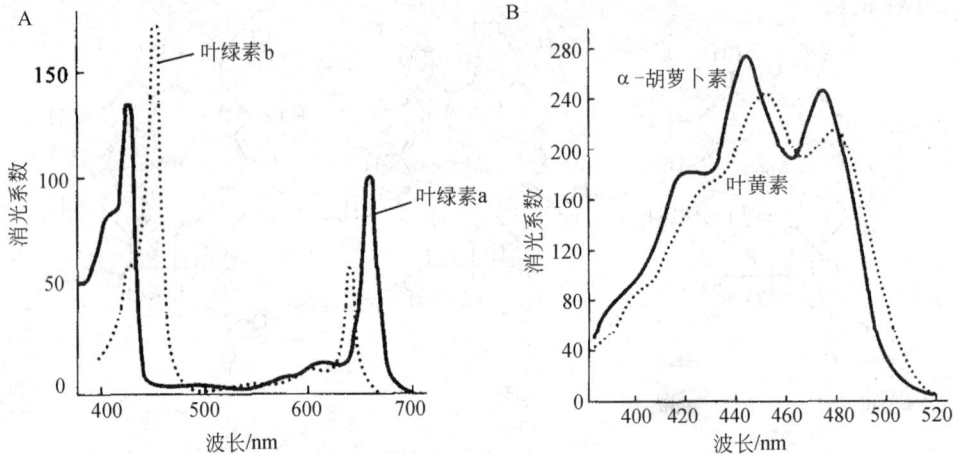

图 5-2 主要光合色素的吸收光谱
A. 叶绿素 B. 类胡萝卜素

程中分道扬镳，结构和功能各异。Mg-原卟啉IX的一个羧基被甲基酯化，在原卟啉IX上形成第五个环，接着 B 环上的 $-CH=CH_2$ 侧链还原为 $-CH_2-CH_3$，即形成原叶绿酸酯。原叶绿酸酯经光还原变为叶绿酸酯 α，然后与叶醇结合形成叶绿素 a，而叶绿素 b 是由叶绿素 a 转化成的。

2. 影响叶绿素形成的条件

（1）光照 光是影响叶绿素形成的主要条件。从原叶绿素酸酯转变为叶绿酸酯需要光的还原过程，而光过强，叶绿素又会受光氧化而破坏。黑暗中生长的幼苗呈黄白色，遮光或埋在土中的茎叶也呈黄白色。这种因缺乏某些条件而影响叶绿素形成，使叶子发黄的现象，称为黄化现象（etiolation）。

也有例外情况，例如藻类、苔藓、蕨类和松柏科植物在黑暗中可以合成叶绿素，其数量当然不如在光下形成的多；柑橘种子的子叶及莲子的胚芽在无光照的条件下也能形成叶绿素，推测这些植物中存在能代替可见光促进叶绿素合成的生物物质。

（2）温度 叶绿素的生物合成是一系列酶促反应，受温度影响很大。叶绿素形成的最低温度为 2℃~4℃，最适温度为 20℃~30℃，最高温度为 40℃左右。秋天叶子变黄和早春寒潮过后秧苗变白，都与低温抑制叶绿素形成有关。高温下叶绿素分解大于合成，因而夏天绿叶蔬菜存放不到一天就变黄；相反，温度较低时，叶绿素解体慢，这也是低温保鲜的原因之一。

（3）矿质元素 氮和镁是叶绿素的组成成分,铁、锰、铜、锌等则在叶绿素的生物合成过程中有催化功能或其他间接作用。因此,缺少这些元素时都会引起缺绿症（chlorosis）,其中尤以氮的影响最大,因而叶色的深浅可作为衡量植株体内氮素水平高低的标志。

（4）氧气 在强光下，植物吸收的光能过剩，氧参与叶绿素的光氧化；缺氧能引起 Mg-原卟啉IX 及 Mg-原卟啉甲酯的积累，影响叶绿素的合成。

（5）水分 植物缺水会抑制叶绿素的生物合成,且与蛋白质生物合成受阻有关。严重缺水时,还促使原有叶绿素加速分解,而且是合成大于分解,所以干旱时叶片呈黄褐色。

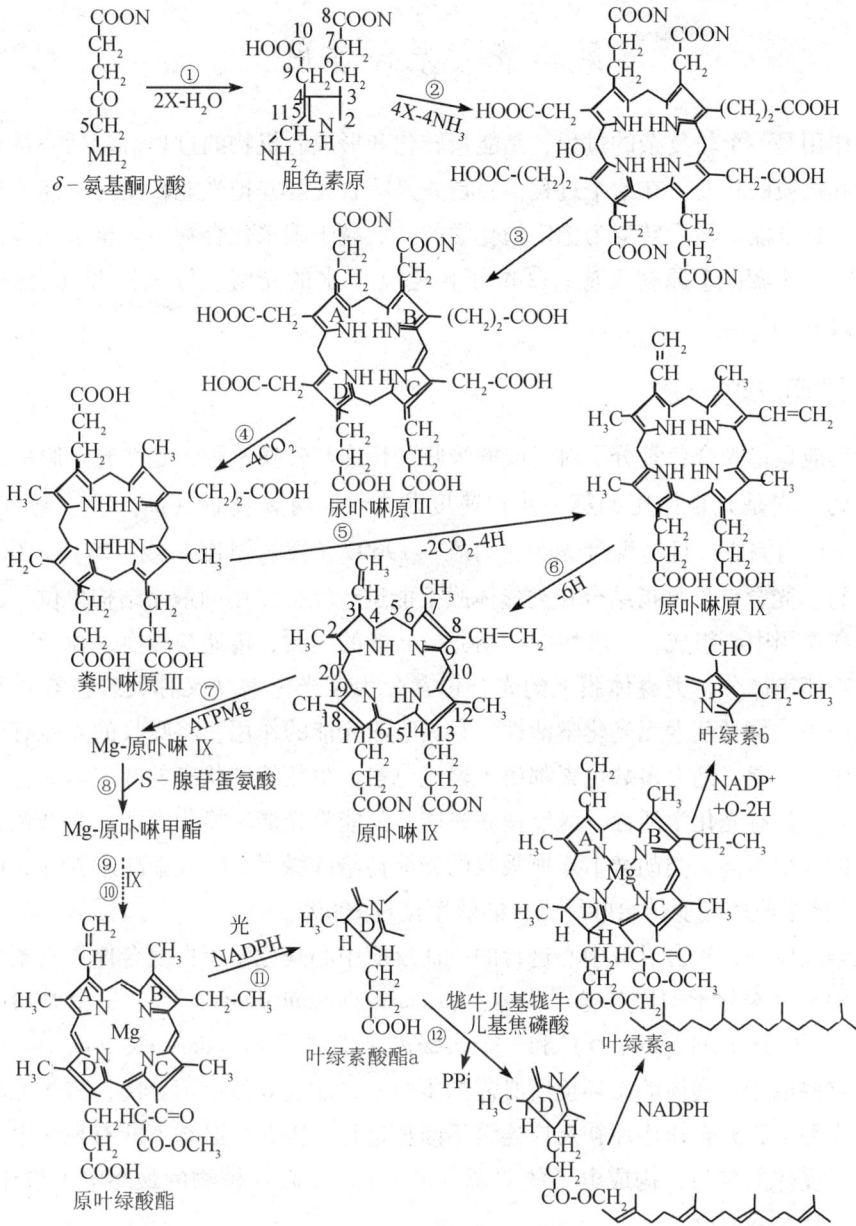

图 5-3　叶绿素的生物合成过程

①胆色素原合成酶；②胆色素原脱氨酶；③尿卟啉原Ⅲ合成酶；④尿卟啉原Ⅲ脱羧酶；⑤粪卟啉原氧化酶；
⑥原卟啉氧化酶；⑦Mg-螯合酶；⑧Mg-原卟啉甲酯转移酶；⑨Mg-原卟啉甲酯环化酶；⑩乙烯基还原酶；
⑪原叶绿酸酯还原酶；⑫叶绿素合成酶

　　此外，叶绿素的形成还受遗传因素的控制。即使在条件适宜的情况下，水稻、玉米的白化苗以及花卉中的花叶仍不能合成叶绿素。

第二节　光合作用

光合作用是一个较复杂的过程，是能量转化和形成有机物的过程，包括一系列的光化学反应和物质的转变。在这个过程中，首先是吸收光能并把光能转变为电能，进一步形成活跃的化学能，最后转变为稳定的化学能，贮藏于碳水化合物中。整个光合作用可大致分为三个步骤：①原初反应；②电子传递（含水的光解、放氧）和光合磷酸化；③碳同化过程。

一、原初反应

原初反应是指光合色素分子对光能的吸收、传递与转换过程，是在光合膜的光合单位上进行的。它是光合作用的第一步，速度非常快，可在皮秒（ps，10^{-12}s）与纳秒（ns，10^{-9}s）内完成，且与温度无关，可在 $-196℃$（液氮温度）或 $-271℃$（液氦温度）下进行。光合单位是指结合在类囊体膜上能进行光合作用的最小结构单位，由聚光色素系统和作用中心组成，二者协同作用完成光能的吸收、传递与转换过程。

根据功能来区分，类囊体膜上的光合色素分为聚光色素（又称天线色素）和反应中心色素两类。聚光色素无光化学活性，只具吸收光能的作用，将吸收的光能有效地集中到作用中心色素。绝大多数色素都属于聚光色素，少数特殊状态的叶绿素 a 分子为反应中心色素，具有光化学活性，既能捕获光能，又能将光能转换为电能。光合色素之间能量传递的效率很高，类胡萝卜素所吸收的光能传给叶绿素 a 的效率高达90%，叶绿素 b 和藻胆素所吸收的光能传给叶绿素 a 的效率接近100%。

光化学反应是在光合反应中心进行的。而反应中心是色素蛋白复合体，它至少包括一个反应中心色素分子即原初电子供体（primary electron donor，P）、一个原初电子受体（primary electron acceptor，A）和一个次级电子供体（secondary electron donor，D），以及维持这些电子传递体的微环境所必需的蛋白质，才能导致电荷分离，将光能转换为电能。在光照下，光合作用原初反应连续不断地进行，因此，必须不断有最终电子供体和最终电子受体的参与，构成电子的"源"和"库"。高等植物的最终电子供体是水，最终电子受体是 $NADP^+$。

光化学反应实质上是由光引起的反应中心色素分子与原初电子受体和次级供体之间的氧化还原反应（见图 5-4）。

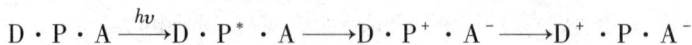

$$D \cdot P \cdot A \xrightarrow{h\nu} D \cdot P^* \cdot A \longrightarrow D \cdot P^+ \cdot A^- \longrightarrow D^+ \cdot P \cdot A^-$$

基态反应中心　激发态反应中心　电荷分离的反应中心

这一氧化还原反应在光合作用中不断地反复进行，原初电子受体 A^- 要将电子传给次级电子受体，直到最终电子受体 $NADP^+$。同样，次级电子供体 D^+ 也要向它前面的电子供体夺取电子，依次直到最终电子供体水。

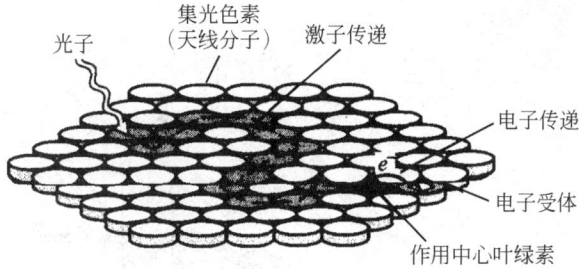

图 5-4　光合作用单位示意图（引自王宝山等，2004）

二、电子传递

反应中心色素受光激发而发生电荷分离，将光能变为电能，产生的电子经过一系列电子传递体的传递，引起水的裂解放氧和 $NADP^+$ 还原，并通过光合磷酸化形成 ATP，把电能转化为活跃的化学能。

（一）光系统

研究证实，光合作用有两个光化学反应，分别由不同光系统完成，一个是吸收短波红光（680 nm）的光系统Ⅱ（photosystem Ⅱ，PSⅡ），另一个是吸收长波红光（700 nm）的光系统Ⅰ（photosystem Ⅰ，PSⅠ）。这两个光系统是以串联的方式协同作用的。它们都是蛋白复合物，其中既有光合色素，又有电子传递体。PSⅠ颗粒较小，位于类囊体膜外侧；PSⅡ颗粒较大，位于类囊体膜的内侧，PSII 蛋白复合体至少含 12 种不同的多肽，多数为内在蛋白。PSI、PSⅡ蛋白复合体都包含反应中心和聚光色素复合体（见图 5-5、5-6）。

PSⅠ的光化学反应是长光波反应，其主要特征是 $NADP^+$ 的还原。当 PSⅠ的反应中心色素分子（P700）吸收光能而被激发后，把电子传递给各种电子受体，经 Fd（铁氧还蛋白），在 NADP 还原酶的参与下，把 $NADP^+$ 还原成 NADPH。PSⅡ的光化学反应是短光波反应，其主要特征是水的光解和放氧。PSⅡ的反应中心色素分子（P680）吸收光能，把水分解，夺取水中的电子供给 PSⅠ。

（二）水的光解和放氧

水的光解（water photolysis）是希尔（R. Hill）于 1937 年发现的。他将离体的叶绿体加到具有氢受体（A）的水溶液中，光照后即发生水的分解而放出氧气。

$$2H_2O + 2A \xrightarrow[\text{叶绿体}]{\text{光}} 2AH_2 + O_2$$

氢的接受体被称为希尔氧化剂，如 2，6－二氯酚靛酚、苯醌、$NADP^+$、NAD^+ 等。锰和氯是水的光解放氧反应中必不可少的物质。锰是 PSⅡ颗粒的组成成分，它具有高的氧化还原电位，直接参与水的氧化反应。氯离子在放氧过程中起活化作用。水的光解反应是植物光合作用重要的反应之一，其机理尚不完全清楚。

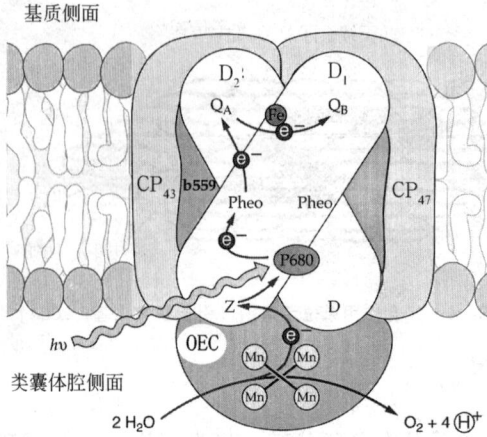

图 5-5　光系统 PS II 复合体结构示意图（引自 Buchanan et al. 2000）

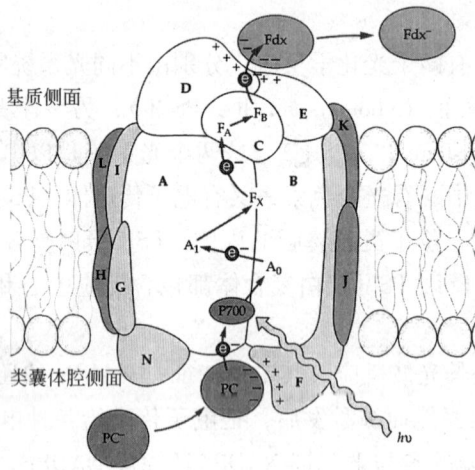

图 5-6　PS I 复合体结构示意图（引自 Buchanan et al. 2000）

（三）光合电子传递

光合链（photosynthetic chain）是指类囊体膜上一系列相互衔接的电子传递体组成的电子传递的总轨道。光系统 II 和光系统 I 以串联的方式协同作用完成电子从 H_2O 到 $NADP^+$ 的传递。两种光系统由细胞色素 b_6/f 复合体相连接。由 H_2O 光解产生的电子经 PS II 依次传递给质体醌（PQ）、细胞色素 b_6/f 复合体、质蓝素（plasto-cyanin，PC）和 PS I，最终交给 $NADP^+$ 产生 NADPH。这些电子载体组成成分按氧化还原电势从低到高排列时，形成所谓 Z 图式（Z scheme，又称 Z 链，或光合电子传递链），见图 5-7。

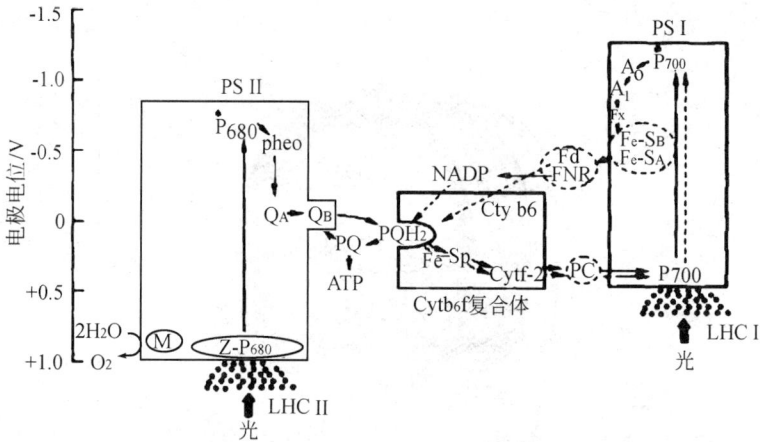

图5-7　类囊体膜中光合电子传递模式（Z方案）（引自 Hill et al.，1960）

三、光合磷酸化

叶绿体在光照下把无机磷（Pi）与 ADP 合成 ATP 的过程称为光合磷酸化（photo phosphorylation）。光合磷酸化有两种类型，即非循环式光合磷酸化和循环式光合磷酸化。

光合膜不仅能传递电子，而且有偶联电子传递的质子转移系统（PQ 穿梭）和逆向转移质子的 ATP 酶。

PQ 具亲脂性，可传递电子和质子，而其他传递体只能传递电子。在光照下，PQ 在将电子向下传递的同时，又把膜外基质中的质子转运至类囊体膜内，PQ 在类囊体膜上的这种氧化还原往复变化称 PQ 穿梭。此外，水在膜内侧分解也释放出 H^+，膜内 H^+ 浓度增高，则膜内电位较"正"，膜外 H^+ 浓度降低，则膜外电位较"负"，于是膜内外产生电位差（$\Delta\varphi$）和质子浓度差（ΔpH），两者合称质子动力势（proton motive force，PMF），是光合磷酸化的动力。H^+ 沿着浓度梯度返回膜外时，在 ATP 酶催化下，合成 ATP。

ATP 酶又叫 ATP 合成酶、偶联因子（coupling factor）。叶绿体的 ATP 酶与线粒体膜上的 ATP 酶结构相似，是一种球茎结构，由两个蛋白复合体构成：一个是突出于膜表面的亲水性的"CF_1"复合体，另一个是埋置于膜内的疏水性的"CF_0"复合体。酶的催化部位在 CF_1 上，CF_1 结合在 CF_0 上。催化的反应为磷酸酐键的形成，即把 ADP 和 Pi 合成 ATP，见图5-8。

四、碳同化

碳同化是二氧化碳同化（CO_2 assimilation）的简称，是指植物利用光反应中形成的同化力（ATP 和 NADPH），将 CO_2 转化为碳水化合物的过程。二氧化碳同化是在叶绿体的基质中进行的，有多种酶参与反应。高等植物的碳同化途径有三条，即卡尔文循环（C_3 途径）、C_4 途径和景天酸代谢（CAM）途径，其中以卡尔文循环最基本最普遍，同

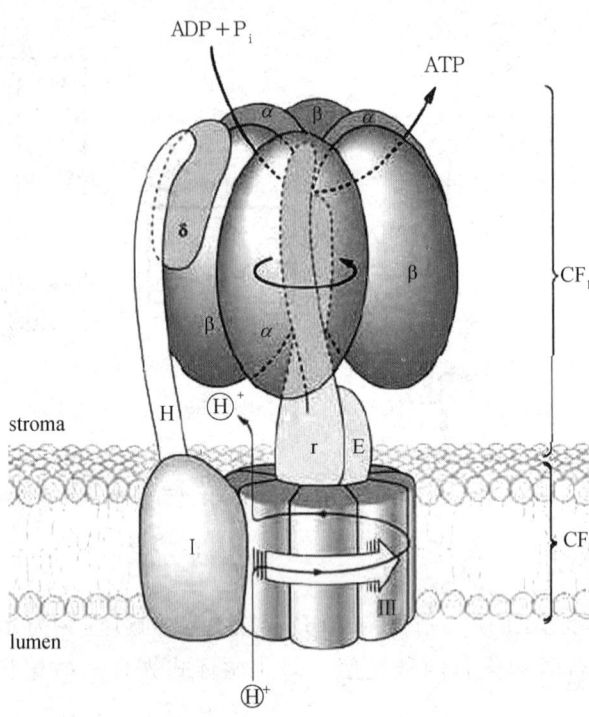

图 5-8　ATP 合成酶结构（引自 Buchanan et al. 2000）

时也只有这条途径才具备合成淀粉等产物的能力；其他两条途径只能起固定、运转 CO_2 的作用，不能形成淀粉等光合产物。

（一）卡尔文循环

20 世纪 50 年代卡尔文（M. Calvin）等提出二氧化碳同化的循环途径，故称为卡尔文循环（The Calvin cycle）。由于这个循环中的二氧化碳受体是核酮糖二磷酸（一种戊糖），故又称为还原戊糖磷酸途径（reductive pentose phosphate pathway，RPPP）。这个途径的二氧化碳固定最初产物是一种三碳化合物 [3 - 磷酸甘油酸（3 - phosphoglyceric acid，PGA）]，故又称为 C_3 途径。卡尔文循环是所有植物光合作用碳同化的基本途径，大致可分为三个阶段，即羧化阶段、还原阶段和 RuBP 再生阶段。

1. 羧化阶段（carboxylation phase）　核酮糖 - 1，5 - 二磷酸（ribulose - 1，5 - bisphosphate，RuBP）在核酮糖二磷酸羧化酶/加氧酶（ribulose bisphosphate carboxylase/oxygenase，Rubisco）催化下和 CO_2 作用形成两个分子的 3 - PGA，这就是 CO_2 的羧化阶段。Rubisco 是植物体内含量最丰富的酶，约占叶中可溶蛋白质总量的 40% 以上，由 8 个大亚基（约 56 KD）和 8 个小亚基（约 14 KD）构成，活性部位位于大亚基上。大亚基由叶绿体基因编码，小亚基由核基因编码。

2. 还原阶段　3 - PGA 在 3 - 磷酸甘油酸激酶（3 - phosphoglycerate kinase，PGAK）催化下，形成 1，3 - 二磷酸甘油酸（1，3 - diphosphoglyceric acid，DPGA），然后在甘油醛磷酸脱氢酶（glyceraldehyde - 3 - phosphate dehydrogenase）作用下被 NADPH 还原，

变为甘油醛 - 3 - 磷酸（glyceraldehyde - 3 - phosphate，GAP）。

3. 再生阶段　由 GAP 经过一系列的转变，重新形成 CO_2 受体 RuBP 的过程。这里包括了形成磷酸化的 3、4、5、6、7 碳糖的一系列反应（见图 5 - 9）。最后一步由核酮糖 - 5 - 磷酸激酶（ribulose - 5 - phosphate kinase，Ru5PK）催化，消耗 1 分子 ATP 形成 1 分子 RuBP，构成一个循环。

C_3 途径的总反应式为：

$$3CO_2 + 5H_2O + 9ATP + 6NADPH + 6H^+ \rightarrow GAP + 9ADP + 8Pi + 6NADP^+$$

由上式可见，每同化一个 CO_2，要消耗 3 个 ATP 和 2 个 NADPH。还原 3 个 CO_2 可输出一个磷酸丙糖。磷酸丙糖可在叶绿体内形成淀粉或运出叶绿体，在细胞质中合成蔗糖。若按每同化 $1molCO_2$ 可贮能 478kJ，每水解 $1molATP$ 和氧化 $1molNADPH$ 可分别释放能量 32kJ 和 217kJ 计算，则通过卡尔文循环同化 CO_2 的能量转换效率为 90%（即 478/（$32 \times 3 + 217 \times 2$））。可见，其能量转换效率是非常高的。

现将卡尔文循环各个反应总结如图 5 - 9。

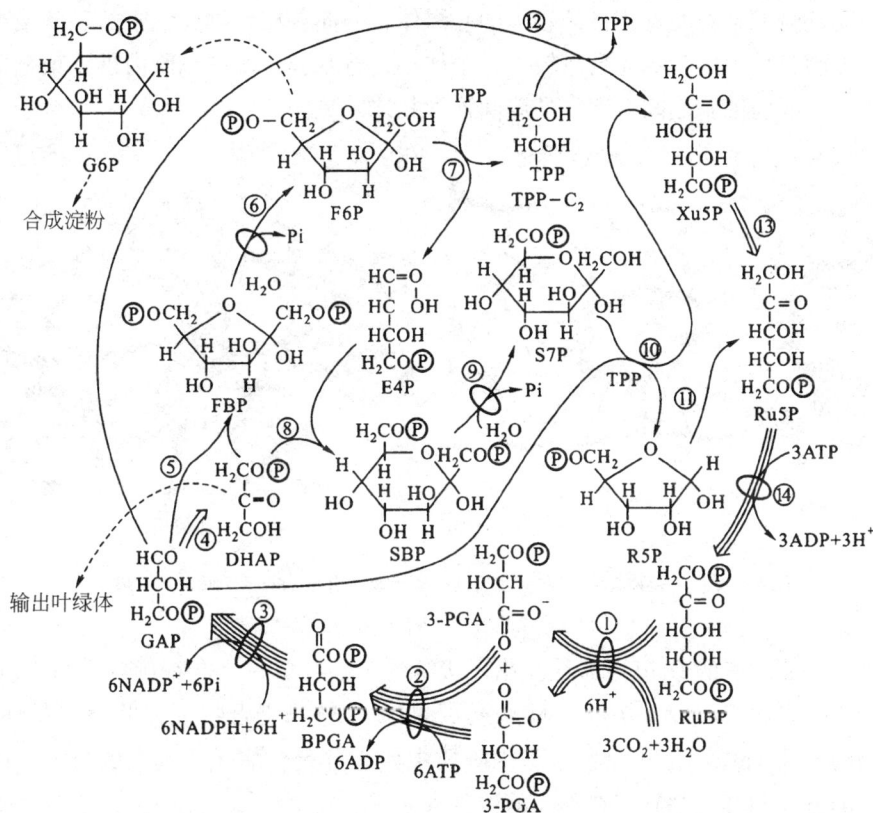

图 5 - 9　卡尔文循环（引自王忠等，2000）

①核酮糖二磷酸羧化酶/加氧酶（Rubisco）；②3 - 磷酸甘油酸激酶（PGAK）；

③NADP - 甘油醛 - 3 - 磷酸脱氢酶；④丙糖磷酸异构酶；

⑤、⑧醛缩酶；⑥果糖 - 1，6 二磷酸酶（FBPase）；⑦、⑩、⑫转酮酶；

⑨景天庚酮糖 - 1，7 - 二磷酸酶（SBPase）；⑪核糖 - 5 - 磷酸表异构酶；

⑬核糖 - 5 - 磷酸异构酶；⑭核酮糖 5 - 磷酸激酶（Ru5PK）

循环过程中涉及的 Rubisco、PGAK、FBPase、SBPase、Ru5PK 属于光调节酶。Rubisco 在 pH = 8 时活性最高，对 CO_2 亲和力也高。在暗条件下，pH ≤ 7.2 时，这些酶活性降低，甚至丧失。光还通过还原态 Fd 产生效应物——硫氧还蛋白（thioredoxin，Td）使 FBPase 和 Ru5PK 激活；在暗条件下，巯基则氧化形成二硫键，使酶失活。

光合作用最初产物磷酸丙糖可通过叶绿体膜上的 Pi 运转器运出叶绿体，同时将细胞质中等量的 Pi 运入叶绿体。在细胞质中合成蔗糖时，就释放出 Pi。如果蔗糖外运受阻，或利用减慢，则会使磷酸丙糖外运受阻，造成磷酸丙糖在叶绿体中积累，从而影响 C_3 光合碳还原循环的正常运转。

（二）C_4 途径

1. C_4 植物的解剖学特征　C_4 植物由 Hatch 和 Slack 最先发现，其生物化学过程或解剖学特征与 C_3 植物有着明显不同。C_4 植物有特殊的"花环型"结构，即 C_4 植物叶片中，围绕着维管束的是呈"花环型"的两层细胞：里面一层是维管束鞘细胞，比较大，含有较多的无基粒或基粒发育不良的较大的叶绿体；外面一层是排列紧密的环状或近于环状的叶肉细胞，其中的叶绿体数目较少，个体小，有基粒。叶肉细胞内维管束鞘薄壁细胞与其邻近的叶肉细胞之间有大量的胞间连丝相连。见图 5 – 10。

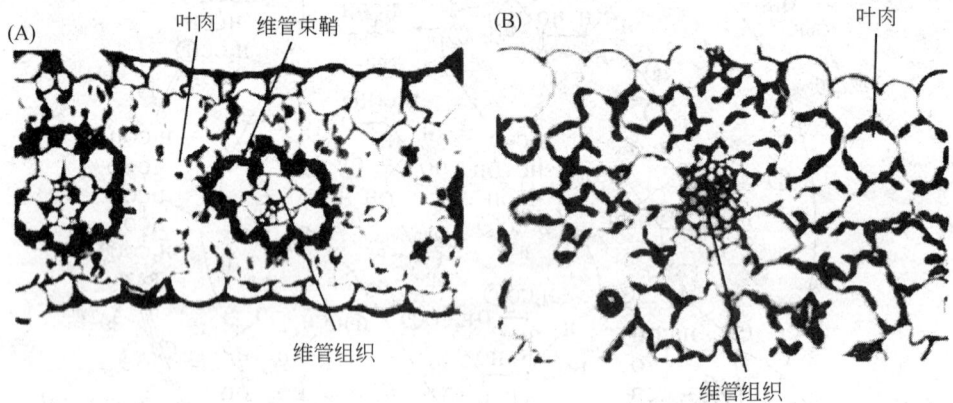

图 5 – 10　C_3 植物与 C_4 植物叶片解剖结构比较（引自 Taiz & zeiger，1998）

（A）C_4 单子叶植物玉米　（B）C_3 单子叶植物燕麦

然而，并非所有的 C_4 植物都具有花环状结构，如在单一光合细胞内进行 C_4 光合作用的植物异子蓬（*Borszczowia aralocaspica*），虽有 C_4 植物光合特征，但没有花环结构，这种植物的 C_4 光合作用是在绿色组织细胞质中，通过光合酶在空间上的分隔、两种类型叶绿体的分离和其他细胞器在不同的位置来完成。

由于 C_4 植物卡尔文循环仅在维管束鞘薄壁细胞中进行，所以，只在维管束鞘薄壁细胞形成淀粉，在叶肉细胞里没有淀粉。而水稻等 C_3 植物由于仅有叶肉细胞含有叶绿体，整个光合过程都是在叶肉细胞里进行，淀粉只积累在叶肉细胞中，维管束鞘薄壁细胞不积存淀粉。

2. C_4 植物的生物化学特征　C_4 植物除了和其他植物一样具有卡尔文循环外，还有

一条固定 CO_2 的途径。其最初产物是含 4 个碳的草酰乙酸，故又称 C_4 光合碳同化，简称 C_4 途径。

C_4 途径是一个非常复杂的过程，参与的酶类较多，涉及不同的细胞及细胞器。C_4 途径的 CO_2 受体是叶肉细胞胞质中的磷酸烯醇式丙酮酸（phosphoenol pyruvate，PEP），在磷酸烯醇式丙酮酸羧化酶（PEP carboxylase，PEPC）催化下，固定 HCO_3^-（CO_2 溶解于水），生成草酰乙酸（oxaloacetic acid，OAA）。草酰乙酸运至叶绿体中经 $NADP^-$ 苹果酸脱氢酶作用，被还原成为苹果酸。但是，在一些植物细胞的胞质中，草酰乙酸经转氨基作用形成天冬氨酸和 α - 酮戊二酸。苹果酸或天冬氨酸通过胞间连丝进入维管束鞘细胞（bundle sheath cell，BSC），并被脱羧生成 CO_2 和丙酮酸。丙酮酸再从维管束鞘细胞运回到叶肉细胞，在叶绿体中，经丙酮酸磷酸双激酶催化和 ATP 作用，变成 PEP 和焦磷酸。PEP 又可作为 CO_2 受体，使反应循环进行。在维管束鞘中脱羧释放的 CO_2，由维管束鞘细胞中的 C_3 途径同化。

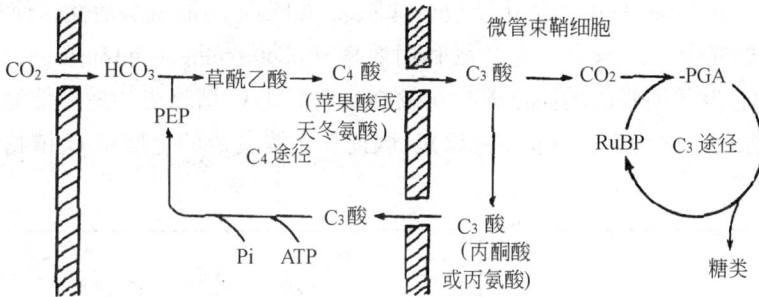

图 5 - 11　C_4 途径基本反应在各部位进行示意图（引自潘瑞炽 2001）

运入维管束鞘的 C_4 二羧酸种类及参与脱羧反应的酶类因植物种类而异，据此 C_4 途径又分三种类型。一是 NADP - 苹果酸酶型（NADP - ME 型），初期产物是苹果酸，如玉米、甘蔗、高粱等即属此类；二是 NAD - 苹果酸酶型（NAD - ME 型）（PCK 型），龙爪稷、蟋蟀草、狗芽根、马齿苋等属于此类；三是 PEP 羧激酶型（PEP carboxy kinase，PCK 型），如羊草、无芒虎尾草、卫茅、鼠尾草等属于此类。NAD - ME 型和 PCK 型的初期产物都是天冬氨酸。

PEPC 广泛存在于所有植物不同部位（或器官）中，在 C_4 植物的 CO_2 固定上起着重要作用。由于植物光合型和环境条件的不同，PEPC 聚体形式呈多样性，这在代谢功能的调节上具有十分重要的作用。在光照条件下，植物叫 PEPC 分了具活性的聚体有单体、二聚体、四聚体多种形式，不同光合型植物具有不同形式的 PEPC 分子。C_3 向 CAM 和 C_4 进化的过程中，光激活亚基加强，暗激活亚基退化发展为 C_4 PEPC。而 CAM 植物 PEPC 则保留了 C_3 PEPC 的两种类型亚基，在白天由光激活亚基聚合为具活性的二聚体，在夜晚由暗激活的亚基聚合为另一种具活性的二聚体或四聚体。

3. C_4 植物的代谢产物在细胞间和细胞内的运输　C_4 代谢途径涉及叶肉细胞、维管束鞘细胞，这两种类型细胞间的代谢产物有苹果酸、草酰乙酸、天冬氨酸、谷氨酸、丙酮酸等，代谢物运输通过胞间连丝的扩散作用来完成。除丙酮酸外，叶肉细胞和维管束鞘细胞间的代谢物浓度梯度很高，从而使代谢物的扩散速率保证能维持光合作用的正常进行。

丙酮酸被叶肉细胞叶绿体吸收需要专门的 Pi 运转器。丙酮酸被主动吸收后，叶肉细胞胞质中的丙酮酸浓度降到远远低于叶肉细胞内的平均丙酮酸浓度，这有利于维管束鞘细胞内的丙酮酸向叶肉细胞扩散。在叶肉细胞叶绿体中，丙酮酸被转化成 PEP 并输出到细胞质中用来与 Pi 交换，同时输出磷酸丙糖与甘油酸交换。这个运转器在叶肉细胞叶绿体中和维管束鞘叶绿体中的运转方向相反，因此在维管束鞘叶绿体中，输出甘油酸，输入磷酸丙糖。

叶肉细胞的叶绿体膜上还有一种运转器来运输双羧酸（如苹果酸、草乙酰乙酸、天冬氨酸、谷氨酸），运输这些双羧酸时也可以进行双向交换。

4. C_4 植物的光合氮利用效率、水分利用效率和耐高温性　　由于 C_4 植物的组织中 Rubisco 含量比 C_3 植物低 $3 \sim 6$ 倍，并且光呼吸酶比较少，因此 C_4 植物中氮浓度比较低。而且，C_4 植物 Rubisco 只用于羧化反应，抑制了 Rubisco 的加氧酶活性，使得 C_4 植物的单位叶片 N 的光合作用速率即光合氮利用效率（photosynthetic nitrogen – use efficiency，PNUE，每单位叶氮所吸收的同化碳）比较高，它们比 C_3 植物更能适应低氮土壤，这种效应在高温条件下尤为突出（图 5 – 12）。因此在土壤贫瘠的生境中 C_4 植物的丰富度较高。

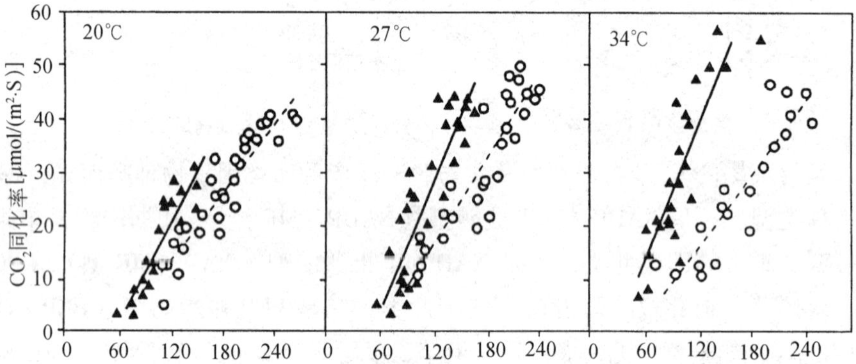

图 5 – 12　C_3 植物藜（○）、C_4 植物西风古（▲）的 CO_2 同化率与叶片有机 N 含量和温度的关系

（引自 Sage 和 Pearcy，1987）

C_4 植物对水分的利用效率往往高于 C_3 植物。干旱时气孔关闭，C_3 植物无 CO_2 来源，而 C_4 植物仍可利用细胞间隙 CO_2 及胞内苹果酸、草酰乙酸脱羧时放出的 CO_2。与 C_3 植物相比，其光合速率高，光呼吸低，水分丢失减少。如莎草属中的 C_4 植物的光合作用水分利用效率是（$5.6 \sim 6.5$）$mmol\ CO_2/molH_2O$，而 C_3 植物为（$3.6 \sim 3.9$）$mmolCO_2/molH_2O$。

C_4 和 C_3 植物在生理生化方面的差别使两类植物具有不同的生态特性。就某一个地区范围，暖季降雨的地区 C_4 植物较冷季降雨的地区多，随着当地的气候梯度，C_4 植物分布在湿度最小或温度最高的地带。而在 C_4 和 C_3 植物共生的混合地区，C_3 植物往往在气候较冷或湿度较高的早期生长活跃，而 C_4 植物的生长发育要到气候转暖、湿度较低时才加快。从 C_4 植物的这些生理特性可以发现，高温下的光合作用效率（由于光呼吸被抑制）和高水分利用率（由于 P_i 较低，使 C_4 植物在相同的 CO_2 同化率情况下气孔导度较低），是控制 C_4 植物光合作用途径生态分布的主要因素。

5. C_4 植物分布　环境条件决定着不同光合类型植物的地理分布范围和区域。一般来说，C_4 植物分布于高温、强光的环境中。C_4 光合途径有其适宜的环境条件和地理分布范围，表现出极大的环境调控性，其只适应于特定的环境条件，否则高光效就会消失。

全国各地具有 C_4 光合作用的植物共 533 种 40 个变种和 3 个亚种，$C_3 \sim C_4$ 中间植物 8 种，隶属于 24 科 160 属。其中双子叶植物 46 属，单子叶植物 114 属。C_4 植物主要分布在禾本科（96 属 324 种），莎草科（14 属 108 种），藜科（13 属 37 种）和苋科（3 属 16 种）。C_4 种的分布数量从中国的西北向东南，自干冷往湿热，平行于中国东海岸线呈递增趋势。有 13.3% ~ 14.3% 的 C_4 植物分布在寒温带区，在中亚热带区 C_4 植物数量最多，占全国 C_4 植物总数的 61.1%，而发生在南亚热带或边缘热带区的 C_4 植物减少为 56.8%，这表明中亚热带的温度气候可能最适合于 C_4 植物的生长。另外，禾本科和莎草科中的 C_4 植物种数在中国各地的分布与大气温度之间极为密切。C_4 藜科植物在干旱和低温条件下比 C_4 禾本科和莎草科植物在地理分布方面都具有优势。

自半湿润区到湿润区，随着温度升高，C_4 种分布数量增加 3 倍以上。自暖温带区到南亚热带区，随着水分增加，C_4 种分布数量增加近 2 倍。

气候区的面积大小对 C_4 植物分布的影响不显著，大气温度和水分条件则是影响中国 C_4 植物分布的重要因子。禾本科和莎草科的 C_4 植物在不同区域的分布数量和中国总的 C_4 植物种数之间有显著的正相关，这两科的 C_4 植物分布能反映中国总的 C_4 植物的生态分布特点。

表 5 – 1　C_4 植物所分布的科及同时具有 C_4 和 C_3 植物的属（引自 Osmond 等，1982）

科　名	同时包含 C_4 和 C_3 植物的属
双子叶植物	
爵床科	
番杏科	
苋科	虾钳菜属
菊科	黄菊属
紫草科	天芥菜属
山柑科	
藜科	滨藜属、刺果藜属、碱蓬属
大戟科	大戟属
粟米草科	粟米草属
紫茉莉科	黄细心属
马齿苋科	
玄参科	
蒺藜科	美洲蒺藜属、霸王属
单子叶植物	
莎草科	莎草属
禾本科	黍属、毛颖草属

另外，还有 $C_3 \sim C_4$ 中间类型植物，形态解剖结构和生理生化特性介于 C_3 植物和 C_4 植物之间，如禾本科的黍属、粟米草科的粟米草属、苋科的莲子草属、菊科的黄菊属、紫茉莉科的叶子花属等。这些植物也具有维管束鞘细胞，但不如 C_4 植物发达，而叶肉细胞有分化；CO_2 同化以 C_3 途径为主，但也有有限的 C_4 循环。目前一般认为，$C_3 \sim C_4$ 中间型植物是从 C_3 植物到 C_4 植物的中间过渡类型。

（三）景天科酸代谢途径

除了 C_3 植物和 C_4 植物，另有许多肉质类植物，它们具有另一种光合作用途径：景天酸代谢途径（crassulacean acid metabolism pathway，CAM）。CAM 途径最早是在景天科植物中发现的。目前已知在近 30 个科，100 多个属，1 万多种植物中有 CAM 途径，主要分布在景天科、仙人掌科、兰科、凤梨科、大戟科、百合科及石蒜科等植物中。多为被子植物，少数为蕨类植物（有 CAM 特性）。

1. CAM 植物的解剖学和生理生化特性　CAM 植物的特性是肉质多汁（除附生 CAM 植物外），具有大的薄壁细胞，内有叶绿体和大液泡。其夜间气孔开放，通过 PEP – 羧化酶来固定 CO_2，生成苹果酸并积累于液泡内；白天气孔关闭，CO_2 从苹果酸中释放出来后被 Rubisco 截获并进入卡尔文循环。

CAM 途径与 C_4 途径基本相同，二者的区别在于 C_4 植物的两次羧化反应是在空间上（叶肉细胞和维管束鞘细胞）分开的，而 CAM 植物则是在时间上（黑夜和白天）分开的（图 5 – 13）。与 C_4 植物一样，CAM 植物根据不同脱羧酶被分为两个类型。苹果酸酶类型（ME – CAM）：有一个细胞质 NADP – 苹果酸酶以及一个线粒体 NAD – 苹果酸酶，它们利用叶绿体内丙酮酸磷酸双激酶把脱羧反应形成的 C_3 片段转变为糖类，PEP – 羧激酶类型：此类 CAM 植物的苹果酸酶活性很低（与 C_4 植物相反），并且没有丙酮酸磷酸双激酶活性，但是 PEP – 羧激酶活性很强。

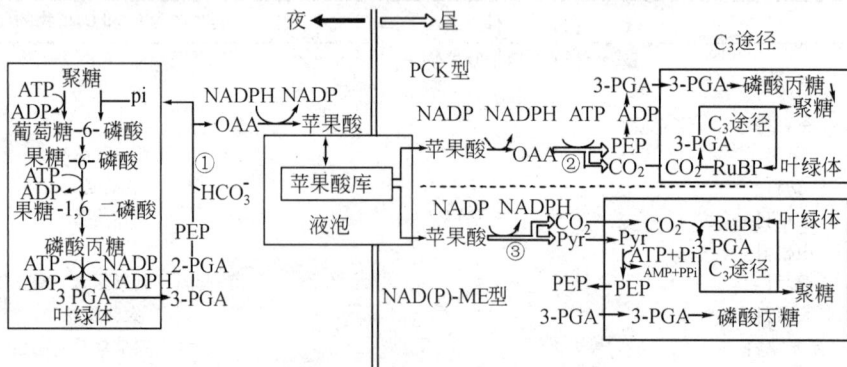

图 5 – 13　CAM 植物夜（左）与昼（右）的两类代谢（引自李合生等，2002）
①PEPC（PEP 羧化酶）；②PCK（PEP 羧激酶）；③NADP – ME（NADP – 苹果酸酶）或 NAD – ME；
④PPDK（丙酮酸磷酸二激酶）

CAM 植物如何协调两个羧化酶与脱羧酶的活性以避免出现无效循环？首先 Rubisco

酶是光调节酶，在黑暗中无活性，在晚上，CAM 植物的 Rubisco 没有活性。其次 PEP - 羧化酶有两种类型，白天的二聚体和晚上的四聚体。二聚体对苹果酸抑制敏感，四聚体对苹果酸抑制不敏感。6 - 磷酸葡萄糖可使 PEP - 羧化酶的 V_{max} 值增加；另外，温度对 PEP - 羧化酶的活性也有影响，随着温度的升高，PEP - 羧化酶活性降低，温度的这种效应也解释了为何晚上的低温条件能促进羧化反应。

2. CAM 植物的水分利用效率　白天，CAM 植物在叶片与周围大气间气压差最高时，气孔保持关闭；晚上气压差最低时气孔才开放，因此它们的水分利用效率很高。只要没有受到严重胁迫（严重胁迫会导致气孔完全关闭），CAM 植物的水分利用率远远比 C_3 和 C_4 植物要高。

3. CAM 植物种类的分布和进化　CAM 植物主要可分为两大生态群：干旱和半干旱地区的肉质植物，以及热带和亚热带地区的附生植物。CAM 植物很少分布在寒冷的环境条件下，这是因为 CAM 植物起源于温暖气候环境。CAM 植物适应干旱环境，因而自然分布在半干旱和热带地区。一些兰科植物（没有气孔）的根，也具有 CAM 途径。一些浸水的水生植物，也具有 CAM 光合作用途径。在温带和高原地区（中间型）CAM 植物分布在比较干燥的地区，如苔景天（*Sedum acre*）就是一种 CAM 中间型植物。

4. 不完全 CAM 植物和兼性 CAM 植物　有些 CAM 植物，在白天和晚上都经受严重水分胁迫和气孔导度很低的情况下，其气孔不开放，晚上用于生产苹果酸的 CO_2 不是来自大气而是完全来自呼吸作用，白天 CO_2 再次被释放出来，这个代谢过程称为 CAM 闲置过程。还有些植物，在气孔导度较高、白天能进行正常的 C_3 光合作用情况下，能够捕获大部分呼吸作用产生的 CO_2，并把这些 CO_2 用作 PEP - 羧化酶的底物，这个过程称为 CAM 循环。这两类植物被称为不完全 CAM 植物。

对于少数植物种类，CAM 途径只是在遇到干旱胁迫时才发生：即兼性 CAM 植物，例如龙舌兰属（*Agave deserti*）、克鲁希亚木属（*Clusia uvitana*）、冰叶日中花（*Mesembryanthemum crystallinum* L.）。它们在灌溉盐水或受干旱时，将从正常的 C_3 光合作用转变到 CAM 途径。半枝莲（*Portulaca grandiflora*）和马齿苋（*P. oleracea* L.）等一些 C_4 植物，在灌溉良好的条件下是 C_4 途径，而在水分胁迫条件下是 CAM 途径。脱落酸（abscisic acid，ABA）也能以类似的速率诱导 CAM 光合作用途径。

（四）C_3、C_4 与 CAM 植物的光合特性比较

C_3、C_4 与 CAM 植物的光合、生理生态特性有很大的差异（表 5 - 2）。研究发现，高等植物的光合碳同化途径也可随着植物的器官、部位、生育期以及环境条件而发生变化。

表 5-2 C_3，C_4，CAM 植物的光合及生理生态特性比较（引自武维华等，2003）

特性	C_3 植物	C_4 植物	CAM 植物
代表植物	典型的温带植物	典型的热带，亚热带植物	典型的旱地植物
叶片解剖结构	维管束鞘细胞不发达，内无叶绿体，仅叶肉细胞中一种类型叶绿体	维管束鞘细胞发达，内有叶绿体，具两种不同类型的叶绿体	维管束鞘细胞不发达，叶肉细胞中有大液泡
叶绿素 a/b	约 3:1	约 4:1	小于 3:1
碳同化途径	一条 C_3 途径	在不同细胞中存在 C_3 和 C_3 两条途径	在不同时间的两条途径
最初 CO_2 受体	RUBP	细胞质中 PEP；维管束鞘细胞中 RUBP	暗中 PEP；光下 RUBP
催化 CO_2 羧化反应的酶活性	高 Rubisco 酶活性	在叶肉细胞中有高 PEPC 酶活性，在维管束鞘细胞中有高 Rubisco 酶活性	暗中有高 PEPC 酶活性；光下有高 Rubisco 酶活性
光合产物	PGA	草酰乙酸→苹果酸	暗中苹果酸，光下 PGA
光呼吸	高光呼吸	低光呼吸	低光呼吸
光合最适温度（℃）	较低，15~30	较高，30~47	~35
光饱和点	1/4~1/2 日照强度下饱和	强光下不易达到光饱和点	同 C_4 植物
CO_2 补偿点/1/L	高 CO_2 补偿点（40~70）	低 CO_2 补偿点（5~10）	~5，晚上对 CO_2 有高度亲和性
光合速率 CO_2/〔mol/（$m^2 \cdot s$）〕	10~25	25~50	1~3
蒸腾系数及耐旱性	大（450~950）耐旱性弱	小（250~350）耐旱	光照下：150~600；暗中：80~100，极耐旱
光合产物运输速率	相对慢	相对快	不一定
光合净同化率/〔g/（$m^2 \cdot d$）〕	~20	30~40	变化较大

植物的二氧化碳补偿点是区分植物光合途径的重要生理指标，C_4 植物的 CO_2 补偿点比较低，光饱和点较高，而 C_3 植物的 CO_2 补偿点比较高，光饱和点比较低。C_4 循环的结果是在维管束鞘细胞中增加 CO_2 浓度，并且抑制 Rubisco 的加氧反应。使得 C_4 途径在同等环境条件下比 C_3 途径能更高效地利用 CO_2。但每输送一个 CO_2 到维管束鞘细胞需要花费两个额外的 ATP 为代价。

C_4 植物和 C_3 植物的光反应曲线特征有一些明显差别。如图 5-14 所示，在 30℃ 或更高的温度下测得的 C_4 植物的光反应曲线的斜率要陡得多，并且与 C_3 植物相反，C_4 植物光合作用与 O_2 浓度无关。因此，在相对较高的温度下，C_4 植物光合作用的量子效率较高，并且不受温度的影响。相反，C_3 植物由于 Rubisco 加氧功能的增强，其量子效率随着温度的升高而下降。

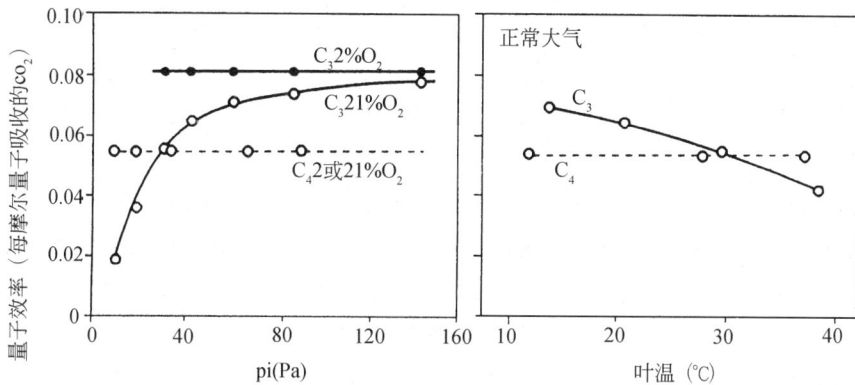

图 5-14　C_3 和 C_4 植物中，胞间 CO_2 分压 （P_i） 与温度 （℃） 对光合作用
量子效率的影响 （Bjorkman，1981）

五、C_3、C_4、CAM 植物的进化

高等植物大多为 C_3 植物，C_4 植物和 CAM 植物是由 C_3 植物进化而来的。C_4 植物比 C_3 植物进化；单子叶植物中的 C_4 植物较多。C_4 植物是从 C_3 植物进化而来的高光效种类，且地质时期以来降低的大气 CO_2 浓度和升高的大气温度以及干旱和盐渍化是 C_4 途径进化的外部动力。

一些 C_3 植物具有某些 C_4 植物的光合特征，而某些 C_4 植物的特定发育阶段又具有 C_3 植物特征的分化；这说明植物的光合途径并非一成不变，C_3 和 C_4 植物的光合特征具有极大的可塑性。在特定环境条件下，植物的形态结构和生理生化功能会发生相应的改变，而这种适应性改变往往是光合碳同化途径进化的前提和基础。

在自然界中，植物会遭受强光、极端温度、盐渍化、水分亏缺和大气干旱等各种环境因子的胁迫，其中水分亏缺是影响干旱区植物生长发育和导致生理生化反应的主要因子和限制植物生长的关键因素。地球上一半左右的陆生植物群落经常受到干旱胁迫，C_4 植物能生长在相对于 C_3 植物来说更为严酷的高温和干旱地区。森林砍伐导致植被覆盖率降低、水土流失和土壤贫瘠化，也成就了 C_3 植物向 C_4 途径进化的温床。

由此看来，全球气候变化是一把双刃剑，C_4 途径作为植物的一个功能型将不会受到目前大气 CO_2 浓度升高的威胁，且可能会在未来成为主宰陆地植被的重要光合类型。

第三节　光呼吸

一、光呼吸的定义

光呼吸 （photorespiration） 是指植物绿色组织在光下与光合作用相联系而发生的吸收氧和释放 CO_2 的过程，也称 C_2 循环。

一般生活细胞的呼吸在光照和黑暗中都可以进行，称为暗呼吸。光呼吸与暗呼吸在呼吸底物、代谢途径以及对 O_2 和 CO_2 浓度的反应等方面均不相同（详见第六章第四节）。

二、光呼吸的生物化学过程

光呼吸是一个氧化过程，涉及叶绿体、过氧化物体和线粒体三种细胞器（见图5－15）。被氧化的底物是乙醇酸。植物的绿色组织只有在光照下才能形成乙醇酸。光照条件下，Rubisco 催化 RuBP 产生磷酸乙醇酸（phosphoglycolic acid），磷酸乙醇酸在磷酸酶作用下，脱去磷酸而产生乙醇酸。这一过程是在叶绿体内进行的。

乙醇酸形成后被转移到过氧化物体（peroxisome）内。过氧化物体存在于所有高等植物的光合细胞中。C_3 植物叶肉细胞的过氧化物体较多。在过氧化物体内，乙醇酸在乙醇酸氧化酶作用下，被氧化为乙醛酸（glyoxlate 或 glyoxylic acid）和过氧化氢。过氧化氢在过氧化氢酶的作用下分解，产生水并放出氧气。乙醛酸在转氨酶作用下，从谷氨酸得到氨基而形成甘氨酸。

甘氨酸在线粒体中被进一步转化。两个分子甘氨酸发生氧化脱羧和羟甲基转移反应变为丝氨酸并释放 CO_2。丝氨酸再进入过氧化物体内，经转氨酶的催化，形成羟基丙酮酸。羟基丙酮酸在甘油酸脱氢酶作用下，还原为甘油酸。最后，甘油酸在叶绿体内经过甘油酸激酶的磷酸化，产生 3－磷酸甘油酸，参加卡尔文循环的代谢。进一步由核酮糖二磷酸形成乙醇酸，进入下一步反应。在整个乙醇酸途径中（见图 5－15），O_2 的吸收发生于叶绿体（反应②）和过氧化物体（反应③），CO_2 的放出发生于线粒体（反应⑥）中。

三、光呼吸的生理功能

从碳素同化的角度看，光呼吸将光合作用固定的 20%～40% 的碳变为 CO_2 放出；从能量的角度看，每释放 1 分子 CO_2 需要消耗 6.8 个 ATP 和 3 个 NADPH。显然，从这些角度看来光呼吸是一种浪费。CO_2 和 O_2 竞争 Rubisco 的同一活性部位，并互为加氧与羧化反应的抑制剂。Rubisco 催化反应的方向，是进行光合作用还是光呼吸，取决于外界 CO_2 与 O_2 浓度的比值。大气中 CO_2/O_2 比值很低，加氧酶活性就不可避免地表现出来。既然在空气中绿色植物光呼吸是不可避免的，那它在生理上有什么意义呢？目前认为其主要生理功能如下：

1. 消除乙醇酸的毒害　乙醇酸的产生在代谢中是不可避免的。光呼吸消除乙醇酸的代谢作用，避免了乙醇酸积累，使细胞免受伤害。

2. 维持 C_3 途径的运转　在叶片气孔关闭或外界 CO_2 浓度降低时，光呼吸释放的 CO_2 能被 C_3 途径再利用，以维持 C_3 途径的运转。

3. 防止强光对光合机构的破坏　在强光下，光反应中形成的同化力会超过暗反应的需要，叶绿体中 NADPH/NADP$^+$ 的比值增高，最终电子受体 NADP$^+$ 不足，由光激发的高能电子会传递给 O_2，形成超氧阴离子自由基 O_2^-。O_2^- 对光合机构具有伤害作用，

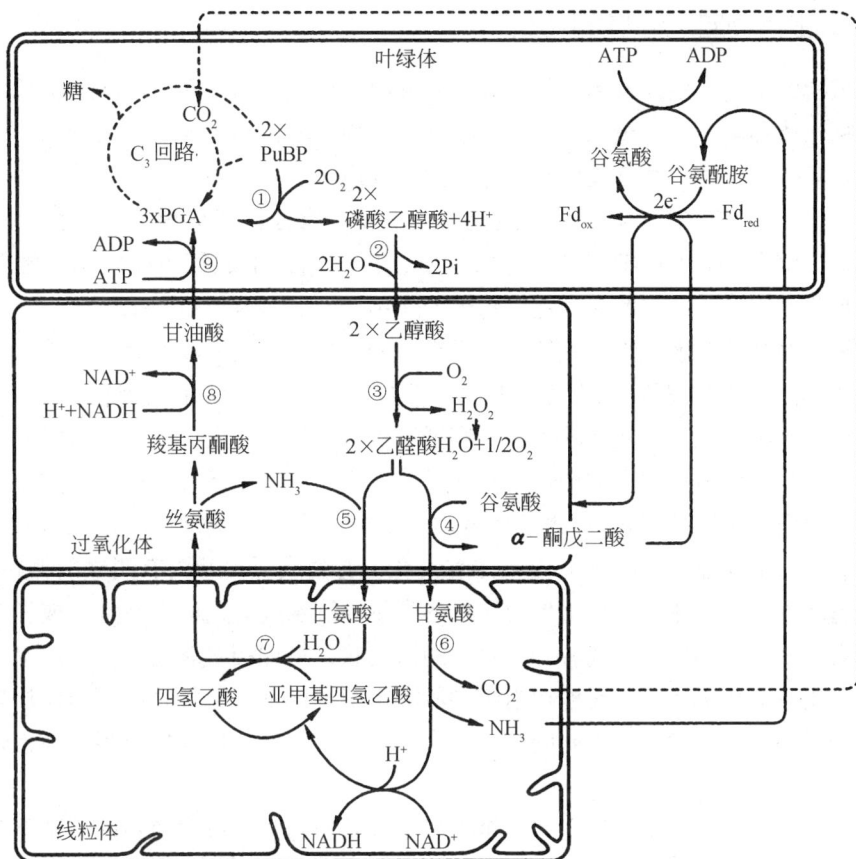

图 5－15 光呼吸生物化学过程及涉及的细胞器 (引自李合生等, 2002)

①Rubisco; ②磷酸乙醇酸磷酸酯酶; ③乙醇酸氧化酶; ④谷氨酸乙醛酸转氨酶; ⑤丝氨酸乙醛酸转氨酶;
⑥甘氨酸脱羧酶; ⑦丝氨酸羟甲基转移酶; ⑧羟基丙酮酸还原酶; ⑨甘油酸激酶

而光呼吸可消耗过剩的同化力, 减少 O_2^- 的形成, 从而保护光合机构, 避免产生光抑制。

4. 氮代谢的补充 光呼吸代谢中涉及多种氨基酸 (甘氨酸、丝氨酸等) 的形成和转化过程, 它对绿色细胞的氮代谢是一个补充。

不管光呼吸的生理功能如何, 一个不可否认的事实是: 对 C_3 植物来说, 光呼吸是一个必需的生理过程。光呼吸缺陷的突变体在正常空气中是不能存活的, 只有在高 CO_2 浓度下 (抑制光呼吸) 才能存活, 说明在正常空气中光呼吸是不可缺少的。

第四节 水生植物的光合作用

水生植物生长的水环境具流动性, 温度变化平稳, 光照强度弱, 氧含量少。水环境与陆地环境迥然不同, 水生植物如何适应水环境? 为了获得高光合速率而避免高光呼吸速率, 水生植物必须有特殊的机制来获得充足的 CO_2 以满足光合作用的需要。

一、水生植物对水环境的适应

水生植物的生长、生存及繁殖与水环境各种因素有着密切关系，而水生植物生命活动又会影响水体环境。水生植物在长期的演化过程中，从植物体各器官的形态、结构到生长、繁殖等生理机能，都表现出对水环境的高度适应。

水生植物的根在形态、构造、功能上都较退化，有的甚至无根；根分枝少或不分枝，无根毛，整个根的表皮细胞都有吸收功能；内部结构中贮气组织发达，维管束退化。根的吸收作用降低，主要起固定植物体的作用。

水生植物尤其是沉水植物的茎幼嫩而纤细，分枝少，表皮一般不具角质层，含有叶绿体。茎基本上由薄壁细胞（组织）组成，细胞间隙发达，便于细胞进行气体交换，并有利于漂浮。维管束集中在茎的中央，有抵抗机械损伤的作用，机械组织不发达。

挺水叶有与陆生植物相同的构造（由上表皮、下表皮、栅栏组织和海绵组织构成，具表皮毛、角质层和气孔等）。浮水叶为背腹异面叶，海绵组织发达。在下面或叶柄上常形成气囊，可增加浮力。叶的上面有许多气孔，有角质层，叶内有明显的栅栏组织。细胞内常有多数的结晶体，有抵抗外力压迫的作用。沉水叶为适应水环境，或者变得纤细，分裂为多数细长的裂片；或者叶呈较大的薄膜状，增加相对表面积，适应水中光照弱的特点。组织分化不明显，无栅栏组织和海绵组织的区别。无气孔，无角质层等。维管束、机械组织也极不发达，细胞间隙大。有些水生植物叶的形态构造甚至在植物体不同发育阶段也有差异。

水环境不利于花粉传播，所以水生植物以无性繁殖为主。沉水植物的繁殖器官往往都较特化，如苦草为雌雄异株植物，雄花成熟后脱离花轴，浮至水面；雌花开花时螺旋形花梗将雌花送到水面，与雄花接触授粉，授粉后雌花闭合，花梗自行卷缩沉入水底，雌雄配子结合后形成果实和种子。

二、水生植物的光合作用

地球上的自养植物一年中通过光合作用约同化 $2 \times 10^{14} kg$ 碳素，其中 40% 是由浮游植物同化的。常见的无机碳主要有 CO_2、HCO_3^-、CO_3^{2-} 及其沉淀物等。

（一）水中 CO_2 的供应

淡水中的 CO_2 含量丰富。在 10℃ ~20℃ 范围内，水中 CO_2 的平衡浓度近似 12.8μM，水生植物周围的 CO_2 浓度和空气中一样。但是，溶解于水中的气体（CO_2，O_2 等）在其中的扩散速度要比在空气中的慢约 10000 倍，导致在 CO_2 同化时，叶片周围的 CO_2 气体很快被耗尽。另外，由于叶片内 O_2 浓度的增加，不可避免地限制了 Rubisco 的羧化活性而有利于其加氧反应。

无机碳化物间的相互转换较慢，且在水中的溶解主要取决于水的 pH 值（图 5 - 16）。在海水中，当 pH 值从 7.4 升至 8.3，溶解在水中的各无机碳含量的变化如下：CO_2 在总无机碳库中的比例从 4% 下降至 1%，HCO_3^- 从 96% 下降至 89%，CO_3^{2-} 则从

0.2% 升至 11%。

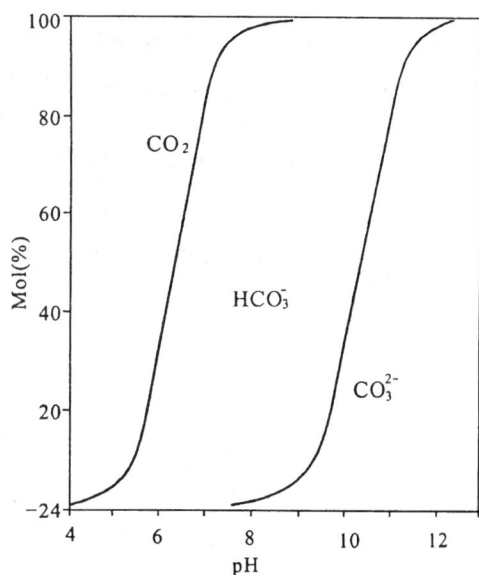

图 5 - 16　不同无机碳种类（CO_2、HCO_3^-、CO_3^{2-}）的作用显著取决于水溶液的 pH 值

(Osmond 等，1982)

在黑暗中，池塘和溪流中的 CO_2 浓度通常较高，此时水中的 pH 值则相对较低。在白天，水中的 CO_2 浓度迅速下降，pH 值相应上升。然而，pH 值的上升虽然使得溶解于水中的所有无机碳（即 CO_2、HCO_3^- 和 CO_3^{2-}）的浓度可能只下降几个百分点，但却影响了从 CO_2 到 HCO_3^- 的平衡，使 CO_2 的浓度下降很大。

（二）水生植物对碳酸氢盐的利用

在一些水生植物如水草（伊乐藻属，*Elodea canadensis*）中，碳酸酐酶可催化从 HCO_3^- 转变到 CO_2 的反应。这种酶在毛茛属（*Ranunculus penicillatuszhe*）水生植物的细胞外空间已经发现，与表皮细胞壁紧密结合。因此，能利用碳酸氢盐的水生植物可增加叶绿体中 CO_2 浓度，从而降低了 Rubisco 氧化活性和 CO_2 补偿点。在伊乐藻属（*Elodea canadensis*）、眼子菜属（*Potamogeton lucens*）植物和其他水生植物中，水中的高光强和低的可溶性无机碳浓度使下部叶片中的 pH 值降低，从而促进植物对碳酸氢盐的利用。因为碳酸氢盐的利用，水生植物叶片内的 CO_2 浓度可能要比陆地 C_3 植物高许多，与 C_4 植物类似，水生植物具有很高的 Rubisco 催化活性。

即使环境中的 pH 值很低，没有可利用的碳酸氢盐，黑藻（*Hydrilla verticillata*）等水生植物也有一种可诱导的 CO_2 浓缩机制。这些植物有一种可诱导的 C_4 类型的光合循环，其叶绿休内的 CO_2 浓度很高，能抑制光呼吸并降低 CO_2 的补偿点。在冠层很密、可溶性氧浓度很高时，这种特殊的 CO_2 浓缩机制就有明显的生态优势，此时，C_3 植物的光合作用速率被光呼吸降低至少 35%，而在黑藻中仅降低 4%。

（三）从沉淀物中利用 C

不同水生植物从沉积物中利用的 CO_2 的比例不同，对湿生植物如藨草（*Scirpus lacustris*）和纸莎草（*Cyperus papyrus*）来说，从沉积物中利用的 CO_2 仅占 CO_2 总吸收量的 0.25%；而对水芦荟（*Stratiotes aloides*）来说，沉积物是 CO_2 的主要来源。水生植物水韭（*Isoetes lacustris*）没有气孔，直接通过根系从沉积物中获得光合作用所需要碳的 60%～100%，CO_2 从沉积物中扩散，通过腔隙空气系到达水中叶片。水韭叶片的叶绿体密集在腔隙系的周围，叶片中的空气隙与茎秆和根系的空气隙紧密相连，夜晚，通过腔隙系从沉积物中扩散而来的 CO_2 只有一小部分被利用，其余均散失在空气中。

（四）水生植物的景天酸代谢途径

水生植物虽然不像沙漠植物一样会遇到水分不足或干旱的胁迫，但一些水生植物（如水韭属物种）具有和沙漠植物相似的景天酸代谢途径。这些植物在夜晚积累苹果酸，当水中所供应的 CO_2 很少时，其 CO_2 的固定速率和白天的同化速率相近。暴露在空气中的水韭属叶片与水下的叶片相反，其苹果酸的浓度没有昼夜变化。为什么水生植物会具有通常在干旱地区的植物才具有的代谢途径？水韭属植物中的 CAM 可能是对水中极低 CO_2 浓度（特别是白天）的一种适应。CAM 使植物在夜晚同化多余的 CO_2，这使得它们可以利用其他植物不能利用的碳源。虽然一些固定在苹果酸中的碳来自水中，主要是由水下有机体呼吸产生的，但也有一部分来自植物夜晚的呼吸作用。

第五节　影响光合作用的因素

植物的光合作用经常受到内部因素和外界环境条件的影响而发生变化。表示光合作用变化的指标有光合速率和光合生产率。

一、光合作用指标

光合速率（photosynthetic rate）是指单位时间、单位叶面积吸收 CO_2 的量或放出 O_2 的量。常用单位有 $\mu mol \cdot m^{-2} \cdot s^{-1}$ 和 $\mu mol \cdot dm^{-2} \cdot h^{-1}$。一般测定光合速率的方法，包括红外 CO_2 分析仪法、叶绿素荧光法、氧电极法、半叶法等，都没有把叶片的呼吸作用考虑在内，所以测定的结果实际是光合作用减去呼吸作用的差数，称为表观光合速率或净光合速率。如果把表观光合速率加上呼吸速率，则得到总（真正）光合速率。

光合生产率（photosynthetic produce rate），又称净同化率（net assimilation rate, NAR），是指植物在较长时间（一昼夜或一周）内，单位叶面积生产的干物质量。常用 $g \cdot m^{-2} \cdot d^{-1}$ 表示。光合生产率比光合速率低，因为在夜间叶片呼吸要消耗部分光合产物。

二、内部因素对光合作用的影响

1. 叶龄　叶龄与叶片的光合速率密切相关。新形成的嫩叶净光合速率很低，通常需要从其他功能叶片输入同化物。随着叶片的成长，光合速率不断提高。当叶片伸展至叶面积最大和叶厚度最大时，光合速率达最大值。此时叶片处于功能期，称为功能叶。功能期过后，随着叶片衰老，光合速率下降。

不同叶龄叶片的光合作用对外界胁迫条件的敏感度不同，胁迫下的光合诱导过程（植物叶片从黑暗转移到光下时，其光合速率经过一个或长或短的逐步增高过程之后，才达到一个稳定的最高水平的过程）也不同。如老叶的光合作用对盐胁迫最为敏感，幼叶次之，功能叶对盐胁迫的抗性最强。

2. 植物种类及植株　同样条件下，不同植物的光合速率有差异，这是其固有的遗传特性决定的；同一植物不同时期的光合速率也有不同（见图 5 - 17）。

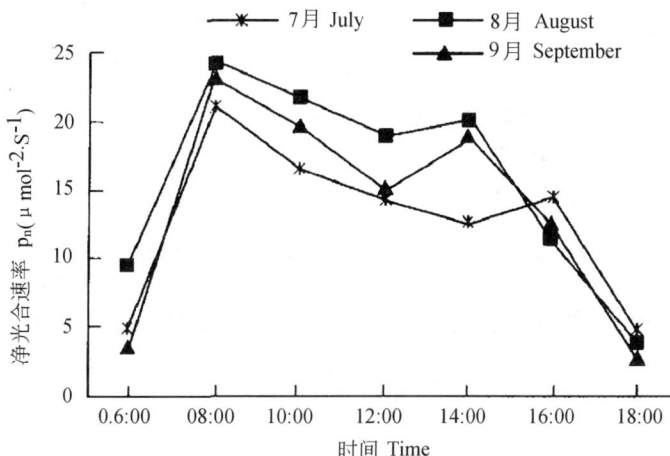

图 5 - 17　不同时期防风净光合速率日变化（引自韩忠明等，2009）

有些植物的不同植株在光合作用速率方面存在性别差异。有研究发现，梣叶槭（*Acer negundo*）的雌株具有比雄株更高的光合作用。美洲山杨木（*Populus tremuloides* Mickx.）的雄株具有比雌株更高的光合作用。

植株的生长势也影响光合速率。由根蘖新发的生长势弱的五味子植株因只有主蔓，未发育侧枝，所以净光合速率较大；而长势较强的植株在 7 月间侧枝已经开始伸长，对于水分和矿质元素的消耗多，光合能力稍弱，对弱光反应更敏感。

3. 同化物的需求与输出　一般来说，使植物对碳水化合物的需求增加的因子均能提高植物的光合作用速率，而导致对碳水化合物的需求降低的因子则使植物光合作用速率下降。植物体内源和库是相互协调的供需关系，库和源的强弱、光合产物从叶片中输出的快慢也影响叶片的光合速率。

修枝、植物的落叶一般会引起光合作用下降，但植株叶片的减少使透过冠层的光量增加，也使剩余叶片得到的养分和水分增加，减少了环境对光合作用的限制，从而提高了光合作用速率；光照和水分供应的增加，也使植物提高了在遮阴或干燥情况下的光合作用速率。

如去掉花果等消耗、贮藏器官，由于光合产物的积累对光合速率的反馈抑制，及淀粉粒积累对光的遮挡，叶片光合速率明显下降。

三、外部因素对光合作用的影响

（一）光照

1. 叶片对光的适应　叶片作为吸收、转化光能的器官，能随时调节其捕获的光能。植物可以通过叶片运动、叶绿体排列方式的变化等躲避强光。如在强光下，东西向种植的鸢尾向西发生轻微的倾斜，南北向种植的鸢尾向南发生的倾斜较明显。

叶绿体的运动也是对光吸收的调节。在强光和遮阴环境中生长的植物在叶片形态结构、叶绿体含量、光合酶活性方面都有其对光适应的不同特征。阳生植物的叶片较厚，栅栏细胞长或层数多，叶片叶绿体中含更多的可溶性蛋白，尤其是 Rubisco 和叶黄素循环成分，因而能更充分利用同化力，有更高的碳同化能力。叶片通常要比多云或阴生环境下挺直，这不仅有利于减少强光下光抑制的发生，同时能使更多的光线照射到下部的叶片上，从而使整个植株的光合作用达到最大。而阴生植物叶片较大且薄，叶绿体具有较大的基粒，含有大部分的叶绿素。当光线弱时，叶绿体集中排列于与光平行的细胞面，而光强时，叶绿体沿与入射光平行的侧面排列。同一植株上的阳叶与阴叶，如上部叶与下部叶，相对厚的和薄的叶片的叶绿体中都存在基粒大小、多少等的差异。

2. 光照强度对光合作用的影响　光是光合作用的能量来源，是形成叶绿素的必要条件。光合碳同化过程中的许多光合酶的活性受光的控制，光是影响光合作用的重要因素。

在暗中，叶片无光合作用，只有呼吸作用释放 CO_2。随着光强的增高，光合速率相应提高，当达到某一光强时，叶片的光合速率与呼吸速率相等，净光合速率为零，这时的光强称为光补偿点（light compensation point）。在一定范围内，光合速率随着光强的增加而呈直线增加；但超过一定光强后，光合速率增加变慢；当达到某一光强时，光合速率就不再随光强增加而增加，这种现象称为光饱和现象。光合速率开始达到最大值时的光强称为光饱和点（light saturation point）。

光补偿点和光饱和点是植物需光特性的两个主要指标。一般来说，光补偿点高的植物其光饱和点往往也高。例如，草本植物的光补偿点与光饱和点通常高于木本植物；阳生植物的光补偿点和光饱和点高于阴生植物；C_4植物的光饱和点高于C_3植物。

植物的光合速率因季节变化而变化。如不同光照条件下，水鬼蕉（*Hymenocallis Spciosa*）的光合作用的季节变化情况基本一致，通常春夏较高，秋冬较低，但不同季节平均光合速率无显著差异。

当植物吸收的光能超过其所需时，过剩的光能会导致光合效率降低，出现光合作用的光抑制现象。这在自然条件下经常发生，因为晴天中午的光强往往超过植物的光饱和点，即使是群体内的下层叶，由于上层枝叶晃动，也不可避免地受到较亮光斑的影响。植物体中存在能安全地去除这部分过多激发能的机制。

不同种植物对过剩光能的耗散机制并不完全相同，在不同情况下，相同植物的耗散机制也可能发生变化。植物通过某种特殊的类胡萝卜素所调解的反应（叶黄素循环）

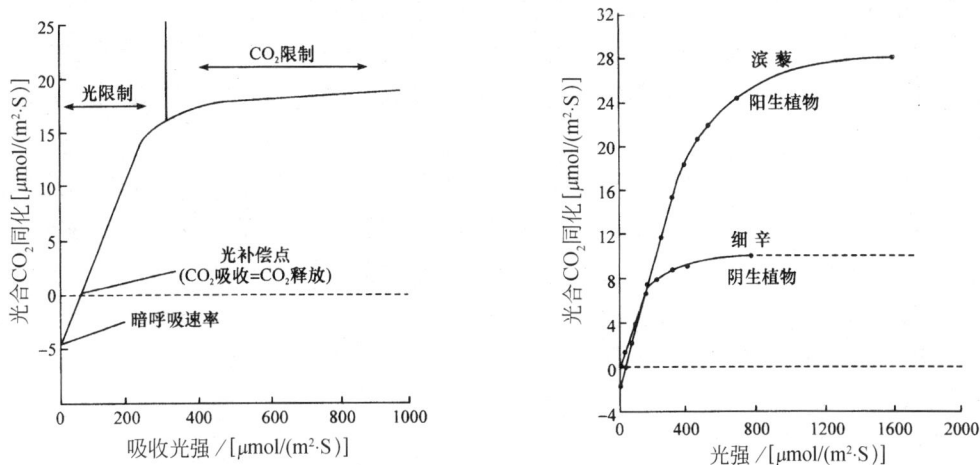

图 5-18　不同植物的光合速率与光照强度的关系曲线比较（引自 Taiz & zeiger 1998）

左图为 C_3 植物，右图为阴生植物和阳生植物

来散失强光下过多的能量。除此之外，还有部分激发能可以通过光呼吸等其他途径耗散。此外，对于角质或蜡质层较厚的植物，或叶片有较多表皮毛的植物，它们对光谱的反射也可能会不尽相同。

当植物叶片从黑暗转移到光下时，其光合速率并不是立即达到最高水平，而是经过一个或长或短的逐步增高过程之后，才达到一个稳定的最高水平，这个过程便是光合诱导过程。研究表明，光合诱导现象的形成，主要是由于光合碳同化酶的活化、光合碳同化中间产物的积累和叶片气孔的开放等都需要或长或短的时间。

在特殊情况下，如低温弱光也会导致光抑制现象发生。

3. 光质对光合作用的影响　光合作用也与光质有关，在太阳辐射中，对光合作用有效的是可见光。同等条件下，红光的光合作用效率最高，其次蓝紫光，最差为绿光。在田间栽培条件下，植物上层叶片吸收的红光和蓝光较多，下层吸收的绿光较多。

近年来，光质对植物光合作用的影响已引起研究人员的广泛重视，并开展了多方面的研究。有研究表明，相同光量不同彩色光膜覆盖下的银杏（*Ginkgo biloba*）幼苗，其光合速率从大到小依次为：黄膜 > 蓝膜、红膜 > 绿膜 > 紫膜和白膜。无论幼苗覆膜期还是旺盛生长期撤膜后，生姜叶片的光合速率均表现为绿膜 > 白膜 > 红膜 > 蓝膜。

（二）二氧化碳

CO_2 是光合作用的原料。叶绿体中 CO_2 的供应决定于 CO_2 的扩散速度。从靠近叶片的空气到叶绿体内羧化位点，有许多控制 CO_2 扩散的部位，而叶绿体内 CO_2 的消耗速度决定了叶片对 CO_2 的需求。

CO_2 经常是光合作用的限制因子。在光下 CO_2 浓度为零时，叶片只有呼吸放出 CO_2。随着 CO_2 浓度增高光合速率增加，当光合速率与呼吸速率相等时，外界环境中的 CO_2 浓度即为 CO_2 补偿点（CO_2 compensation point）。当 CO_2 浓度继续提高，光合速率随 CO_2 浓度的增加变慢，当 CO_2 浓度达到某一范围时，光合速率达到最大值（Pm），光合速率开始达到最大值时的 CO_2 浓度被称为 CO_2 饱和点（CO_2 saturation point）。在饱和阶段，CO_2 已不再是光合作用的限制因子，而 CO_2 受体的量，即 RuBP 的再生速率成了影响光合的因素。

不同植物的 CO_2 饱和点与 CO_2 补偿点不同。C_4 植物的 CO_2 补偿点和 CO_2 饱和点均低于 C_3 植物（见图 5 – 19）。CO_2 饱和点与 CO_2 补偿点也受其他因素影响，在温度升高、光照较弱、水分亏缺等条件下，CO_2 补偿点上升，光合作用下降。在栽培中，如建立合理的作物群体结构，加强通风，增施 CO_2 肥料等，均能显著提高作物光合速率。增施 CO_2 对 C_3 植物的效果优于 C_4 植物，这是由于 C_3 植物的 CO_2 补偿点和饱和点较高的缘故。

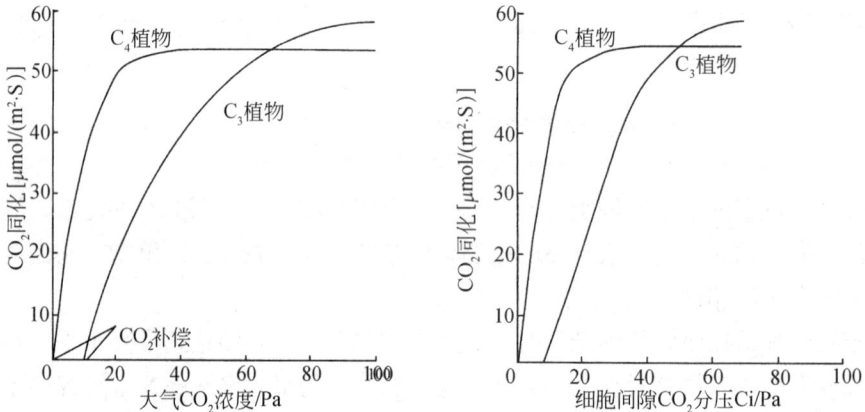

图 5 – 19　C_3 植物和 C_4 植物的光合速率与大气（左图）或细胞间隙 CO_2 浓度的关系曲线（右图）
（引自 Taiz & zeiger 1998）

二氧化碳浓度的升高会对植物产生直接的影响，使 C_3 植物光合作用增强，水分利用率提高，植株变得更为高大，而对于 C_4 植物则表现不明显，说明 C_3 植物对高 CO_2 浓度的适应性优于 C_4 植物，将在生态竞争中占优势；产生的间接影响主要是由于 CO_2 浓度升高所带来的全球气温变暖，臭氧空洞而导致的空气中 UV 辐射增强，将对植物的生长造成影响，但 C_4 植物的适应能力明显优于 C_3 植物，而对于高温的耐受力，C_4 植物同样优于 C_3 植物，这些都将削减由于高二氧化碳浓度所造成的 C_4 植物的竞争劣势，使两种植物的生态竞争趋于平衡状态。

（三）温度

温度几乎与任何一个生理过程都密切相关，光合碳代谢过程是一系列酶促反应，温度更是一个重要影响因素。如在强光、高 CO_2 浓度下，温度对光合速率的影响比在低 CO_2 浓度下的影响更大，因为高 CO_2 浓度有利于暗反应的进行。由于植物适应不同的温度条件以及植物之间在各个生理反应过程中的活化能不同，其光合作用也相应有所区别。许多植物的光合作用最适温度与它们的正常生长温度相近。C_4 植物的光合最适温度一般在 40℃ 左右，高于 C_3 植物的最适温度（25℃ 左右），这与 PEPC 的最适温度高于 Rubisco 的最适温度有关。

1. 高温对光合作用的影响 高温可引起植物细胞类囊体膜脂过氧化，影响光合电子的传递，降低光合速率。在高温下，由于 CO_2 溶解度比 O_2 小，因而导致 Rubisco 的加氧反应大于羧化反应。此外，高温导致 C_3 植物的 Rubisco 活性发生变化。这些影响共同导致高温下植物净光合作用的下降。

植物对高温的适应性的主要表现是提高了植物净光合作用的最适温度。当沿海和大漠的大滨藜（*Atriplex lentiformis*）群体经过高温驯化后，它们的最适光合作用温度有了显著提高。适应高温环境的植物，其光合作用的最适温度与使酶失活的温度非常接近。

2. 低温对光合作用的影响 外界温度低于最适温度时，酶促反应速率（主要是一些与暗反应有关的反应）就会受到影响。叶绿素在低温下还能继续吸收光能，但是电子传递速率较低（通常不能传递到正常的受体）。许多热带和亚热带植物在温度降至 10℃ ~ 20℃ 时就出现生长缓慢，甚至使植株受到损伤。低温甚至会引起光抑制现象，这或许是植物的一种适应性，因为这样能避免受到进一步的伤害。

从严寒地区和高山地区的田间植物测得的最大光合速率与温带地区植物的相似，但是达到最大光合速率的温度通常比温带地区低 10℃ ~ 15℃。高山和严寒地区植物的最适温度比温带地区植物低 10℃ ~ 30℃，但夏季田间平均叶温比温带地区植物的高 5℃ ~ 10℃。

3. 昼夜温差对光合净同化率的影响 白天温度较高，日光充足，有利于光合作用进行；夜间温度较低，可降低呼吸消耗。因此，在一定温度范围内，昼夜温差大有利于光合产物积累。

（四）水分

水是光合作用的原料之一，没有水，光合作用无法进行。但是，用于光合作用的水只占从土壤中吸收的或蒸腾失水的 1%，因此，一般不会因为缺水而直接影响光合作用。

气孔对水分状况比较敏感，轻度水分亏缺就会引起气孔导度下降，导致进入叶内的 CO_2 减少。当植株受到水分胁迫时，气孔关闭，水分的散失将会受到抑制。强光照和高温通常伴随干旱，并且还可能存在光抑制现象。干旱对植物生长的抑制比对光合作用的抑制程度更强。经过干旱锻炼的植物在干旱情况下，光合作用的光反应和暗反应效应均有很大提高，而在适宜条件下的光合作用能力却有所下降。

水分亏缺还使叶片生长受抑，叶面积减小，植物群体的光合速率降低。严重缺水时，甚至造成叶绿体类囊体结构破坏，不仅使光合速率下降，而且供水后光合能力难以恢复。

水分过多也会影响光合作用。土壤水分过多时，通气状况不良，根系活力下降，间接影响光合作用。

（五）矿质营养

矿质营养直接或间接扩大植物的光合面积，延长光合时间，提高光合能力。N、P、

S、Mg 是叶绿体结构中组成叶绿素、蛋白质和片层膜的成分；Cu、Fe 是电子传递体的重要成分；磷酸基团在光、暗反应中均具有重要作用，它是构成同化力 ATP 和 NADPH 以及光合碳还原循环中许多中间产物的成分；Mn 和 Cl 是光合放氧的必需因子；K 和 Ca 对气孔开闭和同化物运输具有调节作用。合理施肥的增产作用就是靠调节植物的光合作用而间接实现的。

由于叶片中超过半数的 N 用于组成光合结构，因此 N 素的供应对光合作用的影响很大，光饱和速率（A_{max}）随着叶片 N 浓度的增加呈线性上升趋势。这种线性关系不受土壤 N 素来源、叶龄、物种及叶片中 N 素含量与存在形式等因素的影响，且 C_4 植物的 A_{max} 和叶片 N 浓度的线性关系比 C_3 植物更显著，在不同的 C_3 植物种类之间本身也有差别。

植物对低含 N 量和低土壤水分的适应是通过产生功能期较长的叶片来实现的。这种叶片较厚，叶片密度大，比叶面积（specific leaf area，SLA，单位质量叶片的叶面积）小，并且叶片含 N 浓度低。

（六）大气污染

许多污染物对植物光合作用有不良影响从而阻碍植物生长，如 SO_2、臭氧等污染物通过植物叶片气孔直接破坏叶片光合细胞。所有能增加气孔导度的因子（如高水分供应、高光强度、高 N 供应）都会促进污染物进入植物体内，从而影响光合作用。SO_2 不仅影响植物光合能力，同时还增加植物暗呼吸速率，因此对 CO_2 净同化速率产生不利影响。虽然 SO_2 能使气孔导度变小，但这不是 SO_2 影响光合作用的主要原因。

第六节　植物群体光合作用

在自然界，植物各部位受光照度不一致，通常植物体外围茎叶受光照度大（特别是上部和向光方向），植株内部茎叶受光照度小。田间栽培的植物是群体结构状态，群体上层接受的光照度与自然光基本一致，而在植物冠层下方，光照强度通常呈指数下降。另外，由于叶片的摇动、枝条的摆动和太阳直射角的变化，有时有高光强的直射太阳光进入，在弱光背景下形成"光斑"。与阴叶相比，阳叶有较高的 A_{max}，且阳叶的暗呼吸速率的变化通常与 A_{max} 相同。群体条件下接受光照度的问题比较复杂，在同一田间内，植物群体光照度的变化因种植密度，行的方向，植株调整，以及套种、间种等不同而异。群体效应的大小因群体的结构布局及生育时期的不同而不同。在植物生长的前期，行与行间的空闲距离较大，群体尚未完全遮住地面，因而比较通风，使个体的蒸发量加大。而随着群体的发展，繁茂的枝叶很快地遮住了地面，在群体内形成了典型的内环境，群体效应较为明显。

在土壤环境中，由于群体条件下各株根系对水分吸收的竞争，在养分、水分不十分充足的情况下会限制地上部植株的生长，使其小于单株根系自由生长时的情形。这也是群体效应的表现。

因此，不能从对单张叶片光合作用的测量中得出整个冠层的光合速率，也不能从短期测量大气 CO_2 浓度的效应中得到长远的结论：可能会发生光合器官对高 CO_2 浓度的适应，这将消弱起始的光合增加效应。更重要的是，不能从单张叶片的光合速率中得出植株整体的生长速率，因为生长速率并不仅仅由单位叶面积、单张叶片的光合速率所决定，而是取决于单株植物的总叶面积和白天光合作用产物被植物呼吸所消耗的部分。

群体的光合作用规律则反映了大田植物群体光合生产平衡的情况。了解药用植物需光照度等特性和群体条件下光照度分布特点，是确定种植密度和搭配间混套种植物的科学依据。群体条件下，种植密度必须适宜。如某些茎皮类入药的药材（含作物中的麻类植物），种植时可稍密些，使株间枝叶相互遮蔽，减少分枝，使茎秆挺直粗大，从而获得产量高、质量好的茎皮。

第六章　呼吸作用与药用植物生理生态

　　植物的呼吸作用集物质代谢、能量代谢和信息交流为一体，它将植物体内的物质不断分解，以提供植物生长发育等各种生命活动所需的能量和合成重要有机物质的原料，同时增强植物的抗病免疫能力。

　　呼吸代谢与植物体内氨基酸、蛋白质、脂肪、激素、次生物质（很多是药用植物的有效成分）的合成、转化有密切关系。呼吸代谢通过多条途径控制其他生理过程的运转，同时又受影响酶活性、激素和环境等控制。呼吸代谢与药用植物栽培、育种，与种子、块根、块茎的贮藏都有密切关系。可根据人类需要和呼吸作用自身规律采取有效措施，加以调节、利用。

第一节　呼吸作用的概念与意义

　　生物体内的有机物在细胞内一系列酶的参与下，经过一系列的氧化分解，最终生成二氧化碳或其他产物，并且释放出能量的过程叫呼吸作用（respiriation）。呼吸作用是一切生物细胞的共同特征。生物体内有机物的氧化分解为生物提供了生命所需要的能量，具有十分重要的意义。呼吸作用按其需氧状况，分为有氧呼吸和无氧呼吸。

　　有氧呼吸（aerobic respiration）是指生活细胞利用分子氧（O_2），将某些有机物质彻底氧化分解，释放 CO_2，同时将 O_2 还原为 H_2O，并释放能量的过程。这些有机物称为呼吸底物（respiratory substrate），糖类、有机酸、蛋白质、脂肪等均可以作为呼吸底物。有氧呼吸是高等植物进行呼吸的主要形式。通常所说的呼吸作用就是指有氧呼吸。细胞进行有氧呼吸的主要场所是线粒体。

$$有机物 + O_2（通过线粒体）\rightarrow CO_2 + H_2O + 能量$$

　　一般来说，葡萄糖是植物细胞呼吸作用最常利用的呼吸底物，呼吸作用的过程常简括为以葡萄糖为底物的总反应式：

$$C_6H_{12}O_6 + 6O_2 \rightarrow 6CO_2 + 6H_2O + 能量$$

以淀粉为呼吸底物时，有氧呼吸的总反应式为：

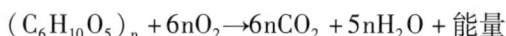

$$(C_6H_{10}O_5)_n + 6nO_2 \rightarrow 6nCO_2 + 5nH_2O + 能量$$

　　上述反应式都是目前使用的通式。当呼吸底物为葡萄糖时，具体的生物化学反应过程是氧气在呼吸作用过程中并不与葡萄糖直接作用，而是需要水分子参与到葡萄糖降解的中间产物里，中间产物的氢原子与空气中的氧气结合，还原成水。为了更准确说明其生物化学变化过程，呼吸作用方程式常改写为下式：

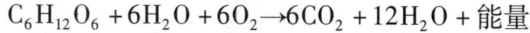

$$C_6H_{12}O_6 + 6H_2O + 6O_2 \rightarrow 6CO_2 + 12H_2O + 能量$$

无氧呼吸（anaerobic respiration）一般指在无氧条件下，生活细胞把某些有机物分解成为不彻底的氧化产物（酒精、乳酸等），同时释放能量的过程。这个过程用于高等植物，习惯上称为无氧呼吸；如应用于微生物，则习惯称为发酵（fermentation）。酵母菌的发酵产物为酒精，称为酒精发酵，其反应式如下：

$$C_6H_{12}O_6 \rightarrow 2C_2H_5OH + 2CO_2 + 能量$$

高等植物细胞在无氧条件下的无氧呼吸，主要进行的就是酒精发酵。如苹果、香蕉贮藏时间长了产生的酒味，就是酒精发酵的结果。

乳酸菌的发酵产物为乳酸，称为乳酸发酵，其反应式如下：

$$C_6H_{12}O_6 \rightarrow 2CH_3CHOHCOOH + 能量$$

除了酒精以外，高等植物的无氧呼吸也可以产生乳酸，也就是乳酸发酵。如胡萝卜、甜菜块根在进行无氧呼吸时产生乳酸。

对生物体来说，呼吸作用具有非常重要的生理意义（见图6-1）。

1. 呼吸作用为生物体的生命活动提供能量　　除绿色细胞可直接利用光能进行光合作用外，其他生命活动所需的能量都依赖于呼吸作用。呼吸作用将有机物质生物氧化，使其中的化学能以 ATP、NADH、NADPH 等形式贮存起来。当 ATP 等在酶的作用下分解时，就把储存的能量释放出来，用于不断满足植物体内各种生理过程和各项生命活动对能量的需要，如细胞的分裂，植株的生长，矿质元素的吸收，有机物的合成等；未被利用的能量就转变为热能而散失掉。呼吸放热，可提高植物体温，有利于种子萌发、幼苗生长、开花传粉、受精等。

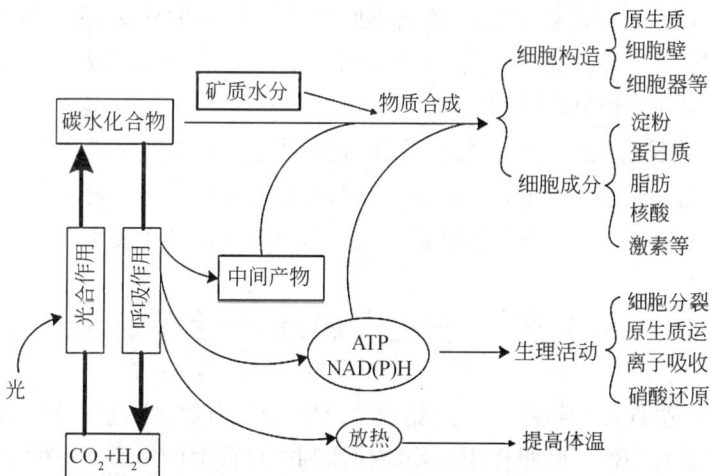

图6-1　呼吸作用的主要功能示意图

2. 呼吸过程能为体内重要有机物质的合成提供原料　　在呼吸过程中所产生的一些中间产物化学性质十分活跃，如丙酮酸、α-酮戊二酸、苹果酸、甘油醛磷酸等，可作为合成糖类、脂肪、核酸、氨基酸、蛋白质、色素、激素及维生素等各种细胞结构物质、生理活性物质及次生代谢物质的原料（见图6-2）。呼吸作用是植物体内有机物质代谢的中心。

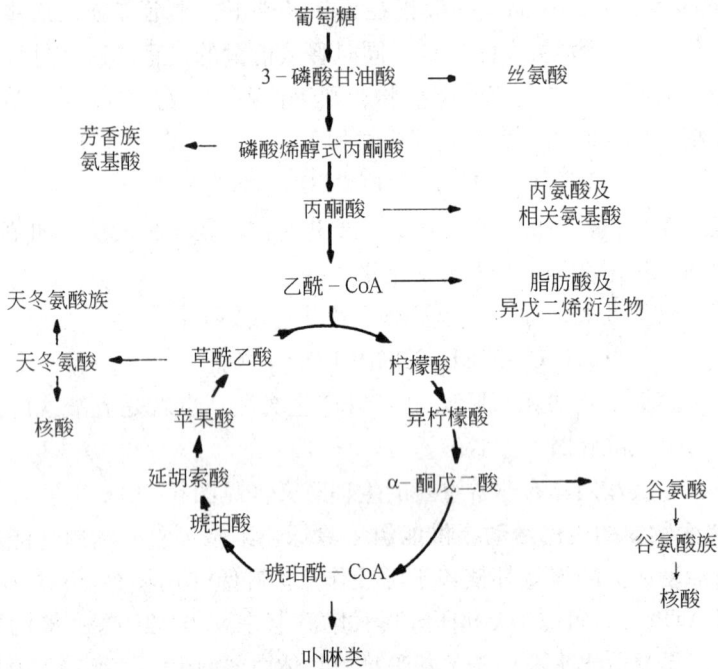

葡萄糖
↓
3-磷酸甘油酸 → 丝氨酸
↓
芳香族
氨基酸 ← 磷酸烯醇式丙酮酸
↓
丙酮酸 → 丙氨酸及相关氨基酸
↓
乙酰-CoA → 脂肪酸及异戊二烯衍生物

天冬氨酸族
天冬氨酸 ← 草酰乙酸   柠檬酸
核酸   苹果酸   异柠檬酸
          延胡索酸   α-酮戊二酸 → 谷氨酸
          琥珀酸   谷氨酸族
          琥珀酰-CoA   核酸
          ↓
          卟啉类

图 6-2　糖酵解和三羧酸循环产生的中间产物

3. 为代谢活动提供还原力　呼吸过程中，呼吸底物降解形成的 NADH、NADPH、FADH$_2$、FMNH$_2$ 等可为脂肪和蛋白质生物合成、硝酸盐还原等还原过程提供还原力（reducing power）。还原力就是生物氧化还原反应中产生的作为还原剂的高能化合物，在代谢中具有重要意义。这些物质具有较强的还原性，物质利用还原性可以发生多种生化反应，从而驱动生物生理过程。

4. 增强植物抗病免疫能力　植物受伤或受到病原菌侵染时，呼吸速率升高，加速木质化或木栓化，促进伤口愈合，以阻止或减少病原菌的侵染。呼吸作用加强可促进具有杀菌作用的绿原酸、咖啡酸等物质的合成，以增强植物的免疫力。

第二节　呼吸代谢途径的多样性

高等植物呼吸代谢的特点，一是复杂性，呼吸作用的整个过程是一系列十分复杂的酶促反应；二是核心性，呼吸作用是物质代谢和能量代谢的中心，它的中间产物又是合成多种重要有机物的原料，起到物质代谢的枢纽作用；三是呼吸代谢的多样性，表现在呼吸途径的多样性。如植物呼吸代谢并不只有一种途径，不同的植物、同一植物的不同器官或组织在不同的生育时期、不同环境条件下，呼吸底物的氧化降解可以经过不同的途径完成。此外，还表现在电子传递系统的多样性和末端氧化酶的多样性。

植物呼吸代谢途径具有多样性。呼吸作用糖的分解代谢途径有 3 种：糖酵解（Embden – Meyerhof – Parnas pathway，EMP）、三羧酸循环（tricarboxylic acid cycle，TCA）和戊糖磷酸途径（pentose phosphate pathway，PPP），它们分别是在胞质溶胶、线粒体内和质体内进行的（见图 6 – 3）。这是植物在长期进化过程中对多变环境的适应表现。它们在方向上互相连接，在空间上互相交错，在时间上互相交替，既分工又合作，构成不同呼吸代谢类型，执行不同的生理功能，互相调节、互相制约。然而，植物体内存在的多条化学途径并不是同等运行的。随着不同的植物种类、不同的发育时期、不同的生理状态和环境条件而有很大的差异。在正常情况下以及在幼嫩的部位，生长旺盛的组织中均是以 TCA 途径占主要地位。在缺氧条件下，植物体内丙酮酸有氧分解被抑制而积累，并进行无氧呼吸，其产物也是多种多样的。而在衰老、感病、受旱、受伤的组织中，则戊糖磷酸途径加强。富含脂肪的油料种子在吸水萌发过程中，则会通过乙醛酸循环（GAC）途径将脂肪酸转变为糖。水稻根系在淹水条件下则有乙醇酸氧化途径运行。

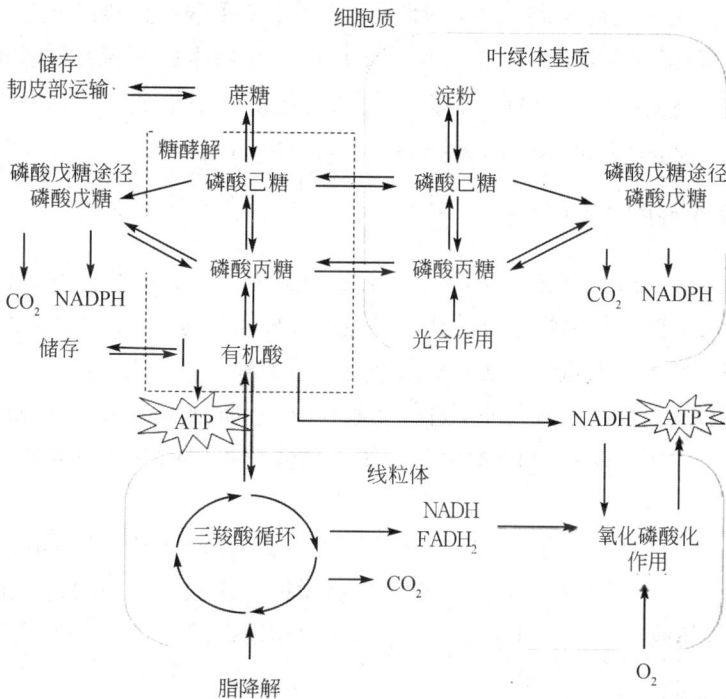

图 6 – 3　植物体内主要呼吸代谢途径相互关系示意图

一、糖酵解

在无氧条件下酶将葡萄糖降解成丙酮酸，并释放能量的过程，称为糖酵解（glycolysis）。为纪念在研究糖酵解途径方面有突出贡献的三位德国生物化学家 G. Embden，O. Meyerhof 和 J. K. Parnas，又把糖酵解途径称为 Embden – Meyerhof – Parnas 途径（EMP Pathway，EMP 途径）。糖酵解普遍存在于动物、植物、微生物的所有细胞中，是在细胞质中进行的。虽然糖酵解的部分反应可以在质体或叶绿体中进行，但不能完成全过程。

糖酵解过程中糖分子的氧化分解是在没有氧分子的参与下进行的，其氧化作用所需的氧来自组织内的含氧物质，即水分子和被氧化的糖分子，故又称为分子内氧化（intromolecular oxidation）或分子内呼吸（intromolecular respiration）。

以葡萄糖为例，糖酵解的反应式如下：

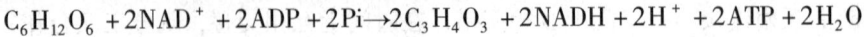

$$C_6H_{12}O_6 + 2NAD^+ + 2ADP + 2Pi \rightarrow 2C_3H_4O_3 + 2NADH + 2H^+ + 2ATP + 2H_2O$$

（一）糖酵解化学反应的三个阶段

（1）己糖的磷酸化 这一阶段是淀粉或己糖活化，消耗 ATP，将果糖活化为果糖 - 1, 6 - 二磷酸（FDP），为裂解成 2 分子丙糖磷酸做准备。

（2）己糖磷酸的裂解 这个阶段反应包括己糖磷酸裂解为 2 分子丙糖磷酸（即甘油醛 - 3 - 磷酸和二羟丙酮磷酸），以及丙糖磷酸之间的相互转化。该反应的己糖磷酸和丙糖磷酸也可能来自质体。

（3）ATP 和丙酮酸的生成 这个阶段甘油醛 - 3 - 磷酸氧化释放能量，经过甘油酸磷酸、烯醇丙酮酸磷酸，形成 ATP 和 NADH + H$^+$，最后生成丙酮酸，因此这个阶段也称为氧化产能阶段。由于底物的分子磷酸直接转到 ADP 而形成 ATP，一般称之为底物水平磷酸化（substrate level phosphorylation）（见图 6 - 4）。

（二）糖酵解的生理意义

1. 糖酵解的一些中间产物（如 3 - 磷酸甘油醛等）是合成其他有机物质的重要原料，其终产物丙酮酸生化活性十分活跃，可通过各种代谢途径，产生不同物质：通过氨基化作用丙酮酸可生成丙氨酸；在有氧条件下，丙酮酸进入三羧酸循环和呼吸链，被彻底氧化成 CO_2 和 H_2O；在无氧条件下进行无氧呼吸，生成酒精或乳酸（见图 6 - 5）。

2. 糖酵解中生成的 ATP 和 NADH，可使生物体获得生命活动所需要的部分能量和还原力。

3. 糖酵解普遍存在于生物体中，是有氧呼吸和无氧呼吸经历的共同途径。

4. 糖酵解有 3 个不可逆反应（分别由己糖激酶、磷酸果糖激酶、丙酮酸激酶所催化、调控），但其他反应均是可逆的，它为糖异生作用提供了基本途径。

二、无氧呼吸

生活细胞在无氧条件下进行酒精发酵和乳酸发酵。参与酒精发酵、乳酸发酵等过程的酶都存在于细胞质中，因此无氧呼吸在细胞质中进行。

高等植物无氧呼吸，包括了从己糖经糖酵解形成丙酮酸，随后进一步产生乙醇或乳酸的全过程。丙酮酸在丙酮酸脱羧酶作用下，脱羧生成乙醛，进一步在乙醛脱氢酶作用下，被 NADH 还原为乙醇，反应式如下：

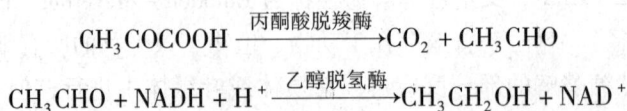

$$CH_3COCOOH \xrightarrow{\text{丙酮酸脱羧酶}} CO_2 + CH_3CHO$$

$$CH_3CHO + NADH + H^+ \xrightarrow{\text{乙醇脱氢酶}} CH_3CH_2OH + NAD^+$$

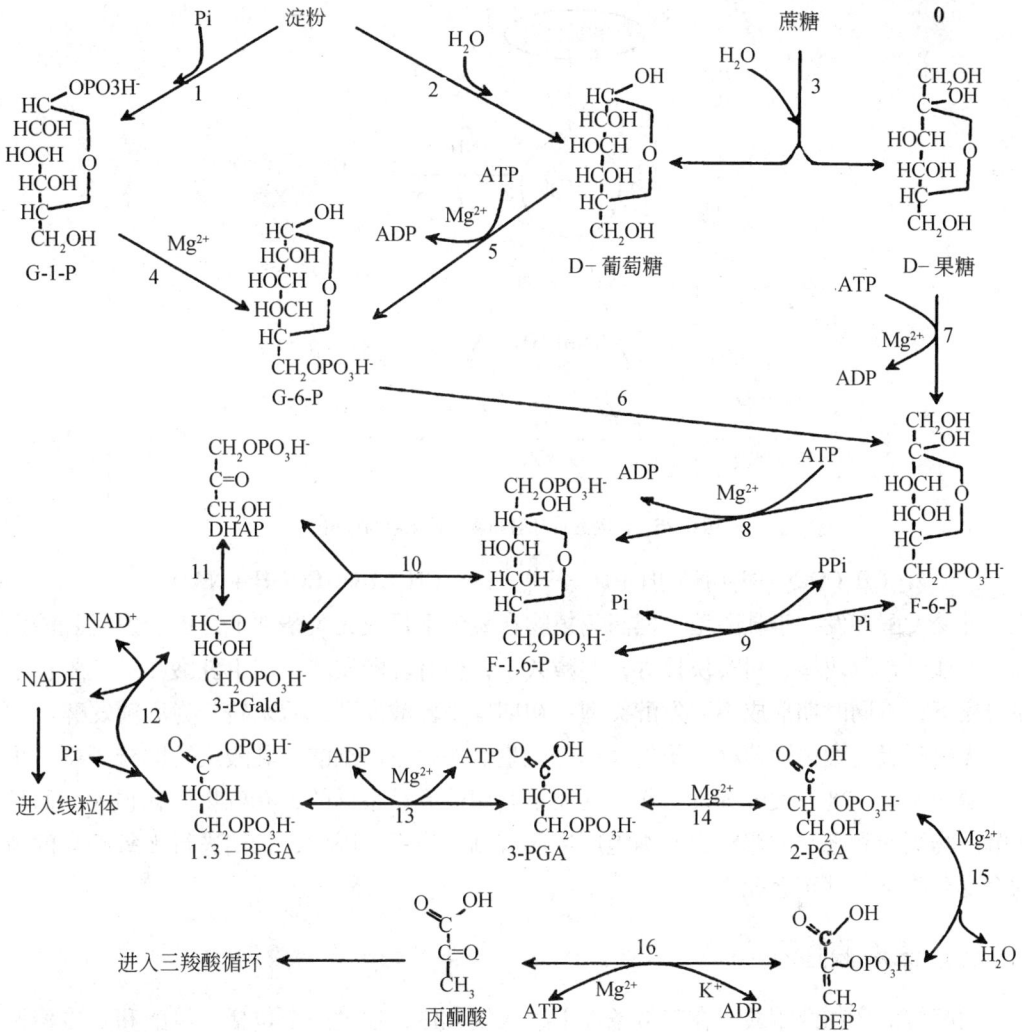

图 6-4　糖酵解途径 [(1~9) 己糖的活化；(10~11) 己糖裂解；(12~16) 丙糖氧化]

1. 淀粉磷酸化酶；2. 淀粉酶；3. 蔗糖酶；4. 磷酸葡萄糖变位酶；5. 己糖激酶；6. 磷酸己糖异构酶；

7. 果糖激酶；8. ATP-磷酸果糖激酶；9. 焦磷酸-磷酸果糖激酶；10. 醛缩酶；11. 磷酸丙糖异构酶；

12.3-磷酸甘油醛脱氢酶；13. 磷酸甘油酸激酶；14. 磷酸甘油酸变位酶；15. 烯醇化酶；16. 丙酮酸激酶

　　酒精发酵主要在酵母菌作用下进行，可是高等植物在氧气不足或无氧条件下，也会进行酒精发酵（alcohol fermentation）。在氧气不足或无氧条件下，通过酒精发酵或乳酸发酵，实现了 NAD^+ 的再生，这就使糖酵解得以继续进行。例如，体积大的甘薯、苹果、香蕉等贮藏过久，稻谷催芽时堆积过厚又不及时翻动，便会有酒味，这说明发生了酒精发酵。

　　在缺少丙酮酸脱羧酶而含有乳酸脱氢酶的组织里，丙酮酸会被 NADH 还原为乳酸。乳酸发酵（lactic acid fermentation）的反应式如下：

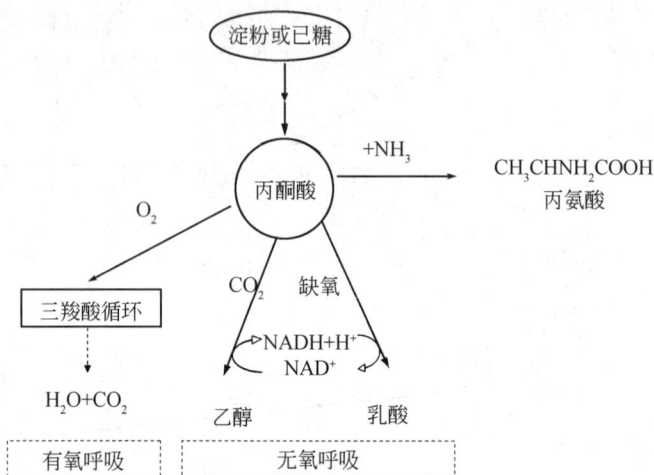

图 6-5 丙酮酸在呼吸和物质转化中的作用

$$CH_3COCOOH + NADH + H^+ \xrightarrow{\text{乳酸脱氢酶}} CH_3CHOHCOOH + NAD^+$$

乳酸发酵多发生于乳酸菌，但高等植物在氧气不足或无氧条件下，也会发生乳酸发酵，例如马铃薯块茎、甜菜块根等，贮藏久了，会有乳酸发酵，产生乳酸味。玉米种子在缺氧下，不同时期形成不同发酵类型：初期发生乳酸发酵，后来转变为酒精发酵。

无氧呼吸过程中葡萄糖分子的大部分能量仍保存在丙酮酸、乳酸或乙醇分子中。可见，酒精发酵、乳酸发酵等发酵作用的能量利用效率是很低的，有机物质耗损大，而且发酵产物酒精和乳酸的累积，对细胞原生质有毒害作用。因此，长期进行无氧呼吸的植物会受到伤害，甚至会死亡。

三、三羧酸循环

糖酵解的产物丙酮酸，在有氧条件下进入线粒体，通过一个包括三羧酸和二羧酸循环过程而逐步氧化分解，最终形成水和二氧化碳并释放能量的过程，称为三羧酸循环（tricarboxylic acid cycle，简称 TCA 或 TCAC）。柠檬酸生成阶段是三羧酸循环的重要化学历程，又称柠檬酸循环。这个循环首先由英国生物化学家 Hans Krebs 发现，所以又称 Krebs 环（Krebs cycle）。三羧酸循环普遍存在于动物、植物、微生物细胞中，整个反应都在细胞线粒体基质（衬质，matrix）中进行。线粒体含有三羧酸循环各反应过程的全部酶。TCA 循环的起始底物乙酰 CoA 不仅是糖代谢的中间产物，也是脂肪酸和某些氨基酸的代谢产物。因此，TCA 循环是糖、脂肪、蛋白质三大类物质的共同氧化途径。

（一）三羧酸循环的过程

TCA 循环共有 9 步反应（图 6-6）。

1. 丙酮酸的氧化脱羧 在有氧条件下，丙酮酸进入线粒体，通过氧化脱羧生成乙酰 CoA，然后再进入三羧酸循环彻底分解。丙酮酸的氧化脱羧反应是连接糖酵解和三羧酸循环的桥梁。

丙酮酸在丙酮酸脱氢酶复合体（pyruvic acid dehydrogenase complex）催化下氧化脱羧生成 NADH、CO_2 和乙酸，乙酸通过硫酯键与 CoA 结合生成乙酰 CoA，反应式如下：

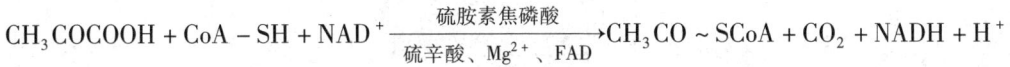

$$CH_3COCOOH + CoA - SH + NAD^+ \xrightarrow[\text{硫辛酸、Mg}^{2+}\text{、FAD}]{\text{硫胺素焦磷酸}} CH_3CO \sim SCoA + CO_2 + NADH + H^+$$

丙酮酸脱氢酶复合体是由 3 种酶组成的复合体，含有 6 种辅助因子。这 3 种酶是：丙酮酸脱羧酶（pyruvic acid decarboxylase）、二氢硫辛酸乙酰基转移酶（dihydrolipoyl transacetylase）、二氢硫辛酸脱氢酶（dihydrolipoic acid dehydrogenase）。6 种辅助因子分别是硫胺素焦磷酸（thiamine pyrophosphate，TPP）、辅酶 A（coenzyme A）、硫辛酸（lipoic acid）、FAD（flavin adenine dinucleotide）、NAD^+（nicotinamide adenine dinucleotide）和 Mg^{2+}。上述反应中从底物上脱下的氢是经 FAD→$FADH_2$ 传到 NAD^+ 再生成 $NADH + H^+$。

2. **柠檬酸生成阶段**　乙酰 CoA 不能直接被氧化分解，必须改变其分子结构才有可能。乙酰 CoA 和草酰乙酸在柠檬酸合成酶催化下，缩合形成柠檬酰 CoA，加水生成柠檬酸并放出 CoA ~ SH，此反应为放能反应。

3. **异柠檬酸的形成**　由顺乌头酸酶催化柠檬酸脱水生成顺乌头酸，然后加水生成异柠檬酸。

4. **异柠檬酸的氧化脱羧**　在异柠檬酸脱氢酶催化下，异柠檬酸脱氢生成 NADH，其中间产物草酰琥珀酸是一个不稳定的 β - 酮酸，与酶结合即脱羧形成 α - 酮戊二酸。

5. **α - 酮戊二酸氧化脱羧**　α - 酮戊二酸在 α - 酮戊二酸脱氢酶复合体催化下形成琥珀酰 CoA 和 NADH，并释放 CO_2。α - 酮戊二酸脱氢酶复合体是由 α - 酮戊二酸脱羧酶（α - ketoglutaric acid decarboxylase）、二氢硫辛酸琥珀酰基转移酶（dihydrolipoyl transsuccinylase）及二氢硫辛酸脱氢酶所组成的，含有 6 种辅助因子：TPP、NAD^+、辅酶 A、FAD、硫辛酸及 Mg^{2+}。该反应不可逆。

6. **琥珀酸生成**　含有高能硫酯键的琥珀酰 CoA 在琥珀酸硫激酶催化下,利用硫酯键水解释放的能量,使 ADP 磷酸化成 ATP,同时生成琥珀酸。该反应是 TCA 循环中唯一的一次底物水平磷酸化,即由高能化合物水解,放出能量直接形成 ATP 的磷酸化作用。

7. **延胡索酸生成**　琥珀酸在琥珀酸脱氢酶催化下，脱氢氧化生成延胡索酸，脱下的氢生成 $FADH_2$。丙二酸、戊二酸与琥珀酸的结构相似，是琥珀酸脱氢酶特异的竞争性抑制剂。

8. **苹果酸生成**　延胡索酸经延胡索酸酶催化加水生成苹果酸。

9. **草酰乙酸的回补**　苹果酸在苹果酸脱氢酶的催化下氧化脱氢生成草酰乙酸和 NADH。草酰乙酸又可重新接受进入循环的乙酰 CoA，再次生成柠檬酸，开始新一轮 TCA 循环。

由于糖酵解中 1 分子葡萄糖产生 2 分子丙酮酸，所以三羧酸循环（TCA 循环）的总反应式可写成：

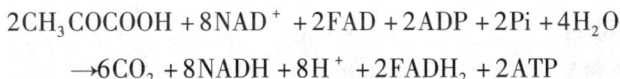

$$2CH_3COCOOH + 8NAD^+ + 2FAD + 2ADP + 2Pi + 4H_2O$$
$$\rightarrow 6CO_2 + 8NADH + 8H^+ + 2FADH_2 + 2ATP$$

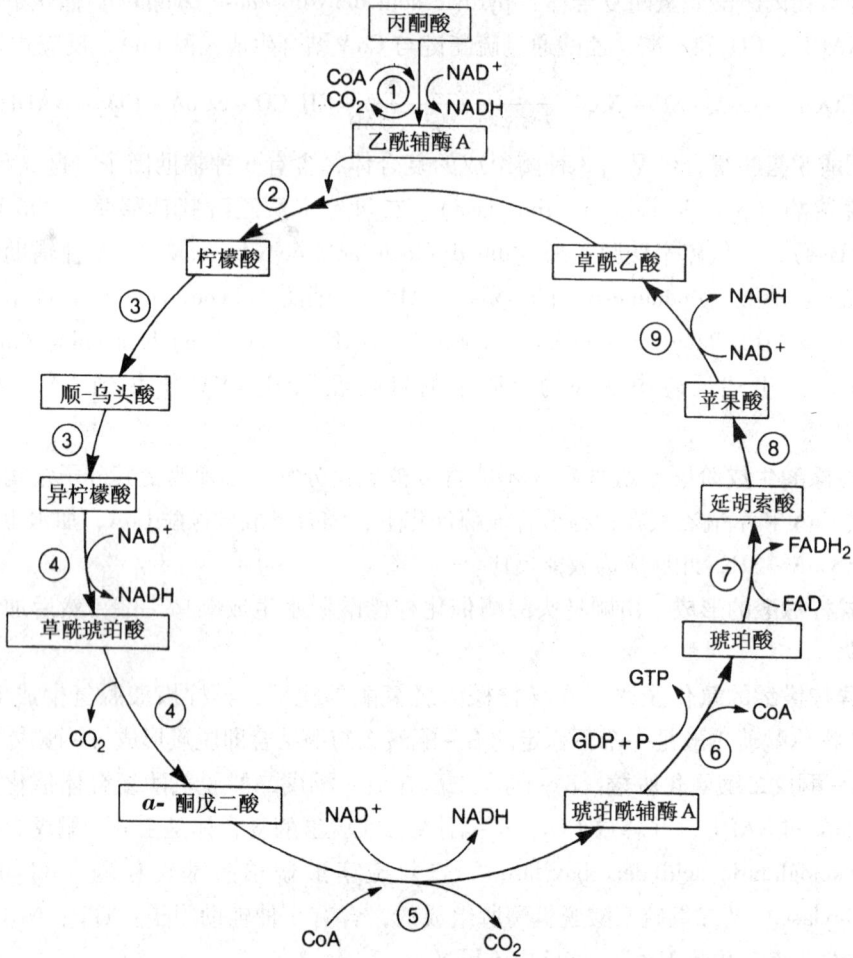

图 6-6　三羧酸循坏的反应过程

参与三羧酸循环（TCA 循环）各反应的酶包括：丙酮酸脱氢酶复合体、柠檬酸合成酶、顺乌头酸酶、异柠檬酸脱氢酶、脱羧酶、α-酮戊二酸脱氢酶复合体、琥珀酸硫激酶、琥珀酸脱氢酶、延胡索酸酶、苹果酸脱氢酶。

TCA 循环多步可逆，但柠檬酸的合成，α-酮戊二酸氧化脱羧过程是不可逆的，故整个 TCA 循环是单方向的。TCA 循环可以通过产物调节和底物调节，调节的关键因素是：［NADH］／［NAD］、［ATP］／［ADP］、CoA 和乙酰 CoA 等代谢物的浓度。

三个调控酶主要包括：

柠檬酸合成酶：关键限速酶、NAD^+ 为别构激活剂（具有别构激活作用的正效应物），NADH 和 ATP 为别构抑制剂。OAA、乙酰 CoA 浓度高时可被激活，琥珀酰 CoA 抑制此酶。

异柠檬酸脱氢酶：NAD^+ 为别构激活剂，NADH 和 ATP 为别构抑制剂。可被 ADP 激活，被琥珀酰 CoA 抑制。

α-酮戊二酸脱氢酶：NAD^+ 为别构激活剂，NADH 和 ATP 为别构抑制剂，受琥珀酰 CoA 抑制。

（二）三羧酸循环的回补机制

TCA 循环中某些中间产物是合成许多重要有机物的前体。例如草酰乙酸和 α - 酮戊二酸分别是天冬氨酸和谷氨酸合成的碳架，延胡索酸是苯丙氨酸和酪氨酸合成的前体，琥珀酰 CoA 是卟啉环合成的碳架。如果 TCA 循环的中间产物大量消耗于有机物的合成过程中，就会影响 TCA 循环的正常运行，因此必须有其他的途径不断地补充，这称之为 TCA 循环的回补机制（replenishing mechanism）。主要有三条回补途径：

1. 丙酮酸的羧化　丙酮酸在丙酮酸羧化酶催化下形成草酰乙酸。

$$Pyr + CO_2 + H_2O + ATP \rightarrow OAA + ADP + Pi$$

丙酮酸羧化酶的活性平时较低，当草酰乙酸不足时，由于乙酰 CoA 的累积可提高该酶活性。这是动物中最重要的回补反应。

2. PEP 的羧化作用　在糖酵解中形成的磷酸烯醇式丙酮酸（phosphoenolpyruvate，PEP）不转变为丙酮酸，而是在 PEP 羧化激酶作用下形成草酰乙酸，草酰乙酸再被还原为苹果酸，苹果酸经线粒体内膜上的二羧酸传递体与 Pi 进行电中性的交换，进入线粒体基质，可直接进入 TCA 循环；苹果酸也可在苹果酸酶的作用下脱羧形成丙酮酸，再进入 TCA 循环都可起到补充草酰乙酸的作用。这一回补反应存在于高等植物、酵母和细菌中，动物中不存在。

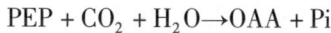

$$PEP + CO_2 + H_2O \rightarrow OAA + Pi$$

3. 天冬氨酸的转氨作用　天冬氨酸（aspartic acid，ASP）和 α - 酮戊二酸在转氨酶作用下可形成草酰乙酸和谷氨酸：

$$ASP + \alpha - 酮戊二酸 \rightarrow OAA + Glu$$

通过以上这些回补反应，保证有适量的草酰乙酸供 TCA 循环的正常运转。

（三）三羧酸循环的特点和生理意义

1. 三羧酸循环是提供生命活动所需能量来源的主要途径。在 TCA 循环中底物（含丙酮酸）脱下 5 对氢原子，其中 4 对氢在丙酮酸、异柠檬酸、α - 酮戊二酸氧化脱羧和苹果酸氧化时用于还原 NAD^+，形成 $NADH + H^+$，另一对氢在琥珀酸氧化时用以还原 FAD。生成的 NADH 和 $FADH_2$，经呼吸链将 H^+ 和电子传给 O_2 生成 H_2O，同时偶联氧化磷酸化生成 ATP。此外，由琥珀酰 CoA 形成琥珀酸时发生底物水平磷酸化直接生成 ATP。这些 ATP 可为植物生命活动提供能量。

2. 三羧酸循环是物质代谢的枢纽，是体内各类有机物相互转变的中心环节。TCA 循环不仅是糖代谢的重要途径，也是脂肪、蛋白质和核酸代谢最终氧化成 CO_2 和 H_2O 的重要途径。又可通过代谢中间产物与其他代谢途径发生联系和相互转变。

四、戊糖磷酸途径

Racker、Gunsalus 等人发现植物体内有氧呼吸代谢除 EMP - TCA 途径以外，还存在不经过无氧呼吸生成丙酮酸而进行有氧呼吸的途径——戊糖磷酸途径（Pentose phosphate pathway，PPP），又称己糖磷酸途径（hexose monophosphate pathway，HMP）或戊糖磷酸途径（hexose monophosphate shunt，HMS）。

（一）戊糖磷酸途径的化学历程

戊糖磷酸途径是指葡萄糖在胞质溶胶和质粒中的可溶性酶直接氧化，产生 NADPH 和一些磷酸糖的酶促过程。该途径可分为两个阶段。

1. 氧化阶段 此阶段是不可逆的葡萄糖氧化脱羧阶段，这是个由葡萄糖 – 6 – 磷酸直接氧化脱羧的过程，经历了氧化阶段，将 6 碳的 6 – 磷酸葡萄糖（glucose – 6 – phosphate，G6P）转变成 5 碳的 5 – 磷酸核酮糖（ribose – 5 – phosphate，Ru5P），释放 1 分子 CO_2，产生 2 分子 NADPH（见图 6 – 7）。

（1）脱氢反应 在葡萄糖 – 6 – 磷酸脱氢酶（glucose – 6 – phosphate dehydrogenase）的催化下以 $NADP^+$ 为氢受体，葡萄糖 – 6 – 磷酸（G6P）脱氢生成 6 – 磷酸葡萄糖酸内酯（6 – phosphogluconolactone，6PGL）。

（2）水解反应 在 6 – 磷酸葡萄糖酸内酯酶（lactonase）的催化下，6 – PGL 被水解为 6 – 磷酸葡萄糖酸（6 – phosphogluconate，6 – PG）。

（3）脱氢脱羧反应 在 6 – 磷酸葡萄糖酸脱氢酶（6 – phosphogluconate dehydrogenase）催化下，以 $NADP^+$ 为氢受体，6 – PG 氧化脱羧，生成核酮糖 – 5 – 磷酸（Ru5P）。

本阶段的总反应是：

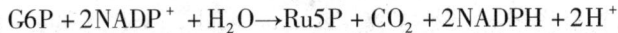

$$G6P + 2NADP^+ + H_2O \rightarrow Ru5P + CO_2 + 2NADPH + 2H^+$$

2. 非氧化阶段 此阶段是可逆的分子重组阶段，也称为葡萄糖再生阶段。由 Ru5P 经一系列转化，形成 6 – 磷酸果糖（fructose – 6 – phosphate，F6P）和 3 – 磷酸甘油醛（Glyceraldehyde 3 – phosphate，G3P）（PGALd），再转变为 6 – 磷酸果糖（F6P），最后又转变为 6 – 磷酸葡萄糖（G6P），重新循环。经过一系列糖之间的异构化、基团转移、缩合等反应，最终可将 6 个 Ru5P 转变为 5 个 G6P（见图 6 – 7）。

从整个戊糖磷酸途径来看，6 分子的 G6P 经过两个阶段的运转，可以释放 6 分子 CO_2、12 分子 NADPH，并再生 5 分子 G6P。

戊糖磷酸途径的总反应式可写成：

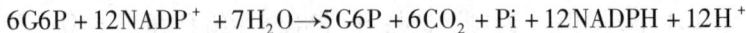

$$6G6P + 12NADP^+ + 7H_2O \rightarrow 5G6P + 6CO_2 + Pi + 12NADPH + 12H^+$$

（二）戊糖磷酸途径的生理意义

1. 戊糖磷酸途径产生大量 NADPH，为细胞各种合成反应提供主要的还原力。NADPH 作为主要的供氢体，为脂肪酸、固醇、四氢叶酸等生物合成，非光合细胞中硝酸盐、亚硝酸盐的还原以及氨的同化、丙酮酸羧化还原成苹果酸等过程所必需。

2. 该途径中的一些中间产物是许多重要有机物质生物合成的原料，如 Ru5P 和 R5P 是合成核苷酸的原料，也是 NAD、FAD、NADP 等辅酶的组分。4 – 磷酸赤藓糖（erythrose – 4 – phosphate，E4P）和 EMP 中的磷酸烯醇式丙酮酸（carboxykinase，PEP）

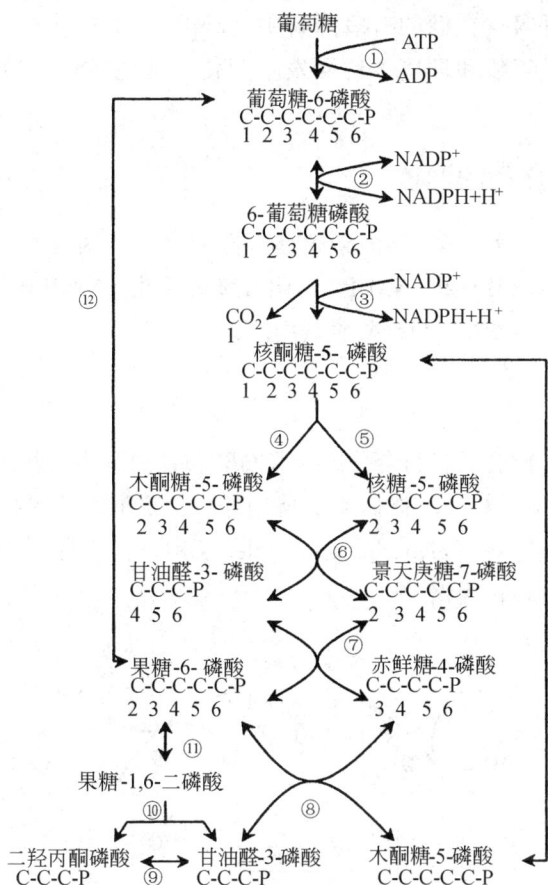

图 6-7　戊糖磷酸途径

葡萄糖氧化脱羧阶段：①己糖激酶；②葡萄糖－6－磷酸脱氢酶；③6－磷酸葡萄糖酸脱氢酶；

分子重组阶段：④木酮糖－5－磷酸表异构酶；⑤核糖－5－磷酸异构酶；⑥转羟乙醛基酶（即转酮醇酶）；

⑦转二羟丙酮基酶（即转醛醇酶）；⑧转羟乙醛基酶；⑨磷酸丙糖异构酶；⑩醛缩酶；

⑪磷酸果糖酯酶；⑫磷酸己糖异构酶

可合成莽草酸，经莽草酸途径可合成芳香族氨基酸，还可合成与植物生长、抗病性有关的生长素、木质素、绿原酸、咖啡酸等。

3. 该途径分子重组阶段的一系列中间产物丙糖、丁糖、戊糖、己糖和庚糖的磷酸酯及酶类，与光合作用中卡尔文循环的大多数中间产物和酶相同，两者可联系起来并实现某些单糖间的互变，所以戊糖磷酸途径可以与光合作用联系起来，相互沟通。

4. 戊糖磷酸途径是一个不需要通过糖酵解，由葡萄糖直接氧化分解的生化途径，每氧化 1 分子葡萄糖可产生 12 分子的 $NADPH + H^+$，有较高的能量转化效率。生成的 NADPH 也可能进入线粒体，通过氧化磷酸化作用生成 ATP。

5. 戊糖磷酸途径在许多植物中普遍存在，特别是植物处在感病、受伤、干旱等逆境条件时，该途径可占全部呼吸的 50% 以上。PPP 途径中的中间产物 E4P 可以合成莽草酸，莽草酸继续合成氯原酸，多酚类的氯原酸可以起到抗病和抵抗不良环境的作用。由于该途径和 EMP – TCAC 途径的酶系统不同，因此当 EMP – TCAC 途径受阻时，PPP

则可替代正常的有氧呼吸。在糖的有氧降解中，EMP - TCAC 途径与 PPP 所占的比例，随植物的种类、器官、年龄和环境条件而发生变化，这也体现了植物呼吸代谢的多样性。

（三）戊糖磷酸途径的调控

PPP 途径的调节主要通过 6 - 磷酸葡萄糖脱氢酶调节。因为 6 - 磷酸葡萄糖脱氢酶是 PPP 的限速酶，$[NADPH] / [NADP^+]$ 调节该酶活性，$NADPH + H^+$ 竞争性抑制6 - 磷酸葡萄糖脱氢酶和 6 - 磷酸葡萄糖酸脱氢酶。

五、乙醛酸循环

油料种子萌发时，贮藏的脂肪会分解为脂肪酸和甘油。脂肪酸经 β - 氧化分解为乙酰 CoA，在乙醛酸（glyoxysome）体内生成琥珀酸、乙醛酸、苹果酸和草酰乙酸的酶促反应过程，称为乙醛酸循环（glyoxylic acid cycle，GAC），素有"脂肪呼吸"之称。该途径中产生的琥珀酸可转化为糖。

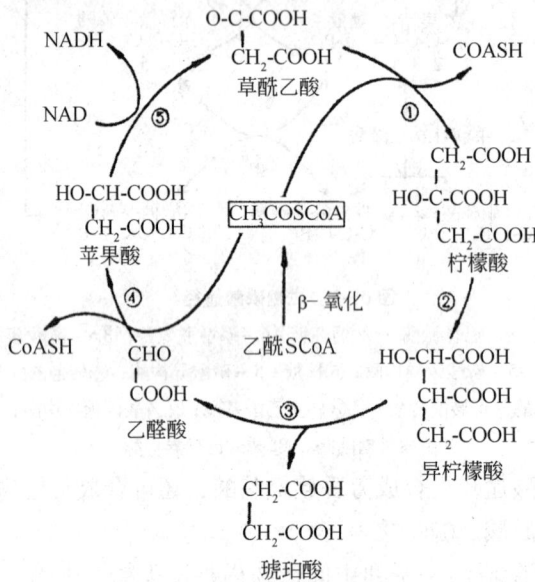

图 6 - 8　乙醛酸循环
①柠檬酸合成酶；②乌头酸酶；③异柠檬酸裂解酶；④苹果酸合成酶；⑤苹果酸脱氢酶

（一）乙醛酸循环（GAC）的化学过程

脂肪酸经过 β - 氧化分解为乙酰 CoA，在柠檬酸合成酶的作用下乙酰 CoA 与草酰乙酸缩合为柠檬酸，再经乌头酸酶催化形成异柠檬酸。随后，异柠檬酸裂解酶（isocitrate-lyase）将异柠檬酸分解为琥珀酸和乙醛酸。再在苹果酸合成酶（malate synthetase）催化下，乙醛酸与乙酰 CoA 结合生成苹果酸。苹果酸脱氢重新形成草酰乙酸，可以再与乙酰 CoA 缩合为柠檬酸，于是构成一个循环（见图 6 – 8）。其总结果是由 2 分子乙酰 CoA 生成 1 分子琥珀酸，反应方程式如下：

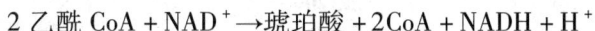

$$2 \text{ 乙酰 CoA} + NAD^+ \rightarrow \text{琥珀酸} + 2CoA + NADH + H^+$$

琥珀酸由乙醛酸体转移到线粒体，在其中通过三羧酸循环的部分反应转变为延胡索酸、苹果酸，再生成草酰乙酸。然后，草酰乙酸继续进入 TCA 循环或者转移到细胞质，在磷酸烯醇式丙酮酸羧激酶（PEP carboxykinase）催化下脱羧生成磷酸烯醇式丙酮酸（phosphenol pruvate，PEP），PEP 再通过糖酵解的逆转而转变为葡萄糖 – 6 – 磷酸并形成蔗糖。

油料种子在发芽过程中，细胞中出现许多乙醛酸体，贮藏脂肪首先水解为甘油和脂肪酸，然后脂肪酸在乙醛酸体内氧化分解为乙酰 CoA，并通过乙醛酸循环转化为糖，直到种子中贮藏的脂肪耗尽为止，乙醛酸循环活性便随之消失。淀粉种子萌发时不发生乙醛酸循环。可见，乙醛酸循环是富含脂肪的油料种子所特有的一种呼吸代谢途径。

（二）乙醛酸循环的特点和生理意义

1. 乙醛酸循环和三羧酸循环中存在着某些相同的酶类和中间产物，但是，它们是两条不同的代谢途径。乙醛酸循环是在乙醛酸体中进行的，是与脂肪转化为糖密切相关的反应过程。而三羧酸循环是在线粒体中完成的，是与糖的彻底氧化脱羧密切相关的反应过程。

2. 油料植物种子发芽时把脂肪转化为糖类是通过乙醛酸循环来实现的。这个过程依赖于线粒体、乙醛酸体及细胞质的协同作用。

六、乙醇酸氧化途径

乙醇酸氧化途径（glycolic acid oxidate pathway，GAP）是水稻根系特有的糖降解途径。它的主要特征是具有关键酶——乙醇酸氧化酶（glycolate oxidase）。水稻一直生活在供氧不足的淹水条件下，当根际土壤存在某些还原性物质时，水稻根呼吸产生的部分乙酰 CoA 不进入 TCA 循环，而是形成乙酸，然后，乙酸在乙醇酸氧化酶及多种酶类催化下依次形成乙醇酸、乙醛酸、草酸和甲酸及 CO_2，并且每次氧化均形成 H_2O_2，而 H_2O_2 又在过氧化氢酶（catalase，CAT）催化下分解产生具有强氧化能力的新生态氧，并释放于根的周围，形成一层氧化圈，使水稻根系周围保持较高的氧化状态，可氧化水稻根系周围的各种还原性物质（如 H_2S、Fe^{2+} 等），从而抑制土壤中还原性物质对水稻根的毒害，以保证根系旺盛的生理机能，使水稻能在还原条件下的水田中正常生长发育（见图 6 –9）。

葡萄糖
↓
乙酰CoA
↓
乙酸 （CH₃COOH）
↓ O₂+H₂O / H₂O₂
乙醇酸 （CH₂OHCOOH）
↓ O₂+H₂O / H₂O₂ → H₂O₂ → [O]+H₂O
乙醛酸 （CHOCOOH）
↓ O₂+H₂O / H₂O₂
草酸COOH
|
COOH
CO₂ ← ↓ → O₂ / H₂O₂
甲酸
↓   2CO₂
CO₂

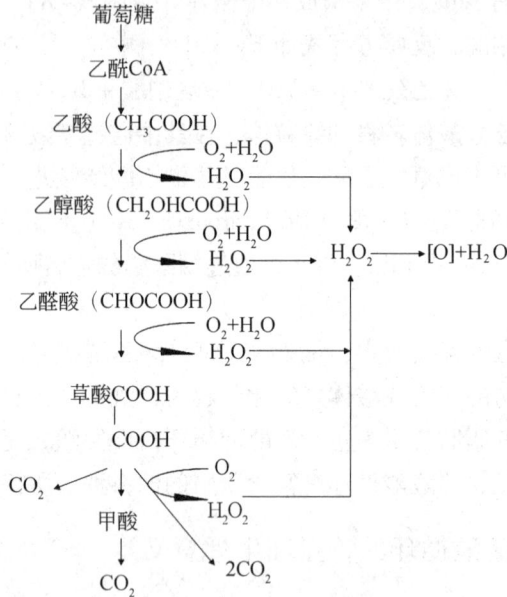

图6-9　水稻根中乙醇酸途径

第三节　电子传递与氧化磷酸化

三羧酸循环等呼吸代谢过程中脱下的氢被 NAD^+ 或 FAD 所接受。细胞内的辅酶或辅基数量是有限的，它们必须将氢交给122其他受体之后，才能再次接受氢。在需氧生物中，氧气便是这些氢的最终受体。这种有机物在生物活细胞中所进行的一系列传递氢和电子的氧化还原过程，称为生物氧化（biological oxidation）。生物氧化与非生物氧化的化学本质是相同的，都是脱氢、失去电子或与氧直接化合，并产生能量。然而生物氧化与非生物氧化不同，它是在生活细胞内，在常温、常压、接近中性的 pH 值和有水的环境下，在一系列的酶以及中间传递体的共同作用下逐步地完成的，而且能量是逐步释放的。生物氧化过程中释放的能量可被偶联的磷酸化反应所利用，贮存在高能磷酸化合物（如 ATP、GTP 等）中，以满足植物生理过程的需要。

一、呼吸链的概念和组成

所谓呼吸链（respiratory chain）即呼吸电子传递链（electron transport chain，ETC 或 electron transport system，ETS），是线粒体内膜上由呼吸传递体组成的电子传递总轨道。呼吸链传递体能把代谢物脱下的电子和氢有序地传递给氧，呼吸传递体有两大类：氢传递体与电子传递体。氢传递体包括一些脱氢酶的辅助因子，主要有 NAD^+、FMN、FAD、UQ 等。它们既传递电子，也传递质子；电子传递体包括细胞色素系统和某些黄素蛋白、铁硫蛋白。呼吸链传递体传递电子的顺序是：代谢物→NAD^+→FAD→UQ→细胞色素系统→O_2。在生物氧化过程中，代谢物上脱下的氢经过一系列按一定顺序排列的氢传递体和电子传递体的传递，最后传递给分子氧并生成水。真核细胞的电子传递链位于线粒体内膜，原核细胞的电子传递链则定位于质膜。

呼吸链中五种酶复合体（enzyme complex）的组成结构和功能简要介绍如下（见图6－10）。

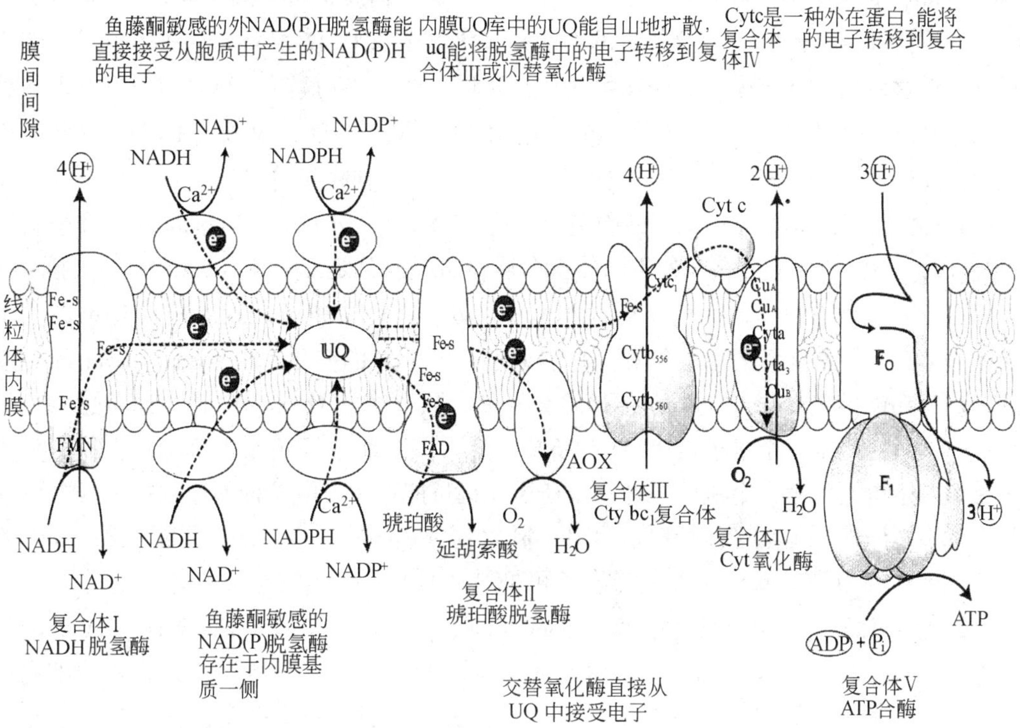

图 6－10　植物线粒体内膜上的复合体及其电子传递（自 Moller 和 Rasmusson，2002）

1. 复合体 Ⅰ　又称 NADH－泛醌氧化还原酶（NADH，ubiquinone oxidoreductase）。分子量 $700 \times 10^3 \sim 900 \times 10^3$，含有 25 种不同的蛋白质，包括以黄素单核苷酸（flav in mononucleotide，FMN）为辅基的黄素蛋白和多种铁硫蛋白，如水溶性的铁硫蛋白（iron sulfur protein，IP）、铁硫黄素蛋白（iron sulfur flavoprotein，FP）、泛醌（ubiquinone，UQ）、磷脂（phospholipid）。复合体Ⅰ的功能在于催化位于线粒体基质中由 TCA 循环产生的 $NADH + H^+$ 中的 2 个 H^+ 经 FMN 转运到膜间空间，同时再经过 Fe－S 将 2 个电子传递到 UQ（又称辅酶 Q，CoQ）；UQ 再与基质中的 H^+ 结合，生成还原型泛醌（ubiquinol，UQH_2）。该酶的作用可被鱼藤酮（rotenone）、杀粉蝶菌素 A（piericidin A）、巴比妥酸（barbital acid）所抑制，它们都作用于同一区域，都能抑制 Fe－S 簇的氧化和泛醌的还原。

2. 复合体 Ⅱ　又称琥珀酸－泛醌氧化还原酶（succinate，ubiquinone oxidoreductase）分子量约 140×10^3，含有 4~5 种不同的蛋白质，主要成分是琥珀酸脱氢酶（succinate dehydro genase，SDH）、黄素腺嘌呤二核苷酸（flavin adenine dinucleotide，FAD）、细胞

色素 b（cytochrome b）和 3 个 Fe – S 蛋白。复合体 Ⅱ 的功能是催化琥珀酸氧化为延胡索酸，并将 H 转移到 FAD 生成 $FADH_2$，然后再把 H 转移到 UQ 生成 UQH_2。该酶活性可被 2 – 噻吩甲酰三氟丙酮（thenoyltrifluoroacetone，TTFA）所抑制。

3. **复合体Ⅲ**　又称 UQH_2 – 细胞色素 C 氧化还原酶（ubiquinone，cytochrome c oxidoreductase），分子量 250×10^3，含有 9 ~ 10 种不同蛋白质，一般都含有 2 个 Cytb，1 个 Fe – S 蛋白和 1 个 $Cytc_1$。复合体Ⅲ的功能是催化电子从 UQH_2 经 Cyt b→FeS→$Cytc_1$ 传递到 Cytc，这一反应与跨膜质子转移相偶联，即将 2 个 H^+ 释放到膜间空间。也有人认为在电子从 Fe – S 传到 Cyt c_1 之前，先传递给 UQ，同时 UQ 与基质中的 H^+ 结合生成 UQH_2。UQH_2 再将电子传给 $Cytc_1$，同时将 2 个 H^+ 释放到膜间空间。

4. **复合体Ⅳ**　又称 Cytc – 细胞色素氧化酶（Cytc，cytochrome oxidase）分子量约 160×10^3 ~ 170×10^3，含有多种不同的蛋白质，主要成分是 Cyta 和 $Cyta_3$ 及 2 个铜原子，组成两个氧化还原中心，即 Cyta CuA 和 $Cyta_3$CuB，第一个中心是接受来自 Cytc 的电子受体，第二个中心是氧还原的位置。它们通过 $Cu^+ Cu^{2+}$ 的变化，在 Cyta 和 $Cyta_3$ 间传递电子。其功能是将 Cytc 中的电子传递给分子氧，氧分子被 $Cyta_3$、CuB 还原至过氧化物水平；然后接受第三个电子，O – O 键断裂，其中一个氧原子还原成 H_2O；在另一步中接受第四个电子，第二个氧原子进一步还原。也可能在这一电子传递过程中将线粒体基质中的 2 个 H^+ 转运到膜间空间。CO、氰化物（cyanide，CN^-）、叠氮化物（azide，N_3^-）同 O_2 竞争与 $Cytaa_3$ 中 Fe 的结合，可抑制从 $Cytaa_3$ 到 O_2 的电子传递。

5. **复合体Ⅴ**　又称 ATP 合成酶（adenosine triphosphate synthase）或 H^+ – ATP 酶复合物。线粒体膜上的 ATP 酶与叶绿体的 ATP 酶结构相似（见图 5 – 6），由 8 种不同亚基组成，分子量 8.2×10^3 ~ 55.2×10^3，它们又分别组成两个蛋白质复合体（F_1 – F_0）。F_1 从内膜伸入基质中，突出于膜表面，具有亲水性，酶的催化部位就位于其中。F_0 疏水，嵌入内膜磷脂之中，内有质子通道，它利用呼吸链上复合体Ⅰ、Ⅲ、Ⅳ运行产生的质子能，将 ADP 和 Pi 合成 ATP，也能催化与质子相连的从内膜基质侧向内膜外侧转移的 ATP 水解。

在电子传递链各组分中 UQ 和 Cytc 是可移动的。其中 UQ 是一类脂溶性的苯醌衍生物，含量高，广泛存在于生物界，故名泛醌，是电子传递链中非蛋白质成员，能在膜脂质内自由移动，通过醌/酚结构互变，在传递质子、电子中起"摆渡"作用。它是复合体Ⅰ、Ⅱ与Ⅲ之间的电子载体。Cytc 是线粒体内膜外侧的外周蛋白，是电子传递链中唯一的可移动的色素蛋白，通过辅基中铁离子价的可逆变化，在复合体Ⅲ与Ⅳ之间传递电子。

二、氧化磷酸化

（一）磷酸化的概念及类型

生物氧化过程中释放的自由能，促使 ADP 形成 ATP 的方式一般有两种，即底物水平的磷酸化和氧化磷酸化。

1. 底物水平磷酸化（substrate level phosphorylation） 指底物脱氢（或脱水），其分子内部所含的能量重新分布，即可生成某些高能中间代谢物，再通过酶促磷酸基团转移反应直接偶联 ATP 的生成。

在高等植物中以这种形式形成的 ATP 只占一小部分，糖酵解过程中有两个步骤发生底物水平磷酸化：

①甘油醛 - 3 - 磷酸被氧化脱氢，生成一个高能硫酯键，再转化为高能磷酸键，其磷酸基团再转移到 ADP 上，形成 ATP（见图 6 - 4）。

②2 - 磷酸甘油酸通过烯醇酶的作用，脱水生成高能中间化合物（PEP），经激酶催化转移磷酸基团到 ADP 上，生成 ATP（见图 6 - 4）。

在 TCA 循环中，α - 酮戊二酸经氧化脱羧形成高能硫酯键，然后再转化形成高能磷酸键生成 ATP（见图 6 - 6）。

2. 氧化磷酸化（oxidative phosphorylation） 是指电子从 NADH 或 $FADH_2$ 经电子传递链传递给分子氧生成水，并偶联 ADP 和 Pi 生成 ATP 的过程，即电子沿呼吸链由低电位流向高电位，逐步释放能量的过程。它是需氧生物合成 ATP 的主要途径。有些学者认为，电子在两个电子传递体之间传递转移时释放的能量如可满足 ADP 磷酸化形成 ATP 的需要时，即视为氧化磷酸化的偶联部位（coupled site）或氧化磷酸化位点。2mol 电子在从 NADH 传递到 O_2 这一氧化过程中，其自由能变化 $\Delta G°'$ 为 - 220kJ·mol^{-1}。已知在 pH = 7 和存在 Mg^{2+} 的条件下，由 ADP 磷酸化形成 ATP 至少需要 35.1kJ·mol^{-1} 的能量，电子从 NADH 到 UQ 之间 $\Delta G°'$ 为 - 51.90 kJ·mol^{-1}（部位 I），从 Cytb 到 Cytc 之间 $\Delta G°'$ 为 - 38.5kJ·mol^{-1}（部位 II），从 Cytaa₃ 到 O_2 之间 $\Delta G°'$ 为 - 103.81kJ·mol^{-1} 部位（III），这样在三个部位释放的能量都大于 35.1kJ·mol^{-1}，即都足以分别合成 1mol ATP。氧化磷酸化作用的活力指标为 P/O 比，是指每消耗一个氧原子有几个 ADP 变成 ATP。呼吸链从 NADH 开始至氧化成水，可形成 3 分子的 ATP，即 P/O 比是 3。

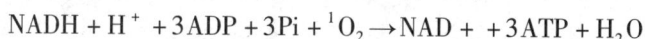

$$NADH + H^+ + 3ADP + 3Pi + {}^1O_2 \rightarrow NAD^+ + 3ATP + H_2O$$

如从琥珀酸脱氢生成的 $FADH_2$ 通过泛醌进入呼吸链，则只形成 2 分子的 ATP，即 P/O 比是 2。

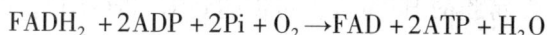

$$FADH_2 + 2ADP + 2Pi + O_2 \rightarrow FAD + 2ATP + H_2O$$

（二）氧化磷酸化的机理

关于在电子传递过程中所释放出的自由能是怎样转入 ATP 分子中有多种假说，如化学偶联学说、化学渗透学说和构象学说。不过，目前被大家所公认的、实验证据较充足的是英国生物化学家米切尔的化学渗透学说。根据该学说的原理，呼吸链的电子传递所产生的跨膜质子动力是推动 ATP 合成的原动力（见图 6 - 11）。其要点如下：

1. 呼吸传递体不对称地分布在线粒体内膜上 呼吸链上的递氢体与电子传递体在线粒体内膜上有着特定的不对称分布，彼此相间排列，定向传递。

2. 呼吸链复合体中的递氢体有质子泵的作用 递氢体可以将 H^+ 从线粒体内膜的内侧泵至外侧。一般来说，一对电子从 NADH 传递到 O_2 时，共泵出 6 个 H^+。从 $FADH_2$ 开始，则共泵出 4 个 H⁺（见图 6 – 11）。膜外侧的 H⁺ 不能自由通过内膜而返回内侧，这样在电子传递过程中，在内膜两侧建立起质子浓度梯度（ΔpH）和膜电势差（ΔE），二者构成跨膜的 H⁺ 电化学势梯度 $\Delta\mu H^+$，若将 $\Delta\mu H^+$ 转变为以电势 V 为单位，则为质子动力。质子的浓度梯度越大，则质子动力就越大，用于合成 ATP 的能力越强。

3. 由质子动力推动 ATP 的合成　质子动力使 H⁺ 流沿着 ATP 酶（偶联因子）的 H⁺ 通道进入线粒体基质时，释放的自由能推动 ADP 和 Pi 合成 ATP。

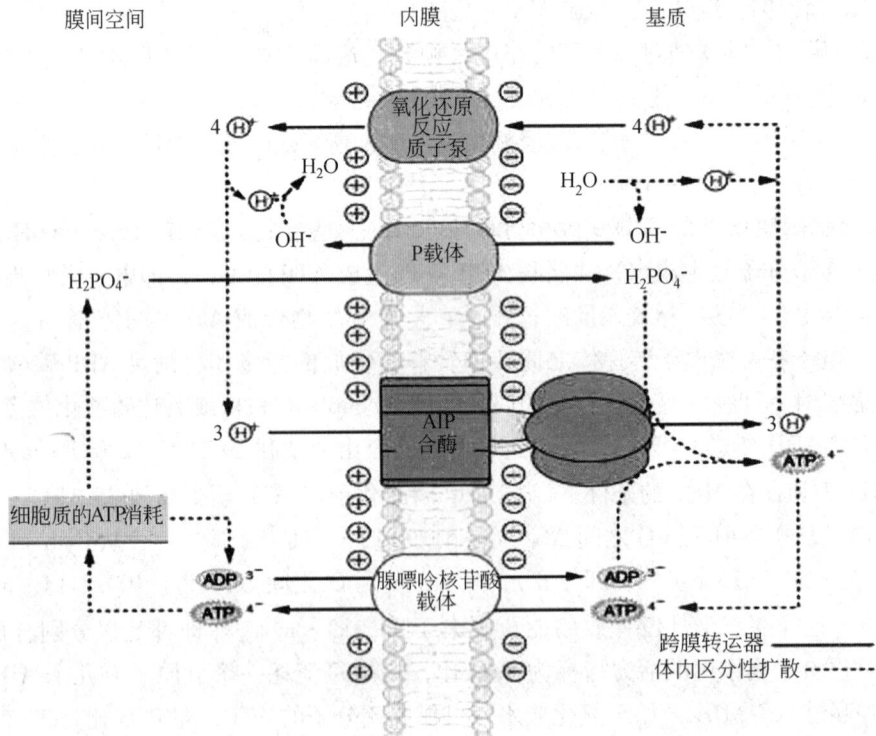

图 6 – 11　化学渗透偶联机制示意图

化学渗透学说已得到充足的实验证据。当把线粒体悬浮在无 O_2 的缓冲液中，通入 O_2 时，介质很快酸化，跨膜的 H⁺ 浓度差可以达到 1.5PH 单位，电势差达 0.5V，内膜的外表面对内表面是正的，并保持相对稳定，证实内膜不允许外侧的 H⁺ 渗漏回内膜内侧。但当加入解偶联剂 2, 4 – 二硝基苯酚（DNP）时，跨膜的 H⁺ 浓度差和电势差就不能形成，就会阻止 ATP 的产生。有人将嗜盐菌的紫膜蛋白和线粒体 ATPase 嵌入脂质体，悬浮在含 ADP 和 Pi 溶液中，在光照下紫膜蛋白从介质中摄取 H⁺，产生跨膜的 H⁺ 浓度差，推动 ATP 的合成。当人工建立起跨内膜的合适的 H⁺ 浓度差时，也发现 ADP 和 Pi 合成了 ATP。

（三）氧化磷酸化的解偶联剂和抑制剂

1. 解偶联剂（uncoupler）　植物在遇到干旱或某些化学物质作用时，会抑制 ADP 形成 ATP 的磷酸化作用，但不抑制电子传递，使电子传递产生的自由能以热能的形式散失掉，导致氧化过程与磷酸化作用不偶联，这就是氧化磷酸化解偶联现象（uncoupling）。能对呼吸链产生氧化磷酸化解偶联作用的化学试剂叫解偶联剂。最常见的解偶联剂有 2, 4 - 二硝基苯酚（dinitrophenol，DNP），含有一个酸性基团的 DNP 是脂溶性的，可以穿透线粒体内膜，并把一个 H^+ 从膜外带入膜内，从而破坏了跨内膜的质子梯度，抑制了 ATP 的生成。解偶联时会促进电子传递的进行，O_2 的消耗加大。

2. 抑制剂（depressant）　抑制剂与解偶联剂的区别在于，这类试剂不仅抑制 ATP 的形成，还同时抑制 O_2 的消耗。这是因为像寡霉素（oligomycin）这一类的化学物质可以阻止膜间空间中的 H^+ 通过 ATP 合成酶的 F_0 进入线粒体基质，这样不仅会阻止 ATP 生成，还会维持和加强质子动力势，对电子传递产生反馈抑制，O_2 的消耗就会相应减少。

3. 离子载体抑制剂（ionophore depressant）　离子载体抑制剂与解偶联剂的区别在于它不是 H^+ 载体，而是可能和某些阳离子结合，生成脂溶性的复合物，并作为离子载体使这些离子能够穿过内膜，这样就增大了内膜对某些阳离子的通透性；同时因为在转运阳离子到基质中时消耗了自由能，降低了质子动力，从而抑制了 ATP 的形成。例如缬氨霉素（valinomycin）与 K^+ 形成的复合物较易通过内膜进入基质，会抑制氧化磷酸化过程。

三、抗氰呼吸

（一）抗氰呼吸的电子传递

在某些植物中，CN^- 对末端氧化过程不起抑制作用。汤佩松在 1932 年报道了 CO 不能完全抑制羽扇豆细胞对氧气的吸收。这种在氰化物存在条件下仍运行的呼吸作用，称为抗氰呼吸（cyanide resistant respiration）（见图 6 - 12），也即是对氰化物不敏感的那一部分呼吸。抗氰呼吸可以在某些条件下与电子传递主路交替运行，抑制正常电子传递途径就可促进抗氰呼吸的发生，因此，抗氰呼吸这一呼吸支路又称为交替途径（alternative pathway）。

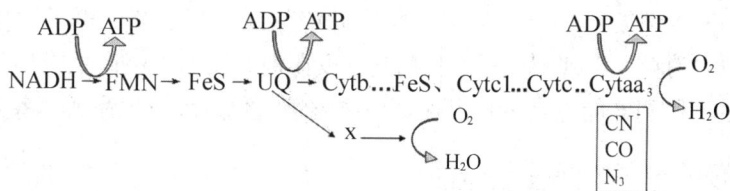

图6-12　抗氰氧化酶电子传递途径

电子自 NADH 脱下后，经 FMN - FeS 传递到 UQ，然后不是进入细胞色素电子传递系统，而是从 UQ 处分岔，经 FP 和交替氧化酶（alternative oxidase，AO）把电子交给分子氧，该途径可被鱼藤酮抑制，不被抗霉素 A 和氰化物抑制，其 P/O 比为 1 或低于 1。1973 年，有人用一种非典型的抗氰植物小麦为材料，通过改变其生理条件（如不同氧分压）而导致高度抗氰支路的形成。用乙烯处理甘薯切片，细胞线粒体内膜磷脂减少，抗氰呼吸显著增强。这表明呼吸电子传递途径是可以改变的。

在高等植物中抗氰呼吸是广泛存在的，例如天南星科、睡莲科植物的花器官与花粉，玉米、水稻、豌豆、绿豆和棉花的种子，马铃薯的块茎、甘薯的块根和胡萝卜的根等。此外在黑粉菌、酵母菌等多种菌类中也发现有抗氰呼吸的存在。抗氰呼吸虽然普遍存在，但并非存在于所有植物中，而且抗氰的程度也有很大差别。最著名的抗氰呼吸例子是天南星科植物佛焰花花序，它的呼吸速率很高，可达每克鲜重 15 000 $\mu l \cdot g^{-1} \cdot h^{-1}$ ~ 20 000 $\mu l \cdot g^{-1} \cdot h^{-1}$，比一般植物呼吸速率快 100 倍以上，同时由于呼吸放热，可使组织温度比环境温度高出 10℃ ~ 20℃。因此，抗氰呼吸又称为放热呼吸（thermogenic respiration）。

（二）抗氰呼吸的生理意义

抗氰呼吸的生理意义尚不十分清楚。据推测，有以下几方面：

1. 放热增温，促进植物开花、种子萌发　抗氰呼吸释放大量热量，有助于某些植物花粉的成熟及授粉、受精过程；有利于挥发引诱剂（如 NH_3、胺类、吲哚等），以吸引昆虫帮助传粉。放热增温也有利于种子萌发。种子在萌发早期或吸胀过程中都有抗氰呼吸的存在。例如棉花种子吸胀开始时抗氰呼吸占 35%，6h 后达到 70%。

2. 增加乙烯生成，促进果实成熟，促进衰老　在正常条件下，抗氰呼吸的出现常与衰老相联系。随着植株年龄的增长、果实的成熟，抗氰呼吸随之升高。同时，乙烯与抗氰呼吸上升有平行的关系。乙烯刺激抗氰呼吸，诱发呼吸跃变产生，促进果实成熟和植物组织器官衰老。1961 年，梁厚果发现白兰瓜果实成熟期的"跃变呼吸"是由抗氰氧化酶控制的，即主要依赖于抗氰呼吸的提高。

3. 增强抗病能力（在防御真菌的感染中起作用）　甘薯块根组织受到黑斑病菌侵染后抗氰呼吸成倍增长，而且抗病品种感染组织总是明显高于感病品种感染组织，由此可知，抗氰呼吸的强弱与甘薯块根组织对黑斑病菌的抗性有着密切关系。

4. 分流电子　当细胞含糖量高（如光合作用旺盛），EMP - TCA 循环迅速进行时，交替氧化酶活性很高。当底物和还原力丰富或过剩时，细胞色素途径电子传递呈饱和状态，电子饱和发生满溢（overflow）时，抗氰呼吸活跃起到了分流电子的作用，将多余的底物和还原力消耗。当细胞色素氧化酶途径受阻时，抗氰呼吸产生或加强，可以保证 EMP - TCA 循环和 PPP 能正常进行，保证底物继续氧化，维持生命活动各方面的需要。

四、呼吸链电子传递多条途径

1970 年代以来对线粒体中呼吸链电子传递途径的深入研究证明，高等植物的呼吸链电子传递具有多种途径（见图 6 - 13）。

1. 电子传递主路即细胞色素系统途径　在生物界分布最广泛，为动物、植物、微生物所共有。这条途径的主要特征是电子传递通过泛醌（UQ）及细胞色素系统到达 O_2，对鱼藤酮、抗霉素 A、氰化物（KCN）、叠氮化物（NaN_3）、CO 都敏感。该途径的 P/O 比 ≤3。

2. 交替途径（抗氰呼吸链）　对氰化物不敏感，即在氰化物存在时，仍能进行呼吸。电子自 NADH 脱下后，传给 FMN、Fe-S、UQ，不经细胞色素电子传递系统，而是经 FP 和交替氧化酶传给氧生成水，其 P/O 比为 1。水杨氧肟酸是交替途径的专一性抑制剂。

3. 电子传递支路之一　这条途径的特点是脱氢酶的辅基不是 FMN 及 Fe-S，而是另一种黄素蛋白（FP_2），电子从 NADH 上脱下后经 FP_2 直接传递到 UQ，不被鱼藤酮抑制，但对抗霉素 A、氰化物敏感，其 P/O 比为 2 或略低于 2。

4. 电子传递支路之二　这条途径的特点是脱氢酶的辅基是另外一种黄素蛋白（FP_3），其 P/O 比为 2。其他与支路之一相同。

5. 电子传递支路之三　这条途径的特点是脱氢酶的辅基是另外一种黄素蛋白（FP_4），电子自 NADH 脱下后经 FP_4 和 $Cytb_5$ 直接传递给 Cytc，对鱼藤酮、抗霉素 A 敏感，可被氰化物所抑制，其 P/O 比为 1。

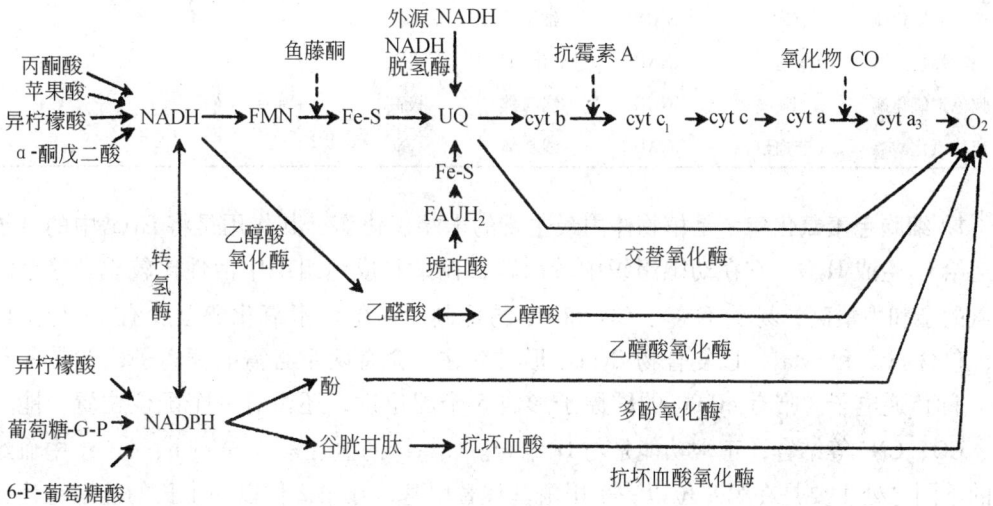

图 6-13　呼吸链电子传递多种途径以及末端氧化酶的多样性（自薛应龙，1987）

现将植物呼吸链多条电子传递途径作以下比较（见表 6-1）。

表 6-1　不同电子传递途径性质的比较

途径	定位	NADH 来源	NADH 脱氢酶	鱼藤酮抑制	抗霉素抑制	CN 抑制	P/O
主路	内膜	内源	FMN	敏感	敏感	敏感	3 或 >2
抗氰途径	内膜	内源	非血红素蛋白	敏感	不敏感	不敏感	1
支路之一	内膜内侧	内源	FP_2	不敏感	敏感	敏感	2 或 <2
支路之二	内膜外侧	外源	FP_3	不敏感	敏感	敏感	2 或 <2
支路之三	外膜	外源	FP_4（FAD）	不敏感	不敏感	敏感	1

植物线粒体中电子传递多条途径的存在，使呼吸能适应环境的变化，这是进化的表现。有人证明在水稻幼苗线粒体中同时存在着四条不同的电子传递途径，并认为这是水稻这种半沼泽植物能适应不同水分生态条件的重要原因。

五、末端氧化系统的多样性

参与生物氧化反应的有多种氧化酶，其中处于呼吸链一系列氧化还原反应最末端，能活化分子态氧的酶被称为末端氧化酶（terminal oxidase）。研究得比较清楚的，除了线粒体膜上的细胞色素氧化酶和抗氰氧化酶之外，还有存在于细胞质中的可溶性氧化酶（soluble oxidase），如酚氧化酶（phenol oxidase）、抗坏血酸氧化酶（ascorbate oxidase）和乙醇酸氧化酶（glycolate oxidase）等（见表 6 - 2）。

表 6 - 2　各种末端氧化酶主要特性的比较

酶	金属辅基	需要辅酶种类	定位	与 O_2 的亲和力	与 ATP 的偶联	CN 的抑制	CO 的抑制
酚氧化酶	Cu	NADP	细胞质	中		+	+
抗坏血酸氧化酶	Cu	NADP	细胞质	低	-	+	-
乙醇酸氧化酶	黄素蛋白	NAD	过氧化物酶体	极低			
细胞色素氧化酶	Fe	NAD	线粒体	极高	+ + +	+	+
交替氧化酶	Fe（非血红素）	NAD	线粒体	高	+		

1. 细胞色素氧化酶　是植物体内最主要的末端氧化酶，其作用是将 $Cyta_3$ 中的电子传递给 O_2 生成 H_2O。它在幼嫩组织中较活跃，在某些成熟组织中活性比较小。这个酶与氧的亲和力最高，易受 CN^-、CO 和 N_3^- 的抑制。细胞色素氧化酶至少有 13 种蛋白质，包含 cyta 和 $cyta_3$，以复合物 $Cytaa_3$ 形式存在，含有两个必需的铜离子，在 cyta 与 $cyta_3$ 间传递电子。唯有 $cytaa_3$ 的铁原子形成 5 个配位键，还留有一个配位位置，能与 O_2、CO、CN^- 等结合，正常功能是与 O_2 结合。$Cytaa_3$ 的血红素 A 与 cytb、c、c_1 中血红素的不同之处主要是在第 8 位以一个甲酰基代替甲基，在第 2 位以一个长的疏水链代替乙烯基。催化电子从还原型 cytc 到 O_2，被激活的 O_2 可与线粒体基质中的氢结合生成水。细胞色素类是含铁的电子传递体。铁原子处于卟啉结构的中心，构成血红素。通过辅基中 Fe^{2+}、Cu^{2+} 离子价可逆变化进行电子传递。细胞色素类都以血红素为辅基，这类蛋白具有红色，在电子传递链中也依靠铁的化合价变化来传递电子。

$$Cytb \rightarrow c_1 \rightarrow c \rightarrow aa_3 \rightarrow O_2$$

2. 交替氧化酶　又名抗氰氧化酶（cyanide resistant oxidase），其作用是将 UQH_2 的电子经 FP 传给 O_2 生成 H_2O。交替氧化酶的分子量为 $27 \times 10^3 \sim 37 \times 10^3$，$Fe^{2+}$ 是其活性中心的金属。该酶对 O_2 的亲和力高，易被水杨基氧肟酸（salicylhydroxamic acid, SHAM）所抑制。

3. 酚氧化酶　可分为单元酚氧化酶（monophenol oxidase）如酪氨酸酶（tyrosinase）和多元酚氧化酶（polyphenol oxidase）如儿茶酚氧化酶（catechol oxidase）。酚氧化酶存在于质体、微体中，它可催化分子氧对多种酚的氧化，酚氧化后变成醌，并进一步聚合成棕褐色物质。这些酶与植物的"愈伤反应"有密切关系。植物组织受伤后呼吸作用增强，这部分呼吸作用称为"伤呼吸"（wound respiration）。伤呼吸把伤口处释放的酚类氧化为醌类，而醌类往往对微生物是有毒的，这样就可避免感染。当苹果或马铃薯被切伤后，伤口迅速变褐，就是酚氧化酶的作用。在没有受到伤害的组织细胞中，酚类大部分都在液泡中，与氧化酶类不在一处，所以酚类不被氧化。在制茶和烤烟加工中都要根据酚氧化酶的特性加以利用。

4. 抗坏血酸氧化酶　它催化分子氧，将抗坏血酸氧化为脱氢抗坏血酸，它存在于细胞质中或与细胞壁相结合。它可以通过谷胱甘肽而与某些脱氢酶相偶联，抗坏血酸氧化酶还与 PPP 中所产生的 NADPH 起作用，可能与细胞内某些合成反应有关。

5. 乙醇酸氧化酶　能把乙醇酸氧化为乙醛酸并产生 H_2O_2。乙醇酸氧化酶所催化的反应，可与某些底物的氧化相偶联。它还与甘氨酸的合成有密切关系，在光呼吸中及水稻根部的氧化还原反应中起重要作用。

线粒体外的氧化酶在呼吸作用中不是主要的氧化酶，仅起一些辅助作用。这是因为它们与氧化磷酸化不相偶联，它们与氧的亲和力都较低。在正常情况下，植物呼吸被 CN^-、CO 等所抑制，这表明呼吸作用电子传递的末端氧化酶主要是细胞色素氧化酶。然而，由于植物体内含有多种呼吸氧化酶，这就使植物能适应各种外界条件。以对氧浓度的要求而论，细胞色素氧化酶对氧的亲和力极高，所以在低氧浓度的情况下，仍能发挥良好的作用，而酚氧化酶对氧的亲和力弱，只能在较高氧浓度下才能顺利发挥作用。在苹果果肉中，细胞色素氧化酶主要分布在内层，而酚氧化酶主要分布在表层，这正好反映了酶对氧供应的适应。

第四节　呼吸作用与能量代谢

呼吸作用通过一系列的酶促反应把贮存在有机物中的化学能释放出来，一部分转变为热能而散失掉，一部分以 ATP 形式贮存，以后当 ATP 分解成 ADP 和 Pi 时，就把贮存在高能磷酸键中的能量再释放出来，供植物生长发育利用。

一、能量的贮存

植物体内的高能键主要是高能磷酸键，其次是硫酯键。它们储存一部分呼吸作用释放的能量。

高能磷酸键中以三磷酸腺苷（adenosine triphosphate，ATP）中的高能磷酸键最重要。呼吸作用通过氧化磷酸化和底物水平磷酸化两种方式生成 ATP。

呼吸作用中 1 mol 的葡萄糖通过 EMP – TCA 循环和电子传递链被彻底氧化为 CO_2 和 H_2O，其中在 EMP 途径中通过底物水平磷酸化，可产生 4molATP，但在葡萄糖磷酸化时要消耗掉 2molATP，所以净生成 2molATP。同时在真核细胞中，底物脱氢反应生成的 2mol NADH，必须从细胞质进入线粒体，才能通过电子传递链氧化磷酸化生成 ATP，然而 NADH 不能直接渗入线粒体，而需要通过甘油 – 3 – 磷酸（glycerol3phosphate，GP）—二羟丙酮磷酸（dihyd roxyacetone phosphate，DHAP）穿梭往返线粒体（见图 6 – 14）。胞质中的甘油 –3 – 磷酸脱氢酶（glycerol，3phosphate dehydrogenase）先将 NADH

中的氢转给 DHAP 形成 GP，然后透过线粒体外膜进入膜间空间，被内膜上结合的甘油 -3 - 磷酸脱氢酶氧化为 DHAP，又扩散回到细胞质，循环使用；与上述反应偶联生成的 $FADH_2$ 进入呼吸链，经过氧化磷酸化只能生成 2mol ATP。这样在 GP 往返过程中消耗掉 1mol ATP。因此，EMP 中生成的 2 mol NADH 经氧化磷酸化后，只能生成 4 mol ATP，加上底物水平磷酸化净生成 2molATP 共计生成 6molATP。1mol 葡萄糖在 TCA 循环中可生成 8molNADH 和 2mol $FADH_2$，它们进入呼吸链经氧化磷酸化，1mol NADH 和 $FADH_2$ 可分别生成 3 mol 和 2 mol ATP，再加上由琥珀酰 CoA 转变为琥珀酸时形成的 2 molATP，因此在真核细胞中 1 mol 葡萄糖经 EMP - TCA 循环呼吸链彻底氧化后共生成 36mol ATP，其中 32molATP 是氧化磷酸化作用产生的，4molATP 是底物水平的磷酸化作用产生的。

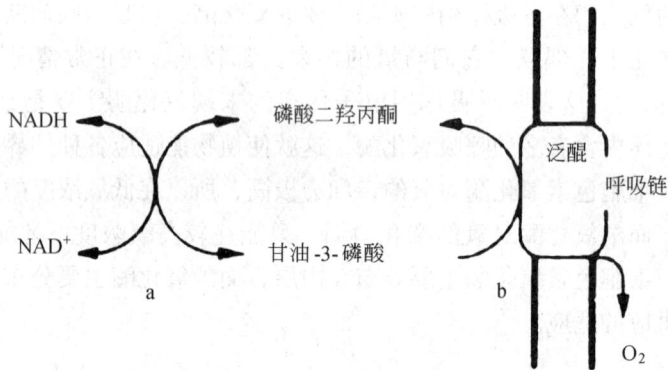

图 6 - 14   细胞质中 NADH 通过甘油 - 3 - 磷酸的穿梭而氧化

a. 细胞质 NAD^+ 联结的脱氢酶   b. 线粒体内膜外侧的脱氢酶

二、能量的利用

真核细胞中葡萄糖在 pH = 7 条件下经 EMP - TCA 循环 - 呼吸链被彻底氧化，其中放能部分：

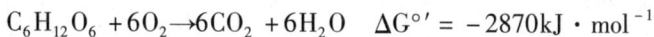

$$C_6H_{12}O_6 + 6O_2 \rightarrow 6CO_2 + 6H_2O \quad \Delta G°' = -2870kJ \cdot mol^{-1}$$

吸能部分：

$$36ADP + 36Pi \rightarrow 36ATP \quad \Delta G°' = 31.8 \times 36 = 1144.8kJ \cdot mol^{-1}$$

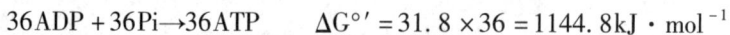

所以，其能量转换效率为 1144.8/2870 即 39.8%，其余的 60.2% 以热能的形式散失，其能量转换效率还是比较高的。对原核生物来说，EMP 中形成的 2molNADH 可直接经氧化磷酸化产生 6molATP，因此，1mol 葡萄糖彻底氧化共生成 38molATP，其能量转换效率为 1208.4/2870，即 42.1%，比真核细胞的要高一些。

因此，植物的叶绿体通过光合作用把太阳光能转变为化学能，储存于光合产物中，这是一个储能的过程。线粒体通过呼吸作用使有机物氧化而释放能量，并把能量储存于 ATP 中，供生命活动利用，这是一个放能的过程，也是一个储能的过程。现将能量的转变和利用总结如下（见图 6 - 15）。

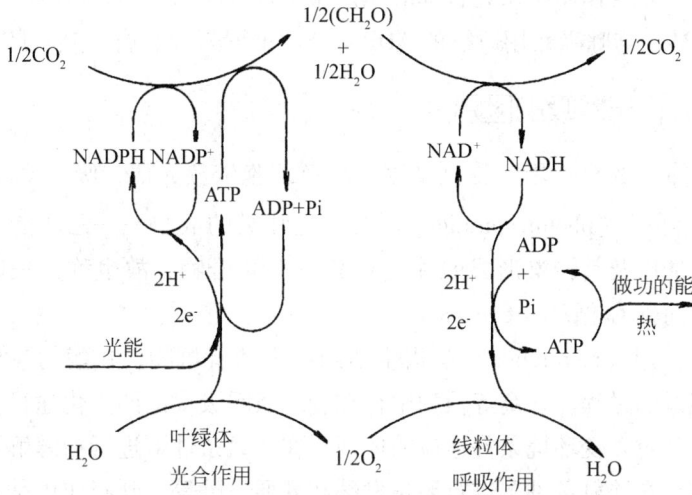

图6-15 光合作用和呼吸作用之间的能量转变

三、光合作用和呼吸作用的关系

绿色植物通过光合作用把 CO_2 和 H_2O 转变成富含能量的有机物质并释放氧气；同时也通过呼吸作用使有机物质氧化分解为 CO_2 和 H_2O 同时放出能量供生命活动利用。光合作用和呼吸作用既相互对立，又相互依赖，它们共同存在于统一的有机体中。光合作用与呼吸作用在原料、产物、发生部位、发生条件以及物质、能量转换等方面有明显的区别（见表6-3）。

表6-3 光合作用与呼吸作用的区别

项目	光合作用	呼吸作用
原料	CO_2、H_2O	O_2、淀粉、己糖等有机物
产物	己糖、淀粉、蔗糖等有机物，O_2	CO_2、H_2O 等
能量转换过程	贮藏能量的过程 光能→电能→活跃化学能→稳定化学能	释放能量的过程 稳定化学能→活跃化学能
物质代谢类型	有机物质合成作用	有机物质降解作用
氧化还原反应	H_2O 被光解、CO_2 被还原	呼吸底物被氧化，生成 H_2O
发生部位	绿色细胞，叶绿体、细胞质	生活细胞，线粒体、细胞质
发生条件	光照下才可发生	光下、暗处都可发生

光合作用与呼吸作用这两大基本代谢过程互为原料与产物，光合作用释放的 O_2 可供呼吸作用利用，而呼吸作用释放的 CO_2 也可被光合作用所同化。光合作用的卡尔文循环与呼吸作用的戊糖磷酸途径基本上是正反对应的关系。它们的许多中间产物（如 GAP、Ru5P、E4P、F6P、G6P 等）是相同的，催化诸糖之间相互转换的酶也是类同的。

在能量代谢方面，光合作用中供光合磷酸化产生 ATP 所需的 ADP 和供产生 NADPH$^+$ – H$^+$ 所需的 NADP$^+$，与呼吸作用所需的 ADP 和 NADP$^+$ 是相同的，它们可以通用。

四、暗呼吸和光呼吸的区别

在前述第五章"光合作用"提到植物的绿色细胞依赖光照，吸收 O_2 和放出 CO_2 的过程，被称为光呼吸（photorespiration）。由于光呼吸的底物——乙醇酸是 C_2 化合物，其氧化产物乙醛酸以及其转氨形成的甘氨酸都是 C_2 化合物，故也称这条途径为二碳光呼吸碳氧化环，简称 C_2 循环（C_2 cycle）。

而本章呼吸作用（respiration）是指生活细胞内的有机物，在酶的参与下，逐步氧化分解并释放能量的过程。在高等植物中存在着多条呼吸代谢的生化途径，这是植物在长期进化过程中，对多变环境条件适应的体现。在有氧条件下进行糖酵解、三羧酸循环和戊糖磷酸途径，在缺氧条件下进行酒精发酵和乳酸发酵等。呼吸作用是在光照和黑暗中都可以进行的呼吸。为区别于"光呼吸"，这里所述的呼吸作用通常被称为"暗呼吸"。

现把二者的区别总结如下（见表 6-4）：

表 6-4　暗呼吸和光呼吸的区别

项　目	暗呼吸	光呼吸
代谢途径	糖酵解、三羧酸循环、戊糖磷酸途径等	乙醇酸代谢途径循环（C_2 循环）
底物	糖类、脂肪、蛋白质、有机酸等有机物，其中以葡萄糖最常用，新形成的或贮存的	在光下由 Rubisco 加氧反应形成的乙醇酸，底物是新形成的
对 O_2 和 CO_2 浓度的反应	一般而言，O_2 和 CO_2 浓度对暗呼吸无明显影响	在 O_2 浓度 1% ~ 100% 范围内，光呼吸随氧浓度提高而增强，高浓度的 CO_2 抑制光呼吸
发生部位	生活细胞中的胞质溶胶和线粒体中进行	光合细胞中叶绿体、过氧化物酶体、线粒体等 3 种细胞器协同进行
发生条件	光下、暗处都可发生	只在光下与光合作用同时进行

注：暗呼吸是指在光照和黑暗中都可以进行的呼吸。通常的呼吸是指暗呼吸。

第五节　呼吸作用的调节和控制

植物呼吸作用多条途径都具有自动调节和控制的能力。细胞内呼吸代谢的调节机制主要是反馈调节。所谓反馈调节（feedback regulation）就是指反应体系中的某些中间产物或终产物对其前面某一步反应速度的影响。凡是能加速反应的称为正效应物或正反馈物（positive effector）；凡是能使反应速度减慢者称负效应物或负反馈物（negative effector）。对于呼吸代谢来说反馈调节主要是效应物对酶的调控，包括酶的形成（基因的表达）和酶的活性这两方面的调控，这里着重介绍反馈调节酶活性方面的内容。

一、巴斯德效应和糖酵解的调节

当植物组织周围的氧浓度增加时，酒精发酵产物的积累逐渐减少，这种氧抑制酒精发酵的现象叫做"巴斯德效应"（pasteur effect）。有氧条件下使发酵作用受到抑制是因为 NADH 的缺乏。

在无氧条件下，当 3 - 磷酸甘油醛氧化为 1，3 - 二磷酸甘油酸时，NAD^+ 被还原成 $NADH^+ + H^+$；而当丙酮酸被还原为乳酸，乙醛被还原为乙醇时，NADH 又被氧化成 NAD^+，如此循环周转。但在有氧条件下则不同，NADH 能够通过 GP - DHAP 穿梭透入线粒体，用于呼吸链电子传递，因此 NADH 不能用于丙酮酸的还原，发酵作用就会停止。

在有氧条件下，糖酵解的速度减慢的原因是调节糖酵解的两个变构调节酶——磷酸果糖激酶和丙酮酸激酶受到抑制的缘故。因为在有氧条件下，丙酮酸通过丙酮酸脱氢酶形成乙酰 CoA，进入 TCA 循环，这样就会产生较多的 ATP 和柠檬酸，它们作为负效应物对两个关键酶起反馈抑制作用，减慢糖酵解的速度，这样就可以减少底物的消耗，把呼吸作用的速度自动控制在恰当的水平上。作为糖酵解两个关键酶的正效应剂有 ADP、Pi、F1、6BP、Mg^{2+} 和 K^+，负效应剂还有 Ca^{2+}、3 - 磷酸甘油酸、2 - 磷酸甘油酸、磷酸烯醇式丙酮酸等。在无氧条件下，丙酮酸的有氧降解受到抑制，柠檬酸和 ATP 合成减少，积累较多的 ADP 和 Pi，促进了两个关键酶活性，使糖酵解速度加快。此外，己糖激酶也参与调节糖酵解速度，属于变构调节酶，其变构抑制剂为其产物 6 - 磷酸葡萄糖。

通过氧调节细胞内柠檬酸、ATP、ADP 和 Pi 的水平，从而调节控制糖酵解的速度。使之保持在适当的水平。当氧气缺乏时，糖酵解旺盛，释放较多二氧化碳；氧气增加时，糖酵解较慢，二氧化碳释放量较少。氧分子的体积分数在 3% ~ 4% 时为基点，过高过低都会使呼吸速率提高。人们利用这个效应，在储藏苹果等时，调节外界氧浓度使有氧呼吸减至最低限度，但不刺激糖酵解，果实中的糖类等分解得最慢，有利于储存。

二、丙酮酸有氧分解的调节

丙酮酸在有氧条件下继续氧化的过程中，多种酶促反应受到反馈调节。首先是丙酮酸氧化脱羧酶系的催化活性受到乙酰 CoA 和 NADH 的抑制。这种抑制效应可相应被 CoA 和 NAD^+ 所逆转。

TCA 循环也受到许多因素的调节。过高浓度的 NADH，对异柠檬酸脱氢酶、苹果酸脱氢酶等的活性均有抑制作用。NAD^+ 为上述酶的变构激活剂。ATP 对异柠檬酸脱氢酶、α - 酮戊二酸脱氢酶和苹果酸脱氢酶均有抑制作用，而 ADP 对这些酶有促进作用。琥珀酰 CoA 对柠檬酸合成酶和 α - 酮戊二酸脱氢酶有抑制作用。AMP 对 α - 酮戊二酸脱氢酶活性，CoA 对苹果酸酶活性都有促进作用。α - 酮戊二酸对异柠檬酸脱氢酶的抑制和草酰乙酸对苹果酸脱氢酶的抑制则属于终点产物的反馈调节。此外，柠檬酸的含量可调节丙酮酸进入 TCA 循环的速度，柠檬酸多时，可以反馈抑制丙酮酸激酶，减少柠檬酸的合成。

植物呼吸的顺序是由糖酵解到三羧酸循环，最后由氧化磷酸化生成 ATP，而这个过程都是由最终产物 ATP 的底物（ADP 和 Pi），通过关键性代谢物由底向上调节电子传递链到三羧酸循环，最后调节糖酵解。所以说，植物细胞能自动调节和控制，使代谢维持平衡。

三、戊糖磷酸途径（PPP）的调节

PPP 主要受 NADPH/NADP$^+$ 比值的调节，NADPH 竞争性地抑制葡萄糖 - 6 - 磷酸脱氢酶的活性，使葡萄糖 - 6 - 磷酸转化为 6 - 磷酸葡萄糖酸的速率降低。NADPH 也抑制 6 - 磷酸葡萄糖酸脱氢酶活性。葡萄糖 - 6 - 磷酸脱氢酶也被氧化的谷胱甘肽所抑制。而光照和供氧都可提高 NADP$^+$ 的生成，可以促进 PPP。植物受旱、受伤、衰老、种子成熟过程中 PPP 都明显加强，在总呼吸中所占比例加大。

四、腺苷酸能荷调节

由 ATP、ADP、AMP 组成的腺苷酸（adenylic acid）系统是细胞内最重要的能量转换与调节系统。阿特金森（Atkinson）提出"能荷"（energy charge，EC）的概念，它所代表的是细胞中腺苷酸系统的能量状态。细胞中由 ATP、ADP 和 AMP 三种腺苷酸组成的腺苷酸库是相对稳定的，它们易在腺苷酸激酶（adenylate kinase）催化下进行可逆的转变。通过细胞内腺苷酸之间的转化对呼吸代谢的调节作用称为能荷调节。可用下列方程式表示：

$$EC = \frac{[ATP] + \frac{1}{2}[ADP]}{[ATP] + [ADP] + [AMP]}$$

从上式可以看出，当细胞中全部腺苷酸都是 ATP 时，能荷为 1；全部是 AMP 时，能荷为 0，全部是 ADP 时，能荷为 0.5。三者并存时，则能荷随三者比例的不同而异。

通过细胞反馈控制，活细胞的能荷一般稳定在 0.75~0.95。反馈控制的机理如下：合成 ATP 的反应受 ADP 的促进和 ATP 的抑制；而利用 ATP 的反应则受到 ATP 的促进和 ADP 的抑制。如果在一个组织中需能过程加强时，便会大量消耗 ATP，ADP 增多，氧化磷酸化作用加强，呼吸速率增高，因而便大量产生 ATP。相反，当需能降低时，ATP 积累，ADP 处于低水平，氧化磷酸化作用减弱，呼吸速率就下降。因而，细胞内的能荷水平可以调节植物呼吸代谢的全过程。

五、电子传递途径的调控

线粒体中电子传递途径会由于内外因的影响而发生改变。如处于稳定生长期的酵母细胞内线粒体在氧化 NADH 时，P/O 是 3；而处于稳定生长期前的 P/O 则是 2，这说明二者的电子传递途径是不同的。大量实验证明，植物在感病、受旱、衰老时交替途径都

有明显加强。马铃薯块茎的伤呼吸，刚开始的时候，切片呼吸的 80% ~ 100% 是对 CO 及 CN⁻ 敏感的，24h 以后 CO 对切片的呼吸只起极小的作用，CN⁻ 的作用也减小。这表明，电子传递途径已由以细胞色素氧化系统为主的途径改变为对 CN⁻ 和 CO 不敏感的抗氰途径。在植物体内，内源激素乙烯和内源水杨酸可诱导交替途径的运行，外源水杨酸和乙烯也能诱导交替途径的增强，同时可以诱导交替氧化酶基因的提前表达。植物缺磷时，体内 ADP 和 Pi 含量降低，磷酸化作用受到抑制，底物脱下的电子就越过复合体 I 而直接交给 UQ，并进入交替途径，以适应缺磷环境。

第六节 呼吸作用指标与影响因素

一、呼吸作用指标

呼吸作用的指标有两个，即呼吸速率和呼吸商。

1. 呼吸速率 呼吸速率（respiratory rate）又称呼吸强度（respiratory intensity），是最常用的生理指标。通常以单位时间内单位鲜重、干重植物组织或原生质释放的二氧化碳量（Q_{CO_2}），或所吸收的氧气的量（Q_{O_2}）来表示。常用的单位有 $\mu mol/g$、$\mu mol/(mg \cdot h)$、$\mu L/(g \cdot h)$ 等。一般说来，幼嫩、生长旺盛和生理活性高部位呼吸效率高。

测定呼吸速率的方法有多种，常用的有：用红外线 CO_2 气体分析仪测定 CO_2 的释放量；用氧电极测氧装置测定 O_2 吸收量；还有广口瓶法（小篮子法）、气流法、瓦布格微量呼吸检压法等。通常叶片、块根、块茎、果实等器官释放 CO_2 的速率，用红外线 CO_2 气体分析仪测定，而细胞、线粒体的耗氧速率可用氧电极和瓦布格检压计等测定。

2. 呼吸商（respiratory quotient，RQ） 又称呼吸系数（respiratory coefficient），是表示呼吸底物的性质和氧气供应状态的一种指标。呼吸商是指植物组织在一定时间内，放出 CO_2 与吸收 O_2 的数量（体积或物质的量）的比值。

$$RQ = 放出 CO_2 的量 / 吸收 O_2 的量$$

通常，碳水化合物是主要的呼吸底物，脂肪、蛋白质以及有机酸等也可作为呼吸底物。底物种类不同，呼吸商也不同。如以葡萄糖作为呼吸底物，且完全氧化时，呼吸商是 1；以富含氢的物质如脂肪、蛋白质或其他高度还原的化合物（H/O 比大）为呼吸底物，则在氧化过程中脱下的氢相对较多，形成 H_2O 时消耗的 O_2 多，呼吸商就小，如以棕榈酸作为呼吸底物，并彻底氧化时，其呼吸商小于 1；相反，以比碳水化合物含氧多的有机酸作为呼吸底物时，呼吸商则大于 1，如柠檬酸的呼吸商为 1.33。

二、植物内部因素对呼吸速率的影响

（一）植物种类

生长快的植物呼吸速率高于生长慢的植物。一般而言，凡是生长快的植物呼吸速率就高，生长慢的植物呼吸速率就低。例如细菌和真菌繁殖较快，其呼吸速率高于高等植物。在高等植物中，小麦、蚕豆又比仙人掌高得多，通常喜温植物（玉米、柑橘等）高于耐寒植物（小麦、苹果等），草本植物高于木本植物（见表 6 – 5）。

表 6 – 5　不同种类植物的呼吸速率

植物种类	呼吸速率，每克鲜重吸收 O_2 的量 $\mu L \cdot g^{-1} \cdot h^{-1}$
仙人掌	6.80
景天（sedum）	16.60
云杉（picea）	44.10
蚕豆	96.60
小麦	251.00

（二）同一植物不同器官

主要因代谢不同、非代谢组成成分的相对比重不同等使呼吸速率有所不同。（见表 6 -6）。例如，生殖器官的呼吸较营养器官强。

表 6 – 6　植物器官的呼吸速率

植物	植物器官	呼吸速率，每克鲜重吸收 O_2 的量（$\mu l \cdot g^{-1} \cdot h^{-1}$）
胡萝卜	根	25
	叶	440
苹果	果肉	30
	果皮	95
大麦	胚（种子浸泡 15h）	715
	胚乳（种子浸泡 15h）	76
	叶片	266
	根	960 ~ 1480

（三）同一器官不同组织

同一器官在不同的生长发育时期中呼吸速率也表现不同。同一花内又以雌蕊最高，雄蕊次之，花萼最低；雄蕊中以花粉为最强；茎顶端的呼吸比基部强；种子内胚的呼吸比胚乳强。生长旺盛、幼嫩的器官的呼吸较生长缓慢、年老器官的呼吸为强。

（四）不同生理状态

创伤植株和染病植株呼吸速率强于正常植株，这与合成抗病物质和提供能量有关。正常叶片的呼吸速率高于饥饿的叶片，向阳叶的呼吸速率高于遮阴叶，这与呼吸底物含量有关，呼吸底物充足，则呼吸速率高。

三、外界条件对植物呼吸作用的影响

（一）温度

温度对呼吸作用的影响主要在于温度对呼吸酶活性的影响。在一定温度范围内，呼吸速率随温度的增高而增高，达到最高值后，温度继续增高，呼吸速率反而下降。呼吸作用有温度三基点，即最低、最适、最高点。

1. 最适温度 指呼吸保持稳态的最高呼吸强度（呼吸速率）时的温度，一般温带植物呼吸速率的最适温度为 25℃～30℃。而呼吸作用的最适温度总是比光合作用的最适温度高，因此，当温度过高和光线不足时，呼吸作用强，光合作用弱，就会影响植物生长。

2. 最低温度 因植物种类不同、植物生理状态有很大差异。一般植物在接近 0℃ 时，呼吸作用进行得很微弱，而冬小麦在 0℃～7℃下仍可进行呼吸作用；耐寒的松树针叶在 -25℃下仍未停止呼吸，但在夏季温度降至 -4℃～-5℃，就不能忍受低温而完全停止呼吸。

3. 最高温度 一般为 35℃～45℃间。最高温度在短时间内可使呼吸速率较最适温度时要高，但时间稍长后，呼吸速率就会急剧下降。这是因为高温加速了酶的钝化或失活。在 0℃～35℃生理温度范围内，温度系数（Temperature coefficient，Q_{10}）为 2～2.5，即温度每增高 10℃，呼吸速率增加 2～2.5 倍。温度过高或过低都会影响酶活性，进而影响呼吸速率。根系对养分的吸收主要依赖于根系呼吸作用所提供的能量，由于呼吸作用过程中一系列的酶促反映对温度敏感，一般在 6℃～38℃的范围内，养分吸收随温度升高使体内酶钝化，从而减少了可结合氧分离子载体的数目，同时高温使细胞膜透性增大，增加了矿质养分的被动溢泌。这是高温引起植物对矿质元素的吸收速率下降的主要缘故，低温往往使植物代谢活性降低，从而减少养分的吸收量。温度的另一间接效应则是影响 O_2 在水介质中的溶解度，从而影响呼吸速率的变化。（见图 6-16）

种子的低温贮藏是利用低温下呼吸减弱以减少呼吸消耗，但不能低到破坏植物组织的程度。早稻浸种时用温水淋冲翻堆是为了控制温度、通风以利于种子萌发。

（二）氧气

氧是植物生存生长、器官组织发育过程中能量代谢的重要因子，是细胞线粒体膜上电子传递的最终受体，推动 ATP 合成，构成整个植物生命体代谢的核心，所以植物活细胞生长代谢等需要适当浓度的氧。当氧浓度下降到 20% 以下时，植物呼吸速率便开始下降；氧浓度低于 10% 时，无氧呼吸出现并逐步增强，有氧呼吸迅速下降。研究表明，在缺氧条件下玉米的丙酮酸脱羧酶活性可提高 5～9 倍，其 mRNA 含量可提高 20 倍。

氧浓度不仅影响呼吸速率还影响呼吸类型。在缺氧条件或低氧浓度逐渐增加氧（提高 O_2 浓度）时，无氧呼吸会随之减弱，直至消失；一般把无氧呼吸停止进行时的组织周围空气中最低氧含量（10% 左右）称为无氧呼吸的消失点（anaerobic respiration ex-

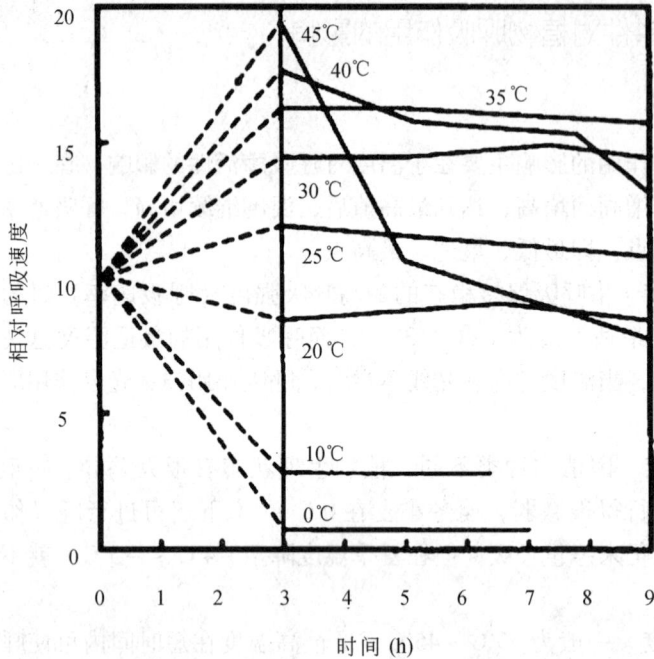

图6－16　温度对豌豆呼吸速率的影响

预先在25℃下培养4天的豌豆幼苗相对呼吸速率为10，放到不同温度下，3h后，测定相对呼吸速率的变化

tinction point）。不同植物种类无氧呼吸消失点不同，水稻和小麦的消失点约为18%，苹果果实的消失点约为10%。在组织内部，由于细胞色素氧化酶对O_2的亲和力极高，当内部氧浓度为大气氧浓度0.05%时有氧呼吸仍可进行。在氧浓度较低的情况下，随着氧浓度的增高，有氧呼吸随之增加，此时呼吸速率也增加，但氧浓度增加到一定程度时对呼吸作用就失去促进作用。此氧浓度称为呼吸作用的氧饱和点（oxygen sturation point）。在常温下许多植物在大气氧浓度（21%）下即表现饱和。一般温度升高，氧饱和点也提高。氧饱和点与温度密切相关，例如洋葱根尖的呼吸作用，在15℃和20℃下，氧饱和点为20%，在30℃和35℃下，氧饱和点则为40%左右。

当根系环境氧气缺乏时会造成同化作用减弱，异化作用改变，矿质离子吸收减缓等现象。在季节性或长期淹水以及旱地土壤受降水影响造成暂时性渍水或淹水条件下，土壤氧分压下降，氧化还原电位降低，对植物的生长会产生各种不利影响，有些植物因此而严重受害，而另一些植物则具有较强抵抗能力，甚至有一些植物，尤其是水生植物，只有在淹水环境中才能正常生长。

（三）二氧化碳

二氧化碳是呼吸作用的最终产物，当外界环境中二氧化碳浓度增高时，脱羧反应减慢，呼吸作用受到抑制。实验证明，二氧化碳浓度高于5%时，有明显抑制呼吸作用的效应，这可在果蔬、种子贮藏中加以利用。土壤中由于植物根系的呼吸作用特别是土壤微生物的呼吸作用会产生大量的二氧化碳，如土壤板结，深层通气不良，积累的二氧化碳可达 4%～10%，甚至更高，如不及时进行中耕松土，就会使植物根系呼吸作用受阻。一些植物（如豆科）的种子由于种皮限制，使呼吸作用释放的 CO_2 难以释出，种皮内积聚起高浓度的 CO_2 抑制了呼吸作用，从而导致种子休眠。

（四）水分

植物组织的含水量与呼吸作用有密切的关系。在一定范围内，呼吸速率随组织含水量的增加而升高。干燥种子的呼吸作用很微弱，例如豌豆种子呼吸速率只有 $0.00012\mu lCO_2 \cdot g^{-1}DW \cdot h^{-1}$。当种子吸水后，呼吸速率迅速增加。因此，种子含水量是制约种子呼吸作用强弱的重要因素。对于植物整个植株来说，接近萎蔫时，呼吸速率有所增加，如萎蔫时间较长，细胞含水量则成为呼吸作用的限制因素，呼吸速率则会下降。

干旱对呼吸作用的影响较复杂，一般呼吸速率随水势的下降而缓慢降低。有时水分亏缺会使呼吸短时间上升，而后下降，这是因为开始时呼吸基质增多的缘故。若缺水时淀粉酶活性增加，使淀粉水解为糖，可暂时增加呼吸基质。但到水分亏缺严重时，呼吸又会大大降低。如马铃薯叶的水势下降至 -1.4MPa 时，呼吸速率可下降 30% 左右。

水分过多对植物的危害，并不在于水分本身，湿害和涝害导致植物根系缺氧，从而限制了有氧呼吸，促进了无氧呼吸。如水涝时豌豆内 CO_2 含量达 11%，强烈抑制线粒体的活性。菜豆淹水 20h 就会产生大量无氧呼吸产物，如乙醇、乳酸等，使代谢紊乱，受到毒害。无氧呼吸还使根系缺乏能量，阻碍矿质的正常吸收。

（五）光照

光照对呼吸的影响，一方面是光照使温度增高，可促进呼吸；在较强光照下，形成光合产物较多，使呼吸底物充分，也能促进呼吸，有利植物生长。光照不良而温度较高的条件不利于光合而有利于呼吸，植物会因呼吸而消耗过多，从而减少光合产物积累量。故栽培植物时要注意播种密度，改善田间光照和通风状况，使植物的光合作用与呼吸作用协调以利植物的生长发育。另一方面，植物在进行光合作用的同时也在进行呼吸作用，光补偿点在不同的植物是不一样的，主要与该植物的呼吸作用强度有关，与温度也有关系。一般阳生植物的光补偿点比阴生植物高。所以在栽培农作物时，阳生植物必须种植在阳光充足的条件下才能提高光合作用效率，增加产量；而阴生植物应当种植在阴湿的条件下，才有利于植物生长发育，光照强度大，蒸腾作用旺盛，植物体内因失水而不利于其生长发育，如人参、三七、黄连等药用植物的栽培，就必须栽培于阴湿的条件下，才能获得较高的产量。

（六）盐分胁迫

1. 盐分胁迫　土壤中盐分过多，危害植物的正常生长，称为盐害。一般来说，当土壤中的盐浓度足以使土壤水势显著降低（降低 0.05～0.1MPa）时，即被认为是盐害。

一般情况下，低盐时植物呼吸受到促进，而高盐时则受到抑制，氧化磷酸化解偶联。盐分过多时的趋势是呼吸消耗量多，净光合生产率低，不利于植物生长。

2. 低 pH 和高 Al 浓度   酸性土壤是低 pH 值土壤的总称，酸性土壤在世界范围内分布广泛，在农业生产中占有重要地位。酸性土壤的主要障碍因子是低 pH 值，游离铝和交换性铝浓度过高（铝毒），还原态锰浓度过高（锰毒），缺磷、钾、钙和镁，有时也缺钼。

pH < 4 的土壤中，H^+ 可对植物生长造成直接危害，不仅根的数量减少，而且形态也会发生变化，如根系变短、变粗，根表面呈暗棕色至暗灰色等症状，严重时造成根尖死亡。植物地上部的反应开始时并不很明显，但在根系严重受损后，植株生长受到抑制，叶片枯萎直至死亡。在自然土壤中，pH 值一般都不会低于 4，H^+ 直接产生毒害的可能性不大。更重要的是 pH > 4 的酸性土壤所产生的间接影响，这时土壤中抑制植物生长的主要因素是铝和锰的浓度过高，即铝毒和锰毒。

无论是水田还是旱地，酸性土壤的铝毒现象都较为普遍。根系是铝毒危害最敏感的部位。土壤溶液中的铝可以多种形态存在，各种形态铝的含量及其比例取决于溶液的 pH 值（见图 6-17）。在 pH < 5 的土壤溶液中，Al^{3+} 离子浓度较高；pH 值在 5~6 时，$Al(OH)^{2+}$ 离子占优势，而在 pH > 6 的条件下，其他形态的可溶性铝，如 $Al(OH)^{3+}$ 和 $Al(OH)^{4-}$ 数量很多。当土壤溶液中可溶性铝离子浓度超过一定限度时，植物根就会表现出典型的中毒症状：根系生长明显受阻，根短小，出现畸形卷曲，脆弱易断。在植株地上部往往表现出缺钙和缺铁的症状。

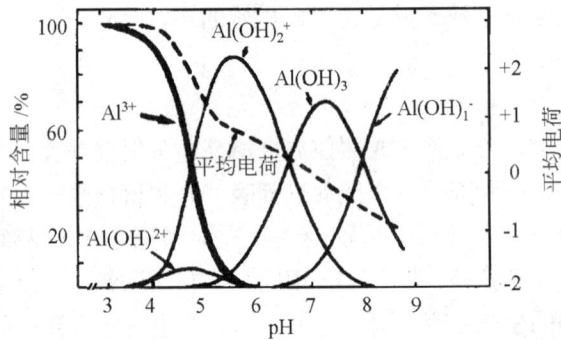

图 6-17   PH 值对土壤溶液中不同形态铝的含量和平均电荷的影响

（七）机械损伤

机械损伤促进组织的呼吸作用。如酚在细胞损伤后与酶接触而迅速被氧化；机械损伤使一些细胞脱分化为分生组织或愈伤组织；机械损伤后需更多的中间产物以形成新的细胞。

（八）植物病原体的影响

植物组织感病后呼吸增加，病株的呼吸速率往往比健康植株高 10 倍。呼吸速率增强的原因，一方面是病原微生物进行着强烈的呼吸，另一方面是寄主自身的呼吸加快。因为健康组织的酶与底物在细胞里是间隔开的，病害侵染后间隔被打破，酶与底物直接接触；同时宿主受体细胞的线粒体增多，线粒体被激活，电子传递系统的某些酶活性增强。如多酚氧化酶、抗坏血酸氧化酶的活性增强，抗氰呼吸增强，PPP 增强等，所以呼吸提高。由于氧化磷酸化解偶联，大部分呼吸能以热能形式释放，所以染病组织的温度升高。

第七节　呼吸作用与药材生产

一、呼吸作用与药用植物种子

（一）呼吸作用与种子成熟

种子形成过程中呼吸速率逐步升高，灌浆期速率达到最大。此后灌浆速率降低，呼吸速率也相应减弱。可能原因是由于种子内干物质积累增加，含水量下降，线粒体结构受破坏所致，部分嵴的结构消失所造成的。种子成熟过程中，在初期以 EMP – TCA 途径为主，随着成熟，PPP 途径加强。

（二）呼吸作用与种子萌发

呼吸作用影响种子的发芽、幼苗生长。如药用植物的浸种、催芽、育苗是通过对呼吸作用的控制达到幼苗的健壮生长。经常换水和翻动，目的是为了补充 O_2，使有氧呼吸正常进行。否则无氧呼吸增加，酒精积累，温度升高，造成酒精中毒，或"烧苗"现象。菘蓝、决明等药用植物浸种时，用40℃温水浸种以增加温度，保证呼吸作用所需温度条件。

有些植物种子发芽时，EMP – TCA 减弱，HMP 增加。而有些植物种子发芽时由于对氰敏感呼吸减弱，而抗氰呼吸增强。

（三）呼吸作用与种子安全贮藏

种子内部发生的呼吸作用强弱和所发生的物质变化，将直接影响种子的生活力和贮藏寿命。种子收获暂时堆放时，种子堆中由于有强烈的有氧呼吸放出大量的热量，种子堆温度会急剧升高发热。为了防止刚收获高水分种子强烈呼吸伤害种子，应尽快通风降低种子水分和温度，或者采用及时干燥的方法，降低种子水分，降低种子呼吸强度。

种子呼吸作用与种子的含水量有关。一般油料种子在安全含量8%～9%，淀粉种子在安全含量12%～14%时，风干种子内的水都是束缚水，呼吸酶的活性降低到最低，呼吸微弱，可以安全贮藏。

种子安全贮藏措施：种子要晒干；防治害虫；通风以散热散湿；低温；或密闭保藏；或适当增加 CO_2 量和降低 O_2 的含量（如脱氧保管法，充氮保管法）。

二、呼吸作用与药用植物栽培

1. 通过合理密植等栽培管理措施可以调节药用植物群体呼吸作用。

2. 改善土壤通气条件，增加氧的供应，分解还原物质，使根系呼吸旺盛，生长良好，根系发达。如药用植物生长过程中常常采取的一个田间管理措施就是中耕松土；南方地区地下水位较高，常高畦栽培丹参等药用植物，同时需挖深沟以降低地下水位。

3. 调节温度，寒潮来临时及时灌水保温；早稻灌浆成熟期正处高温季节，可以灌"跑马水"降温，以减少呼吸消耗，有利于种子成熟。

三、呼吸作用与果实成熟和保藏

呼吸跃变（climacteric）是指有些果实在成熟时呼吸速率会突然增高，然后又突然下降，此时果实成熟。它与果实内乙烯释放有关；呼吸跃变可改善果实品质，使果实酸度下降、变甜等。苹果、香蕉、番茄、鳄梨、芒果等均具有，故称跃变型果实。

果实保鲜是指适当降低温度可以推迟呼吸跃变的出现，从而推迟成熟，以延长保鲜期。降低氧浓度和贮藏温度，增加 CO_2 浓度（但不能超过 10%，否则果实会中毒变质）都可以达到果实保鲜的作用，主要是减少了果实的呼吸作用；果实、块根、块茎自体进行呼吸作用时可降低室内 O_2 浓度，增加 CO_2 浓度，从而抑制呼吸作用。

四、呼吸作用与药材产量

呼吸作用与药材产量的关系复杂，两者关系的报道都不尽相同。在有些药材中观察到降低叶呼吸作用时，其产物增加。但也观察到呼吸下降后产量也下降。而且，药用植物因采收的药用部位不同，表现也不尽相同，有待进一步研究。

第七章　植物生长发育的生理生态

　　植物的生长发育是一个从量变到质变的复杂过程，是植物按照自身固有的遗传模式和顺序，在一定的外界环境下，利用外界的物质和能量进行生长、分生和分化的结果。植物的生长发育表现为种子发芽、生根、长叶、植物体长大成熟、开花、结果，直至最后衰老、死亡。生长是植物直接产生与其相似器官的现象，是一个量变的过程，生长的结果引起植物体积或质量的增加。由于茎（芽）和根的尖端始终保持分生状态，茎、根中又有形成层存在，可不断使其增生、加粗，使植物的细胞、组织、器官的数量、质量、体积不断增大。发育是植物通过一系列的质变以后，产生与其相似个体的现象，主要表现为各种细胞、组织和器官的分化，发育的结果是产生新的器官。

　　在植物一生中，生长和发育常常是交织在一起的。生产上，把田间管理和伴随着植物不同器官的分化、形成，达到田间植株50%的时期，称为生育时期（如：播种期、出苗期等）。植物种子萌发、生根并形成茎叶，植物的体积和质量增加，是植物的营养生长过程；伴随着营养器官的生长到一定阶段，植物开始生殖器官的分化、开花并形成果实和种子等，是营养生长与生殖生长并进阶段；营养器官生长停止，并达到最大量，进入生殖器官的充实、晚熟阶段，是植物的生殖生长过程。药用植物种类的不同，它们的生长发育类型及对外界环境的要求也不同。

　　苔藓、蕨类植物生长发育过程，与其他高等植物差异较大，本章第一节专门介绍。

第一节　苔藓、蕨类植物的生长发育

一、生活史

　　1. 苔藓植物生活史　苔藓植物单倍配子体较发达、营独立生活，行使主要的同化功能；二倍孢子体生命短暂或为多年生，不能营独立生活。一般认为由于二倍体胚胎在单倍配子体组织中发育延迟而导致苔藓植物孢子体附生于配子体，并且多数苔藓植物的配子体具有非常精巧的结构以支持和保护孢子体。而其他所有的高等陆生植物正好与苔藓植物相反，均为孢子体发达的异形世代交替。此外，苔藓植物的孢子首先萌发产生绿色的丝状体，称为原丝体（protonema），再由原丝体发育成配子体，这也是苔藓植物生活史的一个特点（图7-1）。

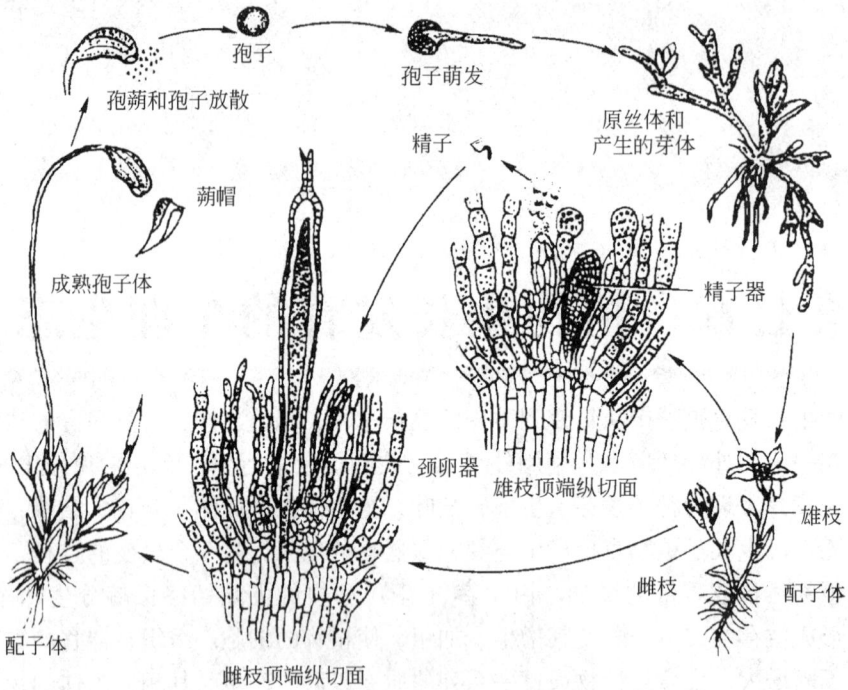

图 7 - 1 葫芦藓生活史

2. 蕨类植物生活史 蕨类植物的生活史均具有世代交替，孢子减数分裂（图 7 - 2），但和苔藓植物相比又有所不同，蕨类植物是孢子体发达的异形世代交替，配子体虽微小，生活时期较短，但大多也可独立生活。

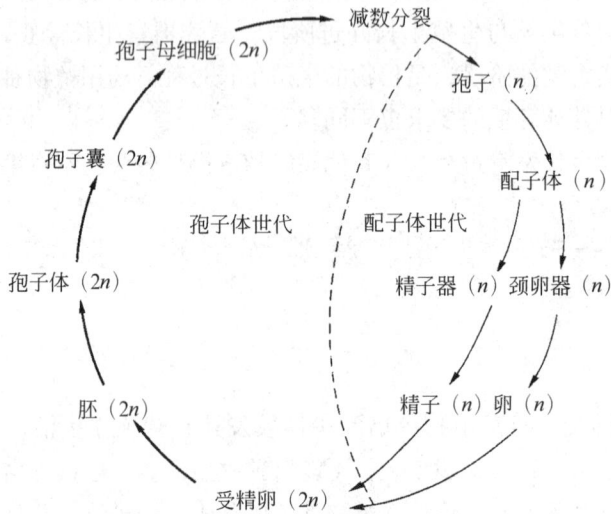

图 7 - 2 蕨类植物生活史

二、繁殖方式

（一）苔藓植物的繁殖方式

苔藓植物具有复杂的繁殖方式，部分苔藓植物只能通过无性繁殖来繁衍其种群，有相当一部分种类既有有性生殖又有无性繁殖。由于苔藓植物保留了早期陆生植物原始的生殖结构，游动精子需借助水的媒介才能完成有性生殖过程，使有性生殖能力受到限制。在适宜生长条件下，作为绿色营养体的配子体可以进行有性繁殖，产生大量的孢子，成为开拓生境的先锋。在多变、极端或不可预测的环境中，苔藓植物的无性生殖具有明显优势，能够在较短时间内建立有效种群占据生态位。在自然状况下，藓类植物的无性繁殖比苔类植物更普遍。

1. 无性繁殖　自然状态下苔藓植物大部分的胞芽都是由无性生殖产生的，而无性繁殖体总是由配子体分化发生，苔藓植物配子体的任何部位几乎都能再生形成新的植株。Shaw 发现大部分苔藓植物的配子体在干燥粉碎后培养，1 个月内可以出现新的藓枝（gametophore），3 个月后再生的植物体就可以将栽培容器全部覆盖。

2. 有性生殖　苔藓植物的配子体在有性生殖时产生颈卵器（archegonium）和精子器（antheridium）。颈卵器形似长颈烧瓶，由颈部（neck）和腹部（venter）组成。细长颈部的外壁由一层细胞构成，中央称颈沟（neck canal）；颈沟内有一串颈沟细胞（neck canal cell）；腹部的外壁常平周分裂形成 2 ~ 3 层细胞，中间具 1 个大型卵细胞（ventral canal cell）。

精子器多棒状、球状，外壁由 1 层细胞组成；精子器内产生许多螺旋状卷曲，具两条鞭毛的精子。颈卵器中的卵成熟时促使颈沟细胞与腹沟细胞解体，精子借助水游动进入颈卵器而与卵结合，形成 2 倍体的合子。

合子不经休眠即分裂形成胚（embryo）。胚的形成是陆生植物进化的里程碑，它标志着高等有胚植物进化历程的开始。胚是孢子体的早期阶段，也是孢子体的锥形，它在颈卵器内进一步发育成成熟的孢子体。

孢子成熟后，从孢蒴中散出，在适宜环境中萌发形成具分枝的丝状体，即原丝体，从原丝体上再生出配子体，即苔藓植物的营养体。

通常习见的苔藓植物体是由孢子萌发而长成的。在繁殖的过程中，孢子萌发需要一定条件，湿度和光照常常是必须的。因为只有吸足水分之后，孢子壁由于吸胀作用才能破裂，孢子内的原生质才能开始其活跃的生命活动。苔藓植物的孢子在绝对没有光照的情况下一般不能萌发。温度与孢子的萌发也有一定的关系，苔类孢子萌发需要的温度一般比藓类低。

（二）蕨类植物的繁殖方式

1. 有性繁殖　蕨类植物孢子体长到一定时期，通常在夏秋季节，在叶片的背面或边缘，产生由许多孢子囊组成的各种形状的棕色孢子囊群。有些种类在孢子囊群上面或围绕囊群有囊群盖覆盖或包裹，少数类群的孢子囊单生于孢子叶的腋部，密集枝顶而呈穗状，称为孢子叶穗，或孢子囊裸露地生于特化的孢子叶上，称为孢子囊穗。通常每个孢子囊可形成 32 ~ 64 个孢子。大多数种类产生大小和形态相同的孢子，称为同型孢子。有少数种类产生大小和形态不同的两种孢子，称为异型孢子，如卷柏、水韭、满江红等。

当孢子成熟时，由于孢子囊壁上三面加厚的环带细胞失水收缩不均匀，使孢子囊从薄壁的唇细胞处开裂而释放出孢子。成熟的孢子散落在适宜的环境中，即可萌发形成能独立生活的配子体（或叫原叶体）。大多数蕨类植物的孢子比较容易萌发，但有些蕨类，如桫椤（*Alsophila spinulos*）、狼尾蕨（*Davallia bullata*）、鹿角蕨（*Platycerium bifuratum*）的孢子具有休眠特性，致使从孢子萌发到形成原叶体的阶段延长，有些种类萌发时间长达 1 ~ 2 年，影响了人们对它的开发和利用。若采用光照、GA_3 处理可打破休眠。多数蕨类植物孢子在黑暗时不萌发，而只在光照时萌发，只有那些在地下生长的无光合作用的蕨类植物配子体是来自于黑暗条件下萌发的孢子，如球茎瓶尔小草（*Ophioglossum crotalophoroides*）和东北石松（*Lycopodium clavatum*）。各种蕨类的孢子生活力从一周到几年不等，绿色孢子较无色孢子生活力短，孢子萌发能力较强。

蕨类植物的配子体极小，直径不超过 1 厘米，结构简单，生活期短，大多呈扁平心脏形而贴地生长，在腹面的下部长有多数丝状假根，在假根之间或附近，长有多数精子器，在心脏形配子体近凹陷处长有 3 ~ 7 个颈卵器。颈卵器有细长的颈部和膨大的腹部，颈部突出于配子体表皮细胞之外，腹部埋藏在组织中，腹部内孕育着一个卵细胞。精子器呈球形，里面产生许多具有多鞭毛的精子，当精、卵成熟后，颈卵器颈部中央之颈沟细胞解体，精子以水为媒介从精子器中游出，进入颈卵器与卵受精。

受精卵经过多次分裂形成胚，胚是幼孢子体的雏形；初期它依附在配子体上，靠吸取配子体的养料生活，当幼孢子体长出次生根和 2 ~ 3 片幼叶时，幼苗开始独立生活，完成它的有性生殖过程。

2. 无性繁殖 蕨类植物除进行孢子繁殖外，在自然界通过营养体不同部位进行营养繁殖的现象相当普遍，它主要是靠产生无性芽孢和利用顶端分生组织来进行。有的芽孢长在羽片腋间，如星毛蕨、胎生铁角蕨；有的长在叶轴顶部下面，如长江蹄盖蕨，芽孢耳蕨、单芽狗脊蕨等；有的芽孢可直接在叶面形成并长成小苗，如胎生狗脊蕨；有的叶轴顶端延伸成鞭状，通过顶端分生组织着地而产生新株，如过山蕨、鞭叶蕨等；长叶实蕨的营养叶顶端着地也能产生新株。

通常芽孢都有鳞片包裹，但稀子蕨可在叶轴与羽轴交接处产生佛手状光裸的芽孢（或称珠芽）。此外，有的种类还可以从匍匐茎上长出圆形块茎如肾蕨、问荆等。人们除了利用蕨类植物的自然无性繁殖特性，进行人工繁殖外，还可通过截取匍匐茎分段栽培，也可将直立的根状茎纵切为 2 份栽培，但必需带根带叶才易成活。

三、影响苔藓、蕨类植物生长的环境因素

（一）温度

苔藓植物对温度变化表现出极强的适应能力，生长在极地和温带地区的苔藓植物光

合最适温度在 5℃ ~ 20℃。原始冷山林下地表苔藓植物的密度和生物量主要受温度条件影响，而空气湿度和光照强度则主要影响苔藓植物层片厚度和物种丰富度。

蕨类植物的地理分布类型是多样的，什么样的蕨类出现在哪一区域，主要决定于那一地区的气候和土壤条件及其地理历史因素。此外，蕨类植物本身的遗传性在一定条件下也决定其分布范围。蕨类植物的地理分布类型可划分为世界广布型、热带分布型、温带分布型、间断分布型、特有分布型五大类。

（二）水分

苔藓植物缺乏维管组织，属非维管植物，没有真正的根，直接控制水分的能力较差。环境干旱它们会迅速失水而代谢缓慢甚至停止，而当环境变湿润时，它们又可以迅速吸收水分、恢复正常的代谢活动。苔藓植物的水分来源主要来自大气，只有少部分来自其生长基质。

蕨类植物由于经历了漫长的进化与适应，结果形成了众多的生境类型。包括陆生蕨类植物如芒萁、蕨等；水生蕨类植物如满江红、槐叶等；附生蕨类植物如槲蕨、抱石莲等；石生蕨类植物如岩蕨属、肿足蕨属、铁线蕨、蜈蚣蕨、金毛狗脊等。

（三）光照

苔藓植物对光照适应也没有形态上的明显变化，大部分苔藓植物能够在很弱的光照条件下进行光合作用，表现出喜阴的光合特性。光照和水分条件是苔藓植物生长的 2 个主要限制因子。郑德国等通过对肚倍蚜的寄主美灰藓（*Eurohypnum leptothallum*）适宜环境条件的研究发现，湿度是美灰藓生存繁殖的重要保障，而光照强度决定其生长发育状况。

光照对蕨类植物的生长具有重要的影响，这种影响涉及蕨类植物的整个生活周期。光质对槲蕨（*Drynaria fortunei*）孢子萌发的促进效率为：红光 > 白光 > 蓝光 > 远红光。孢子一般在黑暗状态下不萌发，但黑暗预处理能够提高红光对孢子萌发的促进效应。许多蕨类植物的孢子极性受到光的调控。有方向性的光照影响孢子的极性，但这种影响较轻微，从属于重力。

（四）土壤

大部分苔藓喜欢偏酸的环境。吴跃开等选用黄壤土等 5 种不同的基质培养湿地藓（*Plagiomnium acutum*），结果含灰分高的基质生长量最大，抗逆性也最强；而低肥土壤或人工施肥土壤均不宜植藓。

苔藓植物作为非常敏感的污染指示植物，已被广泛用于重金属污染的监测。研究发现，铅、镉单一或复合污染，对弯叶灰藓和大羽藓的外部形态造成不同程度的伤害，植株失绿，甚至逐渐死亡。

蕨类植物中很多种类是酸性土壤的指示植物，如海金沙科、铁线蕨科、蹄盖蕨科、水龙骨科等一些种类生长的土壤 pH 值是 4.5 ~ 5.0。而银粉背蕨、铁线蕨、蜈蚣草、肿足蕨等只能生长在碱性或近中性的土壤中。少数种类如松叶蕨属、石松属、阴地蕨属等植物在生长过程中必须要与某种菌丝共生才能成活。

第二节　种子萌发

一、种子萌发的概念

种子萌发（seed germination）是指种子从吸水到胚根（少数情况下是胚芽）突破种皮期间所发生的一系列生理生化变化过程。因此，确切地讲，胚根突破种皮以后的过程不属于萌发而属于幼苗生长的范畴。但在农业生产实践中，种子萌发是指从播种到幼苗出土之间所发生的一系列生理生化变化过程。

二、种子的生活力

种子播种后，能否正常萌发，与许多因素有关，其中种子的内部因素起决定性的作用。内部因素包括种子是否具有活力，是否处于休眠状态。

种子生活力（seed viability）是指种子能够萌发的潜在能力或种胚具有的生命力。种子从发育成熟到丧失生活力所经历的时间为种子的寿命（seed longevity）。种子寿命的长短受其自身遗传性状影响，还与种子自身状况（组成成分、成熟度等）和贮藏条件有关。

成熟脱水是种子发育的末端事件，是种子在贮藏或者环境胁迫中存活、保证植物繁衍的适应性对策。Roberts 据种子的贮藏行为把种子分为正常性种子（orthodox seed）和顽拗性种子（recalcitrant seed）两大类型。正常性种子在母株上经历成熟脱水，种子脱落时含水量较低，通常在干燥（可以脱水到1%～5%的含水量）低温状态下可以长期贮藏；中间性种子能忍耐一定程度的脱水，但过低的含水量在低温时易受伤害；一些植物的种子，如热带的可可、杧果等植物的种子，既不耐脱水干燥，也不耐零上低温，往往寿命很短（只有几天或几周）。

多数药用植物种子寿命为2～3年，如牛蒡、薏苡、龙胆、水飞蓟、小茴香、曼陀罗、桔梗、青葙、玄参、菘蓝、红花、枸杞等。而大黄、丝瓜、南瓜以及桃、杏、核桃、黄柏、郁李等木本药用植物种子和黄芪、甘草、皂角等具有硬实特性的种子的寿命为5～10年。党参、人参、当归、紫苏、白芷等小粒种子和含油脂高的种子，发芽年限多为1年或1～2年。部分药用植物种子寿命不足1年或半年，如天麻种子散在自然条件下3天就失去活力，在果实内存放只有15天寿命，肾茶种子寿命也只有十几天，细辛种子为30～50天，平贝母60～90天，金莲花、草果为3～4个月，儿茶、金鸡纳、檀香4～7个月，北五味子种子（不带果肉）为6个月。

药用植物的种子，大多数种类都是自然干燥后采收，寿命长。但肾茶、细辛、马兜铃等少数药用植物只要成熟就要采收，如果等其自然干燥，发芽率降低。如草果自然成熟后，不等自然干燥就霉烂失去活性，只有及时采收除去果壳并用草木灰除去表面胶层，方可晾干保存60天（自然成熟时只能存活15天左右）。

测定种子的生活力可采用发芽试验，也可采用一些简单、快速的化学、物理方法。

如 TTC 法。但具有相同发芽率的不同批次种子，可能在发芽的速率以及幼苗的整齐度和健壮度上有所不同。为了更准确地评价种子萌发质量，人们又引入了种子活力的概念。种子活力（seed vigor）是指种子在田间状态下迅速而整齐地萌发并形成健壮幼苗的能力。在播种时选用高活力的种子有利于形成健壮的幼苗，从而提高植物的抗逆能力和增产潜力。

三、影响种子萌发的环境条件

植物的种子是由受精卵经过胚胎阶段发育形成的新个体，一般要经过一个静止或休眠期后，在适宜的条件下，开始萌发。种子萌发所需要的主要环境条件是足够的水分、充足的氧气和适宜的温度，有些种子还需要适宜的光照条件。

（一）水分

吸水是种子萌发的第一步，种子只有吸收水分达到一定程度后，各种与萌发有关的生理生化作用才能逐步开始。水分在种子萌发中的作用主要有：①水分能够软化种皮，有利于气体交换和胚根突破种皮；②种子吸水达到一定程度时可使原生质胶体由凝胶态转化为溶胶态，促进各种新陈代谢的进行；③水分可促进可溶性糖、氨基酸等物质运输到胚，供胚呼吸、生长所需；④水分促进束缚型激素转变为自由型，调节胚的生长。此外，种子吸水产生的压力也有利于胚突破种皮。

种子吸水量的多少能够影响萌发的速度。不同植物种子萌发过程最低需水量亦不同。一般来说，淀粉种子的最低需水量低些，在 30% ~ 70%；蛋白质种子的最低需水量高些，在 110% 以上。

种子萌发时的吸水速率不仅与种子的种类有关，还受土壤含水量、土壤溶液浓度以及环境温度的影响。通常，土壤含水充足，土壤溶液浓度较低，环境温度较高，均能促进种子吸水。种子萌发时如水分不足，会造成萌发时间延长，出苗率下降，幼苗生长势差。因此，在药用植物的种植中，播种时应注意土壤墒情，以保证种子的顺利发芽。但如果水分过多会降低土温，造成缺氧，使种子闷死、腐烂。

种子萌发时吸水的第一阶段是吸胀作用，即依靠干燥种子中的原生质凝胶和细胞壁的亲水性吸水。这一过程是一个物理过程，因而不论是死种子还是活种子都可进行最初的吸胀作用。第二阶段是吸水的停滞（滞后）期，在第二阶段中代谢过程加速进行，并进入吸水的第三阶段，出现另一个迅速吸水过程，此时胚根外露。休眠种子或死种子则停留在第二阶段的状态，没有核酸和蛋白质等的合成。

（二）温度

适宜的温度是种子萌发的重要因素，因为温度影响种子吸水和气体交换以及种子萌发相关酶的活性，从而影响呼吸代谢和胚的生长。温度对种子萌发的影响有三基点现象：即最低温度、最适温度和最高温度。

种子萌发的最适温度，一般与其原产地生态条件有关系。人参等原产于北方的植物

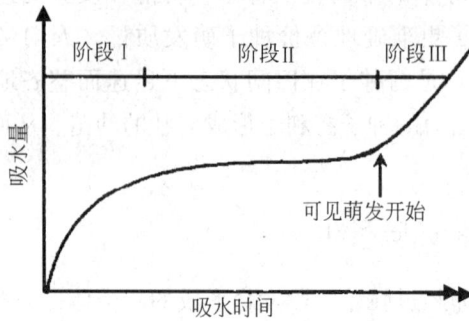

图 7 - 3　种子吸水的三个阶段模式图

其种子发芽最适温度一般较低，而原产于南方的植物则要求温度较高。在最适温度下，虽然种子萌发最快，但是，由于其呼吸速率高，消耗物质较多，幼苗往往生长不健壮，抗逆性较差。因此，在实际生产中，应控制种子萌发的温度比其萌发最适温度稍微低一些，才能够使萌发出的幼苗更健壮。

萌发的最低和最高温度，是实际生产中确定适宜播种期的主要依据。适宜的播种期一般是以土壤温度稍高于种子萌发的最低温度为宜。在农业生产中，可以采用地膜覆盖等措施来提高地温，使播种期提前。实践证明，变温比恒温更有利于种子萌发。其原因是变温可以促进种子内气体交换，从而促进种子萌发。

（三）氧气

种子萌发是非常活跃的生命活动，通过旺盛的呼吸作用不断地供给生长代谢所需的能量。因此，氧气成为种子萌发必不可少的条件。如果种子萌发期间供氧不足，则会导致无氧呼吸，一方面是种子内有限的储藏物质消耗过多过快，另一方面产生酒精引起中毒。不同种子萌发需氧量不同，一般植物种子需要空气含氧量在10%以上才能够正常萌发，尤其是含脂肪较多的种子比含淀粉较多种子要求更多的氧气；若空气中含氧量低于5%时，多数植物的种子不能萌发，但有些植物种子（如马齿苋）在含氧量低到2%时仍能够萌发。据测定，土壤气体含氧量常在20%以下，并随土层厚度和土质黏度的增加而逐渐降低。若土壤板结，水分过多，播种太深，镇压太紧等均会因氧气不足而影响种子的萌发和壮苗的培育。

（四）光照

光对种子萌发的影响可分为三种类型：①中性种子，萌发时对光无严格要求，在光下或在暗中均能萌发，大多数植物的种子属于此类；②需光种子，萌发需要光，在暗中不能萌发或萌发率很低，如烟草、莴苣、胡萝卜、桑、白花蛇舌草、龙胆草等植物的种子，又称喜光种子；③嫌光种子，光下抑制萌发，黑暗则促进萌发，如葫芦科和茄科植物种子，又称喜暗种子。在需光和嫌光种子中，需光和嫌光的程度又因品种不同而异，与环境条件的变化及种子内部的生理状况有关。

种子对光的需要是一种保护作用。小粒种子贮藏物少（如鬼针草、毛地黄），假如在埋土太深下萌发，未出土前已耗尽贮藏物质，萌发对光的需要可防止这种情况的发生，使种子只能在地面或靠近地面萌发。杂草种子多是需光种子，处在深层土壤中保持休眠的杂草种子只有在耕地时被翻到地表才能萌发，因此，田间杂草很难一次除净。被光所抑制的萌发也是一种保护作用，可使缓慢生长的种子免于在一次阵雨后萌发，以致在幼苗根部长成前已干燥死亡。

种子的感光性是可逆的，即红光（660nm）照射下具有促进萌发的效果，而远红光（730nm）照射可以逆转，这种可逆现象，能在同一种子中反复多次。Flint 在研究光质对需光莴苣种子的萌发过程中发现，凡是最后一次处理的光为红光时，莴苣种子的萌发率几乎达到 100%；若最后一次处理的光为远红光时，莴苣种子的萌发就受到强烈抑制（表 7-1）。这一可逆反应是由于光敏色素吸收了这两种光而引起一系列生物化学变化，从而促进或抵制种子萌发。

研究发现，赤霉素可以代替红光的作用，促进莴苣种子在暗处萌发，对烟草种子也有同样的作用。激动素也能在暗处促进需光种子的萌发，但赤霉素和激动素的促进作用，都不能被远红光照射所抵消，表明它们的作用机理不同。

表 7-1　在红光（R）和远红光（FR）下顺次照射后莴苣种子的萌发（引自 Borthwich 等，1952）

照　　射	发芽率（%）
黑暗（对照）	8
R	98
R + FR	54
R + FR + R	100
R + FR + R + FR	43
R + FR + R + FR + R	99
R + FR + R + FR + R + FR	54
R + FR + R + FR + R + FR + R	98

四、种子萌发过程与生理生化改变

（一）种子萌发过程

从生理学的观点来看，胚根伸出种皮认为种子已经萌发了，而从农林业生产的观点来看，种子萌发应该包括从种子播种入土到幼苗出土的全过程，种子的萌发过程可分为五个阶段。

1. 吸水膨胀期　吸水是种子萌发的第一步，起初主要依赖于原生质亲水胶体的吸胀作用即衬质势吸水，因而死、活种子以及休眠种子都可以进入第一阶段。吸水量取决于种子的成分，富含蛋白质的种子吸胀力大，吸水多；其次是淀粉类种子，油料种子吸水量最小。

2. 细胞恢复活跃的生理活动期　种子吸水达到一定量时，细胞质由原来的凝胶态转变为溶胶态，呼吸增强，各种代谢活动逐渐恢复到活跃状态。子叶或胚乳中的营养物质分解并运输到胚，并在胚中重新合成细胞生长所需的各种物质。

3. 胚细胞恢复分裂和延长　随着胚细胞合成代谢增强以及生长素、细胞分裂素等恢复生理活性，刺激胚细胞开始分裂和伸长。

4. 胚根和胚芽伸出种皮　随着细胞的持续分裂，胚根和胚芽相继顶破种皮，通常胚芽向上伸出时，上胚轴或下胚轴成弯钩状，以保护顶端生长点免遭土壤的破坏。禾本科植物种子在萌发时，胚芽鞘和胚根鞘先突破种皮，保护其内的胚芽和胚根。而后胚芽和胚根再突破胚芽鞘和胚根鞘继续生长。

5. 幼苗的形成　胚根突破种皮后继续向下生长，形成主根，继而形成根系，而胚芽向上生长形成茎叶系统。根据种子萌发后（形成幼苗）子叶出土还是留在土里，将幼苗分为子叶出土型和子叶留土型两类。

子叶出土的幼苗，其种子在萌发时，下胚轴迅速伸长，将上胚轴和胚芽一起推出土面，结果子叶出土。这些幼苗在真叶未长出前，子叶见光后发育出叶绿体，进行光合作用。在生产上，子叶出土的幼苗不宜深播。

子叶留土的幼苗，其种子在萌发时，上胚轴伸长，而下胚轴不伸长，结果子叶留在土中，如薏苡、麦冬等。这类幼苗，子叶作为吸收和储藏营养物质的器官，养料耗尽后脱落死亡。这类植物可以适当深播，以得到更多的水分和养料。

（二）呼吸作用的变化

种子萌发过程中呼吸作用的变化与吸水过程相似，也可分为 3 个阶段。种子吸水的第一阶段，呼吸作用也迅速增加。这主要是由已经存在于干种子中并在吸水后活化的呼吸酶及线粒体系统完成的。在吸水的停滞期，呼吸作用也停滞在一定水平，一方面是因为干种子中已有的呼吸酶及线粒体系统已经活化，而新的呼吸酶和线粒体还没有大量形成；另一方面，此时胚根还没有突破种皮，氧气的供应也受到一定限制。吸水的第三阶段，呼吸作用又迅速增加，因为胚根突破种皮后，氧气供应得到改善，而且此时新的呼吸酶和线粒体系统已大量形成。

在吸水的第一和第二阶段，CO_2 的产生大大超过 O_2 的消耗，到吸水的第三阶段，O_2 的消耗则大大增加。这说明种子萌发初期的呼吸作用主要是无氧呼吸，而随后进行的是有氧呼吸。在吸水的第二阶段，种子中各种酶也在形成。萌发种子酶的形成有两种来源：①已存在的束缚态酶释放或活化；②通过核酸诱导下合成的蛋白质，形成新的酶。

（三）有机物的转变

幼苗在能够完全依靠自己的光合产物生存之前，是由贮藏在种子中的有机物提供能量和合成原料的，因而种子萌发时，幼苗有一个从异养到自养的转变过程。种子中贮藏的有机物（主要有糖类、蛋白质和脂肪等）是在种子发育过程中形成并贮藏在胚乳或子叶中的。种子萌发时，贮藏的有机物被分解为小分子化合物并运输到胚根和胚芽中被利用。

1. 淀粉的水解　淀粉的水解主要是在淀粉酶的作用下完成的。水解直链淀粉的淀

粉酶包括 α - 淀粉酶和 β - 淀粉酶。β - 淀粉酶已经存在于干种子中，种子吸胀后即可活化；α - 淀粉酶是在种子吸胀后重新合成的。两者虽然都是水解 $\alpha-1,4$ 糖苷键，但作用方式不同，α - 淀粉酶是从直链淀粉上一次切下 6 个或 12 个葡萄糖分子，将淀粉分解为小分子的糊精；β - 淀粉酶是从直链淀粉或糊精的末端葡萄糖起，每次切下一个麦芽糖分子。两者同时作用，可将直链淀粉完全水解为麦芽糖。麦芽糖在麦芽糖酶的作用下，可进一步分解为葡萄糖。支链淀粉除有 $\alpha-1,4$ 糖苷键外，还有分支处的 $\alpha-1,6$ 糖苷键。水解 $\alpha-1,6$ 糖苷键的酶是去分支酶，也被称为 R - 酶。淀粉在 α - 淀粉酶、β - 淀粉酶、R - 酶以及麦芽糖酶的作用下，逐渐被降解为分子量递减的各种糊精，最后被彻底水解为葡萄糖。

淀粉的降解除了依靠淀粉酶的水解作用外，还可在淀粉磷酸化酶的作用下进行。而且，在禾谷类和豆类种子的萌发初期，淀粉的降解主要是依靠淀粉的磷酸化作用。到后期，淀粉的水解作用才成为淀粉降解的主要途径。

淀粉降解的产物是以蔗糖形式从胚乳或子叶运输到生长中的胚芽和胚根中。在种子萌发的早期，胚乳或子叶中的贮藏物质还不能用作萌发时的呼吸底物。大多数干种子的胚或胚轴中含有一定量的蔗糖，许多干种子的胚或胚轴中还富有棉子糖、水苏四糖等寡糖，可用作萌发早期时的呼吸底物。

2. 脂肪的水解 大多数种子中贮藏的脂肪是甘油三酯。种子萌发时，甘油三酯在脂肪酶的作用下水解为甘油和脂肪酸。由于脂肪酶的活性在酸性条件下较强，而脂肪水解所产生的脂肪酸可提高反应介质的酸性，所以脂肪酶具有自动催化的性质。

脂肪水解的产物甘油经磷酸化后变为磷酸甘油，再转变为磷酸二羟丙酮后可以进入糖酵解，再经有氧呼吸途径氧化为 CO_2 和 H_2O，或经糖酵解途径转变为葡萄糖、蔗糖等。水解产物脂肪酸经过 β - 氧化后生成乙酰辅酶 A，再经乙醛酸循环等而转变为蔗糖，转运至胚轴供生长之用。

3. 蛋白质的水解 种子中贮藏的蛋白质积累在蛋白体中。禾谷类种子糊粉层中的蛋白体被称为糊粉粒。种子萌发时，不溶性的蛋白体被分解为片段、颗粒，并最终完全溶解。

蛋白质在多种蛋白酶的作用下，分解为游离氨基酸，并主要以酰胺（谷氨酰胺和天冬酰胺）的形式运输到胚轴中。蛋白质水解产生的氨基酸，既可直接成为合成新蛋白质的原料，又可通过转氨作用形成其他种类的氨基酸，还可通过脱氨作用，转变为有机酸和氨。有机酸可进入呼吸代谢途径，也可作为形成氨基酸的碳骨架。而氨对细胞有毒害作用，一般不会在细胞内积累，而是迅速转变为酰胺。

4. 植酸的动员 在成熟种子中，植酸（肌醇六磷酸）是磷的一种主要贮藏形式。植酸常与钾、钙、镁等元素结合形成植酸盐。种子萌发时，植酸在植酸酶的作用下，分解为肌醇和磷酸。磷酸参与体内能量代谢，肌醇可参与到细胞壁的形成过程中。

第三节　植物的生长与分化

植物的生长是从受精卵分裂开始，受精卵连续分裂形成遗传上同质的细胞，进而出现形态、机能及化学构成上异质的细胞。这种由受精卵或遗传上同质的细胞，转变出形态、机能及化学构成上异质细胞的现象称为细胞分化。分化也是质的变化，从植物器官水平上讲，分化是新器官的出现。细胞的分裂、分化多在茎（或枝）端、根端的分生组织内进行，特别是茎端分生组织，它要进行叶芽和花芽的分化，由叶芽发展为茎叶，由花芽发展为花或花序。植物分裂、分化除了顶端分生组织外，在器官发生过程中形成的侧生、居间分生组织也能分裂和分化。所以，由于分生组织的不断分裂和分化，它使植物能够不断地生长和加粗。营养器官发生阶段主要是种子萌发后根、茎、叶等营养器官的生长，其分化比较简单，分化后生长占优势。

一、根的生长

植物的主根由胚根发育而来。根的生理功能是多方面的，如固定植株，从土壤中吸收水分和养分，合成细胞分裂素、氨基酸等。生长和吸收功能良好的根系是药材高产、稳产的基本保障，并且许多药用植物的根也是药用部位，如人参、丹参、党参、柴胡、三七、龙胆、何首乌、乌头等。

根的生长部位有顶端分生组织，也具有生长周期的特征。根也有顶端优势，主根的生长抑制侧根的生长，育苗移栽时切除主根可促进侧根的生长。环境条件影响根的生长，根的生长具有向地性、向湿性、背光性和趋肥性。根生长受阻后，长度和延长区减小、变粗，构造也发生变化，如维管束变小，表皮细胞数目和大小也改变，皮层细胞增大，数目增多。土壤水分过少时，根生长慢，同时使根木质化；土壤水分过多时，通气不良，根短且侧根数增多。

二、茎的生长

茎由胚芽发育而成，是植物体的营养器官，是绝大多数植物体地上部分的躯干。其上有芽、节和节间，并着生叶、花、果实等，具有背地性，有输导、支持、贮藏和繁殖功能。

植物的茎有地上和地下之分。地下茎是茎的变态，在长期进化过程中，为了适应环境的变化，形态构造和生理功能上产生了许多变化。药用植物常见地下茎的变态有根茎（如薯蓣、黄精和姜等）、块茎（如半夏、天麻和马铃薯等）、球茎（亦称实心鳞茎、鳞茎状块茎，如慈菇、石菖蒲、番红花和荸荠）、鳞茎（如百合、贝母、洋葱、蒜和水仙花等）。地下茎主要具有贮藏、繁殖的功能。地上茎的变态也很多，如叶状茎或叶状枝（如天门冬）、刺状茎（如山楂、酸橙的单刺，皂荚的分枝刺）、茎卷须（如瓜蒌、葡萄和黄瓜）等。

控制茎生长最重要的组织是顶端分生组织和近顶端分生组织。前者控制后者的活性，而后者的细胞分裂和伸长决定茎的生长速率。茎的节通常不伸长，节间伸长部位则依植物种类而定，有的均匀分布于节间，有的在节间中部，也有在节间基部。双子叶植物茎的增粗是形成层活动的结果，单子叶植物茎的增粗是靠居间分生组织活动。

三、叶的生长

叶是植物的重要营养器官，一般为绿色扁平体，具有向光性。植物的叶有规律地着生于茎枝的节上，其主要的生理功能是进行光合作用、气体交换和蒸腾作用。叶生长发育的状况和叶面积大小对植物的生长发育及产量影响极大。

茎端分生组织的周围经过细胞分裂和扩大，产生突起，形成叶原基。整个叶原基的细胞具有分裂能力，首先是顶端部分细胞分裂、使叶原基伸长形成叶轴。叶轴伸长的同时，边缘部分的细胞分裂，形成扁平的叶片。基部细胞纵向生长，分化为叶柄。禾谷类叶原基顶端细胞分生能力停止后，基部居间分生组织细胞分裂成上、下两部分，上方发育成叶片，下方发育成叶鞘。当叶片各部分形成之后，细胞仍然分裂和扩大，直到叶片成熟。单子叶植物叶片基部保持生长能力，例如，禾谷类作物叶鞘能随节间的生长而伸长，韭、葱等叶片被切断后，很快就能再次生长起来。

植物叶片的大小随植物的种类和品种不同差异较大，同时也受温、光、水、肥、气等外界条件的影响。单叶片自叶片定型至1/2叶片发黄的时期，称叶片功能期。衡量药用植物叶面积大小常用叶面积指数（leaf area index，LAI）表示，叶面积指数是指药用植物群体的总绿色叶面积与其所对应的土地面积之比。干物质产量最高时的叶面积指数称为最适叶面积指数，越过此值后，干物质积累量会下降。药用植物群体的叶面积指数随生长时间而变化，一般出苗时叶面积指数最小，随植株生长发育，叶面积指数增大，植物群体最繁茂的时候（禾谷类齐穗期，其他单子叶植物和双子叶植物盛花至结果期）叶面积指数达到最大。但当叶面积指数最大时，植物群体透光率最低，此后部分叶片逐渐老化、变黄、脱落，叶面积指数变小。在禾本科植物中，一般采用叶龄指数或叶龄余数衡量生育进程。叶龄指数（leaf age index）是指已出叶片数占主茎总叶数的百分数。叶龄余数（remaining leaf primordium number）是指还未抽出的叶片数。最适叶面积指数的大小因生产水平、药用植物种类和品种以及外界环境条件（特别是日照条件）而异，是决定药用植物种植和产量的重要指标。实践证明，叶片斜向上伸展、株型紧凑的药用植物，最适叶面积指数较大；而叶片平展、株型松散的药用植物，最适叶面积指数较小。

第四节　植物生长的周期性与相关性

一、植物的生命周期

一个植物体从合子经种子发芽，进入幼年期、成熟期，形成新合子的过程，称为植物的生命周期。根据生命周期不同可把植物分成：

（一）一年生植物

1 年内完成种子萌发、开花、结实、植株衰老死亡过程的植物。如薏苡、红花等。

（二）两年生植物

第一年种子萌发后进行营养生长，第二年抽薹、开花、结实至衰老死亡的植物。如当归、菘蓝等。

（三）多年生植物

每完成一个从营养生长到生殖生长的生命周期需 3 年或 3 年以上时间的植物。大部分多年生草本植物的地上部分每年在开花结实之后枯萎而死，而地下部分的根和根状茎、鳞状茎、块茎等则可存活多年。如人参、贝母、延胡索等。其中有一部分多年生草本植物能保持四季常青，该类植物每年通过枝端和根尖生长维持形成层生长，连续增大体积。多年生植物大多数一生中可多次开花结实，少数植物一生只开花结实一次，如天麻等。也有个别植物一年多次开花，如忍冬等。

一年生和两年生植物之间或两年生与多年生植物之间，有时是不容易截然区分的。如菘蓝、红花等。

二、植物的个体发育

植物从种子萌发开始到再收获种子为止的过程称为个体发育。以用种子繁殖的植物为例，可将植物的个体生长发育进程分为三个阶段。

（一）种子时期

种子时期是指从种子的形成至开始萌发的阶段。这个时期可分为胚胎发育期、种子休眠期、发芽期三个阶段。

健康的母本植株在良好的光照、水分和养分条件下，雌蕊柱头授粉，卵细胞受精，胚珠发育成为成熟种子。采收以后的成熟种子都进入到休眠状态，有的休眠时间长，如山茱萸、黄连；有的休眠时间短，如红花等。种子经过休眠之后，在适宜的温度、水分等条件下可萌发。

（二）营养生长时期

营养生长时期指植株的根、茎、叶等营养体生长旺盛期、休眠期。

种子萌发后进入幼苗期，也就是营养生长初期。多年生植物此时正是返青后开始抽生新苗和新枝的生长初期。这个时期，幼苗生长迅速，对温度适应能力较弱。如人参、黄连等药用植物，为防止强光照射，需适当为幼苗遮阴。幼苗期后植物进入旺盛生长期，按固定的遗传模式和顺序分生、分化，形成不同形态、结构的营养器官（根、茎、叶）。此时一年生植物根系、枝、叶生长旺盛，为下一阶段的开花、结实奠定营养基础。

两年或多年生植物，利用根、茎、叶生长剩余的光合产物积累养分，形成块根、块茎、球茎等贮藏器官（地下部分），如半夏、贝母等。其地上部分逐渐枯萎或者虽保持绿色但停止生长，进入休眠阶段，用以适应酷暑或严冬等不良外部环境。此时对植物应做好保护措施，以免遭受寒、热伤害，并尽量减少养分消耗。

（三）生殖生长时期

生殖生长时期是指植物在营养生长基础上，内部开始发生一系列质的变化，逐渐转向生殖生长，即孕蕾、开花、结实。这一时期可分为花芽分化期、开花期、结果期。

植物营养生长到一定时期，在一定外界因素诱导下，顶端分生组织代谢类型发生变化，使其形态、结构也发生变化，生长锥发生花芽分化。作为植物由营养生长变到生殖生长的转折点，花芽分化是植物从幼年期转向成熟期的标志。此时的植物对温度、光照、水分最敏感，过高或过低的温度以及干旱、光照都会影响开花。花经授粉、受精后，子房膨大形成果实。多年生植物开花结实的同时仍保持营养生长以形成贮藏器官。此时是果实、种子类中药材保证产量的关键时期，应供足水肥以利果实饱满成熟，并使茎叶等营养器官正常生长，使其养分输入果实、种子之中。

三、植物生长发育的周期性

自然界中的一切生命都是由太阳辐射流入生物圈的能量来维持的，植物生长也不例外。但是，由于地球的公转与自转，太阳辐射能量呈周期性的变化，因而与环境条件相适应的植物有机体的生命活动，也表现出同步的周期性变化。

（一）植物生长曲线和生长大周期

植物个体的生长，不管是整个植株的增重、茎的伸长、叶面积的扩大，还是果实、块茎体积的增加，都有一个生长的速度问题。当植物生长到一定阶段后，由于内部和外部环境（包括空间、水、肥、光、温等条件）的限制，使植物生长的基本方式呈现"慢－快－慢"的"S"形变化曲线，这种曲线称为植物生长的 Logistic 曲线。这种生长速度呈周期性变化所经历的三个阶段过程称为生长大周期，或称大生长周期（grand period of growth）。

植物生长过程中每一器官发育时期的长短及生长速度，一方面受该器官生理机能的控制；另一方面又受到外界环境的影响。果实的生长速度受种子发育及种子数量的影响很大。利用这些关系，可以通过栽培措施控制产品器官（块茎、果实等）的生长速度及生长量，以达到高产的目的。植物生长周期的规律表明，任何需要促进或抑制生长的措施都必须在生长速度达到最高前时使用，否则任何补救措施都将失去作用。

（二）季节周期性

一年四季中，植物的生长过程也表现出明显的周期性。自然界里，温带多年生植物在春季温度开始回升时发芽、生长，继而出现花蕾；夏、秋季高温下开花、结实及果实成熟；秋末冬初低温条件下落叶或枯萎，进入休眠。各种植物在各地生长的物候虽有早迟，但都有它自身的年生长周期。北方生长的多年生植物，随着秋季日照的缩短，气温逐渐下降，植物为了适应这些变化，落叶树的叶片凋萎，多年生草本植物地上部分随之黄枯，植株呼吸强度减弱（仅为生长季中正常呼吸强度的一半），体内淀粉转化为糖类以增强抗寒能力，植物随之进入冬季休眠。在另一些地区，夏季干燥而炎热，一些植物代谢强度下降，生长停止，进入夏季休眠；待到炎夏过去，这些植物重新长出新叶，恢复生长。成熟的种子也是处于休眠状态。所以，休眠是植物在进化过程中所形成的对不良环境适应性的表现。就温度而言，只有在季节温度变化符合植物各个时期的生育进程所要求的最适温度时，植物才会有良好的生长发育。药用植物体内某些有效成分含量的高低，有时也呈现周期性的变化，这对于确定中药材的适宜采收期有很大关系。例如，三棵针在营养生长期与开花期小檗碱的含量变化不大，到了结果期，其含量可增加一倍以上。

（三）日生长周期性

植物在一天的生长进程中，经历白昼与黑夜，必然受到昼夜节奏生长因子的影响，也表现出周期性变化。在日生长周期中，植物生长速度和温度的关系最密切。植物正常的生长发育既需要光与暗的昼夜节奏，也要求温度有昼夜差异。通常在植物体内水分不亏缺的条件下，白昼适当高温有利于光合作用增强，夜间适当低温使植物呼吸作用减弱，减少对光合产物的消耗，净积累增多。在一定温度范围的昼夜变化中，昼夜温差越大，植物的产量就越高，品质就越好。另外，植物在夜间的生长常较白天为快。这在某种程度上是由于白昼光照加强，温度升高，蒸腾强度大，易使植物发生水分亏缺；而光照强，对细胞延伸也起抑制作用。夜间气温下降，蒸腾作用低，水分充足，因而加速植物生长。值得注意的是，植物自身体内要求的光暗或温度高低的昼夜节奏性要与生态环境的节奏性相吻合。如果生态节奏与植物内部节奏不同步，势必引起植物体内代谢发生紊乱，导致生理障碍。例如，将喜温植物昼夜24h都放在恒温的人工气候室中，将导致其生长发育不良，甚至不能正常开花结实；如调节温度，使其处于较高的日温和较低的夜温条件下，以符合其内部节奏，则植物生长良好，产量、品质均明显提高。

四、植物生长的相关性

高等植物的各种器官是一个统一的整体。植物的生长区域在植物体内有一定的布局，器官的出现有主次、依从关系，各器官具有特殊的生理机能，彼此之间存在着相互联系。任何一个器官在生长过程中都受其他器官的影响。例如，根的数量与活力受到叶的光合产物的影响，花、果的数量取决于营养体的大小等。植株体内不同器官之间相互依存、相互依赖、相互制约的这种关系称为生长的相关性。

生长相关的机制是多种多样的。有的是由于有机营养物质供应与分配的结果，有的是一种器官比其他器官消耗更多的水分与矿质盐类的结果，还有的是由于各种植物激素调节的结果。在药用植物生产上，常利用肥水管理、合理密植及修剪、摘心、整形等措施调整各部分间生长上的相互关系，以达到产品器官高产优质的目的。

（一）顶芽与侧芽、主根与侧根的相关性

植物的顶芽和侧芽由于发育迟早的不同以及所处的位置不同，在生长上有着相互制约的关系。主茎顶端在生长上占有优势的地位，影响侧芽的生长。植物主茎的顶芽抑制侧芽或侧枝生长的现象叫做顶端优势（或先端优势）。由于顶端优势的存在，决定了侧芽是否萌发生长、侧芽萌发生长的快慢及侧枝生长的角度。不同植物顶端优势强弱不同，有的顶端优势明显，有的则不明显。

很多植物的根也有顶端优势。主根与侧根的关系也和茎相似，主根生长旺盛，使侧根生长受到抑制。一般侧根在距主根根尖一定距离处斜向生长，当主根生长受到抑制时，侧根数量增多。去掉主根，侧根生长速度则加快。育苗移栽时，主根受伤或被截断，可使侧根生长加快，根冠比（root shoot ratio，R/T）增大，肥水吸收更多，有利于地上部分生长，对培育壮苗是很重要的。

顶芽抑制侧芽生长与内源激素水平及营养有关。植株顶端形成生长素（IAA），通过极性传导向基部运输，侧芽对生长素敏感，而使其生长受抑制，离顶芽越近，生长素浓度越高，抑制作用也越明显。同时，顶端优势强弱与不同内源激素的相互作用有关。试验表明，如果用激动素（KT）处理侧芽，可促进侧芽萌发、生长；并且经激动素处理后的侧芽，再用生长素处理枝条顶端，则生长素不起抑制侧芽生长的作用。如果用赤霉素处理枝条顶端，可加强生长素的作用，从而加强顶端优势；但在去除顶芽的植株上，赤霉素不能代替生长素抑制侧芽萌发生长。一般认为，顶芽形成的生长素能保持植株的顶端优势，而根部形成的细胞分裂素（CTK）则促进侧芽萌发，从而消除顶端优势。因此，一种植物是否存在顶端优势，取决于这两种激素的互相竞争，即 IAA/CTK 的大小。也有人认为，侧芽不萌发是由于侧芽中抑制剂含量较多的缘故。所以，顶端优势受植物体内多种激素的平衡调节。在不同植物中，影响顶端优势的激素种类可能不同。

从解剖形态来看，侧芽与主茎之间没有维管束连接，侧芽处于有机物运输的主流之外，得不到充分的养料供应。相反，顶芽内产生生长素，代谢旺盛，输导组织发达，使顶芽成为生长中心。顶芽是竞争能力很强的代谢库，它比侧芽得到更多的营养物质，从而加强顶端优势。在营养缺乏的情况下，这种表现更为明显。

在生产上，有时需要利用和保持顶端优势。例如，玄参打顶使侧枝大量萌发而耗费营养，造成增产不明显。有时则需要消除顶端优势，以促进分枝生长。例如菊花摘心可增加分枝数，以提高花的产量。

（二）地上部分与地下部分的相关性

植物的地上部分与地下部分有着相互促进、相互制约的相关性。"根深叶茂"指的是地上部分和地下部分相互促进、协调生长的现象。一般情况下，根系生长旺盛的植物地上部分枝叶也多，地上部分生长良好又会促进根系生长。而植物根系与植物地上部分

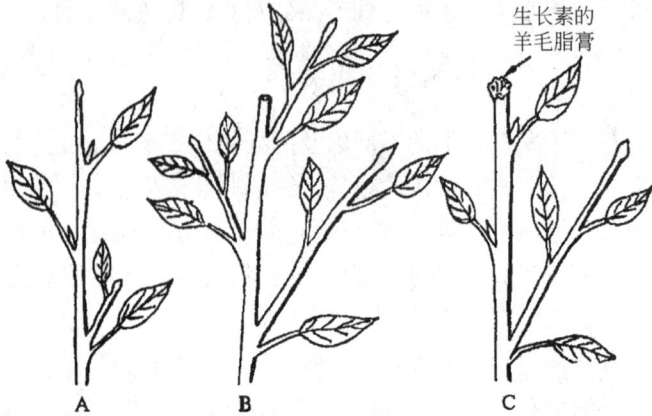

图7-4　顶端优势示意图（引自陈润政等《植物生理学》）

A：顶芽的存在，使下面的两个侧芽处于休眠状态，最下面的芽已开始生长

B：顶芽切除后，三个侧芽均已长出 C：顶芽切除后，涂上含有生长素的羊毛脂膏，

侧芽和 A 一样，处于休眠状态

的关系，依赖于营养物质和生长调节物质的相互交换。通常用根冠比来表示两者的生长相关，即植物的地下部分和地上部分的质量（鲜重或干重）之比。

植物地上部分生长消耗大量水分，主要依靠根系供应，因此增加土壤有效水的措施必然有利于地上部分生长；而地上部分生长旺盛消耗大量光合产物，使输入根系的光合产物减少，又会削弱根系生长，从而使根冠比减小。干旱时，由于根系的水分环境比地上好，所以根仍能较好地生长，而地上部分则由于缺水生长受阻，光合产物就可能输入根系，有利于根的生长，使根冠比变大。所谓"旱长根，湿长苗"就是这个道理。

植物地上部分处于大气中，氧的供应比较充足，而根系在土壤中，氧气的供应受到抑制。如果土壤通气良好，有利于根的生长，吸收水肥就多，地上部分生长也好，使根冠比稍有增加。反之，土壤通气不良，根系生长受阻，地上部分生长也受抑制，使根冠比变小。所以，凡能改善土壤通气状况的措施均有利于根的生长。

凡能增加糖类含量的措施，就有利于根的生长，使根冠比增大。如果增加光强，则光合产物增加，输入根系的光合产物也多，有利于根部生长，使根冠比变大。

N 素是细胞生长必需的物质。N 素供应过多时，根部合成大量氨基酸，大部分氮化物运往地上部分参与蛋白质的合成，使茎叶生长旺盛。但同时消耗糖分也多，减少进入根部的糖分，影响根系生长，从而使根冠比减少。相反，缺 N 时根部生长所需的氨基酸仍可保证，但运向冠部的减少了，使冠部蛋白质合成受阻，地上部分生长减慢，消耗的糖分少，于是根部的输入增加，使根系生长正常或接近正常，因而根冠比变大。由于施 N 肥多不利于根系生长，干旱时植物地上部分蒸腾失水多，抗旱力减弱，因此干旱地区不宜多施 N 肥。P 在糖类的转化和运输中起着枢纽的作用，增加 P 肥，利于枝叶内糖类向根部运输，促进根系的生长，使根冠比增大。相反，缺 P 时根系生长减慢，使根冠比变小。当土壤缺 Fe 时，根冠比下降。因为缺 Fe 使叶绿素合成受阻，光合作用减弱，输入根部的糖减少。同时，由于缺 Fe 使根系呼吸作用减弱，从而影响根的生长。另外，当土壤缺硼（B）时，会影响糖的运输，使根尖细胞分裂受阻，从而根冠比变小。所以增施 B 肥可改善根群生长。

植物根冠比是随季节而变化的。根系生长的最适温度比地上部分略低些，一般气温较温暖时更有利于冠部生长，使根冠比减少。气温较低时不利于冠部生长，使根部糖的供应量增加，根冠比变大。从深秋到冬初，气温逐渐下降，越冬植物（如红花）地上部分生长逐渐缓慢直至停止，但根部还在继续生长。春天气温逐渐增高时，春播作物根系生长较快，地上部分的生长也在加快

薯蓣、白芷、地黄等以收获地下器官为主的药用植物，在栽培过程中，其根冠比对产量的影响关系很大。以薯蓣为例，在生长前期，以茎叶生长为主，需要大量叶片进行光合作用，故需充足的 N 肥，以促进地上部分生长，根冠比较低。当薯蓣生长进入生长中期以后，应使茎叶生长缓慢或停止，让地下根茎迅速长大，根冠比提高。到后期，则以薯蓣中的淀粉积累为主，此时如果茎叶生长旺盛，会消耗大量光合产物，不利于生长。因此，后期应减少 N 肥供应，增加 P、K 肥（P 肥有利于光合产物运输，K 肥有利于淀粉积累）以促进地下根茎膨大，使根冠比达到最大值。

药用植物的修剪对其根系生长的影响程度，随修剪的时期和修剪的轻重不同而有所差别。例如，夏季修剪，减少光合面积，从而减少入根的糖分，抑制根的生长。而地上部分由于枝叶减少，残存的枝叶肥水条件得到改善，增加了枝叶的生长量，致使根冠比变小。所以夏剪应根据植株的茎叶生长情况而适量修剪。冬剪不宜太早，应安排在寒冬腊月，防止诱发枝梢再抽冬梢而消耗养分。修剪植物根系可促进根系进一步生长，使根冠比增大。因此，移栽时除去部分根系，有利于侧根生长，有利于发棵成活，根系生长会更好，使根冠比增加。通过中耕、施肥或深翻，切断部分根系，起到根系修剪的作用。

总之，地上部分和地下部分生长的相互影响，主要是通过物质的分配实现的，而这种物质的相互调剂有时受环境条件的影响。在药用植物的生长中，适当调整和控制根和地下茎类药用植物的根冠比，对其产量的提高有很大作用。植物在生长前期，以茎叶生长为主，根冠比达到较低值。对根和地下茎类药用植物来说，在生长前期要求较高的温度、充足的土壤水分和适量的 N 肥；生长后期，随着土壤温度降低，施足 P 肥，使根冠比增大，可提高产量。

（三）营养生长与生殖生长的相关性

植物的营养生长和生殖生长之间存在着相互依赖、相互制约的辩证统一关系。营养生长是生殖生长的基础，即生殖器官的绝大部分养分是由营养器官同化合成的。只有在根、茎、叶生长良好的基础上，到一定时候才能有花芽分化，开花结实。植物体在没有达到一定年龄或生理状态之前，即使满足了所需的外界条件，也不能开花。只有达到某种生理状态（花熟状态），才能感受所需求的外界条件而开花。因此生殖生长的生理学基础是由遗传内因所决定的。在生产上，人们用协调生殖生长和营养生长间的依赖关系，在达到提高营养生长（提高代谢源的潜力）的基础上，促进生殖器官的生长（增

加代谢库的容量)。

营养生长与生殖生长之间不协调,造成相互对立,对生产不利,表现在营养生长过旺,会推迟生殖生长。由于营养物质过多地消耗于营养器官的生长上,而使生殖器官发育不良,从而造成落花落果等。相反,营养生长不良,生殖器官也得不到充足养分,花果少而小,产量低。因此,对于一年生一次结实的作物,要求营养生长必须先快发、后防衰,以保证其生殖器官得到充足的养分供应而正常发育。

山茱萸等木本果实类药材在产量上常有大小年现象。这种大小年现象也是由于营养生长和生殖生长不协调所引起的。其原因主要有以下几点:

1. 与树体的营养条件有关　当树体结实过多时,营养大量消耗于果实上,削弱了当年枝条的生长,使枝条中储备的养料不足,花芽形成受阻、数量减少、发育不良,致使第二年花果数减少,坐果率低,造成产量上的小年。由于小年结实少,消耗有机营养少,使树体积累营养较多,枝条生长良好,促使结果母枝数量增加,并有足够的养分集中于花芽的形成上,花芽多而饱满,使次年硕果累累,形成了大年。这样周而复始,使果树产量不稳定。

2. 与体内的激素变化有关　激素水平,特别是赤霉素水平的变化会影响花芽的分化。由于大年形成的果实多,种子也就多,种子中产生的赤霉素也多,抑制了树体的花芽分化。例如,苹果结实过多时,能抑制果实附近的果台副梢形成花芽,不能连续结果,形成第二年花量少的小年。当结果少时,种子量也少,产生的赤霉素少,花芽分化就多,从而造成下一年形成大年。生产上常用修剪及生长调节剂来疏花疏果,调节营养生长和生殖生长的矛盾,以确保年年丰收。

(四)极性与再生

极性是指植物体器官、组织或细胞的形态学两端在生理上具有的差异性(即异质性)。极性是分化的第一步,只有在细胞中建立了极性之后,才能形成有一定特点的形态结构。极性是在受精卵中已形成,一直被保留下来的。当胚长成新植物体时,仍然明显地表现出极性。如果取下一段枝条,其形态学上端(远基端)总是长出芽,而形态学下端(近基端)总是长出根。即使把枝条侧挂在潮湿的环境中,仍然是形态学上端长芽,下端发根。不同器官极性的强弱不同,一般来说,茎 > 根 > 叶。

极性产生的原因与生长素的极性运输有关。由于生长素在茎中极性运输,集中在形态学的下端,使形态学下端的生长素/细胞分裂素的比值较大,从而促使形态学的下端发根,上端发芽。另外,由于不同器官生长素的极性运输强弱不同(茎 > 根 > 叶),因此使不同器官的极性强弱也相应不同。由于茎的极性强,所以扦插繁殖时,应注意将形态学下端插入土中,而不可倒插。

再生能力就是指植物体离体的部分具有恢复植物体其他部分的能力。不仅是植物的器官具有再生能力,而且利用组织培养技术,也可使植物的单个细胞或一小块组织再生出完整的植株(或先诱导出愈伤组织,再由愈伤组织诱导出植株),甚至分化程度很高的生殖细胞(花粉)也能诱导出完整植株。生产上的扦插、分根等无性繁殖,就是植物再生能力的实践应用。

第五节　植物的运动

植物的整体不能自由移动，但是，植物的器官却可以在空间位置上有限地移动，此即植物的运动（plant movement）。植物的运动可以分为向性运动、感性运动和近似昼夜节奏的生物钟运动。根据引起运动的原因又可以分为生长性运动和膨胀性运动。生长性运动是由于生长的不均匀造成的，而膨胀性运动是由于细胞膨压的改变造成的。

一、向性运动

向性运动（tropic movement）是指植物的某些器官由于受到外界环境中单方向的刺激而产生的运动。它的运动方向取决于与外界刺激所存在的方向。根据刺激因素的不同，向性运动又可以分为向光性、向重性、向化性和向水性运动等。向性运动都是由于生长不均匀引起的，属于生长性运动。

（一）向光性

植物受外界环境中光照方向的影响而弯曲生长的能力称为向光性。植物器官的向光性又可以分为正向光性、负向光性和横向光性。正向光性是指器官向着光源的方向生长，一般植物的地上部分向光生长，如向日葵、马齿苋等有正向光性；负向光性是指植物的器官向远离光源的方向生长，一般植物的地下部具有负向光性，如芥菜根和常春藤的气生根背光弯曲；横向光性是指器官保持与光照方向垂直的能力，如叶片通过叶柄的扭转使其处于对光线适合位置的特性。

不同波长的光所引起的向光性反应不同：蓝紫光最强，黄光最弱，红光居于二者之间；向光性的作用光谱与 β - 胡萝卜素及核黄素（riboflavin）的吸收光谱极为相似。因此，许多学者推测，这两种色素可能是光的直接受体。

（二）向重性

植物在重力的影响下，保持一定方向的特性，称为向重力性，简称向重性。植物的根系顺着重力的方向向下生长，称为正向重性；植物的地上部分具有背离重力的方向向上生长，称为负向重性；地下茎以垂直于重力的方向水平生长，称为横向重力性。将幼苗横放一段时间后就会观察到茎会弯曲向上生长。近年来的太空无重力试验结果表明，在没有重力的情况下，植物的根和茎都不会发生弯曲。

（三）向化性和向水性

植物的根系具有总朝着土壤中肥料含量较高的地方生长的特性。花粉管的伸长生长总是朝着胚珠的方向进行的，被认为是胚珠细胞分泌的化学物质所引起的。这种由于某些化学物质在植物体内外分布不均匀所引起的向性生长，称为向化性。向化性在指导植物栽培中具有重要意义。生产上采用深耕施肥，就是为了使根系向深处生长，从而可以吸收更多营养。

向水性是指当土壤中水分分布不均匀时，根总是趋向较湿润的地方生长的特性。

二、感性运动

感性运动是指植物受无定向的外界刺激（如光暗转变、触摸等）所引起的运动，运动的方向与外界刺激的方向无关。根据外界刺激的种类可分为感夜性、感热性和感震性等。有些感性运动是由于生长不均匀引起的，如感夜性和感热性；另一些感性运动是由细胞膨压的变化所引起的，因而也称为紧张性运动或膨胀性运动，如感震性。

1. 感夜性　感夜性是指一些植物的叶子（或小叶）白天挺拔张开，晚上合拢或下垂（如合欢、含羞草等），以及花白天开放、晚上闭合（如蒲公英）或晚上开放、白天闭合（如紫茉莉）的现象。感夜运动是因为光线变化引起的，植物的光敏色素在接受光暗变化的刺激中起着重要作用。

2. 感热性　植物对温度变化起反应的感性运动，称为感热性。例如，番红花的开放或关闭受温度变化的影响，在温度升高时，花果开放；温度下降时，花瓣合拢。将番红花从较冷处移到温暖处，很快就会开花。

3. 感震性　含羞草叶片的运动是典型的感震性运动。当含羞草的部分小叶受到震动时，小叶迅速成对合拢，复叶下垂，甚至使整体植物的复叶下垂。经过一定时间后，植株又可以恢复原状，这种感受外界震动而引起植物运动的特性，称为感震性。

三、生物钟

植物的一些生理活动具有周期性和节奏性，而且这种周期性是一个相对独立于外界环境条件的，以近似昼夜周期节奏自由运行的过程，称为生物钟。菜豆叶片的运动就是一种近似昼夜节奏。在白天，菜豆叶片呈水平方向排列，夜晚则呈下垂状态，这种周期性的运动在连续光照或连续黑暗以及恒温的条件下仍能够持续进行，而且运动的周期约为27h。此外，气孔的开闭、蒸腾速率的变化、细胞膜的通透性等也具有近似昼夜节奏的特性。

生物钟具有两个特点：一是生物钟的运动可被调拨，由于其昼夜节奏周期不是正好24h，那会导致相反运动的出现，即叶片白天下垂，夜晚平展，但事实并非如此。在自然条件下，生物钟的周期性运动与昼夜变化是同步的，这说明其节奏周期经常被调拨，但不能被黑暗调拨。二是生物钟的运动周期对温度不敏感（温度系数为 $1.0 \sim 1.1$），说明它不是以化学变化为基础的。据研究，菜豆叶片的运动是由于叶枕两侧的运动细胞发生周期性的紧张度变化引起的；运动细胞紧张度的变化则受 K^+ 与 Cl^- 出入其液泡所调节；而 K^+ 与 Cl^- 移动又受光的调节。白天在光的刺激下质膜与液泡膜透性改变，使 K^+ 与 Cl^- 由细胞间隙进入液泡，水势降低，导致细胞吸水膨胀，于是叶片呈水平伸展状态；夜间（黑暗）过程完全逆转，叶片下垂。也有人推测，光敏色素可能参与膜透性的调节。

第六节　植物的生殖

当植物生长到一定年龄后，植物体受到外界条件的刺激（主要是日照和温度的季节性变化）引起生长锥发生花芽分化，然后现蕾、开花、结实形成种子。因此，花芽分化是营养生长到生殖生长的转折点。

一、成花诱导生理

春化作用和光周期现象是对成花作用的诱导过程。而开花的过程是顶端分生组织在经过光和低温等外界环境条件诱导后，从营养生长向生殖生长转换，从而分化出花芽的过程，花芽分化的时期和方式是由植物的基因型决定的，并在一定外界环境的影响下表达出来。

（一）年龄与成花诱导

植物体要达到一定年龄或生理状态才能感受所需要的外界条件而开花。植物在能对环境反应之前必须达到的生理状态，叫做花熟状态（ripeness to flower state）。在花熟状态之前的时期称为幼年期（juvenile phase）。幼年期的长短因植物种类而异，有的植物的幼年期很短，如日本牵牛几乎没有幼年期；有的植物具有相当长的幼年期，如许多木本植物的幼年期长达几年到十几年。植物达到花熟状态后一旦遇到适宜的环境条件，就开始花芽分化。

幼年期向成熟期的转变，往往可从形态上反映出来，尤其是对于一些木本植物来说，例如叶片形状、叶片在茎上的排列、长刺或生根能力等均发生变化。一年生双子叶植物菜豆个体发育初期为简单的初生叶，以后长出具三小叶的叶片。常春藤其幼年叶有3~5个缺裂的掌状叶，生长习性为匍匐藤，成年叶为无缺裂的卵状叶，植株发育成灌木状并开花。

年龄与光周期反应之间有一定的关系。因为感受光周期刺激的部位是叶，而分化花芽部位是芽，要感受光周期刺激，叶片必须达到一定的年龄。所谓叶的个体年龄，是指叶的生长节位，节位愈高，个体愈老。苍耳长出4~5片完全展开叶时，才有接受光周期诱导的能力，而就生理年龄来说，刚刚充分展开的叶对光周期最敏感，幼叶和老叶的敏感性较低。景天科大叶落地生根是具有长幼年期的长短日植物，当把其处在幼年期的芽嫁接到已经分化花芽的植株上时，此芽不久即分化为花芽。可见，无论芽多么年幼，只要叶达到一定年龄时就可感受光周期，引起开花诱导。这里说的叶的年龄不是指叶本身的生长年龄，即从发现原基开始的时间，而是指个体发育的年龄，如不同生长节位的叶。就生长年龄来说，充分展开的叶对光周期最敏感，而幼叶和老化叶的敏感性低。植物年龄很老时，虽然光周期条件不适于该植物花芽分化，也常看到花芽分化现象，这可能是由于生长点上碳水化合物等营养物质累积的结果。

在春化作用中，植物年龄与它对低温反应之间也有一定关系，不同发育年龄植物对春化作用有不同的敏感性。例如，月见草至少达到 6 ~ 8 片叶片后才能进行有效的春化。对当归来说，苗龄对抽薹的影响也很大，根重相同时，苗龄大的早期抽薹率高。如用 3 年生采收的种子育苗，苗龄大于 150 天的 100% 早期抽薹，苗龄小于 70 天就没有早期抽薹现象。用 2 年生采收的种子育苗，苗龄标准还要低。月见草至少要有 6 ~ 7 片叶才能通过春化。

（二）成花诱导生理

植物的开花是个体发育过程一个重要的阶段，是从营养生长向生殖生长的质的转变过程。开花的遗传程序是茎顶端细胞中固有的，只是在适当的时间、适合的条件下表达出来。在一些植物中，其开花对环境条件没有特殊严格的要求，只要生长到足够大小以及一定的发育阶段后，就可以开花，这种植物的开花称为自发诱导。而另一些植物，只有在环境条件适合时，才拨动开花时钟，如需光周期和春化诱导的植物。在这种植物中，由植株的哪一部分接受光、低温等外界信号而诱导开花是一个十分重要的问题，这是因为如果感受的部位不是茎端分生组织，信号就有一个从感受部位到茎尖分生组织长距离运输的过程。

1. 光周期 当菊花全部植株培育在长日照下时不开花，全部培育在短日照下时茎顶端开花。当把菊花的下部叶片处于短日照下，而只给顶芽以长日照，则顶端生长点分化出花芽。反之，把叶片改为长日照处理，而把顶芽按时遮蔽给以短日照处理时，顶芽分生组织不能分化，仍保持营养生长状态。说明叶片是感受光刺激的部位。有人把短日植物苍耳的一片叶用短日照处理，即使植物其余部分暴露在长日照下，仍然引起花芽分化。取短日植物红叶紫苏的一枚离体叶作材料，给予短日处理，然后把它顺序嫁接到处在长日下的非诱导植株上，结果诱导了非诱导植株的开花，表明离体的叶片也可能接受光周期刺激。

在一定条件下，植物的其他部分也可能接受光周期刺激。如一种藜去叶后仍能接受短日照条件的诱导而成花。在这种情况下，接受光周期诱导的器官可能是茎，也可能是顶芽中非常年幼的叶。

在光周期诱导中暗期的作用更为重要。例如，用短时间的黑暗打断光期，并不影响光周期诱导的结果；但是，如果用闪光中断暗期，则使短日植物不开花，处于营养生长状态，相反却诱导了长日植物开花。此外，在短日照条件下，缩短黑暗抑制短日植物开花，促进长日植物开花，在长日照条件下延长黑暗，诱导短日植物开花，抑制长日植物开花。但是光期过短也会影响花芽分化，如短日植物在日照短于 2h 的条件下，就不开花。利用植物光周期反应的这个特点，可鉴定植物类型和调节开花。利用不同波长光的闪光试验发现，中断暗期最有效的光是红光（R），即在暗期利用红光进行闪光处理，结果是抑制短日植物开花，而诱导长日植物开花，但在红光照射之后立即用远红光（FR）照射，暗期中断的效应消失，即红光的暗期中断效应被远红光所抵消。这种反应可反复多次，而植物能否开花则决定于最后一次照射的是红光还是远红光。对短日植物来说，红光抑制开花，远红光促进开花；对长日植物而言则恰好相反，红光促进开花，而远红光则抑制开花。

一般认为，光周期诱导的光强约在 50 ~ 100lx。因此认为，植物每天光周期诱导的开始与停止的时间是太阳处于地平线下6°时的清晨与傍晚，在这期间的光照强度均可以满足光周期诱导的需要。

2. 春化作用 春化作用是指由低温诱导性的影响而促进植物发育的现象。需要春化的植物有冬性的一年生植物（冬性谷类作物）、大多数两年生植物（当归、白芷、牛蒡、芹菜）和有些多年生植物（菊花）。这些植物通过低温春化之后，要在较高的温度下，并且多数还要求在长日照条件下才能开花。所以，春化过程只对开花起诱导作用。

药用植物通过春化的方式有萌动种子的低温春化（芥菜、大叶藜、萝卜等）和营养体的低温春化（当归、白芷、牛蒡、洋葱、大蒜、芹菜、菊花等）。

萌动种子感受低温诱导的部位是胚，春化处理掌握好萌动期是关键，控制水分是控制萌动状态的一个有效方法。春化处理的时间因植物种类（或品种）而异，芥菜20天，萝卜3天，通常是10 ~ 30天。营养体春化感受低温诱导的部位是茎尖生长点，处理必须是在植株或处理器官长到一定大小时进行。没有一定的生长量，即使遇到低温，也没有春化反应。例如当归幼苗根重小于0.2g对春化无反应，大于2g的根春化后百分之百抽薹开花，根重在0.2 ~ 2g间，抽茎开花率与根重、春化温度和时间有关。这个所谓一定大小的植物标志，可以用日龄、生理年龄、茎的直径、叶片数目或面积来表示。营养体春化部位主要是生长点，有些药用植物（芥菜、萝卜等）是在种子萌动时期通过春化阶段，大多数药用植物是在幼苗期或植株更大时，通过发育的低温阶段。

春化作用是温带植物发育过程表现出来的特征。它们对低温的要求，因植物种类或品种的不同而有差别。如芥菜0℃ ~ 8℃、萝卜5℃，对大多数要求低温的植物来说，1℃ ~ 2℃是最有效的春化温度。要是有足够的时间，－1℃ ~ 9℃范围内都同样有效。一般来说，冬性越强，要求春化的温度越低，要求春化的时间也越长。不同类型的植物对低温的反应也不同，如一年生冬性植物春化时要求的低温是量的反应，或者说是相对的需要。当低温处理的时间缩短时，从播种到开花的时间延长；当春化处理的时间延长时，从播种到开花的时间缩短。此外，如果春化温度稍偏高，这类植物从播种到开花的时间也将延长。但是，对于一些两年生植物春化时对低温的要求则是质的反应，或者说是绝对的需要。因为第一年只形成莲座状的营养体，越冬时必须经过几天至几周的略高于0℃的低温，才能于第二年初夏抽茎、开花、结实，否则，就一直保持营养生长状态。

试验表明，植物通过春化作用需要适当的含水量。例如将已萌动的小麦种子干燥处理，使其含水量低于40%时，用低温处理，则不能通过春化，即40%是小麦种子通过春化的临界含水量，而活跃生长时的含水量为80% ~ 90%。

许多要求低温春化的植物是属于长日照植物（菊花例外，是春化短日植物），这些植物感受低温之后，必须在长日照下才能开花。而这些植物的春化与光周期的效应有时可以互相代替或互相影响，如甜菜是长日植物，如果春化期限延长，就能在短日照下开花；大蒜鳞茎形成也有光周期现象，即鳞茎形成要求长日照条件，但用低温处理后，在短日照下也可形成鳞茎。低温长日照植物用一定浓度赤霉素处理后，不经过春化及长日照条件也能开花。

在春化作用真正结束之前，把植物放到较高的温度下，低温的效果可被消除，即不能诱导植物成花。这种由高温条件解除春化的现象称为去春化作用。一般说来，解除春化的温度为 $25℃\sim40℃$。此外，缺氧也能解除春化。通常，春化时间愈长，去春化愈困难。在高温下去春化之后，在低温下又可重新春化。这种去春化之后，再次恢复春化的现象称为再春化作用。

（三）植物生长调节物质与开花

植物激素和人工合成的生长调节物质能直接影响植物生长发育的几乎每一个过程。当浓度适当时，它们能够诱导一种植物开花，或抑制另一种植物开花。有时一个化合物在一种浓度时起抑制作用，而在另一浓度时起促进作用。

1. 赤霉素（GA） 许多长日植物在不利花芽分化的环境条件下，植株呈莲座状，到环境条件适合时，花茎伸长，随之花芽分化。当外源施用赤霉素时，可使长日植物在非诱导条件下，如短日下开花。但赤霉素对植物开花的效应是复杂的，例如莲座状长日植物拟南芥菜，当生长阻抑剂阻碍了长日下的抽薹、开花时，GA 的施用可以克服这种阻碍，表明 GA 是其主要的开花控制因子。但对另一种莲座状长日植物菠菜来说，当生长阻抑剂阻碍抽薹时，大大减少 GA 的含量，却不影响开花，GA 似乎又不是主要控制因子。此外，有些莲座状植物以 GA 处理仍不开花，有些植物 GA 在开花中起着一部分作用。而在某些多年生植物，如短日植物草莓，长日植物倒挂金钟，短长日植物早熟禾、雀麦，日中性植物番茄、苹果等，GA 是其开花诱导的抑制剂。

出现这种复杂现象的原因可能有：①不同种类的 GA 对不同植物起不同的作用，例如 $GA_{4/7}$ 对松科植物开花起作用，而 GA_3 不起作用；GA_3 对苹果开花有抑制作用，G_4 有促进作用。②GA 施用的时机会影响其作用，如葡萄，在成花过程的早期原基阶段 GA 施用起促进作用，当细胞分裂素逐渐成为主要促进阶段时，GA 反而起抑制作用。

赤霉素除了代替日长和低温环境信号外，较少极性的 GA 还能促使裸子植物几个科处于幼年期的植物开花。一些松柏科植物从幼年期至花前成熟阶段往往需要几年的时间，但外源施用 GA 后，可使花期大大提前，例如用 GA 处理西方红雪松幼苗，当苗 4cm 高时（3 个月）就能开花，小孢子叶球的产生从通常需要 $4\sim5$ 年时间缩短为 55 天。

2. 生长素和乙烯 在一些植物中，生长素在低剂量时，呈现对开花促进作用，在高剂量时为抑制作用。高剂量的抑制作用，或者是由于抑制了一般的生长，或者是由于生长素诱导了乙烯生物合成。

生长素可引起一些凤梨科植物开花。在外源使用生长素时，IAA 一般是无效的，它很快被植物酶分解，必须用人工合成的生长素，如 NAA。生长素处理可能引起乙烯合成，而乙烯可刺激凤梨科植物开花。用乙烯或 ACC 处理凤梨科的果子蔓，或震摇该植株 15 秒（推测促使产生乙烯），均能促进其开花。反之用 AVG 处理，由于抑制了乙烯生成，也就阻止了开花。这表明，乙烯可能是果子蔓和其他一些凤梨科植物的开花控制因子。

3. 细胞分裂素 外源施用细胞分裂素可以促进或抑制许多植物开花，促进作用往往多于抑制作用。在缺少光周期诱导时，用苯甲酸和细胞分裂素顺序处理导致短日植物浮萍的开花。对于藜，细胞分裂素是促进开花还是抑制开花取决于细胞分裂素施用的剂量和处理的时间。细胞分裂素的作用还常常与其他植物生长调节物质存在与否有关，例如，当有 GA 存在时，细胞分裂素对藜的开花促进作用大大增加。

除了上述植物激素以外，还有一些化学物质，如脱落酸、多胺、酚类物质，都对植物开花有某些影响。但至今没有证据能说明这些植物激素和化合物与所谓的开花刺激物的关系，只是赤霉素呈现出与植物开花有更密切的关系。

（四）植物发育理论

1. 成花素假说 柴拉轩在 1937 年就提出，植物在适宜的光周期诱导下，叶片产生一种类似激素性质的物质即"成花素"（florigen），传递到茎尖端的分生组织，从而引起花芽分化。

大量的嫁接试验证实，叶片经光周期诱导后产生的成花素，可在不同植株间通过韧皮部进行传递，甚至可以引起不同光照周期类型的植物开花。然而到目前为止，成花素这种物质尚未分离鉴定出来。随后，Lang 发现赤霉素（GA）在某些长日植物中可代替长日照条件，诱导其在短日照条件下开花。尤其是一些营养生长呈莲座生长特性的植物，赤霉素处理后的一个明显作用就是促进抽薹和花的分化。对冬性长日植物，赤霉素处理还可代替低温的作用而使植物开花。这说明赤霉素并不是人们一直在寻找的开花激素。

为了解释赤霉素在开花中的作用，柴拉轩提出了成花素假说。他认为成花素是由形成茎所必需的赤霉素和开花素（anthesin）结合才表现出活性。植物必须形成茎后才能开花，即植物体内存在赤霉素和开花素两种物质时，才能开花；而长日植物在长日照条件下、短日植物在短日照条件下，都具有赤霉素和开花素，因此，都可以开花；但长日植物在短日照条件下缺乏赤霉素，而短日植物在长日照条件下缺乏开花素，所以都不能开花；冬性长日植物在长日照条件下具有开花素，但无低温条件时，无赤霉素形成，所以仍不能开花。赤霉素是长日植物开花的限制因子，而开花素则是短日植物开花的限制因子。因此，用赤霉素处理处于短日照条件下的某些长日植物可使其开花，但赤霉素处理处于长日照条件下的短日植物则无效。由于成花素假说缺乏充足的实验证据难以让人们普遍接受。

2. 开花抑制物假说 由于寻找开花刺激物的研究一直没有取得满意的结果，人们提出与开花刺激物相对立的理论。认为植物在非诱导条件下，体内产生一种或几种开花抑制物，从而使植物不能开花；植物在诱导条件下，阻止了这些开花抑制物的产生，或者使开花抑制物降解，从而使花的发育得以进行。因此，当植物体内的开花抑制物，在诱导条件下降低到某一阈值时，植物才能开花。开花抑制物的提出来自如下的试验观察：当长日植物天仙子和短日植物藜处于严格的非诱导条件下，连续去掉所有的叶片并供给植物糖分时，植物就能开花；而在长日植物菠菜中，当非诱导叶片不被摘除时，尽管它们不干扰开花刺激物的运输，但对开花却有抑制作用。又如，处于长日照条件下的短日植物紫苏，若只对其中一片叶进行遮光短日照处理，并不能诱导植株开花。这表明植物在非诱导条件下，把存在开花抑制物的叶片去除后，使开花抑制物与开花刺激物的相对比例降到一定值时，植株才能开花。但有关开花抑制物的性质仍未明确。

3. **碳氮比假说**　20世纪初期，Klebs等经过大量观察发现，植物经光周期诱导，明显提高叶片和茎尖的糖类水平以后，才引起茎尖端由营养生长进入生殖生长的转变，遂提出控制植物开花的碳氮比假说。认为植株体内糖类与含氮化合物的比值即C/N高时，植株就开花；而比值低时，植株就不开花。此后，有人用日中性植物番茄作试验，用控制不同光强的办法调节植物体内的糖类，通过控制N肥的使用量调节体内含氮化合物的数量，最后证实了这一点。但后来的研究却发现，C/N高时，仅对那些长日植物或日中性植物的开花有促进作用，但对短日植物如菊花、大豆等而言，情况并非如此。因为长日照无一例外地会增加植物体内的C/N比，但却抑制短日植物开花。此外，在缩短光照时间的情况下，提高光照度，也能增加植物内的C/N，但却不能使长日植物（如白芥）开花。

碳氮比理论对农业生产实践有一定的指导意义，通过控制肥水的措施来调节植物体内的C/N，可适当调节营养生长和生殖生长。如果在作物的生育中后期，N肥施用量过大，会降低植物的C/N，使营养生长过旺，甚至导致徒长，造成生殖生长延迟而出现贪青晚熟现象。在果实类木本药用植物栽培管理中，可利用砍伤或环剥树皮等方法，使上部枝条累积较多糖分，提高C/N，促进花芽分化而提高产量。

4. **阶段发育学说**　阶段发育学说是李森科1935年在总结前人工作的基础上建立的。主要论点是植物的生长与发育不是一回事。对于一两年生植物的整个发育过程，具有各个不同的阶段。每一阶段对环境有不同的要求，而且阶段总是一个接着一个地进行的。目前明确了两个阶段，即春化阶段和光照阶段。

植物的种类不同对发育条件的要求也不同，甚至同一种类的不同品种，对发育的要求也可以不同。阶段发育的理论可以说明许多两年生植物的发育现象，但不能用来说明一年生作物及木本植物的发育现象。不同种类的植物，有不同原产地，是在不同的环境条件下，培养及选择而成的。经过人类长期栽培的结果，又产生许多品种间的差异。例如菘蓝对春化及光照条件严格。

每一种植物通过发育的途径与其地理起源有关。起源于热带的种类，大部分是在温度高而日照短的环境下通过发育的。在热带，全年的气候温差不大，而全年的每日光照时数，差异也不大，都在12h左右。在这一地区原产的瓜类、茄类及豆类等，都不要求经过低温，而是在较短的日照下，通过光照阶段。起源于亚热带及温带的种类，是在一年中的温度及日照长度有明显差别的条件下通过发育的。在这些地区起源的白芷、菘蓝等，都要求低温通过春化（要求有一个越冬时期），而在较长的日照下，抽薹开花成为两年生植物。

除了上述几个经典假说以外，近年来还提出了营养物质转移假说和多因子控制模型。目前已分别在拟南芥和金鱼草（*Antirrhinum majus*）的突变中克隆到一系列控制开花过程的基因，进一步证实了多因子控制模型。

随着分子遗传学和生物技术的发展，人们对开花机制有了新的认识。从某基因功能丧失所造成的"返祖现象"，人们提出了一个可能性，即从历史上看，营养生长是在进化过程中获得的一个性状，早期的植物应是以生殖生长为基本特征的。实际上，植物许多器官都参与了开花过程。根据控制植物开花过程的基因的作用阶段不同，可将其分为两类：开花决定基因和器官决定基因。其中开花决定基因是指控制茎端分生组织转变为花序分生组织的基因。

二、花器官的形成

植物经过适宜条件的成花诱导之后，产生成花反应，其明显标志就是茎尖分生组织在形态上发生显著变化，从营养生长锥转变成生殖生长锥。经过花芽分化过程，逐步形成花器官。它包括成花启动和花器官形成两个阶段。所谓花芽分化（flower bud differentiation）是指成花诱导之后，植物茎尖的分生组织不再产生叶原基和腋芽原基，而分化形成花或花序的过程。花的发育过程是一个非常复杂的过程，不仅仅是形态的巨大变化，而且在开花之前，植物体内发生了一系列复杂的生理生化改变。

在形态学上，花芽分化时，芽的顶端生长锥表面积明显增大，大多数植物的生长锥开始伸长，基部加宽，呈圆锥形；但也有的植物，如胡萝卜等伞形科植物的生长锥却不伸长，而是变宽呈扁平头状。但生长锥的形态变化是在成花诱导之后才发生的，逐渐分化形成若干轮突起，在原来叶原基的位置，分化形成花被原基、雄蕊原基和雌蕊原基。

（一）影响花器官形成的条件

在植物完成成花诱导之后，还需要适宜的外界条件，才能完成全部的成花过程，开出花来。

1. 光照　光照对花的形成影响很大。一般植物在完成光周期诱导之后，光照越长，光照强度越大，形成的有机物越多，对成花愈有利。不同植物开花所要求的最低光强也不同，如阴生植物开花要求的最低光强低于阳生植物。如生产中栽培密度过大时，由于相互遮阴严重、群体受光不足，引起减产。雄蕊发育对光强比较敏感。

2. 温度　温度是影响花器官形成的另一个重要因素。在温度影响植物成花的研究报告中，比较多的是低温的影响，且大多表现出促进效应。关于低温促进成花的生理原因，归纳起来主要有以下两方面。一是低温通过抑制营养生长而促进成花，如根部低温使捕虫瞿麦的营养生长减慢，而成花却受促进。二是低温有利于花芽，特别是花器官的分化发育。如离体培养桃的花芽时，发现其花药和雌蕊的形态发生快于同期不离体培养的，而若花芽离体后经30天2℃~4℃的低温处理后再培养，则其花药和雌蕊的形态发生更快。对不同品种百合花芽分化的观察显示，随4℃处理天数的增加，器官分化被促进。

高温促进成花。Marissen等对荷兰鸢尾球茎进行35℃14天加上40℃3天的高温处理可以显著促进早成花、多成花，分析显示高温促进球茎产生乙烯，40℃下处理7天乙烯产生量为对照的4倍，而用乙烯抑制剂2，5 – norbornadiene（NBO）抑制乙烯产生也抑制成花，表明高温促进荷兰鸢尾成花可能与乙烯有关。

高温抑制成花。如柠檬侧芽离体培养物在20℃培养温度下的成花率可达40%，而在25℃下则剧降为0。沈元月等在研究桃的花器官发育时，发现在20℃~35℃范围内，25℃能促进提早成花，30℃也促进提早成花，但花器官发育受到一定程度的抑制，35℃则严重抑制花器官发育。

3. 水分　在雌、雄蕊分化期和减数分裂期对水分要求特别敏感，如果此时土壤水分不足，则花的形成减缓，引起颖花退化。

4. 肥料　以氮肥的影响最大。土壤氮不足，花的分化减慢且花的数量明显减少；土壤氮过多，引起贪青徒长，由于营养生长过旺，养料消耗过度，花的分化推迟且花发育不良。只有在氮肥适中，氯、磷、钾均衡供应的情况下，才促进花的分化，增加花的数目。此外，微量元素（如Mo、Mn、B等）缺乏，也引起花发育不良。

5. 生长调节物质　外施生长调节物质也同样影响花芽的分化和花器官的发育。细胞分裂素、吲哚乙酸、脱落酸和乙烯可促进多种果树的花芽分化。赤霉素可促进某些石竹科植物花萼、花冠的生长，生长素对柑橘花瓣的生长也有促进作用。

（二）植物性别分化

顶端分生组织在花芽分化的过程中，同时进行性别分化。大多数植物在花芽分化中逐渐在同一朵花内形成雌蕊和雄蕊，称为两性花，这一类植物称为雌雄同花植物，如菘蓝；而有一些植物，在同一植株上有两种花，一种是雄花，另一种是雌花，这类植物称为雌雄同株植物，如南瓜；雌花和雄花分别生于不同植株上的植物，称雌雄异株植物。许多有经济价值的植物都是雌雄异株植物，如银杏、栝楼、杜仲、番木瓜和大麻等。雄株和雌株的经济价值明显不同。以收获果实或种子为栽培目的的，如银杏、栝楼、番木瓜等，需要大量的雌株；而以采收营养器官为主的药材，如薯蓣根茎、银杏叶以及采收天花粉的栝楼则以雄株为优。即使是对于雌雄同株的瓜类，在生产中也往往希望增加雌花的数量，以便收获更多的果实。

因此，如何在早期鉴别植物，尤其是那些雌雄异株的木本植物的性别，是迫切需要解决的实际问题，很早就被人们所重视和研究。这种鉴别一般从植株外部形态、生理生化指标、染色体组型、同工酶、特异蛋白质分子、分子标记等方面进行。如王庆亚等通过研究绞股蓝雌雄株分化与内源激素之间的关系后发现，用溴麝香草酚蓝（BTB）染色法可在苗期快速准确识别雌雄株。韦素玲以罗汉果雌雄株叶片为材料，用S60和S90扩增得到三条雄株特异性片段（305 bp、405 bp和746 bp），与一些动物的性染色体有较高的同源性。

1. 环境对植物性别分化的影响　在雌雄同株植物中，一般是雄花先开，然后是两性花和雄花混合出现，最后才是单纯雌花，说明植株的性别分化会随植株年龄而发生变化。但环境条件，如光周期、营养、温度、激素等，往往改变植株雌、雄花的分化比例，即影响植物的性别分化。

（1）光周期　一般来说，短日照促进短日植物多开雌花，长日植物多开雄花；而长日照则促使长日植物多开雌花，短日植物多开雄花。如玉米在光周期诱导后，继续处于短日条件下，可在雄花序上形成一个发育良好的小雌穗。

（2）营养因素　土壤中氮肥和水分充足时，一般促进雌花的分化；而土壤氮少且干旱时，则促进雄花分化。在一些雌雄异株植物中，C/N 比低时，提高雌花的分化数。

（3）温度　特别是夜间温度，影响植物性别分化。如较低的夜温促进南瓜雌花的分化。

（4）植物激素　生长素和乙烯可促进黄瓜、丝瓜雌花的分化，而赤霉素则促进雄花的分化。生产中使用的三碘苯甲酸（抗生长素）和马来酰肼（生长抑制剂）可抑制黄瓜雌花的分化，而抗赤霉素的矮壮素抑制雄花的分化。细胞分裂素也具有促进雌花分化的作用。

此外，伤害也影响植株性别分化，如番木瓜雄株伤根或折伤地上部分，新产生的全是雌株。这可能与植物受伤后产生较多乙烯有关。

2. 雌、雄株代谢　李珊等研究结果表明，栝楼雄株的光合色素 POD 活性高于雌株，雌株的紫外吸收物的量高于雄株。

三、开花和传粉

不同植物的开花龄期、开花的季节、花期和单花的开放时间长短差异极大。1～2 年生草本植物一生只开一次花，多年生植物生长到一定时期才能开花，少数植物开花后死亡（竹类植物），多数植物一旦开花便每年都开花（但由于条件不适宜，有时也不开花），直到枯萎死亡为止。具有分枝（蘖）习性的药用植物通常主茎先开花，然后第一、二级分枝（蘖）渐次开放。同一花序上的花开放的顺序也随花序的不同而异。例如无限花序的花是边缘的花先开，渐及中央，而有限花序的花由顶端或中央逐渐开到下面或外面。

花开后，花粉粒成熟，花粉粒借外力的作用从雄蕊的花药传到雌蕊柱头上的过程，称为传粉。传粉的方式分为：①自花传粉：指成熟的花粉粒落到同一朵花的柱头上的过程。在栽培学上，常把同株异花间的传粉也称自花传粉。②异花传粉：是指不同花朵之间的传粉。在栽培学上常指不同植株间的传粉，如薏苡、益母草、丝瓜、川贝等。③常异花传粉：是指异花传粉介于 5%～50% 的传粉方式。以这种形式传粉的植物称常异花传粉植物。从生物学意义上来说，异花传粉比自花传粉优越。因为异花传粉时，由于雌雄配子来自不同的植物体，分别在差异较大的环境中产生，遗传性的差异较大，由此结合而产生的后代具有较强的生活力和适应性。

四、授粉生理

成熟的花粉是种子植物的雄配子体。根据内部结构不同，花粉可分为两类：一类是由一个营养细胞和一个生殖细胞组成的二核花粉，如百合的花粉；另一类是由一个营养细胞和两个精子组成的三核花粉，如小麦、白菜等的花粉。

（一）花粉的结构和化学组成

花粉粒通常有两层壁组成。外壁坚固，是由纤维素和孢粉素物质构成。孢粉素是一种蜡质的生物聚合物，是一种与木栓质、角质相关的物质，它能抵御大多数的酸和高达 300℃ 的温度，因此对保藏花粉是重要的。内壁的厚度变化很大，在萌发孔的下面是最厚的。它的最内层含有纤维素，外层含有果胶。内壁对水有很大的亲和力，而且容易膨胀，尤其在萌发孔的下面，利用它的膨胀有助于萌发孔膜破裂，花粉管生长。

新鲜花粉的含水量大约为 12%～20%，干燥花粉仅含约 6.5% 的水，可见花粉内含物是浓缩的。花粉的化学组成因植物种类和环境条件而不同，其主要组成如下。

1. 蛋白质和氨基酸　花粉中含有蛋白质、酶和游离氨基酸。其中蛋白质占花粉干重的 7%～30%，平均约 20%。花粉中进行着活跃的代谢反应，含有各种酶类，其中淀粉酶、蔗糖酶、果胶酶和蛋白酶的活性特别高，这有利于花粉的萌发、花粉管伸长和受精。

花粉中含有全部组成蛋白质的氨基酸，其中游离精氨酸和丙氨酸相对较少。脯氨酸含量与育性密切相关，在正常花粉中游离脯氨酸含量高，可占花粉干重的 0.2%～2%，而不育花粉中几乎不含脯氨酸，但其天冬酰胺的含量却很高。在伸长的花粉管中，脯氨酸集中分布在花粉管的顶端，表明它与花粉管的生长有关。

2. 糖和脂类　花粉中含有大量的碳水化含物，主要为淀粉、葡萄糖、果核和蔗糖。不同植物花粉中，糖和脂类的含量及糖的组成是不同的。据此可将花粉分为淀粉型和脂肪型两大类。在淀粉型花粉中，淀粉含量的高低可作为判断花粉发育状况的指标。例如甘蔗和高粱等的正常花粉为球形，遇碘呈蓝色，而不育花粉呈三角形，遇碘不呈蓝色。

3. 色素　花粉中的色素主要有类胡萝卜素和花青素苷等。色素分布于花粉外壁上，主要功能是吸引昆虫传粉和防止紫外线对花粉的破坏。

4. 矿质元素　花粉与其他植物组织一样，含有钙、氯、钾、钠、镁、硫等多种微量元素。

5. 激素　花粉中含有生长素、赤霉素、细胞分裂素、乙烯、芸苔素及抑制物质等。在授粉中起着重要的调节作用。不授粉的柱头，其子房往往不生长，这可能与花粉激素未能作用于子房有关。

花粉内还含有维生素 E、C、B_1 和 B_2 等，维生素作为酶的辅基，在花粉中广泛分布，一般花粉含烟酸比较多，肌醇在玉米和禾本科植物中特别多，而抗坏血酸在松科和椰科植物中含量较多。由于花粉含各种维生素，近年花粉制品发展为前景可观的营养补品。激素和维生素对于传粉、受精和结实起着重要的调节作用。

（二）花粉的寿命

在自然条件下，各种植物花粉的生活力有很大差别。花粉的生活力与环境条件有关，主要是受温度和水分的影响。在高温、极度干旱或过度潮湿的条件下，花粉都容易丧失生活力。另外，花粉寿命还受环境中氧气浓度和光照条件的影响。

为培育优良品种，有时需要利用异地的花粉。在杂交育种中，会碰到亲本开花时间不同的问题。因此，有的花粉需要进行贮藏以延长其寿命。

一般花粉在 $1℃ \sim 5℃$ 的低温和相对湿度 $6\% \sim 40\%$ 的条件下保存比较适宜，但禾本科植物花粉贮藏的相对湿度要求大于 40%。有些花粉在 $0℃$ 以下的低温中保存效果较好。如梨的花粉在 $-17℃$ 贮藏 9 年仍有一定的萌发力。花粉在贮藏过程中，由于贮存物质的消耗，酶活性下降和水分的过度缺乏，花粉生活力逐渐降低。花粉贮藏较久，泛酸的含量会大大下降，泛酸是辅酶 A 的重要成分，它在呼吸及其他代谢中起着重要的作用。

（三）柱头的受粉能力

1. 柱头的生理特点 植物花的柱头一般是由许多乳突状细胞或毛状细胞所构成的，呈毛刷或羽毛状。成熟的柱头可分为两类。

（1）湿润型 柱头表面有由表皮细胞产生的分泌物，主要有十五烷酸、1，2 - 羧基硬脂酸、亚麻酸等脂肪酸，还有蔗糖、葡萄糖、果糖及硼酸等，所以柱头为酸性，柱头分泌物的作用是黏着花粉、促进花粉萌发和花粉管伸长，并对花粉具有识别和选择作用。

（2）干燥型 柱头表面不产生分泌物，但表皮细胞的外表面有蛋白质膜存在，对花粉有识别作用。

2. 柱头的寿命与受粉能力 雌蕊柱头的生活力与其受粉能力有关，柱头的寿命比花粉的寿命要长些。在一般情况下，开花后的柱头就具有受粉能力，以后加强，达到高峰后再下降，最后丧失受粉能力。在生产上进行人工授粉时，要注意在柱头受粉能力最强的时候进行，这样才能提高花粉萌发率和结实率。

（四）花粉的附着与识别

1. 花粉的附着 雌蕊成熟后，柱头表面形成许多小突起，是由于其表皮细胞变为乳状突起或毛状所致，这有利于花粉的附着。同时，柱头还分泌油状黏液粘住花粉。这种油状黏液的主要成分是十五烷酸、2，2 - 二羟基硬脂酸、亚麻酸、蔗糖、果糖、葡萄糖和硼酸等。用蛋白酶或蛋白质合成的抑制剂处理柱头，会使黏附能力下降。

2. 花粉与柱头的相互识别 落在柱头上的花粉能否萌发，导致受精，决定于花粉与柱头之间的"亲和性"。许多植物既有杂交不亲和性，也有自交不亲和性，就是雄蕊柱头只允许同种植物的花粉萌发，或者只允许同种植物的异株花粉萌发。花粉与柱头相互识别是亲和性的基础。识别是指两类细胞结合中，要进行特殊的反应，各从对方获得信息并以物理或化学的信号来表达的过程。识别的机制主要有两种：

（1）识别与花粉所含特殊色素和柱头所含特殊酶类有关 如连翘具有两种类型的两性花：一种是雌蕊长雄蕊短的长柱花；另一种是雌蕊短雄蕊长的短柱花。并且每一植株上只能形成一种类型的花。连翘不仅自花不育，而且异株同类型的花也不育。这是因为两种类型花的花粉中含有不同的花青素苷，即短柱花的花粉中含有芸香苷，长柱花的花粉中含有槲皮苷，这两种色素都能抑制其本身花粉的萌发。但在不同类型花的柱头上，具有分解不同类型花粉中色素的酶，即短柱花的柱头上含有破坏槲皮苷的酶（不能破坏芸香苷），而在长柱花的柱头上含有破坏芸香苷的酶（不能破坏槲皮苷），这就保证了长柱花的花粉只能在短柱花的柱头上萌发，而短柱花的花粉也只能在长柱花的柱头上萌发，从而实现不同类型的异花授粉受精。

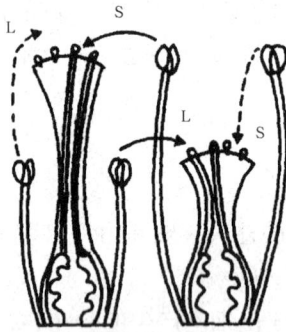

图 7－5 连翘两种类型的花示意图（引自陈润政等（1998）《植物生理学》）

（2）花粉蛋白和柱头蛋白的相互识别 植物受精过程中，花粉与雌蕊间是否具有亲和性，取决于双方某种蛋白质（花粉外壁糖蛋白和柱头外膜蛋白）分子的相互识别与否。只有相互识别，才能导致受精成功，否则即发生相互排斥，不能受精。这些相互识别的蛋白称为识别蛋白（recognition protein）。花粉壁蛋白有两层：外壁蛋白和内壁蛋白。这两层蛋白都易溶于水。菊科与十字花科植物的识别蛋白为糖蛋白，糖蛋白在外壁蛋白内，花粉落在柱头上立即吸水，接着花粉外壁的糖蛋白释放出来，与柱头表面的外膜蛋白相互作用，进行识别。在这里，来自绒毡层的花粉外壁糖蛋白是识别物质，柱头外膜蛋白是识别的感受器。如果花粉与柱头经过识别是亲和的，花粉粒膨大并正常萌发，花粉管尖端分泌角质酶，消化柱头表面角质层，花粉管沿花柱伸长；如果是不亲和的，花粉的角质酶为柱头所抑制，花粉管不能生长，或者柱头表面的细胞迅速产生胼胝质沉积，阻止花粉管进入花柱。不亲和的类型有两种，一种是配子体型不亲和性，它由花粉本身的基因型所控制，这种类型花粉的花粉管穿过柱头进入花柱后，生长停顿、破裂，无法到达子房完成受精，三核花粉中的禾本科以及二核花粉中的茄科和百合科植物属于这种类型；另外一种是孢子体型不亲和性，它由雌蕊的基因型所控制，这种类型花粉的花粉管不能穿过柱头，而在柱头表面终止生长，如三核花粉的菊科、十字花科的植物属于此类。有人认为花粉和柱头不亲和，是由于花粉和柱头中抑制生长的物质含量高，阻碍了花粉的萌发和伸长生长；花粉和柱头亲和时，二者所含生长素不断增多，生长抑制物则迅速下降。

3. **花粉的代谢变化** 经过相互识别，亲和的花粉在柱头上吸水，开始萌发，代谢加快。主要表现为：

（1）蛋白质合成加强　花粉从柱头上吸水后 mRNA 与 rRNA 数量增多增强，用于花粉萌发和花粉管伸长。

（2）呼吸作用提高　在柱头的酸性条件下，花粉中的酶类活性提高（如磷酸化酶、淀粉酶、转化酶的活性提高 6 倍），呼吸速率加快，某些酶类甚至分泌到花柱中，以加速花柱中物质转化。

（3）高尔基体活跃　花粉管开始伸长前，高尔基体非常活跃，产生许多分泌囊泡，其内含有多种酶和果胶质等造壁物质，不仅可利用自身的贮藏物质，而且能利用雌蕊中的物质进行花粉管壁的建成，以满足其伸长生长的需要。

（五）花粉萌发与花粉管伸长

花粉与柱头相互识别之后，在合适的条件下，花粉粒吸取水分后，其内壁从外壁上的萌发孔向外突出形成细长的花粉管，这一过程称作花粉的萌发。

花粉萌发后，花粉管伸长生长。花粉管在角质酶的作用下，穿过柱头乳突，通过花柱向子房方向伸长，到达子房后，花粉管尖端弯向珠孔方向，并穿过珠孔，进入胚囊。花粉管在雌蕊中所以能定向生长，是由于雌蕊中存在着向化性物质，花粉管尖端向着向化性物质较多的方向生长而伸长。现在认为，花粉管的向化性生长可能不是由一种物质决定，而是几种物质共同作用的结果。花粉管早期生长是受花粉营养核中所产生的 mRNA 所控制，只有产生足够的 mRNA 之后，花粉管才能生长。

花粉萌发和花粉管伸长需要的条件：

1. 糖　培养基中加入蔗糖，可促进花粉萌发和花粉管伸长。蔗糖的作用主要是维持培养基一定的慘透势，避免花粉破裂，另外还可作为花粉萌发时的营养物质。通常蔗糖浓度为 10% ~ 20% 。

2. 硼　硼能促进花粉萌发和花粉管伸长。硼的作用，一是与糖形成复合物，促进糖的吸收与代谢；二是参与果胶物质的合成，有利于花粉管壁的形成。

3. 胡萝卜素和维生素　胡萝卜素可促进花粉萌发和花粉管伸长。维生素 B_1、B_2 和 C 只对花粉管的伸长有利。

4. pH 值　大多数植物的花粉在相当大的 pH 值范围内可萌发。但少数植物，如芸香属的花粉只有在 pH 值 6.5 时才能萌发。

5. 温、湿度　一般花粉萌发的最适温度与开花温度差不多。如果雨水太多，湿度过大，花粉易破裂，但是太干旱（空气相对湿度低于 30%），花粉萌发也会受影响。

6. 集体效应　花粉的密度越大，萌发的比例越高，花粉管生长越快，这种现象称为集体效应（group effect）。

五、受精生理

（一）受精作用

植物的雄性生殖细胞（精子）与雌性生殖细胞（卵细胞）相互融合的过程，叫做受精作用（fertilization）。被子植物的成熟胚囊包含一个卵细胞、两个助细胞、三个反足细胞和一个含两个极核的中央细胞。花粉管进入珠孔后，通常在一个助细胞中释放一个精子。精子到达卵细胞与中央细胞之间的位置。其中一个精子与卵细胞结合，发育成胚；另一个精子与极核结合，发育成胚乳，这称为双受精作用。

通常，只有一个花粉管进入胚囊完成受精作用。但有时会有几个花粉管的多个精子进入胚囊，这种现象称为受精的多重性。

（二）受精引起的代谢变化

多数植物从受粉到受精的间隔时间一般只有几天或几周，但兰科植物和裸子植物受精需要几个月。在受精过程中，特别是在受精以后，胚珠及整个子房在生理生化上发生剧烈的变化。

1. 雌蕊的呼吸强度增加　据测定，百合受精时子房立刻出现呼吸高峰，呼吸商也发生很大变化，受精前为 $1.10 \sim 1.15$，而受精时上升到 1.30，受精后又上升到 1.43。

2. 生长素含量增加　受精后，雌蕊的生长素含量明显上升。据分析，花粉内壁蛋白含有生长素合成酶，花粉具有酶要求的碱性条件，但缺乏色氨酸（IAA 合成前体），而雌蕊组织内含有色氨酸，但其 pH 值低，酶不能发挥作用。当花粉管伸长时，花粉管尖端放出 IAA 合成酶，并使雌蕊组织成碱性，可合成 IAA。随着花粉管的伸长，雌蕊组织生长素的含量依次增加。其增加的顺序与花粉管尖端到达雌蕊组织不同部位的顺序一致。这表明生长素的增加主要是由于花粉管与花柱作用的结果。受精后，子房、胚和胚乳继续合成生长素。

3. 物质的运输与转化加强　由于生长素的迅速升高，使子房成为竞争力很强的代谢库，促使大量营养物质运向子房，以合成果实和种子生长发育所需的各种物质。因此，植株开花结实后，营养生长受到抑制。

受精后细胞中各种细胞器数量增加并进行重新分布，如造粉体与线粒体围绕核排列；核糖体、高尔基体、内质网的数量增多。因此，受精后各种代谢活动明显增强。

（三）无融合生殖与单性结实

1. 无融合生殖　被子植物的胚一般是由受精卵发育而成的。但有些植物的卵，不经过受精就可直接发育成胚，或者由胚珠内的反足细胞、助细胞等发育成胚，形成种子，产生有籽果实。

这种不经受精而产生有籽果实的现象，称为无融合生殖。根据胚的来源，无融合生殖可分为几种类型：

（1）单倍体胚无融合生殖　单倍体胚无融合生殖有三种情况：①单倍体孤雌生殖，即胚囊小的卵细胞未经受精，而形成单倍体的胚，如天麻属、蒲公英属的一些植物；②无配子生殖，由助细胞、反足细胞等不经受精而发育成单倍体的胚，如葱属、百合属、鸢尾属、兰科植物等；③单雄生殖，由精子单独分裂形成单倍体的胚，这种现象在百合、曼陀罗等植物中均有发现。这三种情况所形成的种子虽有生活力，但一般不育，若用秋水仙素处理，使染色体数目加倍成为二倍体，则可得到纯合自交种子。

（2）二倍体无融合生殖　这种胚囊是由造孢细胞或珠心组织细胞中某些二倍体细胞不经减数分裂形成的，它们都是二倍体。

（3）不定胚无融合生殖　由珠心或珠被细胞直接发育为胚的现象，称为不定胚生殖。如柑橘存在的多个胚中，只有一个是通过受精作用形成的，其余的都是由珠心细胞进入胚囊而发育成的不定胚。这种不定胚也是二倍体，其后代是可育的，由这种种子繁育的实生苗称为珠心苗。因无父本基因，完全是母本性状，变异程度不大。

2. 单性结实　有些植物的胚珠不经受精，子房仍然能继续发育成为没有种子的果实，称为单性结实（parthenocarpy）。单性结实种类和原因很多，可分为以下几类：

（1）天然单性结实　不经授粉、受精作用或其他任何外界刺激而形成无籽果实。Gustafson 提出天然单性结实的生长素学说，认为能单性结实的植物在花蕾期就含有较高浓度的生长素，刺激子房发育成果实。如桃、葡萄可以由于胚的败育而形成无籽果实，香蕉、苹果则可由于未经授粉而形成无籽果实。

（2）刺激性单性结实　在外界环境条件的刺激下而引起的单性结实。例如，短日照或较低的夜温可引起瓜类作物单性结实。

（3）人工诱导单性结实　利用某些植物生长物质（如 NAA、GA 等）处理花蕾可引起植物子房膨大而形成无籽果实。

（4）假单性结实　有些植物授粉受精后，由于某些原因而使胚败育，但子房和花托继续发育形成无籽果实，如草莓就是由花托发育而成的假果。

六、果实的生长与成熟

（一）果实的生长特点

果实是由子房或与子房相连的附属花器官（花托、花萼、雄蕊、雌蕊等）发育而来的。多数果实是子房通过授粉、受精发育而来的。有些植物的胚珠不经受精，子房仍然能继续发育成为没有种子的果实，称为单性结实。

果实的生长过程一般也和营养生长一样呈"S"形曲线（Logistic 曲线），表现为"慢－快－慢"的生长周期，如枸杞等。但一些核果类的植物，如桃、杏等果实的生长则呈双"S"形，在生长的中期有一个缓慢期，即核果的硬核生长期，此时果实膨大生长缓慢。因此，这类果实的生长可分为三个时期：第一期是迅速生长期，受精后子房壁、胚及胚乳的细胞分裂，使果实迅速增大；第二期是缓慢生长期，这时由茎叶运输至果实的营养物质主要供给胚、胚乳和果核的迅速生长，所以从外表看果实的体积增长较为缓慢；第三期是迅速生长期，这时果实不但体积增大，更主要是质量的增加。

果实在生长末期发生一系列特殊的质变，称为成熟。肉质果成熟时，呼吸作用和代谢发生变化，色、香、味也都发生变化，果肉也由脆变软。但有些植物的果实，特别是非肉质果，成熟时没有显著变化。

（二）果实成熟时的生理生化改变

1. 呼吸跃变和乙烯的释放　在细胞分裂迅速的幼果期，呼吸速率很高，当细胞分裂停止，果实体积增大时，呼吸速率逐渐降低，果实体积达到最大和进入成熟之前，呼吸又急剧升高，最后又下降。果实在成熟之前发生的这种呼吸突然升高的现象称为呼吸跃变或呼吸峰（respiratory climacteric）。根据果实是否有呼吸跃变现象，将果实分为跃变型果实和非跃变型果实两类。跃变型果实有：梨、桃、杏等，这类果实在母株上或离体成熟过程中都有呼吸跃变，呼吸跃变的出现，标志着果实成熟达到可食用的程度。非跃变型果实有：柚、橙、柑橘、枸杞等，其果实在成熟期呼吸速率逐渐下降，不出现高峰。

跃变型果实与非跃变型果实乙烯生成的特性有区别。跃变型果实中乙烯生成有两个调节系统。系统 I 负责呼吸跃变前果实中低速率的基础乙烯生成；系统 II 负责呼吸跃变时乙烯的自我催化释放，其乙烯释放效率很高。非跃变型果实成熟过程中只有系统 I，缺乏系统 II，乙烯生成速率低而平稳。

跃变型果实与非跃变型果实对乙烯的反应区别在于：对于跃变型果实，外源乙烯只在跃变前起作用，诱导呼吸上升，同时启动系统 II，形成乙烯自我催化，促进乙烯大量释放，但不改变呼吸跃变峰的高度，且与处理用乙烯的浓度关系不大，其反应是不可逆的。对于非跃变型果实则不同，外源乙烯在整个成熟期间都能促进呼吸作用增强，且与处理用乙烯的浓度密切相关，其反应是可逆的，同时外源乙烯不能促进内源乙烯的增加。

乙烯影响呼吸作用的机制可能是通过受体与细胞膜结合，增强膜透性，加速气体交换，加强氧化作用；乙烯可诱导呼吸酶 mRNA 的合成，提高呼吸酶含量，并可提高呼吸酶的活性，对抗氰呼吸有显著的诱导作用，可明显加速果实成熟和衰老进程。

2. 有机物质的转化

（1）甜味增加　未成熟果实贮存的糖类以淀粉为主，果实趋于成熟过程中，淀粉转化为可溶性的葡萄糖、果糖、蔗糖等并积累在细胞液中，使果实变甜。果实的甜度与糖的种类有关，如以蔗糖甜度为 1，则果糖为 1.03 ~ 1.5，葡萄糖为 0.49。

（2）酸味减少　酸味来源于果实中的有机酸。如桃的果肉细胞的液胞中累积苹果酸，柑橘中含有柠檬酸。随着果实的成熟，一些有机酸转变为糖，有些则由呼吸作用氧化为 CO_2 和 H_2O，还有些被 K^+、Ca^{2+} 等离子中和生成盐，因此酸味明显减少。

（3）涩味消失　未成熟的柿子、李子、梨等果实果肉中的细胞内含有可溶性单宁，有涩味。在果实成熟过程中，单宁被过氧化物酶氧化，而使涩味消失。

（4）香味产生　果实成熟时产生一些具香味的挥发性物质，如柑橘中含柠檬醛等。

（5）果实变软　未成熟的果实因其初生细胞壁中沉积有不溶于水的原生胶，尤其是苹果、梨中的原生胶含量很高，果实很硬。随着果实的成熟，果胶酶和原果胶酶活性增强，将原果胶水解为可溶性果胶、果胶酸和半乳糖醛酸，果肉细胞彼此分离，果肉变软。另外，果肉细胞中的淀粉转变为可溶性糖，也是使果实变软的部分原因。

（6）色泽变艳　未成熟果实的果皮大多为绿色，随着果实的成熟，果皮中的叶绿素逐渐分解，而类胡萝卜素含量仍较多且稳定，故呈现黄色，或由于形成花色素呈现红色。光照可促进花色素苷的合成。

（7）维生素含量增高 果实中含有丰富的各类维生素，主要是维生素 C。不同植物果实维生素含量差异很大。

3. 内源激素的变化 在果实成熟过程中，各种内源激素都有明显的变化。一般在幼果生长时期，生长素、赤霉素、细胞分裂素的含量增高，到了果实成熟时，都下降至最低点，而这时乙烯、脱落酸含量则升高。

七、种子的发育与成熟

（一）种子的发育

1. 胚的发育 被子植物种子胚的发育，是从卵受精形成合子开始，经过细胞分裂，分化为成熟的胚。根据胚胎的形状可将胚胎发育分为球形期、心形期、鱼雷形期和子叶期。在球形期已分化出明显的胚和胚柄，心形期二裂片发育成子叶，而子叶期的胚已分化出根分生组织和茎分生组织。在胚发育过程中胚经由细胞扩大达到它的最终大小，这个时期是有机物的合成和贮藏期。最后，在胚发育后期，RNA 和蛋白质合成结束，种子失去 95% 以上水分，胚进入休眠。

2. 胚乳的发育 被子植物种子的胚乳有 4 种情况：即有内胚乳，有外胚乳，兼有内、外胚乳，无胚乳（在种子发育过程中，胚乳被胚所吸收）。内胚乳是受精极核发育而成，染色体数为 3n。胚乳的发育，是在胚发育之前，其发育可分为两类：禾谷类种子，在胚发育期间胚乳也发育并逐渐膨大；豆类种子，在胚发育时胚乳组织被吸收，因此成熟时没有胚乳，营养物质贮藏在子叶中。

（二）种子成熟过程中的生理生化改变

在种子形成初期，呼吸作用旺盛，因而有足够的能量供给种子的生长并满足有机物的转化和运输。随着种子的成熟，呼吸作用逐渐降低，代谢过程也逐渐减弱。在种子成熟期间，可溶性物质如糖类、氨基酸、无机盐等大量输入种子，成为合成贮藏物质的原料。例如淀粉类种子成熟过程中，可溶性糖类的含量逐渐降低，而不溶性有机化合物不断增加；而油料种子在成熟过程中，随着干物重的增加，含油率逐渐提高，但淀粉和可溶性糖类含量则相应下降。种子成熟过程中受到多种内源激素的调节和控制，因此，种子中内源激素的种类与含量在不断地发生变化。

多数药用植物果实和种子的生长时间较短、速度较快，此时若营养不足或环境条件不适宜，都会影响其正常生长和发育。因此，用果实、种子入药或用种子繁殖的药用植物必须保证适宜的营养条件和环境条件，以利于果实和种子的正常发育。

（三）环境条件对种子成分及成熟过程的影响

1. 温度 温度主要影响有机物的合成与运输。温度适宜时，有利于干物质的积累，促进种子成熟。温度过低，不利于有机物的运输与转化，使成熟延迟，籽粒变小。温周期也影响种子的成熟，昼夜温差大有利于成熟，并能增加产量。因为夜温低，延迟了叶片衰老，灌浆期延长，又减少呼吸消耗，有机物积累较多。

温度还影响种子化学成分的含量。例如，我国南方温度较高，油料种子含油率低，油脂中饱和脂肪酸含量低（碘价低），蛋白质含量较高；而北方的油料种子情况相反。

2. 光照　光照主要影响作物的光合作用。在种子成熟期间，光照的强弱直接影响到有机物的积累。

3. 水分　阴雨天时，环境的湿度高，会延迟种子成熟。环境的湿度较低时，能加速种子的成熟。但湿度过低，出现大气干旱时，不仅阻碍物质运输，而且合成酶的活性低，干物质积累减少，导致风旱不实，过早成熟，严重减产。

4. 营养物质　适量的氮肥以及增施磷、钾肥，有利于有机物的合成相运输，促进种子成熟。作物生长后期施过量的氮肥，会造成贪青迟熟，籽粒不饱满，影响产量。

（四）种子对果实的影响

在自然成熟情况下，种子和果实的成熟过程同时进行。对于采收的未熟果实，在贮藏期间用乙烯利等人工催熟剂处理后，虽然果实可以发生成熟时的生化改变，但种子并不随之成熟。这表明种子和果实在成熟时各有其独立的生理生化改变规律，但互相之间也有影响。

种子对果实的影响随植物种类不同、发育时期不同而出现差异。种子的数目在不同果实中是不同的，种子的数目及分布影响果实的大小和形状。没有种子的果实一般果型小，糖度低。种子在果实内发育不整齐，常使果实呈不对称的畸形。

第七节　植物的休眠

植物的休眠（dormancy）是指植物生长极为缓慢或暂时停顿的一种现象，是植物抵御和适应不良环境的一种保护性策略。植物只有与一定的环境条件相协调时才能维持生命，繁衍后代。在一年四季中光照强度、日照长度、温度等外界条件差异很大，许多植物都要经历季节性的不良气候时期，需要植物具有一定的保护机制以渡过这个时期。大多数植物通过停止生长（即休眠）来渡过逆境。

一、休眠的器官与类型

（一）休眠的器官

植物休眠的器官，既可以是种子，也可以是芽或地下器官。

1. 种子休眠　种子休眠是植物休眠的主要形式。

2. 芽休眠　多年生木本植物如遇不良环境时，节间缩短，芽停止抽出，并在芽的外层出现"芽鳞"等保护性结构，以便度过低温或干旱的环境。当逆境结束后，芽鳞脱落，新芽伸长，或抽出新枝（叶芽），或开出花朵（花芽）。

3. 地下器官的休眠　有些多年生草本植物以地下变态的器官，如球茎、鳞茎、块茎、块根等进行休眠，在这些变态器官中不仅具有休眠芽（dormant bud），而且贮藏大量养分，可供应休眠后种子的萌发和生长。

（二）休眠的类型

1. 真正休眠　又称绝对休眠，是由特定外界条件诱发的自发性的休眠，其休眠主要受内因的控制。处于绝对休眠状态的器官，即使提供适宜的生长条件也不会萌发或恢复生长，例如某些刚成熟的种子和已进入休眠状态的落叶树枝条（尤其是芽）或贮藏器官。

2. 强迫休眠　亦称相对休眠，是由于环境条件不适宜所引起的生长停止。例如，植物在生育期内遇到低温或干旱时，迫使其生长趋于缓慢或处于短暂停顿状态，如此时给以适宜条件，植株即可恢复生长。处于相对休眠期的植物，依然进行缓慢的细胞分裂和体积增大以及花芽分化。

二、营养体休眠的诱导与解除

（一）光照

1. 光照与休眠诱导　大多数冬季休眠植物在长日照条件下促进营养体生长；而在短日照条件下抑制生长，促进休眠芽的形成。秋季的短日照是植物进入休眠的信号，这一信号能阻止植物枝条节间的伸长和叶片的展开，延缓生长，开始出现休眠芽。当用红光处理时促进生长，抑制休眠，而用远红光处理时则抵消红光的效应，即抑制生长，促进休眠。这表明，光敏素参与植物的休眠过程。对于夏休眠的植物和那些原产于夏季干旱地区的多年生草本植物则是夏季的长日照促进其休眠，如百合。植物能接受光照并诱导休眠的部位是叶片。但是，有些植物（如桃树）在无叶的情况下，芽或茎的顶端分生组织也能接受光周期诱导而进入休眠状态。

2. 光照与休眠解除　长日照是解除植物冬休眠的重要因素之一。对于不具有深休眠的植物，提供适宜温度与长日照可以解除其休眠。对于夏休眠植物，短日照却有解除休眠的作用。

关于光照影响休眠的机理。一般认为，叶片中的光敏素接受外界短日照或长日照的影响。对于冬休眠植物来说，在短日照条件下促进生长抑制物（如 ABA）的合成，并运至芽；在长日照条件下促进生长刺激物（如 GA）的合成。是诱导休眠还是解除休眠，取决于两者的相对含量，即 GA/ABA 的比值。秋季来临，日照越来越短，ABA 合成加强，GA/ABA 的比值降低，诱导休眠；春季来临，日照越来越长，GA 合成加强，GA/ABA 比值升高，解除休眠。

（二）温度

在自然条件下，短日照和低温是相继出现的。大多数植物冬季休眠的诱导因子是短日照，而休眠的解除则需要经历冬季的低温。

植物通过休眠对低温有一定量的要求，这种要求与植物的原产地、休眠芽的种类及部位有关。长期适应北方寒冷地区环境的植物解除休眠对低温需要量较高，而适应南方温暖地区环境的植物对低温需要量较低。例如，多数桃树品种通过休眠时如低温以7.2℃计算，花芽需要经历750~1150h，叶芽需要750~1250h。如果冬季不能满足休眠芽所要求的低温需要量时，便会延长休眠时间来弥补低温的不足。例如，从寒冷地区移向温暖地区的植物休眠期普遍延长，或者某一地区冬季偏暖往往次年春季休眠芽萌发延迟。

当冬季如果出现约20℃以上的高温时，能使休眠程度加深，并且在休眠期内高温出现的次数越多，休眠期越长，次年春季休眠芽萌发或开花越延迟。在冬季对树木进行遮荫处理则有助于缩短休眠期。

（三）休眠的人工控制

休眠的人工控制就是通过人为的措施改变植物的休眠状态，从而达到诱导、延长或解除休眠的目的。这在农业生产上具有重要的实际意义。

1. 诱导休眠　诱导休眠就是在休眠季节尚未到来之前，采取某些措施诱导植株提前进入休眠状态。生产上经常采用的方法有缩短日照（通过遮荫处理把每日光照时数减至接近于深秋的日照时数），低温处理（温度逐渐降低），植物生长物质处理（如 ABA、MH 等）和干旱处理（逐渐降低土壤含水量）等。

2. 打破休眠　常用的方法是用低温、高温和化学药剂等处理。

低温是打破休眠行之有效的方法，如用1000~14000h7℃低温处理苹果树时，可解除其休眠状态。有些植物休眠的解除并不受低温影响，而高温冲击可提早解除其休眠。例如，将丁香在30℃~35℃温水中浸泡9~12h可使花芽提前至冬季开放。

打破休眠的常用激素类物质有 IAA、NAA、2，4-D、GA、6-BA，其中以 GA 的效果最好。

三、种子休眠的原因和破除方法

有些植物的成熟种子，即使处于适宜的外界条件下仍然不能够萌发，这类种子处于休眠状态。通常情况下，种子休眠主要指内部的生理抑制或种皮障碍而引起的生理休眠。

（一）种子休眠的原因

1. 种皮限制　豆科、锦葵科、藜科、樟科、茄科、百合科植物种子有坚厚的种皮、果皮，或上附有致密的蜡质和角质，被称为硬实种子。种子硬实一般是属于遗传性状，但硬实的形成也常受环境因子影响。如洋槐在干旱气候中成熟时，产生100%硬实，在较湿润环境下成熟只有中等程度硬实。苋色藜在长日下形成硬实大大多于短日下形成的硬实子。苜蓿种子当采收较晚时硬实率增高。在母株上成熟的黄羽扇豆种子无硬实，经贮藏后会形成硬实。这些种子皮往往透水、透气性差，外界的氧气和水分难以进入种子内，二氧化碳累积在种子中，抑制胚的生长而呈休眠状态，如莲子、黄芪等。在自然状态下，长期的空气接触，使种皮组成物氧化；微生物在种皮上繁殖生长，使种皮组成物降解。在其他环境因素的协同作用下，种皮的透水、透气性逐渐增加，可以逐步解除种皮障碍，破除休眠。

种皮的存在对发育中的胚还常常起着物理的阻碍作用，例如狭叶泽泻、反枝苋等植物，其种皮对水虽然有透过性，但因种皮非常坚固，使胚根未能穿破种皮，萌发仍不能进行。

2. 胚未完全发育　如银杏种子成熟后从树上落下时还未受精，等到外果皮腐烂、吸水，氧气进入后，种子里的生殖细胞分裂，释放出精子后才受精。兰花、人参、当归、金莲花、冬青等种胚体积都很小，结构不完善，必须要经过一段时间的继续发育，才能达到可萌发状态。

3. 种子未完成后熟　有些种子的胚在形态上已经发育完全，但在生理上还未成熟，必须通过后熟作用（after ripening）才能够萌发。后熟作用是指成熟种子离开母体后需经过一系列的生理生化改变才能完成生理成熟或形态后熟而具备发芽的能力。后熟期长短因植物而异，莎草种子的后熟期长达 7 年以上，某些大麦品种后熟期才只有 14 天。

经过后熟处理的种子，种皮透水、透气性增加，种子发育相关酶活性增强，有机物开始水解为可溶物，脱落酸等发芽抑制物含量下降，细胞分裂素等发芽促进物含量上升，促进种子萌发。

4. 发芽抑制物的存在　有些植物的种子不能萌发是由于种皮等部位存在抑制种子萌发的物质。这些物质多数是一些低分子量的有机物，包括氢氰酸、氨、乙烯、芥子油、精油、水杨酸、没食子酸、阿魏酸、香豆酸、生物碱和脱落酸等等。萌发抑制物抑制种子萌发有重要的生物学意义。如生长在沙漠中的植物，种子里含有这类抑制物质，要经一定雨量的冲洗，种子才萌发。如果雨量不足，不能完全冲洗掉抑制物，种子就不能萌发。从某些植物种子淋溶出来的抑制物，还可以抑制周围的其他植物种子萌发，从而使这种植物本身在生存竞争中幸存下来。

有些种子休眠可能是多因素引起的，如人参、西洋参等种子需通过形态后熟和生理后熟两个发育阶段后熟，同时种子内还含有发芽抑制物。

（二）种子休眠的破除方法

1. 机械破损　适用于有坚硬种皮的种子。可用沙子与种子摩擦、划伤种皮或者去除种皮等方法来促进萌发。

2. 清水漂洗　外壳含有萌发抑制物的种子，播种前将种子浸泡在水中，反复漂洗，流水更佳，让抑制物渗透出来，能够提高发芽率。

3. 层积处理　层积处理（stratification）较常用，即将种子埋在湿沙中置于1℃~10℃温度中，经 1~3 个月的低温处理就能有效地解除休眠。在层积处理期间种子中的抑制物质含量下降，而 GA 和 CTK 的含量增加。种子内的淀粉、蛋白质、脂类等有机物的合成作用加强，呼吸减弱，酸度降低。经过后熟作用后，种皮透性增加，呼吸增强，有机物开始水解。一般来说，适当延长低温处理时间，能促进萌发。

4. 温水处理　某些种子经日晒和用35℃～40℃温水处理，可促进萌发。油松、沙棘种子用70℃水浸泡24h，可增加透性，促进萌发。

5. 化学药剂处理　刺槐、合欢、漆树、国槐等种子均可用浓硫酸处理（2min～2h后立即用水漂清）来增加种皮透性。用0.1%～0.2%过氧化氢溶液浸泡棉籽24h，能显著提高发芽率。原因是过氧化氢处理种子，可以增加种皮的透性，为种子提供氧气，促进呼吸作用。

6. 生长调节剂处理　多种植物生长物质能打破种子休眠，促进种子萌发。其中GA效果最为显著。黄连种子由于胚未分化成熟，需要低温下90天才能完成分化过程，如果用5℃低温和10～100μl·L^{-1}GA溶液同时处理，只需经48h便可打破休眠而发芽。

7. 物理方法　用X射线、超声波、高低频电流、电磁场处理种子，也有破除休眠的作用。

四、种子和延存器官休眠的调节

在生产实践中，有时需要延长种子的休眠，防止穗上发芽，如小麦、水稻等作物。

马铃薯的块茎在收获后，一般有较长的休眠期，立即作种薯需要采用赤霉素处理等方法破除休眠。但是，如果作为商品，则需要通过暗处理和通风等手段来延长其休眠期。

表7-2　20种药用植物种子休眠原因与解除方法

植物名称	休眠原因	解除方法
东北刺人参 *Oplopanax elatus* Naka	形态后熟 生理后熟 内源抑制物	15℃～20℃处理80天，10℃～15℃处理40天 经4±1℃处理90天，再经1年的变温层积处理；或者 100mg/L的GA$_3$处理6h
西洋参 *Panax quinquefolium* L.	形态后熟 生理后熟 内源抑制物	用1:10000的"920"水溶液浸泡种子24h后15℃～17℃沙 埋2个月 用六苄基嘌呤浸种24h（或100mg/LNaN$_3$处理30天）后5℃ 左右低温处理2个月
滇重楼 *Paris* polyphyllavar. yunnanensis	形态后熟 生理后熟 内源抑制物	18℃～20℃处理3～4个月 0℃～10℃低温处理2～4个月 提高GA/ABA值
山茱萸 *Cornus officinalis* Sieb. Et Zucc.	硬实 生理后熟 内源抑制物	浓H$_2$SO$_4$处理16～17h 0℃～4℃低温层积
北五味子 *Schisandra chinensis*（Turcz.）Bail	硬实 形态后熟 生理后熟 内源抑制物	先用1%CuSO$_4$溶液浸泡10min，再用0.25%赤霉素溶液浸泡 24h，常温下沙藏90天；或者0℃～4℃处理130天

续表

植物名称	休眠原因	解除方法
蒙古黄芪 *Astragalusmem branaceus*（Fisch.） Bge. var. *mongolicus*（Bge.）Hsiao	硬实	砂磨后温汤浸种 2~4h；或者 70%~80% 浓硫酸液浸泡 3~5min，取出种子迅速在流水中冲洗干净（约 30min）；或者 50mmol/LSNP 溶液浸种 72h
甘草 *Glycyrrhiza uralensis* Fisch.	硬实	砂磨后 40℃温水浸泡 3h 左右；或者浓 H_2SO_4（98%），按照每 kg 种子 30~40mL 浓 H_2SO_4 的比例进行均匀混合，清水漂洗干净；或者 1% 的 NaOH 溶液处理 24h
厚朴 *Magnolia officinalis* Rehd. et wils.	硬实 生理后熟	碾磨处理 40% NaOH 浸种 4h，在 30℃下催芽
防风 *Saposhnikovia divaricata*（Turz.） Schischlk.	形态后熟 生理后熟 内源抑制物	始温为 45℃的温水浸种 24h；或者流水冲洗 48h；或者先用始温为 45℃的温水浸种 24h，然后加入柳枝浸出液
南方红豆杉 *Taxus chinensis* var. *mairei* Cheng et L. K	硬实 形态后熟 生理后熟 内源抑制物	用 0.05% 赤霉素浸泡 24h，然后 4℃低温沙藏 40 天。然后用 0.05% 赤霉素浸泡 24h，移至 23℃恒温室沙藏 50 天，最后，再进行 4℃低温沙藏 30 天，低温沙藏之前同样需要用激素浸泡
紫荆 *Cercis chinensis* Bung	硬实 生理后熟	浓 H_2SO_4 酸蚀 30min 后，再于 13℃~17℃条件下层积 20~30 天
浙贝母 *Fritillaria thunbergii* Miq	形态后熟 生理后熟 内源抑制物	10ppm 赤霉素，10ppmGA + KT 溶液浸种 24h，置于 9℃~11℃温度下
红景天 *Rhodiola schalinenisis* A. Bor	生理后熟	0℃~5℃低温处理 5 周
银杏 *Ginkgo biloba* L.	生理后熟 内源抑制物	25℃恒温处理 21 天；或者 0.1 M KNO_3
紫草 *Lithospermum erythrorrhizon* Sieb. et Zucc	生理后熟 内源抑制物	0℃~4℃层积 40 天
苦参 *Sophora flavescens* Ait	硬实	98% 浓 H_2SO_4 处理 40min
黄连 *Coptis chinensis* Franch	形态后熟 生理后熟	12℃低光照贮藏 180 天；5℃贮藏 60 天；GA_3 5mg/L + NAA0. 5mg/L + 6 − BA0. 1mg/L;1. 44mmol/L GA_3 处理 10min
新疆阿魏 *Ferula sinkiangensis* K. M. Shen	内源抑制物	4℃层积 30 天，100mg/L6 − BA 浸种 48h；4℃低温层积 40 天，1000mg/LGA_3 浸种 48h
映山红 *R. simsii* Planch.	硬实 生理休眠 内源抑制物	40% 硫酸 20min；4℃低温层积；100% 乙醚浸泡 20min；1. 0mg/L GA_3 处理 24h
商陆 *Phytolacca acinosa* Roxb.	硬实 内源抑制物	15% H_2O_2 浸泡 8h，再用 400mg/L 或 500mg/L 赤霉素浸泡 1h

第八节 植物的衰老与器官脱落

一、植物的衰老

（一）植物衰老的类型和意义

衰老是植物生命周期的最后阶段，在正常环境下，成熟的细胞、组织、器官和整个植株自然地发生机能衰退、逐渐终止生命的过程。衰老受植物自身遗传特性控制，但也受外界条件的影响，如秋季日照长度和温度。

1. 植物衰老的类型　根据植物与器官死亡的情况，植物衰老表现为多种类型：①植物的地上部分衰老：多年生的草本植物与球茎类植物，每年地上部分衰老、死亡，而地下部分仍存活，待来年适宜的生长季节到来后，就萌芽生长。如菊花、黄芪、西红花等。②落叶木本植物叶片季节性衰老：多年生的落叶木本植物，每年秋、冬季到来时，植株的叶片全部衰老脱落，而树枝和根系是活着的。如合欢等。③植物的叶片渐次衰老：多数多年生常绿的木本植物的器官和组织是逐渐衰老的，不断被新的组织和器官取代，植株上的叶片从基部向顶端逐渐衰老脱落。如枇杷等；④整株衰老：一两年生植物或多年生一次开花植物，在开花结实后，整株植物衰老死亡。如红花、菘蓝等。

目前对衰老发生的原因有各种假说，如上述的有关激素平衡、蛋白质水解的假说，此外还有人提出营养竞争假说、能量耗损假说和自由基损伤假说。对叶片衰老的研究中，自由基假说受到重视。在叶子中有两种酶与衰老有密切关系：超氧化物歧化酶（SOD）和脂氧合酶（LOX）。SOD 参与自由基的清除和膜的保护，而 LOX 酶则催化膜脂中不饱和脂肪酸加氧而使膜损伤。衰老时往往伴随着 SOD 活性的降低和 LOX 活性的升高，从而导致自由基增加，使膜损伤加剧，衰老加速。尽管有各种假说，但没有一种能比较完整而系统地解释衰老的发生，这可能是因为不同的植物、不同的组织、器官有着不同的衰老机理。

2. 植物衰老的生物学意义　植物的衰老是植物适应环境的自然反应，是植物主动对抗恶劣环境的生存策略，有利于物种的保存，对植物种族的繁衍具有极其重要的意义。对于一年生植物来说，在其衰老灭亡过程中，营养器官中的物质已转移至种子或块茎、球茎等器官中，供新个体形成时再利用。对于多年生植物来说，不断以新器官代替老器官，能更好地适应环境条件而生长。但植株过早的衰老，会导致作物产量下降。

（二）植物衰老过程中的生理生化改变

植物衰老首先从器官的衰老开始，然后逐渐引起植株衰老。Thimann 对叶片衰老过程中各种变化进行综合分析后指出：蛋白质水解是衰老的第一步。他对衰老各过程的顺序提出如下假设：在没有衰老的细胞中，液泡膜把液泡中的蛋白水解酶及其他水解酶与细胞液中的蛋白质相隔离，液泡膜蛋白也以某种方式与蛋白水解酶分开，当液泡膜蛋白与蛋白水解酶接触而引起膜结构变化时即启动衰老过程，蛋白水解酶从液泡膜上的孔隙进入细胞液引起蛋白水解，继而酶到达并进入叶绿体膜，使叶绿素破坏而叶子脱绿。当水解酶到达线粒体膜，使蛋白质水解释放的氨基酸进入线粒体，从而引起呼吸速率的急剧增加。用抑制蛋白质和 RNA 合成的环己酰胺处理叶片，可延迟暗诱导的衰老过程，这说明衰老是在时间、空间上预先编制的基因顺序表达的结果，在衰老的启动过程中一定有某些基因表达产物转运到液泡膜上，首先引起液泡膜的透性改变。在此，以植物叶片的衰老为例来介绍植物衰老过程中所涉及部分的生理生化改变。

1. 水解酶的活性增强　衰老过程中，叶片内蛋白质、糖类、核酸等发生分解，蛋白质含量、遗传物质含量显著下降。分解形成的可溶性糖、核苷、氨基酸转运到植物的其他部位，与此同时，矿物质也由衰老组织和器官运出。

2. 光合作用速率下降　在叶片的衰老过程中，叶绿体首先受到破坏，叶绿体膨胀，间质中的酶失活，类囊体上的蛋白复合体裂解；叶绿素降解速率增加，含量迅速下降；而胡萝卜素相对稳定，降解较晚，因此叶片失绿变黄是叶片衰老最明显的外观特征。叶片中色素降解含量下降，光合电子传递和光合磷酸化受阻，光合速率下降。

3. 呼吸速率下降　在叶片衰老的过程中，线粒体的结构相对比叶绿体稳定，呼吸速率下降较光合速率慢，直到衰老后期线粒体的膜完整性才消失。有些叶片衰老时，呼吸速率先迅速下降，后又急剧上升，再迅速下降，出现呼吸跃变现象。此外，叶片衰老时，呼吸过程中的氧化磷酸化逐渐解偶联，产生的 ATP 数量减少，细胞中合成所需的能量不足，加快衰老。

4. 生物膜降解　在细胞衰老过程中，生物膜的流动性下降，选择透过性丧失、透性增大，膜结构逐步解体。膜结构的解体，使细胞内部的区隔化丧失，代谢紊乱，细胞的衰亡加速。

5. 植物体内激素的变化　在植物衰老过程中，植物体内激素水平有明显变化。一般情况下，在植物和器官的衰老过程中，脱落酸和乙烯的含量逐步上升，而生长素和赤霉素以及细胞分裂素的含量下降。

此外，在叶片的衰老过程中，与水解和呼吸相关的酶的含量和活性会增高，加速衰老进程。

（三）生态环境对植物衰老的影响

1. 温度　低温和高温都能够诱发自由基的积累，引起生物膜结构的破坏，加速植物衰老。

2. 光照　植物叶片在光下比在暗中衰老速度慢，暗环境产生的 ABA 引起气孔关闭，促进衰老。强光和紫外线促进植物体内自由基积累，诱发植物衰老，长日照促进 GA 生物合成，利于生长，短日照促进 ABA 合成，利于脱落，加速衰老。光可抑制叶片中 RNA 的水解，在光下 ETH 的前身 ACC 向 ETH 的转化受到阻碍。红光可阻止叶绿素和蛋白质的含量下降，而远红光则有削除红光的作用。

3. 气体　氧气浓度过高会加速自由基的形成和积累，引起衰老，此外污染环境的化学气体，如 HCl 等也可以促进植株体内自由基水平的上升，加速植株衰老。CO_2 对衰老有一定的抑制作用，并在果蔬的贮藏保鲜中得到应用，如以 5% ~ 10% CO_2 并结合低温可延长果蔬的贮藏期。

4. 水分　水分胁迫会促进乙烯和脱落酸的形成，加速蛋白质和叶绿体的降解，提高呼吸速率，促进自由基的积累，加速植株衰老。

5. 矿质营养　氮肥不足，叶片易早衰；增加氮肥的施用，促进蛋白质合成，则能够延缓叶片衰老，钙能延缓植物衰老。此外，矿质过多可引起衰老。

6. 天然生长调节物质　天然生长调节物质对衰老过程有重要的调节作用。一般说来，赤霉素、生长素，特别是细胞分裂素抑制了衰老，而脱落酸、茉莉酸，特别是乙烯对衰老有促进作用。油菜素内酯和多胺类物质中的腐胺、精胺、亚精胺也抑制衰老。衰老不仅受某一种内源激素的调节，而且激素之间的平衡起着重要的作用。例如生长素类激素在低浓度时可延缓衰老，但浓度升高到一定程度时可诱导乙烯合成，从而促进衰老。ABA 对衰老的促进作用可被细胞分裂素拮抗。

二、器官脱落

（一）器官脱落的概念和类型

脱落是指植物器官（如叶片、花、果实或枝条）自然离开母体的现象。脱落可分为三种：一是由于衰老或成熟引起的脱落称为正常脱落，如叶片和花朵的衰老脱落，果实和种子成熟后的脱落；二是由于逆境条件（如高温、低温、干旱、水涝、盐渍、污染、病害和虫害等）引起的脱落，称为胁迫脱落；三是因为植物自身的生理活动而引起的脱落，称为生理脱落，如营养生长与生殖生长的竞争、源与库的不协调，光合作用产物运输受阻或分配失调均可以引起生理脱落。胁迫脱落与生理脱落都属于异常脱落。在生产上，异常脱落现象普遍存在，常常给农业生产带来重大损失。但是，在某些情况下，异常脱落或人工疏花和修剪有特定的生物学意义，实现作物的稳定优质生产。

（二）器官脱落的机制及其影响因素

1. 离层与脱落　器官在脱落之前，往往先在叶柄、花柄、果柄以及某些枝条的缉捕形成离层。以叶片为例，离层是在叶柄的基部经横向分裂而形成的几层细胞，其体积小，排列紧密，细胞壁薄，有浓稠的原生质和较多的淀粉粒，核大而突出。

多数植物的叶片在脱落之前已形成离层，但处于潜伏状态。叶片在即将脱落之前，离层细胞衰退，变得中空而脆弱，纤维素酶与果胶酶活性增强，细胞壁的中层分解，细胞彼此离开，叶柄只靠维管束与枝条相连接，在重力和风力等外界力量的作用下，维管束断裂，于是叶片脱落。当器官脱落后，暴露面木栓化所形成的一层组织成为保护层，可使母体免受干旱和微生物的伤害。

器官脱落时，离层细胞先行溶解，母本植物的叶片脱落，通常是位于两层细胞间的细胞层先发生溶解，于是相邻的两个细胞分离，分离后的初生细胞的细胞壁依然完整；或者是胞间层与初生壁均发生溶解，只留一层很薄的纤维素壁包围原生质；而草本植物通常是一层或几层细胞整个溶解。

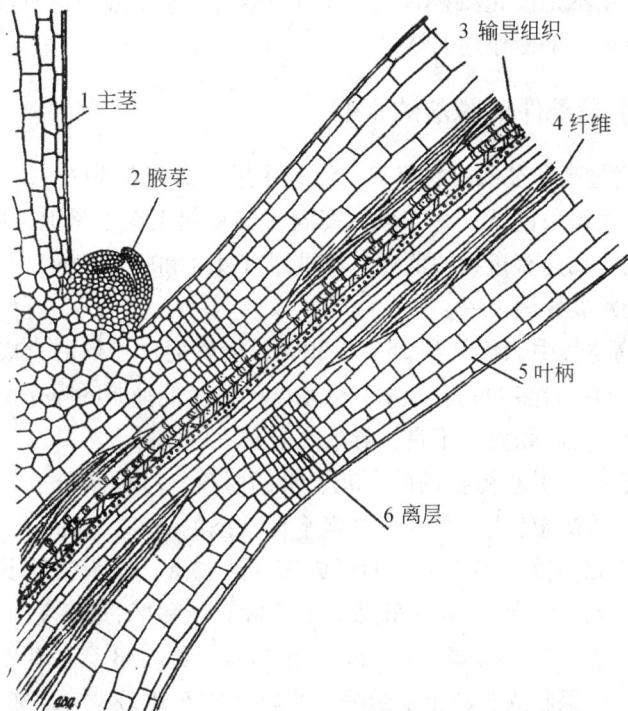

图7-6　双子叶植物叶柄基部离层部分纵切面（引自戴尧仁等（1989）《新编植物生理学》）
1. 主茎；2. 腋芽；3. 输导组织；4. 纤维；5. 叶柄；6. 离层

有些植物叶柄基部无离层产生，叶片也会脱落，如禾本科植物。有些植物虽有离层，叶片却不脱落。可见离层的形成并不是脱落的必要条件。

2. 激素与脱落

（1）生长素类　通常，植物幼叶中持续合成生长素，抑制叶片脱落。随着叶龄的增大，生长素合成能力下降，因此，认为植物器官的脱落与生长素有关。

将生长素施到离层的远轴端，可以抑制器官的脱落。施到离层的近轴端，可以促进器官的脱落。即器官脱落与离层两侧的生长素相对含量有关。

（2）乙烯　对乙烯产生感应的离层细胞内会合成纤维素酶与果胶酶，即乙烯会诱发纤维素酶和果胶酶的合成，并能够提高这两种酶的活性，使离层细胞壁降解，引起器官脱落。

（3）脱落酸　旺盛生长的叶片内脱落酸含量很少，而在衰老的叶片和即将脱落的幼果中，脱落酸含量高。然而，脱落酸并不是导致器官脱落的直接原因。脱落酸的主要作用是刺激乙烯的合成，并提高组织和器官对乙烯的敏感性，促进纤维素酶和果胶酶的合成，加速器官的衰老，引起器官脱落。

（4）赤霉素和细胞分裂素　这两种激素对脱落也有影响，不过都不是直接的。如在番茄、柑橘等植物上施用赤霉素能延缓其脱落，蔡可等发现 GA_3 防止棉花幼铃脱落的效果最佳。赤霉素也能加速外植体的脱落。在玫瑰和香石竹中，CTK 能延缓衰老脱落，这可能是因为 CTK 能通过调节乙烯合成，降低组织对乙烯的敏感性而产生影响。

各种激素的作用不是彼此孤立的，器官的脱落也并非受某一种激素的单独控制，而是多种激素相互协调、平衡作用的结果。

（三）外界生态条件对脱落的影响

1. 温度　温度过高和过低对脱落都有促进作用。棉花在 30℃ 以上，四季豆在 25℃ 以上脱落加快。在大田条件下，一方面，高温能够引起土壤干旱促进脱落；另一方面，高温促进呼吸作用，加速有机物的消耗，促进器官衰老和脱落。而秋冬季节的低温霜冻是影响树木落叶的重要原因之一。

2. 氧气　提高空气中的氧气到 25% ~ 30%，能够促进乙烯的合成，增加脱落；还能够增加光呼吸，消耗过多的光合产物；低浓度的氧气能抑制呼吸作用，降低根系对矿物质和水分的吸收，使植物发育不良，导致衰老器官的脱落。

3. 水分　由于干旱引起植物的叶、花、果的脱落，减少水分散失，使植物适应环境而生存。干旱导致植物体内各种内源激素平衡状态的破坏，提高 IAA 氧化酶的活性，使 IAA 及 CTK 的含量下降，促进离层的形成而导致脱落。淹水条件下土壤中氧气含量下降，无氧呼吸，促进乙烯和酒精的积累，导致叶、花和果的脱落。

4. 矿质元素　缺乏 N、Zn 能够影响 IAA 的合成；缺少 B 会使花粉败育，引起花而不实；Ca 是细胞壁中果胶酸钙的重要组分。所以，缺乏 B、Zn、Ca 能导致脱落。

5. 光照　强光能够抑制或延缓脱落，弱光则促进脱落。如作物种植密度过大时，植株下部叶片受光不足，过早脱落，原因是弱光下光合作用速率降低，糖类物质的合成减少；长日照延迟脱落，短日照促进脱落，可能与 GA、ABA 的合成有关。

综上所述，器官脱落受多种因素的综合影响。在农业生产上，研究延迟或促进植物器官脱落的机制及其调控措施具有十分重要的意义。木瓜采收前的落果，既降低产量，又影响品质。在生产上可通过水肥供应，适当修剪，以改善花果的营养条件，可收到保花保果的效果。

第八章 植物生长物质与生理生态

植物的正常生长发育，不但需要水分、矿质元素和有机物的供应，而且还需要一类微量的具有特殊作用的活性物质——植物生长物质（plant growth substances）来调节与控制植物体内的各种代谢过程。植物生长物质是指一些能调节植物生长发育的微量化学物质，它包括植物激素和植物生长调节剂两大类。

植物激素（plant hormones/phytohormones）是指在植物体内合成的，并通常从合成部位运往作用部位，对植物的生长发育产生显著调节作用的微量有机物质。目前，被公认的有五大类植物激素，分别是：生长素、赤霉素、细胞分裂素类、脱落酸和乙烯。近年来，人们在植物体内还陆续发现了其他一些对生长发育有调节作用的物质，如油菜素内酯、茉莉酸、水杨酸、多胺等，这些物质虽然还没被公认为是植物激素，但在调节植物生长发育的过程中起着不可忽视的作用。

植物生长调节剂（plant growth regulators）是指人工合成的或从微生物中提取的具有类似植物激素生理活性的物质。这类物质能在低浓度下对植物的生长发育表现出明显的促进或者抑制作用，包括生长促进剂、生长抑制剂、生长延缓剂等，其中有一些分子结构和生理效应与植物激素类似的有机化合物，如吲哚丙酸、吲哚丁酸等；还有一些物质的结构与植物激素差别较大，但是具有类似的生理效应，如萘乙酸、矮壮素、乙烯利等。植物生长调节剂已经广泛应用于促进种子萌发，促进插条生根，促进开花，疏花疏果，促进结实，促进果实成熟，延缓植物衰老和防除杂草等方面。

第一节 生长素与生理生态

一、生长素的种类、分布与运输

（一）生长素的发现

生长素（auxin，AUX）是最早被发现的植物激素。1880 年，英国科学家达尔文父子（C. Darwin 和 F. Darwin）发现禾本科植物金丝雀虉草（*Phalaris canariensis*）胚芽鞘在单方向光照射下，胚芽鞘向光弯曲；如果切去胚芽鞘的尖端或在尖端套以锡箔小帽，单侧光照便不会使胚芽鞘向光弯曲（图 8 - 1A）。因此，他们认为胚芽鞘产生向光弯曲是由于幼苗在单侧光照下产生某种影响，并将这种影响从上部传到下部，造成背光面和向光面生长速度不同。1913 年，丹麦的博伊森 - 詹森（Boyse - Jensen）在向光或背光的胚芽鞘一面插入不透光物质的云母片，他们发现只有当云母片放入背光面时，向光性才受到阻碍。如在切下的胚芽鞘尖和胚芽鞘切口间放上一凝胶薄片，其向光性仍能发生（图 8 - 1B）。1919 年，帕尔（Paál）发现，将燕麦胚芽鞘尖切下，把它放在切口的一边，即使不照光，胚芽鞘也会向一边弯曲（图 8 - 1C）。1926 年，荷兰的温特（F. W. Went）把燕麦胚芽鞘尖端切下，放在凝胶薄片上，约 1 小时后，移去芽鞘尖端，将凝胶切成小块，然后把这些凝胶小块放在去顶胚芽鞘一侧，置于暗中，胚芽鞘就会向放凝胶的对侧弯曲（图 8 - 1D）。如果放纯凝胶块，则不弯曲，这证明促进生长的影响因素可从鞘尖传到凝胶，再传到去顶胚芽鞘，这种影响与某种促进生长的化学物质有关，温特将这种物质称为生长素。根据这个原理，他创立了植物激素的一种生物测定法——燕麦试法（avena test），即用低浓度的生长素处理燕麦胚芽鞘的一侧，引起这一侧的生长速度加快，而向另一侧弯曲，其弯曲度与所用的生长素浓度在一定范围内成正比，以此定量测定生长素含量，推动了植物激素的研究。1934 年，科戈（F. Kgl）等人从人尿、根霉、麦芽中分离和纯化了一种刺激生长的物质，经鉴定为吲哚乙酸（indole - 3 - acetic acid，IAA），分子式为 $C_{10}H_9O_2N$，分子量为 175.19。1942 年，Haagen - Smit 等从碱性水解的玉米粉和未成熟的玉米籽粒中分别提取到了 IAA，因 IAA 是在高等植物中最早发现并普遍存在的一种重要的生长素，习惯上常把生长素与 IAA 两个名词混用，所以 IAA 就成了生长素的代名词。

（二）生长素的种类及其化学结构

1. 天然生长素类　除 IAA 外，还在大麦、番茄、烟草及玉米等植物中先后发现苯乙酸（phenylactic acid，PAA）、4 - 氯 - 吲哚 - 3 - 乙酸（4 - chloroindole - 3 - acetic acid，4 - Cl - IAA）及吲哚 - 3 - 丁酸（indole - 3 - butyric cid，IBA）等天然化合物，它们都不同程度具有类似于生长素的生理活性。苯乙酸的生理活性比 IAA 低得多，但在植物中也分布广泛，含量比 IAA 更丰富。吲哚丁酸最初被认为只是一种人工合成的物质，但近年来已从玉米和其他植物的种子和叶片中被提取出来，因此它也很可能广泛分布在植物界。（图 8 - 2）

2. 人工合成生长素类　天然生长素类在植物体内含量极低且难以提取，为了满足农业生产，人们通过试验合成并筛选了许多具有生长素活性的化合物，这些人工合成的生长素按结构可分为三类：①与生长素结构相似的吲哚衍生物，如吲哚丙酸（indolepropionic acid，IPA）和吲哚丁酸（indolebutyric acid，IBA）。②萘的衍生物，如萘乙酸（naphthalene acetic acid，简称 NAA）、萘乙酸钠、萘乙酰胺。其中萘乙酸活性强，生产简单，价格便宜，应用最广。③氯代苯的衍生物，如 2，4 - 二氯苯氧乙酸（2，4 - D），2，4，5 - 三氯苯氧乙酸（2，4，5 - T）（图 8 - 3）。

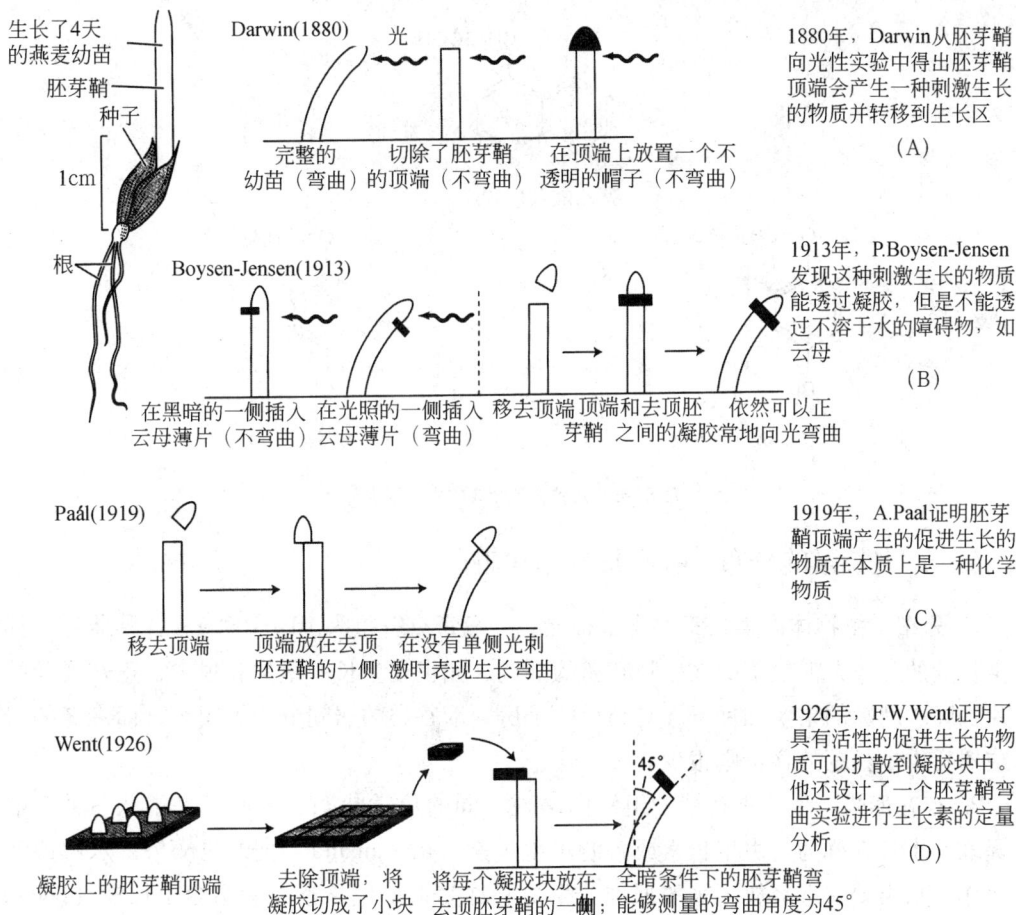

生长了4天的燕麦幼苗
胚芽鞘
种子
1cm
根

Darwin(1880)

光

完整的幼苗（弯曲） 切除了胚芽鞘的顶端（不弯曲） 在顶端上放置一个不透明的帽子（不弯曲）

1880年，Darwin从胚芽鞘向光性实验中得出胚芽鞘顶端会产生一种刺激生长的物质并转移到生长区 （A）

Boysen-Jensen(1913)

在黑暗的一侧插入云母薄片（不弯曲） 在光照的一侧插入云母薄片（弯曲） 移去顶端 顶端和去顶胚芽鞘 之间的凝胶常地向光弯曲 依然可以正常地向光弯曲

1913年，P.Boysen-Jensen发现这种刺激生长的物质能透过凝胶，但是不能透过不溶于水的障碍物，如云母 （B）

Paál(1919)

移去顶端 顶端放在去顶胚芽鞘的一侧 在没有单侧光刺激时表现生长弯曲

1919年，A.Paal证明胚芽鞘顶端产生的促进生长的物质在本质上是一种化学物质 （C）

Went(1926)

凝胶上的胚芽鞘顶端 去除顶端，将凝胶切成了小块 将每个凝胶块放在去顶胚芽鞘的一侧 45° 全暗条件下的胚芽鞘弯曲；能够测量的弯曲角度为45°

1926年，F.W.Went证明了具有活性的促进生长的物质可以扩散到凝胶块中。他还设计了一个胚芽鞘弯曲实验进行生长素的定量分析 （D）

图8-1 生长素研究的早期实验概述

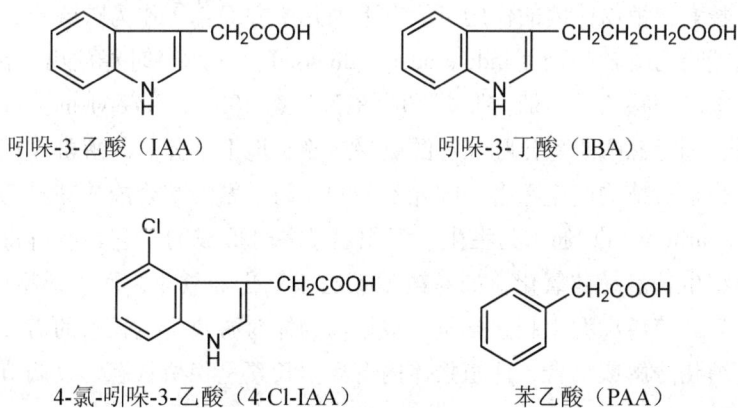

吲哚-3-乙酸（IAA） 吲哚-3-丁酸（IBA）

4-氯-吲哚-3-乙酸（4-Cl-IAA） 苯乙酸（PAA）

图8-2 几种天然生长素

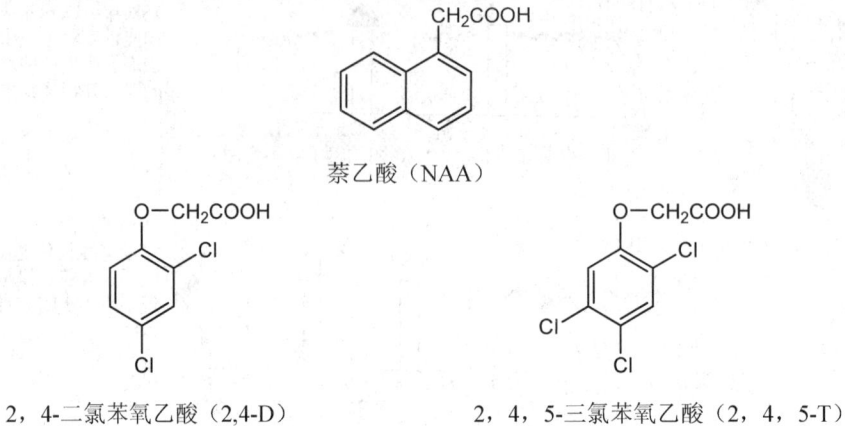

CH₂COOH

萘乙酸（NAA）

2，4-二氯苯氧乙酸（2,4-D）　　　　2，4，5-三氯苯氧乙酸（2，4，5-T）

图 8-3　几种人工合成的生长素类

（三）生长素的分布、存在形式与运输

1. 分布　植物体内生长素的含量很低，一般每克鲜重为 10～100ng。各种器官中都有生长素的分布，但较集中在生长旺盛的部位，如正在生长的茎尖和根尖，正在展开的叶片、胚、幼嫩的果实和种子，受精后的子房，禾谷类的居间分生组织等，而衰老的组织或器官中生长素的含量则很少。

2. 存在形式　生长素在植物组织内呈现不同的化学状态，人们把易于从各种溶剂中提取的生长素称为自由生长素或者游离生长素（free anxin）。把通过酶解、水解或者自溶作用从束缚状态释放出来的那部分生长素称为束缚生长素或者结合生长素（bound auxin）。如生长素与天冬氨酸结合形成的吲哚乙酰天冬氨酸，与糖结合形成的吲哚乙酰葡萄糖苷或阿拉伯糖苷，与肌醇结合形成的吲哚肌醇等。自由生长素具有生物活性，而束缚生长素没有活性。但在一定条件下，两者之间可以互相转变。

束缚型生长素在植物体内的作用可能有下列几个方面：①作为贮藏形式。吲哚乙酸与葡萄糖形成吲哚乙酰葡萄糖（indole acetyl glucose），在适当时释放出游离型生长素。②作为运输形式。吲哚乙酸与肌醇形成吲哚乙酰肌醇（indole acetyl inositol）贮存于种子中，发芽时，吲哚乙酰肌醇比吲哚乙酸更易运输到地上部分。③解毒作用。游离型生长素过多时，往往对植物产生毒害。吲哚乙酸和天门冬氨酸结合成的吲哚乙酰天冬氨酸（indoleacetyl aspartic acid）通常是在生长素积累过多时形成的，它具有解毒功能。④防止氧化。游离型生长素易被氧化，如易被吲哚乙酸氧化酶氧化，而束缚型生长素稳定，不易被氧化。⑤调节游离型生长素含量。根据植物体对游离型生长素的需要程度，束缚型生长素与束缚物分解或结合，使植物体内游离生长素呈稳衡状态，以调节到一个适合生长的水平。

3. 运输　在高等植物体内，生长素的运输存在两种方式，一种是仅局限于胚芽鞘、幼根、幼芽的薄壁细胞之间的短距离单方向的极性运输（polar transport），另一种是通过韧皮部的运输，称为非极性运输。

（1）极性运输　生长素的极性运输是指生长素只能从植物体的形态学上端向下端运输。如图8-4所示，把含有生长素的琼脂小块放在一段切头去尾的燕麦胚芽鞘的形态学上端，把另一块不含生长素的琼脂小块放在下端，一段时间后，下端的琼脂中即含有生长素。但是，如果把这一段胚芽鞘颠倒过来，把形态学的上端向下，做同样的实验，生长素就不向下运输。这种极性运输在茎中表现为向基端（形态学下端）运输；而在根中则相反，表现为向根尖（形态学上端）运输。生长素的极性运输距离短，运输速率仅为 $5 \sim 20 \ mm \cdot h^{-1}$。

生长素的极性运输是一种可以逆浓度梯度的主动运输过程，其运输速度比物理的扩散速度约大10倍。在缺氧的条件下会严重地阻碍生长素的运输，一些化合物如2，3，5-三碘苯甲酸（TIBA）和萘基邻氨甲酰苯甲酸（NPA）能抑制生长素的极性运输，称为生长素极性运输的抑制剂。

生长素的极性运输与植物的发育有密切的关系，如扦插枝条不定根形成时的极性和顶芽产生的生长素向基部运输所形成的顶端优势等。对植物茎尖用人工合成的生长素处理时，生长素在植物体内的运输也是极性的。

（2）非极性运输　生长素的非极性运输主要是指 IAA 通过韧皮部的长距离运输。此外，研究表明生长素还可通过木质部的蒸腾流向上运输。在这些维管系统中，生长素的运输与其他营养物质的运输并没有区别。非极性运输的速度比极性运输高得多，一般为 $1 \sim 2.4cm \cdot h^{-1}$，运输方向取决于输导系统两端有机物浓度差等因素。

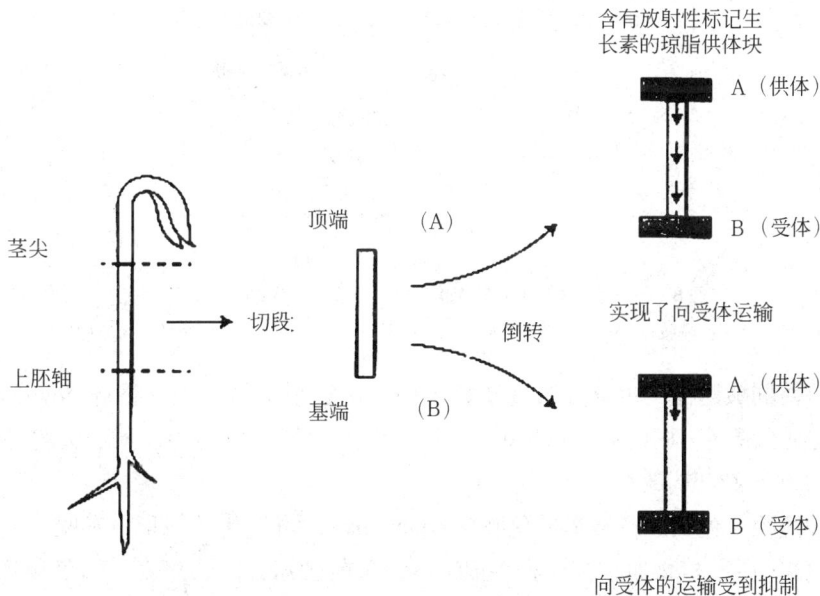

图8-4　生长素的极性运输

二、生长素的代谢

（一）生长素的生物合成

在多数高等植物中，IAA 的合成通常认为是由色氨酸（tryptophan）转变来的。色氨酸转变为生长素时，其侧链要经过转氨、脱羧、氧化等反应，其合成的途径主要有以下 4 条（图 8 - 5）：

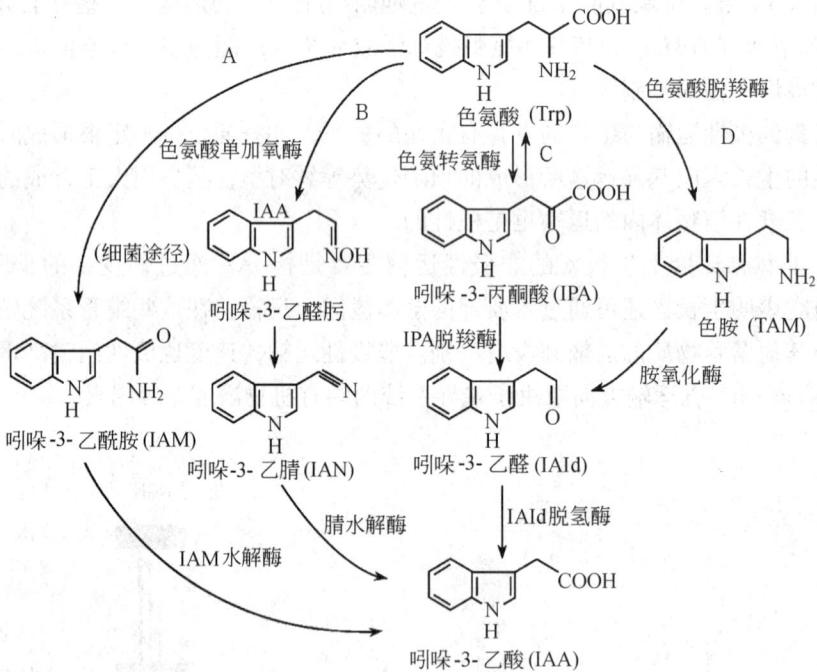

图 8 - 5　生长素的色氨酸依赖生物合成途径（Bartel，1997）

A. 吲哚 - 3 - 乙酰胺途径；B. 吲哚 - 3 - 乙腈途径；C. 吲哚 - 3 - 内酮途径；D. 色胺途径

1. 吲哚丙酮酸途径　色氨酸通过转氨作用，形成吲哚丙酮酸（indole pyruvic acid）再脱羧形成吲乙醛（indole acetaldehyde），后者经过脱氢变成吲哚乙酸。大多数植物通过本途径合成吲哚乙酸。

2. 色胺途径　色氨酸脱羧形成色胺（ryptamine），再氧化转氨形成吲哚乙醛，最后形成吲哚乙酸。少数植物通过本途径生成 IAA，目前已知大麦、燕麦、烟草和番茄枝条中同时进行上述两条途径。

3. 吲哚乙腈途径　许多植物，特别是十字花科植物中存在着吲哚乙腈（indole acetonitrile）。吲哚乙腈也由色氨酸转化而来，在腈水解酶的作用下吲哚乙腈转变成 IAA。

4. 吲哚乙酰胺途径　在一些病原菌如假单孢杆菌中，色氨酸在两种酶作用下，经过吲哚乙酰胺（indole - 3 - acetamide）最后形成吲哚乙酸。本途径是细菌途径，最终使寄生植物形态发生改变。

锌是色氨酸合成酶的组分，缺锌时，导致由吲哚和丝氨酸结合而形成色氨酸的过程受阻，使色氨酸含量下降，从而影响 IAA 的合成。

植物的茎端分生组织、禾本科植物的芽鞘尖端、胚（是果实生长所需 IAA 的主要来源处）和正在扩展的叶等是 IAA 的主要合成部位。用离体根的组织培养证明根尖也能合成 IAA。

（二）生长素的降解

吲哚乙酸的降解有两条途径，即酶氧化降解和光氧化降解。

1. 酶氧化降解 酶氧化降解是 IAA 的主要降解过程，生长素的酶促降解可以分为脱羧降解和不脱羧降解两种类型。脱羧降解途径主要通过 IAA 氧化酶（IAA oxidase）的作用将 IAA 氧化成为 CO_2 和 3 - 亚甲基羟吲哚。IAA 氧化酶是一种含 Fe 的血红蛋白，在植物体内的分布与生长速度有关。一般生长旺盛的部位 IAA 氧化酶的含量比老组织中少，而茎中又常比根中少。不脱羧降解途径中，降解物仍然保留 IAA 侧链的两个碳原子，如，羟吲哚 - 3 - 乙酸和二羟吲哚 - 3 - 乙酸等。

2. 光氧化降解 在体外（尤其是在水溶液中），光照下，IAA 可被非酶促氧化分解，产物是亚甲基羟吲哚（及其衍生物）和吲哚醛。在有天然色素（可能是核黄素或紫黄质）或合成色素存在的情况下，其光氧化作用将大大加速。这种情况表明，在自然条件下很可能是植物体内的色素吸收光能促进了 IAA 的氧化。

在田间对植物施用 IAA 时，上述两种降解过程能同时发生。而人工合成的生长素类物质，如 α - NAA 和 2，4 - D 等则不受吲哚乙酸氧化酶的降解作用，能在植物体内保留较长时间，比外用 IAA 有较大的稳定性。所以，在大田中一般不用 IAA 而施用人工合成的生长素类调节剂。

（三）自由生长素水平的调节

植物体内具活性的自由生长素浓度一般都处于比较适宜的浓度，以保持植物体在不同发育阶段对生长素的需要，对于多余的生长素，植物一般是通过生物合成、生物降解、运输、结合为束缚生长素（钝化）和区域化（贮存在 IAA 库）等途径来进行自动调节的。

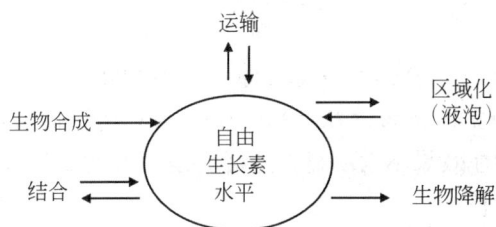

图 8 - 6 自由生长素水平的调节途径

三、生长素的生理效应与作用机理

（一）生长素的生理效应

生长素的生理作用十分广泛，包括对细胞分裂、伸长和分化，营养器官和生殖器官的生长、成熟和衰老的调控等方面。

1. 促进生长 生长素最明显的效应就是在外用时可促进茎切段和胚芽鞘切段的伸长生长，其原因主要是促进细胞的伸长。在一定浓度范围内，生长素对离体的根和芽的生长也有促进作用。

生长素对生长的作用有三个特点：

（1）双重作用 即生长素在较低浓度下可促进生长，而高浓度时则抑制生长。从图 8-7 可看出，任何一种器官，生长素对其促进生长时都有一个最适浓度，低于最适浓度时生长随浓度的增加而加快，高于最适浓度时促进生长的效应随浓度的增加而逐渐下降。当浓度高到一定值后则抑制生长，这是由于高浓度的生长素诱导了乙烯的产生。

（2）不同器官对生长素的敏感性不同 如图 8-7 所示，根对生长素十分敏感，对生长素的最适浓度大约为 10^{-10} mol·L^{-1}，茎的最适浓度为 2×10^{-5} mol·L^{-1}，而芽则处于根与茎之间，最适浓度约为 10^{-8} mol·L^{-1}。不同年龄的细胞对生长素的反应也不同，幼嫩细胞对生长素反应灵敏，而老的细胞敏感性则下降。高度木质化和其他分化程度很高的细胞对生长素都不敏感。黄化茎组织比绿色茎组织对生长素更为敏感。

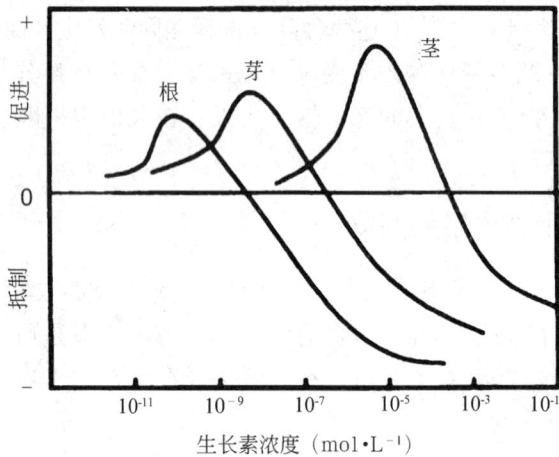

图 8-7 植物不同器官对生长素的反应

（3）对离体器官和整株植物效应有别 生长素对离体器官的生长具有明显的促进作用，而对整株植物往往效果不太明显。这可能是因为完整植株内内源 IAA 浓度足以支持其进行最大限度的生长。

2. 促进插条形成不定根 生长素可以有效促进插条不定根的形成，这主要是刺激了插条基部切口处细胞的分裂与分化，诱导了根原基的形成。用生长素类物质促进插条形成不定根的方法已在苗木的无性繁殖上广泛应用。

3. 调运养分 生长素具有很强的吸引与调运养分的效应。从天竺葵叶片进行的试验中（图8-8）可以看出，^{14}C 标记的葡萄糖向着 IAA 浓度高的地方移动。利用这一特性，用 IAA 处理，可促使子房及其周围组织膨大而获得无籽果实。

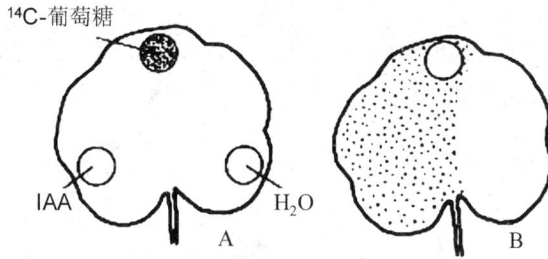

图8-8 生长素调运养分的作用（Penot M，1978）

A. 在天竺葵的叶片不同部位滴上 IAA、H_2O 和 ^{14}C 葡萄糖；B. 48小时后同一叶片的放射性自显影，
原来滴加 ^{14}C 葡萄糖的部位已被切除，以免放射自显影时模糊

4. 生长素的其他效应 生长素还广泛参与许多其他生理过程。如促进菠萝开花，引起顶端优势（即顶芽对侧芽生长的抑制），诱导雌花分化（但效果不如乙烯），促进形成层细胞向木质部细胞分化，促进光合产物的运输、叶片的扩大和气孔的开放等。此外，生长素还可抑制花朵脱落、叶片老化和块根形成等。生长素的这些作用在农林业生产中主要是通过人工合成的生长素类植物生长调节剂实现的，此方面内容还将在本章第七节进一步叙述。

（二）生长素的作用机理

生长素最明显的生理效应是促进细胞的伸长生长。用生长素处理茎切段后，细胞伸长、细胞壁有新物质的合成，原生质的量也增加。由于植物细胞周围有一个半刚性的细胞壁，所以生长素处理后所引起细胞的生长必然包含细胞壁的松弛和新物质的合成。对于生长素的作用机理目前被普遍接受的是"酸生长理论"和"基因活化学说"。

1. 酸生长理论 雷利和克莱兰（Rayle and Cleland）于1970年提出了生长素作用机理的酸生长理论（acid growth theory）。其要点：①原生质膜上存在着非活化的质子泵（H^+ – ATP 酶），生长素作为泵的变构效应剂，与泵蛋白结合后使其活化。②活化了的质子泵消耗能量（ATP）将细胞内的 H^+ 泵到细胞壁中，导致细胞壁基质溶液的 pH 值下降。③在酸性条件下，H^+ 一方面使细胞壁中对酸不稳定的键（如氢键）断裂，另一方面（也是主要的方面）使细胞壁中的某些多糖水解酶（如纤维素酶）活化或增加，从而使连接木葡聚糖与纤维素微纤丝之间的键断裂，细胞壁松弛。④细胞壁松弛后，细胞的压力势下降，导致细胞的水势下降，细胞吸水，体积增大而发生不可逆增长。

2. 基因活化学说 生长素作用机理的"酸生长理论"只能很好地解释生长素所引起的快速反应。而对于生长素所诱导生长的长期效应可用基因活化学说来解释：植物细胞具有全能性，但在一般情况下，绝大部分基因是处于抑制状态的，生长素的作用就是解除这种抑制，使某些处于"休眠"状态的基因活化，从而转录并翻译出新的蛋白质。

当 IAA 与质膜上的激素受体蛋白（可能就是质膜上的质子泵）结合后，激活细胞内的第二信使，并将信息转导至细胞核内，使处于抑制状态的基因解阻遏，基因开始转录和翻译，合成新的 mRNA 和蛋白质，为细胞质和细胞壁的合成提供原料，并由此产生一系列的生理生化反应。

由于生长素所诱导的生长既有快速反应，又有长期效应，因此提出了生长素促进植物生长的作用方式设想（图 8 - 9）。

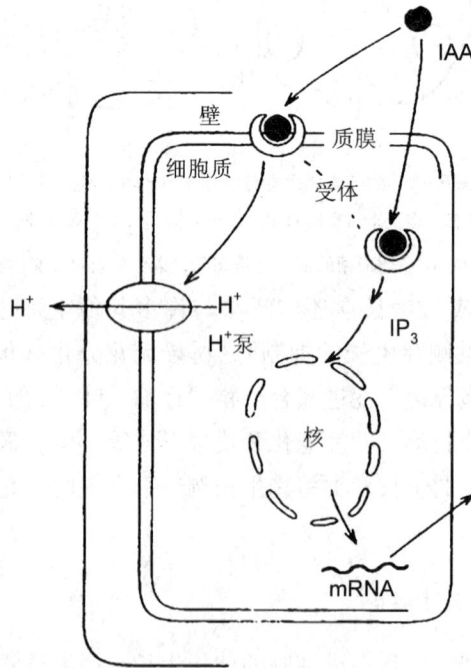

图 8 - 9　生长素促进生长的作用方式示意图

第二节　赤霉素类与生理生态

一、赤霉素的种类、分布与运输

（一）赤霉素的发现

赤霉素（gibberellin，GA）最早是由日本植物病理学家黑泽英一（Kurosawa E.）研究水稻恶苗病（Rice bakanae）时发现的。1898 年，Shotaro Hori 指出患恶苗病水稻幼苗的徒长是由一种镰刀菌（恶苗病菌）的感染造成的。1926 年，黑泽英一发现利用干枯的患病水稻幼苗的培养滤液也能显著地造成水稻幼苗和其他水草的伸长，并断定恶苗病菌通过分泌一种化合物刺激茎的延伸、抑制叶绿素的形成和根的生长。20 世纪 30 年代，水稻恶苗病菌被命名为藤仓赤霉［Gibberella fujikuroi（Saw.）Wr］，由其分泌的这种物质于 1935 年被正式命名为赤霉素（gibberellin，GA）。1959 年确定赤霉素的化学结构。现已知，植物体内普遍存在赤霉素，是调节植株高度的激素。

（二）赤霉素的结构和种类

赤霉素是一种双萜，由 4 个异戊二烯单位组成。其基本结构是赤霉烷环（gibbere-lane），有 4 个环。在赤霉素烷上，由于双键、羟基数目和位置的不同，形成了各种赤霉素。目前，已经分别从植物、真菌和细菌中发现赤霉素类物质超过 140 种。根据赤霉素分子中碳原子总数的不同，可分为 C_{20} 和 C_{19} 两类赤霉素（图 8 – 10）。C_{19} 赤霉素的种类多于 C_{20} 赤霉素，C_{19} 赤霉素的生理活性强，C_{20} 赤霉素的生理活性弱。各类赤霉素都含有羧酸，所以赤霉素呈酸性。

在赤霉素家族中，多数的成员没有生物活性或者活性很低。生理活性强的赤霉素有 GA_1，GA_3，GA_7，GA_{30}，GA_{38} 等，生理活性弱的有 GA_{13}，GA_{25}，GA_{39} 等。GA 右下角的数字代表示它们被发现的先后顺序，而与它们的化学结构无关。在所有的 GA 中，GA_3 可以从赤霉菌发酵液中大量提取，是目前主要的商品化和农用形式，其分子式是 $C_{19}H_{22}O_6$，相对分子质量为 346。在高等植物中，GA_1 可能是最主要的调控茎伸长生长的物质。

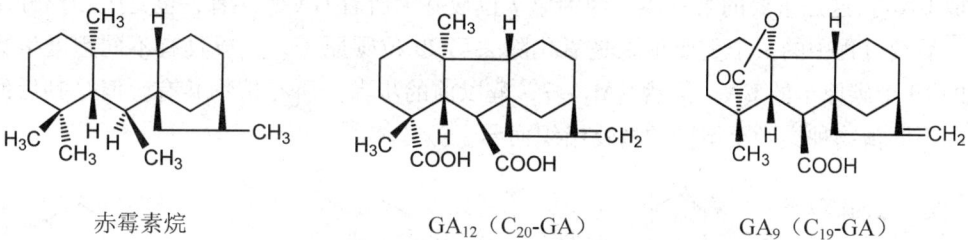

赤霉素烷 　　　　　 GA_{12}（C_{20}-GA）　　　　　 GA_9（C_{19}-GA）

图 8 – 10 　赤霉素烷、C_{20} – GA、C_{19} – GA 的化学结构

（二）赤霉素的分布、存在形式与运输

1. 分布 赤霉素广泛分布于各种植物、真菌和细菌中。植物中，赤霉素较多存在于生长旺盛的部分，如茎端、嫩叶、根尖和果实种子中。高等植物的赤霉素含量一般是 $1 \sim 1\,000\,ng \cdot g^{-1}$ 鲜重，果实和种子（未成熟的种子）的赤霉素含量比营养器官多两个数量级。每个器官或者组织都含有两种以上的赤霉素，而且赤霉素的种类、数量和状态都因植物发育时期而异。

2. 存在形式 赤霉素有自由赤霉素（free gibberellin）和束缚赤霉素（conjugated gibberellin）之分。自由赤霉素不以键的形式与其他物质结合，易被有机溶剂提取出来。束缚赤霉素是赤霉素和其他物质（如葡萄糖）结合，要通过酸水解或蛋白酶分解才能释放出自由赤霉素。束缚赤霉素无生理活性，是 GA 的贮藏和运输形式。在植物的不同发育时期，游离型与束缚型 GA 可相互转化。如在种子成熟时，游离型的 GA 不断转变成束缚型的 GA 而贮藏起来；而在种子萌发时，束缚型的 GA 又通过酶促水解转变成游离型的 GA 而发挥其生理调节作用。

3. 运输 GA 在植物体内的运输没有极性，可以双向运输。根尖合成的 GA 通过木质部向上运输，而叶原基产生的 GA 则是通过韧皮部向下运输，不同植物间运输速度的差异很大，如矮生豌豆是 $5\mathrm{cm} \cdot \mathrm{h}^{-1}$，豌豆是 $2.1\mathrm{mm} \cdot \mathrm{h}^{-1}$，马铃薯是 $0.42\mathrm{mm} \cdot \mathrm{h}^{-1}$。

二、赤霉素生物合成与代谢

赤霉素在高等植物中生物合成的位置主要是发育着的种子（果实），伸长着的茎端和根部。赤霉素在细胞中的合成部位是质体、内质网和细胞质溶胶等处。

在赤霉素的生物合成过程中，$GA_{12} - 7 -$ 醛（$GA_{12} - 7 - aldehyde$）是第一个真正带有赤霉烷结构的化合物，是各种 GA 的前身，它可以通过不同途径变为不同的 GA，各种 GA 在植物体内是可以相互转变的。因此，以 $GA_{12} - 7 -$ 醛为中心，可以把 GA 的生物合成分为以下两个阶段（图 8 – 11）。

1. 由甲瓦龙酸到 $GA_{12} - 7 -$ 醛的合成 该过程是赤霉菌和高等植物所共有的，在此过程中，牻牛儿基牻牛儿基焦磷酸（GGPP）为重要的枢纽，由此可以产生多种萜类化合物。

2. 由 $GA_{12} - 7 -$ 醛合成其他 GA $GA_{12} - 7 -$ 醛的第 7 位上的醛基被氧化为羧基，生成 GA_{12}。这是重要的第一步，因为第 7 位羧基为所有 GA 所共有，也是生物活性所必需。后续过程中的一个重要步骤是氧化除去第 20 位碳原子，生成具有不同程度生物活性的 19 个碳原子的 GA。虽然 $GA_{12} - 7 -$ 醛以前的步骤为所有植物共有，但是其后的步骤因不同植物种类乃至不同的植物组织而异。

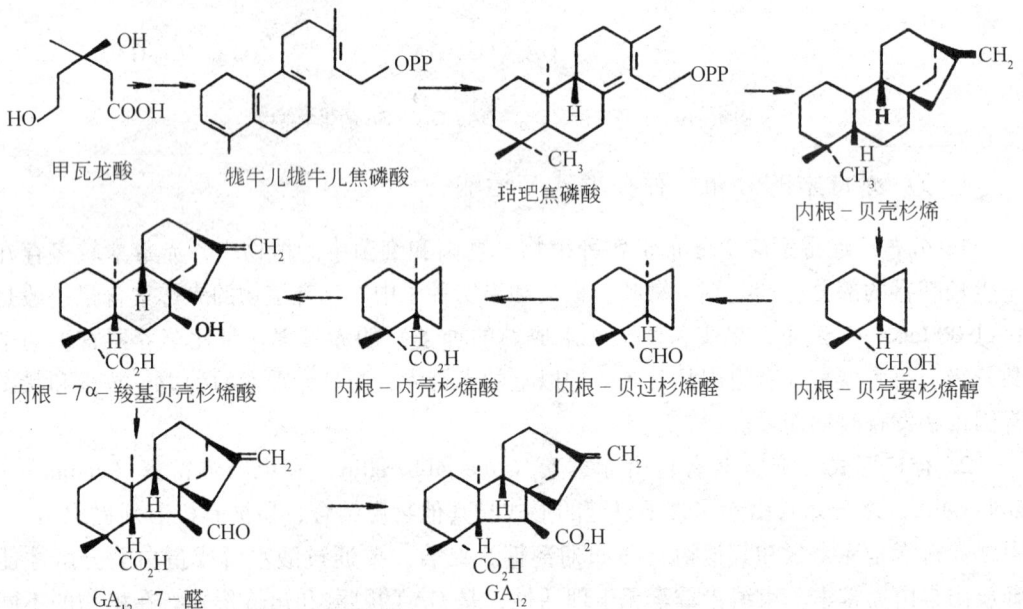

图 8 – 11 由甲瓦龙酸合成 GA_{12} 的过程

多种化合物能阻断 GA 的生物合成，表现出抑制节间伸长的效应，它们被称为植物生长延缓剂（plant growth retardant）或者抗赤霉素（antigibberellins）。GA 合成途径中自 GGPP 开始，经过两个环化步骤后形成内 – 贝壳杉烯，分别由内 – 贝壳杉烯合成酶 A 和

B 所控制。抑制这两个环化步骤的化合物主要有 AMO – 1618、Cycocel（CCC）、Phos-phon – D 和缩节胺等。紧接着环化步骤之后，内 – 贝壳杉烯的 19 位进行连续三步的氧化反应生产内 – 贝壳杉烯酸（ent – kaurenoic acid），受内 – 贝壳杉烯氧化酶催化。嘧啶醇（ancymidol）和多效唑（paclobutrazol，PP_{333}）对其具有抑制作用。

三、赤霉素的生理效应与作用机理

（一）赤霉素的生理效应

1. 促进茎的伸长生长 赤霉素最显著的生理效应就是促进植物的生长，这主要是因为它能促进细胞的伸长。GA 促进生长具有以下特点。

（1）促进整株植物生长，尤其是对矮生突变品种的效果特别明显。但 GA 对离体茎切段的伸长没有明显的促进作用，而 IAA 对整株植物的生长影响较小，却对离体茎切段的伸长有明显的促进作用。GA 促进矮生植株伸长的原因是由于矮生种内源 GA 的生物合成受阻，使得体内 GA 含量比正常品种低的缘故。

（2）GA 一般促进节间的伸长而不是促进节数的增加。

（3）GA 对生长的促进作用不存在超最适浓度的抑制作用，即使浓度很高，仍可表现出最大的促进效应，这与生长素促进植物生长具有最适浓度的情况显著不同。

2. 诱导开花 某些高等植物花芽的分化是受日照长度（即光周期）和温度影响的。例如，对于二年生作物，需要一定日数的低温处理（即春化）才能开花，否则表现出莲座状生长而不能抽薹开花。若对这些未经春化的作物施用 GA，则不经低温过程也能诱导开花，且效果明显。此外，也能代替长日照诱导某些长日植物开花，但 GA 对短日植物的花芽分化无促进作用，对于花芽已经分化的植物，GA 对其花的开放具有显著的促进效应。如 GA 能促进甜叶菊、铁树及柏科、杉科植物的开花。

3. 打破休眠 用 $2 \sim 3\mu g \cdot g^{-1}$ 的 GA 处理休眠状态的马铃薯能使其很快发芽，从而可满足一年多次种植马铃薯的需要。对于需光和需低温才能萌发的种子，如莴苣、烟草、紫苏、李和苹果等的种子，GA 可代替光照和低温打破休眠，这是因为 GA 可诱导 α – 淀粉酶、蛋白酶和其他水解酶的合成，催化种子内贮藏物质的降解，以供胚的生长发育所需。在啤酒制造业中，用 GA 处理萌动而未发芽的大麦种子，可诱导 α – 淀粉酶的产生，加速酿造时的糖化过程，并降低萌芽的呼吸消耗，从而降低成本。

4. 促进雄花分化 对于雌雄异花同株的植物，用 GA 处理后，雄花的比例增加；对于雌雄异株植物的雌株，如用 GA 处理，也会开出雄花。GA 在这方面的效应与生长素和乙烯相反。

5. 其他生理效应 GA 还可加强 IAA 对养分的动员效应，促进某些植物座果和单性结实、延缓叶片衰老等。此外，GA 也可促进细胞的分裂和分化，GA 促进细胞分裂是由于缩短了 G_1 期和 S 期。但 GA 对不定根的形成却起抑制作用，这与生长素又有所不同。

（二）赤霉素的作用机理

1. GA 与酶的合成 关于 GA 与酶合成的研究主要集中在 GA 如何诱导禾谷类种子

α－淀粉酶的形成上。大麦种子内的贮藏物质主要是淀粉，发芽时在α－淀粉酶的作用下水解为糖以供胚生长的需要。如种子无胚，则不能产生α－淀粉酶，但外加 GA 可代替胚的作用，诱导无胚种子产生α－淀粉酶。如既去胚又去糊粉层，即使用 GA 处理，淀粉仍不能水解（图 8 - 12），这证明糊粉层细胞是 GA 作用的靶细胞。GA 促进无胚大麦种子合成α－淀粉酶具有高度的专一性和灵敏性，现已用来作为 GA 的生物鉴定法，在一定浓度范围内，α－淀粉酶的产生与外源 GA 的浓度成正比。

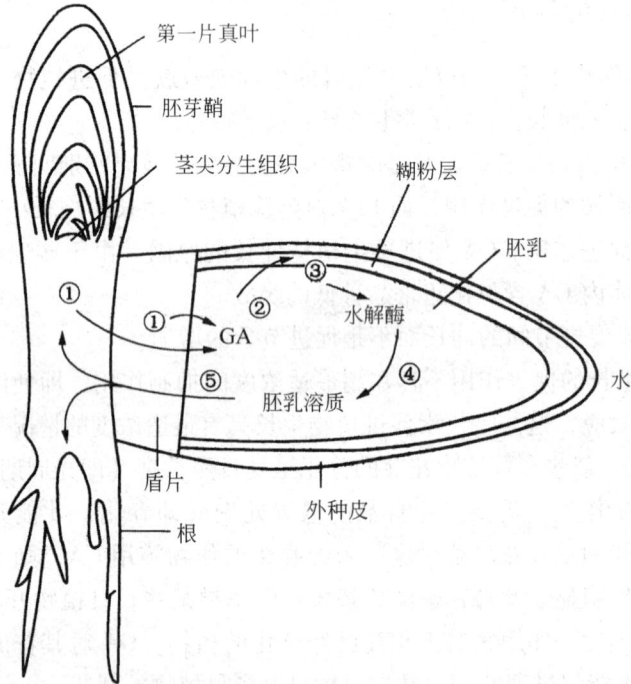

图 8 - 12　大麦种子结构及各部位组织在萌发过程中的作用（Hopkins，1995）
①由胚释放 GA 进入糊粉层；②GA 在糊粉层细胞中诱导α－淀粉酶等
水解酶的生成；③α－淀粉酶由糊粉层进入胚乳；④在胚乳，α－淀粉酶
水解淀粉为麦芽糖及进一步分解为葡萄糖；⑤单糖分子合成双糖分子
运入胚芽鞘及胚根等部位

大麦籽粒在萌发时，贮藏在胚中的束缚型 GA 水解释放出游离的 GA，通过胚乳扩散到糊粉层，并诱导糊粉层细胞合成α－淀粉酶，酶扩散到胚乳中催化淀粉水解，水解产物供胚生长需要。

2. GA 调节 IAA 水平　许多研究表明，GA 可使内源 IAA 的水平增高。这是因为一方面 GA 降低了 IAA 氧化酶的活性，另一方面 GA 促进蛋白酶的活性，使蛋白质水解，IAA 的合成前体（色氨酸）增多。此外，GA 还促进束缚型 IAA 释放出游离型 IAA。以上三个方面都增加了细胞内 IAA 的水平，从而促进生长。所以，GA 和 IAA 在促进生长、诱导单性结实和促进形成层活动等方面都具有相似的效应（图 8 - 13）。但 GA 在打破芽和种子的休眠、诱导禾谷类种子α－淀粉酶的合成、促进未春化的二年生及长日植物成花，以及促进矮生植株节间的伸长等方面的功能是 IAA 所不具有的。

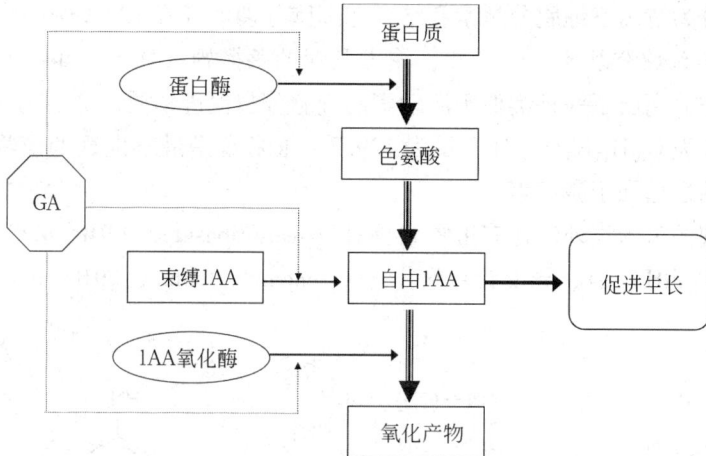

图 8 – 13　GA 对自由 IAA 水平的调节示意图

第三节　细胞分裂素类与生理生态

一、细胞分裂素的种类、分布与运输

生长素和赤霉素的主要作用都是促进细胞的伸长，虽然它们也能促进细胞分裂，但是次要的，而细胞分裂素类则是以促进细胞分裂为主的一类植物激素。

（一）细胞分裂素的发现

1955 年米勒（C. O. Miller）和斯库格（F. Skoog）等培养烟草髓部组织时，偶然在培养基中加入存放了 4 年的鲱鱼精细胞 DNA，发现能加速髓部细胞的分裂，但用新提取的 DNA 却无此活性，如将其高压灭菌后又表现出促进细胞分裂的活性，说明这种物质是 DNA 的一种降解产物。1956 年，米勒等从高压灭菌处理的鲱鱼精细胞 DNA 分解产物中纯化出了这种物质的结晶，命名为激动素（kinetin，KT），并鉴定出其化学结构为 6 - 呋喃氨基嘌呤（6 – furfuryl amino purine），分子式为 $C_{10}H_9N_5O$，分子量为 215. 2。激动素是最早被发现的此类物质。

现在已知激动素只存在于动物体内，并不是植物体存在的天然激素。在激动素被发现后，人们又发现了多种天然的和人工合成的具有激动素活性的化合物。当前，把具有与激动素相同生理活性的天然的和人工合成的化合物，都称为细胞分裂素（cytokinin，CK）。

（二）细胞分裂素的种类和结构特点

细胞分裂素可以分为天然和人工合成两大类。

1. 天然的细胞分裂素　天然存在的细胞分裂素都具有相似的化学结构，都是腺嘌呤（adenine，即 6 – aminopurine，6 – 氨基嘌呤）的衍生物（图 8 – 14）。天然存在的细胞分裂素又可分为游离态细胞分裂素和结合态细胞分裂素（在 tRNA 中的细胞分裂素）。

（1）游离态细胞分裂素　1963 年，澳大利亚的莱撒姆（D. S. Letham）首次从未成熟的玉米籽粒中分离出了一种类似于激动素的细胞分裂促进物质，命名为玉米素（zeatin，Z），分子式为 $C_{10}H_{13}N_5O$，分子量为 129.7。玉米素是最早发现的植物天然细胞分裂素，其生理活性远强于激动素。

除最早发现的玉米素外，还有玉米素核苷（zeatinriboside，[9R]Z）、二氢玉米素（dihydrozeatin，[diH]Z）、异戊烯基腺苷（isopentenyla denine，[9R]ip）等。

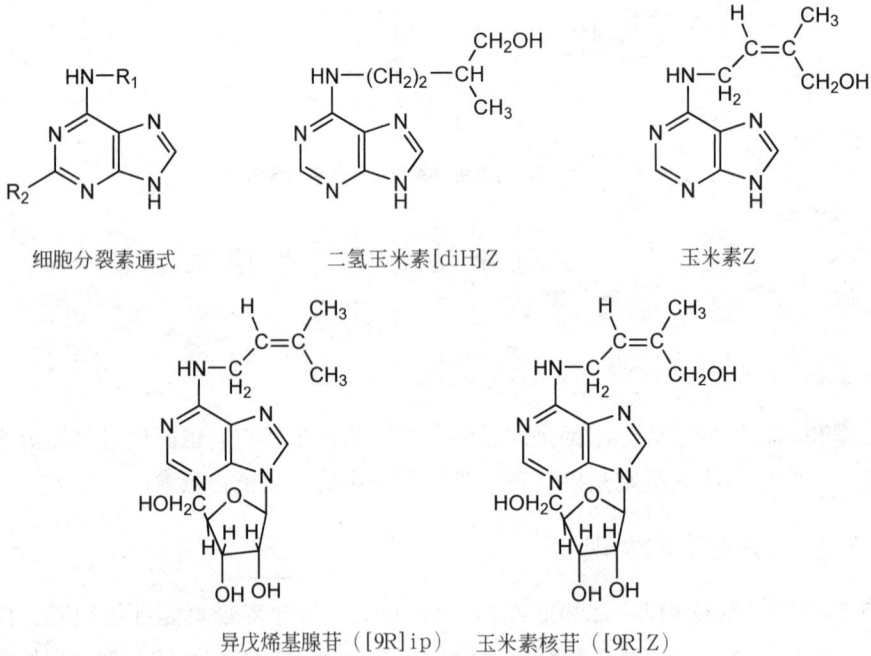

细胞分裂素通式　　　　二氢玉米素[diH]Z　　　　玉米素Z

异戊烯基腺苷（[9R]ip）　玉米素核苷（[9R]Z）

图 8-14　细胞分裂素通式及几种天然细胞分裂素的结构

（2）结合态细胞分裂素　结合态细胞分裂素是指细胞分裂素与其他有机物形成的结合体。如异戊烯基腺苷（isopentenyl adenosine，iPA）、甲硫基异戊烯基腺苷、甲硫基玉米素等，它们结合在 tRNA 上，是构成 tRNA 的组成成分。

此外，细胞分裂素还可与葡萄糖、木糖、氨基酸等以共价键结合形成无生理活性的化合物。如玉米素与葡萄糖结合形成玉米素-O-葡萄糖、玉米素-N-葡萄糖，与木糖结合形成木糖玉米素，与核糖结合形成玉米素核苷，与丙氨酸结合形成丙氨酸玉米素。其中细胞分裂素葡糖苷是植物中细胞分裂素的主要贮存形式。

2. 人工合成的细胞分裂素　根据细胞分裂素结构与活性关系的研究，人们合成了一系列的细胞分裂素，它们都具有促进细胞分裂的作用。常见的人工合成的细胞分裂素有：激动素（KT）、6-苄基腺嘌呤（6-benzyl adenine，6-BA）和四氢吡喃苄基腺嘌呤（tetrahydropyranyl benzyladenine，又称多氯苯甲酸，PBA）等。在农业和园艺上应用得最广的细胞分裂素是激动素和6-苄基腺嘌呤。有的化学物质虽然不具腺嘌呤结构，但仍然具有细胞分裂素的生理作用，如二苯脲（diphenylurea）。

此外，一些人工合成的化合物能与细胞分裂素竞争受体，起着细胞分裂素拮抗剂（cytokinin antagonist）的作用。最有效的细胞分裂素拮抗剂是 3 – 甲基 – 7 – （3 – 甲基丁氨基）吡唑啉（4，3 – 右旋）嘧啶。但是这种抑制作用可以被过量的细胞分裂素恢复。

（三）细胞分裂素的分布和运输

高等植物中细胞分裂素主要存在于可进行细胞分裂的部位，如茎尖、根尖、未成熟的种子、萌发的种子和生长着的果实等。一般而言，细胞分裂素的含量为 $1 \sim 1\,000$ng·g^{-1}植物干重。从高等植物中发现的细胞分裂素，大多数是玉米素或玉米素核苷。

细胞分裂素在植物体内的运输，主要是从根部合成处通过木质部运到地上部分，少数在叶片合成的细胞分裂素也可能从韧皮部运走。

二、细胞分裂素的生物合成与代谢

（一）生物合成

一般认为，细胞分裂素的合成部位是根尖。茎顶端也能合成细胞分裂素。此外，萌发的种子和发育着的果实也可能是细胞分裂素的合成部位。

细胞分裂素的生物合成是在细胞的微粒体中进行的。其合成途径有两条，一是由 tRNA 降解产生，一是从头合成。其中从头合成是主要途径。高等植物的细胞分裂素是从头直接合成的。细胞分裂素的前体是甲瓦龙酸，转化为异戊烯基焦磷酸（iPP）之后，和腺苷 – 5′ – 磷酸（AMP）作用，在异戊烯基转移酶（isopentenyl tansferase）催化下，形成异戊烯基腺苷 – 5′ – 磷酸，进而在水解酶作用下形成异戊烯基腺嘌呤。异戊烯基腺嘌呤（iP）如进一步氧化，就能形成玉米素。

（二）代谢

细胞分裂素的代谢包括细胞分裂素结合物的形成，即细胞分裂素和其他有机物形成的结合体和细胞分裂素氧化分解等过程。

细胞分裂素常常通过糖基化、乙酰基化等方式转化为结合态形式。细胞分裂素的结合态形式较为稳定，适于贮藏或运输。在细胞分裂素氧化酶（cytokinin oxidase）的作用下，玉米素、玉米素核苷和异戊烯基腺嘌呤等可转变为腺嘌呤及其衍生物。细胞分裂素氧化酶可对细胞分裂素起钝化作用，防止细胞分裂素积累过多，产生毒害。该酶的活性可被高浓度的细胞分裂素所诱导，目前已在多种植物中发现了细胞分裂素氧化酶的存在。

三、细胞分裂素的生理效应

（一）促进细胞分裂

细胞分裂素的主要生理功能就是促进细胞的分裂。生长素、赤霉素和细胞分裂素都有促进细胞分裂的效应，但它们各自所起的作用不同。细胞分裂包括核分裂和胞质分裂两个过程，生长素只促进核的分裂，而与细胞质的分裂无关。而细胞分裂素主要是对细胞质的分裂起作用，所以，细胞分裂素促进细胞分裂的效应只有在生长素存在的前提下才能表现出来。而赤霉素促进细胞分裂主要是缩短了细胞周期中的 G_1 期（DNA 合成准备期）和 S 期（DNA 合成期）的时间，从而加速了细胞的分裂。

（二）促进芽的分化

促进芽的分化是细胞分裂素最重要的生理效应之一。1957 年斯库格和米勒在进行烟草的组织培养时发现，细胞分裂素（激动素）和生长素的相互作用控制着愈伤组织根、芽的形成。当培养基中［CTK］／［IAA］的比值高时，愈伤组织形成芽；当［CTK］／［IAA］的比值低时，愈伤组织形成根；如二者的浓度相等，则愈伤组织保持生长而不分化；所以，通过调整二者的比值，可诱导愈伤组织形成完整的植株。

（三）促进细胞扩大

细胞分裂素可促进一些双子叶植物如菜豆、萝卜的子叶或叶片扩大，这种扩大主要是因为促进了细胞的横向增粗。因生长素只促进细胞的纵向伸长，赤霉素对子叶的扩大没有显著效应，所以 CTK 这种对子叶扩大的效应已作为 CTK 的一种生物测定方法。

（四）促进侧芽发育，消除顶端优势

CTK 能解除由生长素所引起的顶端优势，促进侧芽生长发育。如豌豆苗第一真叶腋内的侧芽，一般处于潜伏状态，但若以激动素溶液滴加于叶腋部分，腋芽则可生长发育。

（五）延缓叶片衰老

如在离体叶片上局部涂以激动素，则在叶片其余部位变黄衰老时，涂抹激动素的部位仍保持鲜绿。这不仅说明了激动素有延缓叶片衰老的作用，同时也说明了激动素在一般组织中不易移动。

由于 CTK 有保绿及延缓衰老等作用，故可用来处理水果和鲜花等以保鲜、保绿，防止落果。如用 $400 mg \cdot L^{-1}$ 的 6 - BA 水溶液处理柑橘幼果，可显著防止第一次生理脱落，对照组坐果率为 21%，而处理组可达 91%，且处理组果实果梗加粗，果实浓绿，果实也比对照组显著加大。

（六）打破种子休眠

需光种子，如莴苣和烟草等在黑暗中不能萌发，用细胞分裂素则可代替光照打破这类种子的休眠，促进其萌发。

第四节 脱落酸与生理生态

一、脱落酸的结构、分布与运输

(一) 脱落酸的发现

脱落酸（abscisic acid，ABA）是指能引起芽休眠、叶子脱落和抑制生长等生理作用的植物激素。1961 年 W. C. liu 等在研究棉花幼铃的脱落时，从成熟的干棉壳中分离纯化出了促进脱落的物质，并命名这种物质为脱落素。1963 年大熊和彦和阿迪柯特（K. Ohkuma and F. T. Addicott）等从鲜棉铃中分离纯化出具有高度活性的促进脱落的物质，命名为脱落素Ⅱ（abscisinⅡ）。同时期，伊格尔斯（C. F. Eagles）和韦尔林从桦树叶中提取出了一种能抑制生长并诱导旺盛生长的枝条进入休眠的物质，他们将其命名为休眠素（dormin）。1965 年康福思等从干槭树叶中得到休眠素纯结晶，通过与脱落素Ⅱ的分子量、红外光谱和熔点等的比较鉴定，确定休眠素和脱落素Ⅱ是同一物质。1967 年在渥太华召开的第六届国际生长物质会议上，这种生长调节物质正式被定名为脱落酸。

(二) ABA 的结构特点

ABA 是以异戊二烯为基本单位的倍半萜羧酸（图 8 – 15），化学名称为 5 –（1′ – 羟基-2′，6′，6′ – 三甲基 –4′ – 氧代 –2′ – 环己烯 –1′ – 基）–3 – 甲基 –2 – 顺 –4 – 反 – 戊二烯酸，分子式为 $C_{15}H_{20}O_4$，分子量为 264.3。ABA 环 1′位上为不对称碳原子，故有两种旋光异构体。植物体内的天然形式主要为右旋 ABA 以 S – ABA 或（+）– ABA 表示。它的对映体为左旋，以 R – ABA 或（–）– ABA 表示。

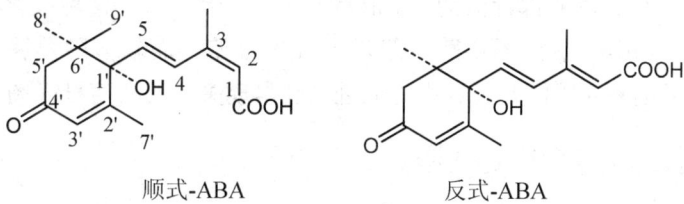

顺式-ABA 反式-ABA

图 8 – 15 顺式 – ABA 和反式 – ABA 的化学结构

(三) ABA 的分布与运输

1. ABA 的分布 脱落酸存在于全部维管植物中，包括被子植物、裸子植物和蕨类植物。高等植物各器官和组织中都有脱落酸，其中以将要脱落或进入休眠的器官和组织中较多，在逆境条件下 ABA 含量会迅速增多。叶肉细胞中，由于脱落酸是弱酸，而叶绿体的基质呈高 pH 状态，所以脱落酸以离子化状态大量积累在叶绿体中。ABA 含量一般是 $10 \sim 50 ng \cdot g^{-1} FW$。

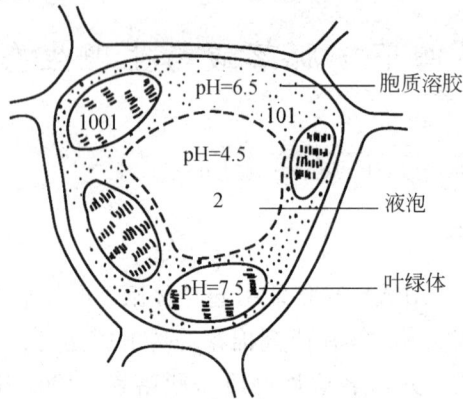

图 8-16   叶肉细胞内 ABA 的分布（Milborrow，1984）

2. ABA 的运输   脱落酸运输不具有极性。在菜豆叶柄切段中，^{14}C – 脱落酸向基运输的速度是向顶运输速度的 2～3 倍。脱落酸主要以游离型的形式运输，也有部分以脱落酸糖苷的形式运输。脱落酸在植物体的运输速度很快，在茎或叶柄中的运输速率大约是 $20mm \cdot h^{-1}$。

脱落酸既可在木质部运输，也可在韧皮部运输，大多数是在韧皮部运输。用放射性同位素标记的 ABA 饲喂叶片，发现它可以向上运输到茎和向下运输到根。在根部合成的 ABA 则通过木质部运输到枝条。当土壤水分胁迫开始时，根部与干土直接接触，就刺激合成 ABA 并运送到叶片，改变它的水分状况。因此认为 ABA 是一种根对干旱的化学信号，传递到叶片，使气孔关闭，减少蒸腾。

虽然质外体中有 $3.0\mu mol \cdot L^{-1}$ ABA 就足以使气孔关闭，但并不是全部木质部的 ABA 都可以到达保卫细胞，因为许多木质部的 ABA 会被叶肉细胞吸收掉和代谢掉。然而，在水分胁迫早期，木质部汁液的 pH 值从 6.3 上升到 7.2，这种碱化有利于形成解离状态的 ABA，即 ABA^-，它不易跨过膜进入叶肉细胞，而较多随蒸腾流到达保卫细胞。因此，木质部汁液 pH 值升高也作为促进气孔早期关闭的根信号（图 8-17）。

二、脱落酸的生物合成与代谢

（一）ABA 的生物合成

脱落酸的合成部位主要是根冠和萎蔫的叶片，茎、种子、花和果等器官也有合成脱落酸的能力。

在高等植物中，ABA 生物合成是由甲瓦龙酸（MVA）经胡萝卜素进一步转变而成的（图 8-18）。甲瓦龙酸代谢在植物激素生物合成过程中起着重要的作用，它的中间产物异戊烯焦磷酸在不同条件下，会分别转变为赤霉素、细胞分裂素和脱落酸，同时也形成类胡萝卜素（图 8-19）。

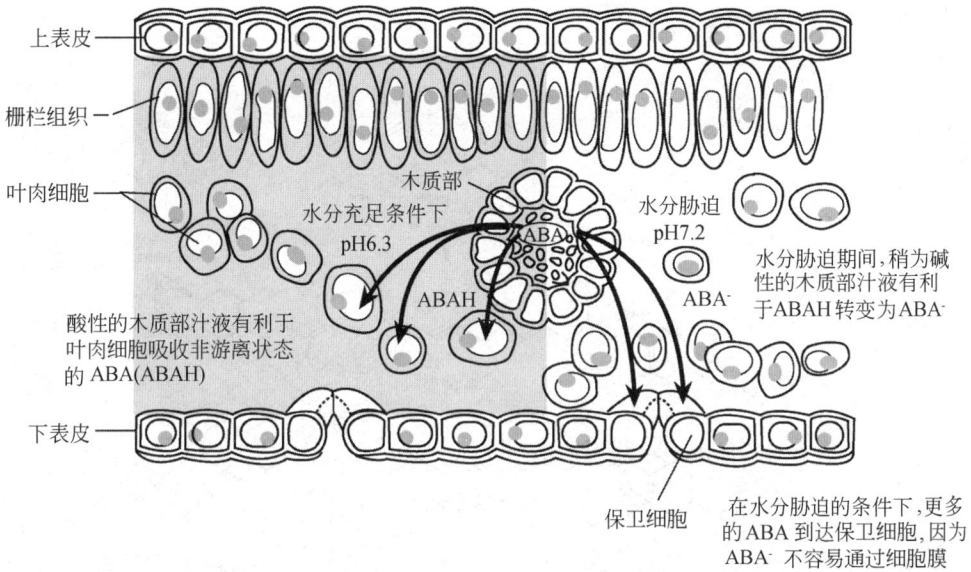

图 8-17 水分胁迫时期木质部汁液碱化导致叶片 ABA 再分布 （Finklstein，2002）

（二）ABA 的代谢

高等植物中 ABA 主要通过以下两种途径进行代谢以调节其在植物体中的水平。

1. 氧化降解途径 ABA 在单加氧酶作用下，首先氧化成略有活性的红花菜豆酸（phaseic acid，PA），进一步还原为完全失去活性的二氢红花菜豆酸（dihydrophasei acid，DPA）。

2. 结合失活途径 ABA 可与细胞内的糖或氨基酸以共价键结合而失去活性。其中主要是 ABA 葡糖酯（ABA-GE）和 ABA 葡糖苷，它们是 ABA 在筛管和导管中的运输形式。游离态 ABA 定位于胞质溶胶，结合态的 ABA-GE 则累积于液泡。游离态 ABA 和结合态 ABA 在植物体中可相互转变。在正常环境中游离态 ABA 极少，环境胁迫时大量结合态 ABA 转变为游离态 ABA，但胁迫解除后则恢复为结合态 ABA。

三、脱落酸的生理效应

（一）促进休眠

外用 ABA 时，可使旺盛生长的枝条停止生长而进入休眠，这是它最初也被称为"休眠素"的原因。在秋天的短日条件下，叶中甲瓦龙酸合成 GA 的量减少，而合成的 ABA 量不断增加，使芽进入休眠状态以便越冬。种子休眠与种子中存在脱落酸有关，如桃、蔷薇的休眠种子的外种皮中存在脱落酸，所以只有通过层积处理，脱落酸水平降低后，种子才能正常发芽。

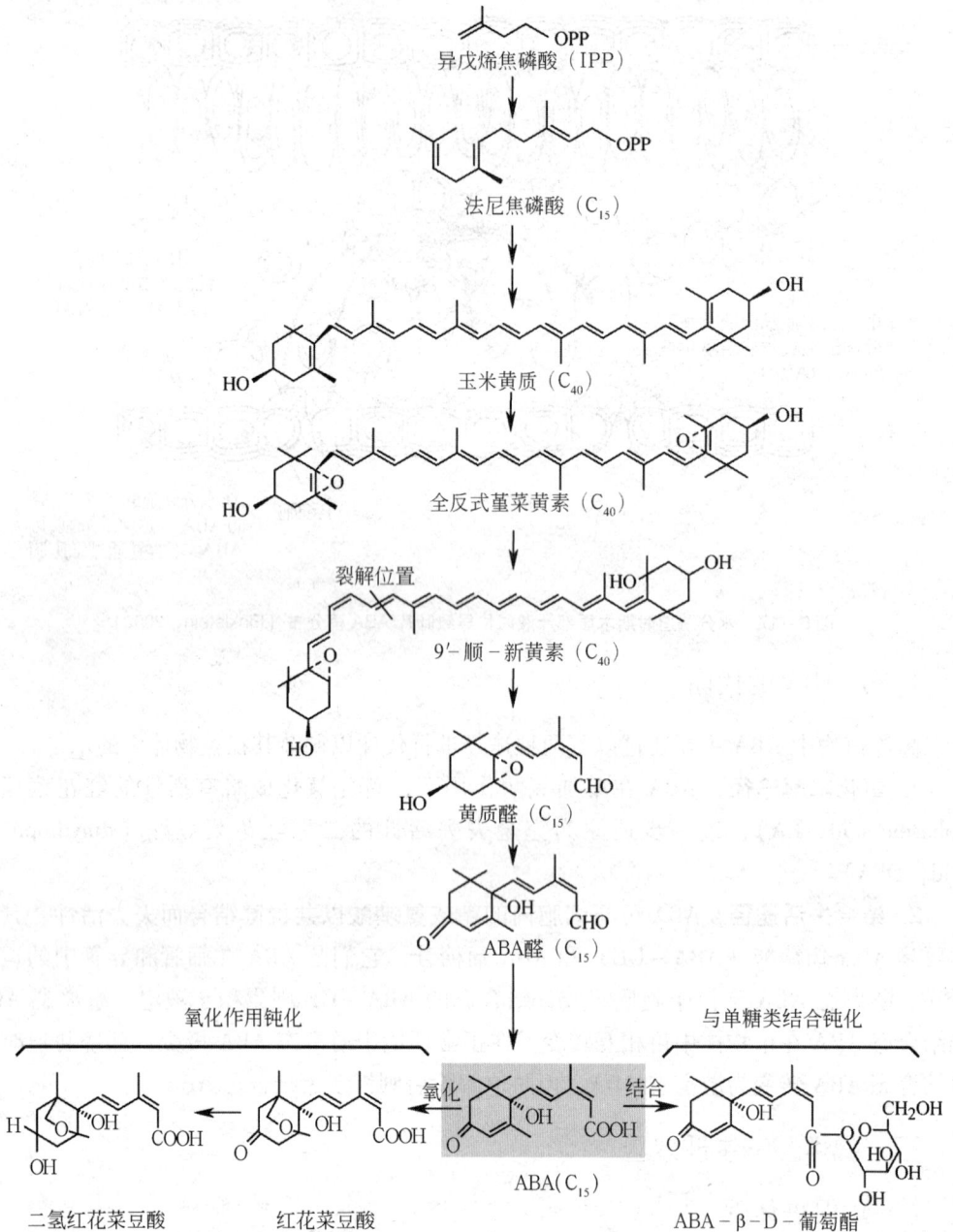

图 8 – 18　ABA 生物合成和代谢途径（Finkelstein，2002）

（二）促进气孔关闭

ABA 可引起气孔关闭，降低蒸腾，这是 ABA 最重要的生理效应之一（图 8 – 20）。科尼什发现水分胁迫下叶片保卫细胞中的 ABA 含量是正常水分条件下含量的 18 倍。ABA 促使气孔关闭的原因是它使保卫细胞中的 K^+ 外渗，从而使保卫细胞的水势高于周围细胞的水势而失水。ABA 还能促进根系的吸水与溢泌速率，增加其向地上部分的供

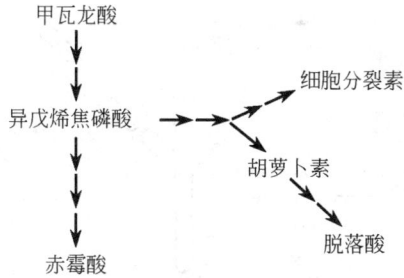

图 8-19 赤霉素、细胞分裂素和脱落酸三者之间的合成关系（潘瑞炽，2008）

水量，因此 ABA 是植物体内调节蒸腾的激素，也可作为抗蒸腾剂使用。

（A）　　　　　　　　　　　　（B）

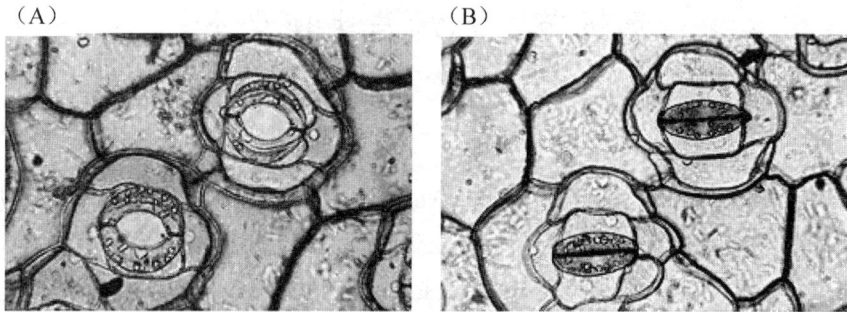

图 8-20 ABA 促进气孔的关闭

A. 培养在缓冲液中的蚕豆表皮　　B. 缓冲液中加入 ABA 后几分钟内气孔关闭

（三）抑制生长

ABA 能抑制整株植物或离体器官的生长，也能抑制种子的萌发。ABA 的抑制效应比植物体内的另一类天然抑制剂——酚要高千倍。酚类物质是通过毒害发挥其抑制效应的，是不可逆的，而 ABA 的抑制效应则是可逆的，一旦去除 ABA，枝条的生长或种子的萌发又会立即开始。

（四）促进脱落

ABA 是在研究棉花幼铃脱落时发现的。ABA 促进器官脱落主要是促进了离层的形成。将 ABA 涂抹于去除叶片的棉花外植体叶柄切口上，几天后叶柄就开始脱落（图8-21），此效应十分明显，已被用于脱落酸的生物检定。

（五）增加抗逆性

一般来说，干旱、寒冷、高温、盐渍和水涝等逆境都能使植物体内 ABA 迅速增加，同时抗逆性增强。如 ABA 可显著降低高温对叶绿体超微结构的破坏，增加叶绿体的热稳定性；ABA 可诱导某些酶的重新合成而增加植物的抗冷性、抗涝性和抗盐性。因此，ABA 被称为应激激素或胁迫激素（stress hormone）。

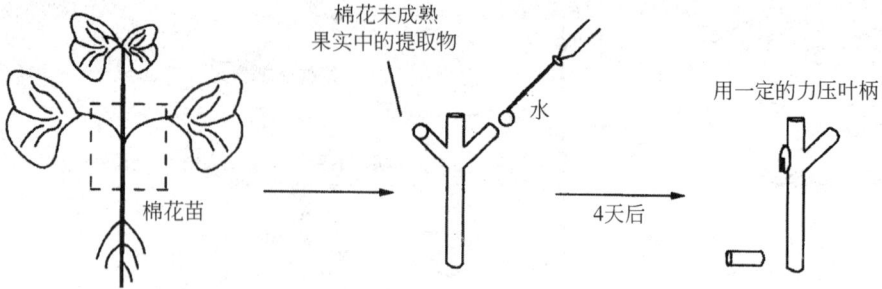

图 8 - 21　促进落叶物质的检定法（Addicott，1963）

第五节　乙烯与生理生态

一、乙烯的结构、分布与运输

1901 年，俄国的植物学家奈刘波夫（Neljubow）首先证实燃气街灯漏气促进附近的树落叶是照明气中的乙烯在起作用，他还发现乙烯能引起黄化豌豆苗的三重反应。1934 年，甘恩（Gane）证实植物组织本身能产生乙烯。1959 年，伯格（S. P. Burg）等测出了未成熟果实中有极少量的乙烯产生，随着果实的成熟，产生的乙烯量不断增加。后来证实高等植物的各个部位都能产生乙烯，并且其对植物许多生理过程都起重要的调节作用。1965 年，乙烯被公认为是植物的天然激素。

（一）乙烯的结构

乙烯（ethylene，ET，ETH）是一种不饱和烃，其化学结构为 $CH_2 = CH_2$，是各种植物激素中分子结构最简单的一种。乙烯在常温下是气体，分子量为 28，轻于空气。乙烯在极低浓度（$0.01 \sim 0.1 \ \mu l \cdot L^{-1}$）时就对植物产生生理效应。

（二）乙烯的分布

高等植物各器官都能产生乙烯，但不同组织、器官和发育时期，乙烯的释放量是不同的。例如，成熟组织释放乙烯较少，一般为 $0.01 \sim 10 nL \cdot g^{-1} FW \cdot h^{-1}$，分生组织、种子萌发、花叶脱落、花衰老和果实成熟时期产生乙烯最多，机械损害和逆境胁迫时形成较多乙烯。

（三）乙烯的运输

乙烯在常温下呈气态，因此它在植物体内的运输性较差。乙烯的短距离运输可以通过细胞间隙进行扩散，但扩散距离非常有限。乙烯可穿过被电击死的茎段，这证明乙烯的运输是被动的扩散过程，但其生物合成过程一定要在具有完整膜结构的活细胞中才能进行。

一般情况下，乙烯就在合成部位起作用。由于乙烯的生物合成前体 1 - 氨基环丙

烷 – 1 – 羧酸（1 – aminocyclopropane – 1 – carboxylic acid，ACC）可溶于水，因而推测 ACC 可能是乙烯在植物体内远距离运输的形式。现已有实验证实 ACC 是乙烯在植物木质部溶液中运输的"载体"。

二、乙烯的生物合成及其调节

（一）乙烯的生物合成

植物的所有活细胞中都能合成乙烯。乙烯的生物合成前体为甲硫氨酸（methionine，Met），其直接前体为 1 – 氨基环丙烷 – 1 – 羧酸（1 – aminocyclopropane – 1 – carboxylic acid，ACC）。甲硫氨酸在甲硫氨酸腺苷转移酶催化下，转变为 S – 腺苷甲硫氨酸（S – adenosyl methionine，SAM），SAM 在 ACC 合酶催化下，成为 ACC，ACC 在有氧条件下和 ACC 氧化酶催化下，形成乙烯。植物组织的甲硫氨酸水平太低，要维持正常的乙烯产率，硫一定要再循环。实验证明，甲硫氨酸的 CH_3S – 基是保留在植物组织内的。SAM 经过甲硫氨酸循环在产生 ACC 的同时，形成 5′ – 甲硫基腺苷（5′ – methylthioribose，MTA），MTA 通过循环再生成甲硫氨酸。

ACC 除了形成乙烯以外，也会转变为结合物 N – 丙二酰 – ACC（N – malonyl – ACC，MACC），是不可逆反应，因此，MACC 是失活的最终产物，它有调节乙烯生物合成的作用。与乙烯生物合成有关的甲硫氨酸循环和乙烯合成的调节过程如图 8 – 22。

（二）乙烯生物合成的关键酶

1. ACC 合成酶 催化 SAM 生成 ACC 的酶是 ACC 合成酶。ACC 合成酶存在于细胞质中，含量极低且不稳定。该酶的活性受一些内外因子的调节，例如生育期、机械损伤、干旱、淹水以及生长素等都能刺激该酶的活性。

乙烯能使呼吸跃变开始以后的苹果果实合成 ACC，大量释放乙烯。这种乙烯自我催化是呼吸跃变型果实和花卉的一个特征。但是，与自我催化相比，乙烯自我抑制似乎更具普遍性。乙烯本身抑制营养组织和非跃变型果实的乙烯生物合成。以乙烯处理呼吸跃变前的番茄、甜瓜和非跃变型的葡萄柚果实，可抑制 ACC 合成。乙烯自我抑制的原因是抑制 ACC 合酶的合成或促进该酶的降解。因此，果实生长成熟过程中，乙烯对 ACC 合成作用从抑制转变为促进，是跃变型果实的特征，而非跃变型果实和营养组织则缺乏这种转变能力。

ACC 合成酶的另外一个特点是多基因家族。例如在番茄中，至少有 9 种 ACC 合成酶基因，不同基因的诱导因素也有差异，生长素、机械损伤或果实成熟等可以分别诱导不同的 ACC 合成酶基因表达。

2. ACC 氧化酶 乙烯生物合成的最后一步，即 ACC 转变为乙烯的反应是由 ACC 氧化酶（ACC oxidase，ACO）催化的。该酶活性极不稳定，依赖于膜的完整性。植物组织一经解剖匀浆，膜结构受破坏，乙烯生成便停止。Co^{2+}、氧化磷酸化偶联剂（如 2、4 – DNP 和 CCCP）、自由基清除剂（没食子酸丙酯），以及所有能改变膜性质的理化处理（如去垢剂）都能抑制乙烯的合成。外施少量乙烯于甜瓜和番茄等果实，经过一段时间，ACC 氧化酶活性大增，产生大量乙烯（自我催化）。

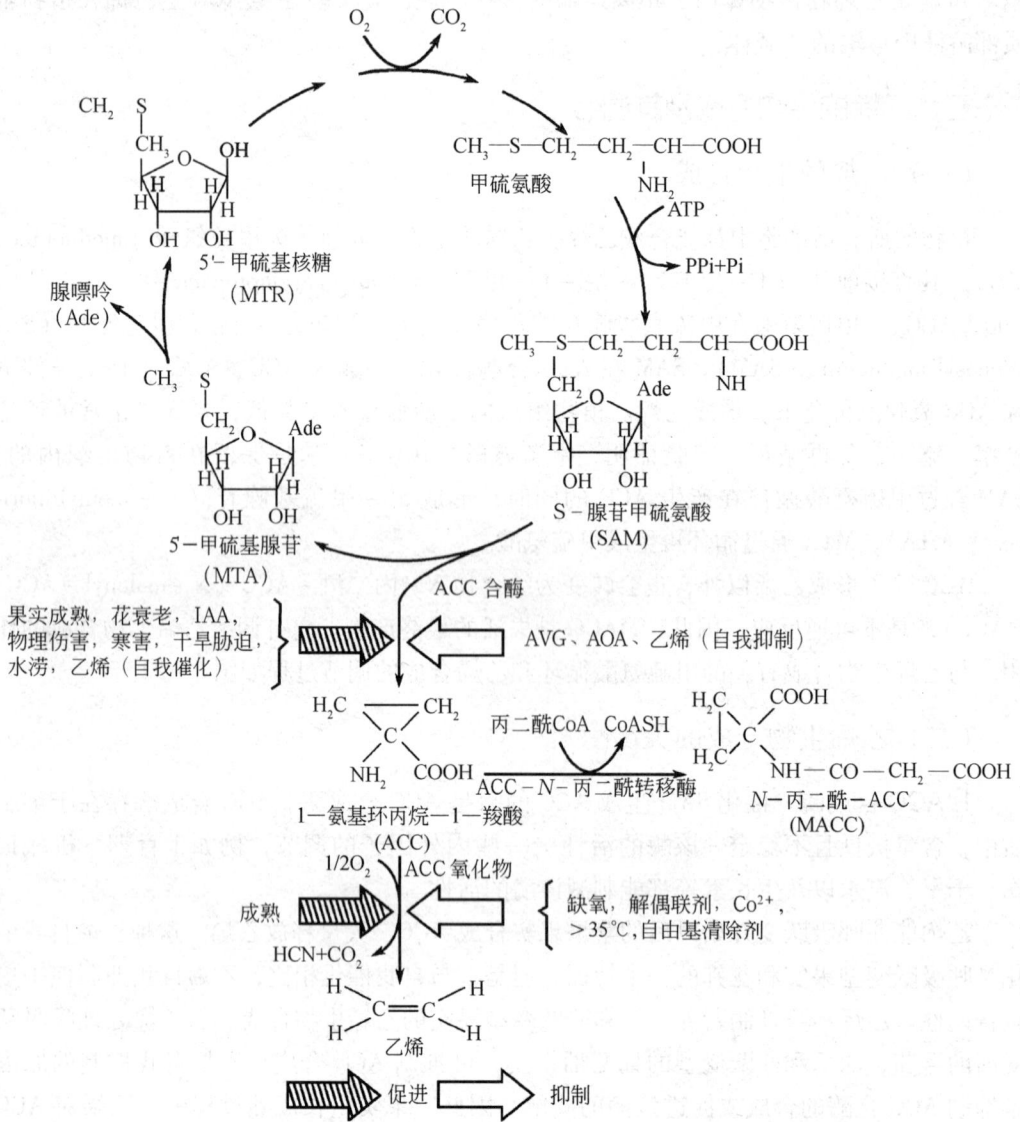

图 8-22　乙烯生物合成及其调节以及甲硫氨酸的循环（Mckeon，1995）

3. ACC 丙二酰基转移酶　ACC 丙二酰基转移酶的作用是促使 ACC 形成 MACC。MACC 是在胞质溶胶里合成的，贮存于液泡中，水分胁迫和 SO_4^{2-} 都会促使小麦叶片积累大量 MACC。ACC 丙二酰基转移酶活性强，形成 MACC 多，ACC 就少，乙烯释放量就少，否则乙烯增多。乙烯除了抑制 ACC 合酶外，也会促进 ACC 丙二酰基转移酶活性，从而抑制乙烯的生成（自我抑制）。所以，ACC 丙二酰基转移酶活性对乙烯生成起着重要的调节作用。

（三）乙烯生物合成的调节

1. 乙烯生物合成的促进因素

（1）果实成熟　果实成熟时，乙烯的合成速率迅速增加。乙烯生物合成的增加伴随着 ACC 合成酶、ACC 氧化酶活性的增加，同时也伴随着编码这种酶的 mRNA 水平的增加。

（2）逆境　许多逆境因素如干旱、水涝、冷害、病虫害或机械损伤等，都会增加乙烯的生物合成。这种逆境诱导的乙烯合成的增加，主要是由 ACC 合成酶 mRNA 转录水平的增加引起的。这种由于逆境所诱导产生的乙烯叫逆境乙烯（stress ethylene）。

（3）生长素　IAA 也可促进乙烯的产生。这是因为 IAA 从转录和翻译水平上诱导了 ACC 合成酶的合成，促进 SAM 转化为 ACC，从而促进乙烯的产生。

2. 乙烯生物合成生理作用的抑制因素

（1）AVG 和 AOA　氨基乙氧基乙烯基甘氨酸（aminoethoxyvinyl glycine，AVG）、氨基氧乙酸（aminoxyacetic acid，AOA）是在研究和生产中大量应用的两种乙烯生物合成抑制剂。因为 ACC 合成酶需要以磷酸吡哆醛为辅基，而 AVG 和 AOA 是磷酸吡哆醛的抑制剂，所以 AVG 和 AOA 能通过抑制 ACC 的生成来抑制乙烯的形成。在生产实践中，可用 AVG 和 AOA 来减少果实脱落，抑制果实后熟，延长果实和切花的保存时间。

（2）无机离子　钴离子（Co^{2+}）也是乙烯生物合成抑制剂，它抑制 ACC 转化为乙烯的反应。乙烯形成以后，还需要与金属蛋白质结合，进一步通过代谢后才能起生理作用，Ag^+ 通过影响乙烯与受体结合后的变化抑制乙烯的作用。EDTA 是一种与金属结合的螯合物，所以 Fe – EDTA 也抑制乙烯的作用。

（3）缺 O_2　从 ACC 形成乙烯是一个双底物（O_2 和 ACC）反应的过程，缺 O_2 将阻碍乙烯的形成。

（4）CO_2　CO_2 和乙烯竞争同一作用部位，从而抑制乙烯作用。生产上利用这一原理在高浓度 CO_2 的场所贮藏保鲜果蔬产品。

（四）乙烯的代谢

乙烯在植物体内形成以后，会分解为 CO_2 和乙烯氧化物等气体代谢物，也会形成可溶性代谢物，如乙烯乙二醇（ethylene glycol）和乙烯葡萄糖结合体等。乙烯代谢的功能是除去乙烯或者使乙烯钝化，使植物体内的乙烯含量达到适合植物体生长发育需要的水平。

三、乙烯的生理生态效应

（一）改变生长习性

乙烯对植物生长的典型效应是：抑制茎的伸长生长、促进茎或根的横向增粗及茎的横向生长（即使茎失去负向重力性），这就是乙烯所特有的"三重反应"（triple response）（图 8 – 23A）。乙烯促使茎横向生长是由于它引起偏上生长所造成的。所谓偏上生长，是指器官的上部生长速度快于下部的现象。乙烯对茎与叶柄都有偏上生长的作用，从而造成茎横生和叶下垂（图 8 – 23B）。

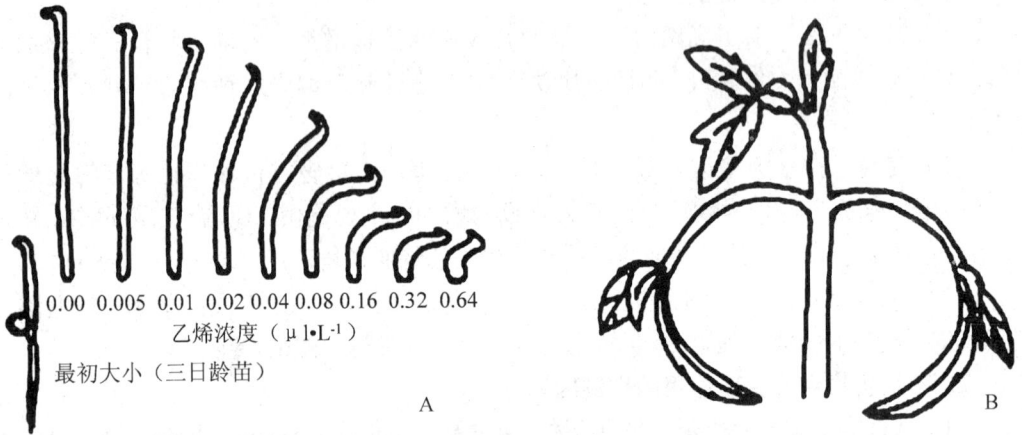

0.00 0.005 0.01 0.02 0.04 0.08 0.16 0.32 0.64
乙烯浓度（μl·L⁻¹）

最初大小（三日龄苗）

A   B

图 8 – 23　乙烯的三重反应和偏上生长

A. 不同乙烯浓度下黄化豌豆幼苗生长的状态

B. 用 10μl·L⁻¹ 乙烯处理 4h 后番茄苗的形态，由于叶柄上侧的细胞伸长大于下侧，使叶片下垂

（二）促进成熟

催熟是乙烯最主要和最显著的效应，因此乙烯也称为催熟激素。乙烯对果实成熟、棉铃开裂、水稻的灌浆与成熟都有显著的效果。

我们知道，如果箱里出现了一只烂苹果不立即除去，它会很快使整个一箱苹果都烂掉。这是由于腐烂苹果产生的乙烯比正常苹果多，触发了附近的苹果也大量产生乙烯，使箱内乙烯的浓度在较短时间内剧增，诱导呼吸跃变，加快苹果完熟和贮藏物质消耗的缘故。又如柿子，即使在树上已成熟，但仍很涩口，不能食用，只有经过后熟过程后才能食用。由于乙烯是气体，易扩散，故散放的柿子后熟过程很慢，放置十天半月后仍难食用。若将容器密闭（如用塑料袋封装），果实产生的乙烯就不会扩散掉，再加上自身催化作用，后熟过程加快，一般 5 天后就可食用了。

（三）促进脱落

乙烯是控制叶片脱落的主要激素。这是因为乙烯能促进细胞壁降解酶——纤维素酶的合成并且控制纤维素酶由原生质体释放到细胞壁中，从而促进细胞衰老和细胞壁的分解，引起离区近茎侧的细胞膨胀，从而迫使叶片、花或果实机械地脱离。

（四）促进开花和雌花分化

乙烯可促进菠萝和其他一些植物开花，还可改变花的性别，促进黄瓜雌花分化，并使雌、雄异花同株的雌花着生节位下降。乙烯在这方面的效应与 IAA 相似，而与 GA 相反，现在知道 IAA 增加雌花分化就是由于 IAA 诱导产生乙烯的结果。

（五）乙烯的其他效应

乙烯还可诱导插枝不定根的形成，促进根的生长和分化，打破种子和芽的休眠，诱导次生物质（如橡胶树的乳胶）的分泌等。

第六节　其他植物生长物质

植物体内除了有上述五大类激素外，近年来还发现很多微量的有机化合物对植物生长发育表现出特殊的调节作用。例如油菜素内酯、水杨酸、茉莉酸、多胺和多肽等。

一、油菜素内酯类

1970 年，美国的米切尔（Mitchell）等报道在油菜的花粉中发现了一种新的生长物质，它能引起菜豆幼苗节间伸长、弯曲、裂开等异常生长反应，并将其命名为油菜素（brassin）。1979 年，格罗夫（Grove）等从油菜花粉中提取得到高活性结晶物，因其是甾醇内酯化合物而将其命名为油菜素内酯（brassinolide，BL）。此后，油菜素内酯及多种结构相似的化合物纷纷从多种植物中被分离鉴定，这些以甾醇为基本结构的具有生物活性的天然产物统称为油菜素甾类物质（brassinosteroids，BRs），BRs 在植物体内含量极少，但生理活性很强。

（一）油菜素内酯类物质的种类及分布

1. BRs 的结构特点与性质　现已从植物中分离得到 40 多种油菜素甾体类化合物，分别表示为 BR_1、BR_2……BR_n。最早发现的油菜素内酯（BR_1）其熔点 274℃ ~275℃，分子式 $C_{28}H_{48}O_6$，分子量 475.65，结构式如图 8-24 所示，化学名称是 2α、3α、22α、23α -4 羟基 -24α - 甲基 -B - 同型 -7 - 氧 -5α - 胆甾烯 -6 - 酮。

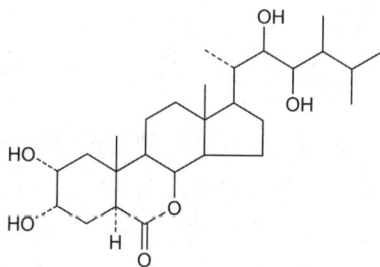

图 8-24　油菜素内酯的化学结构

2. BRs 的分布　BRs 在植物界中普遍存在，在高等植物的枝、叶、花各器官中都有，尤其是花粉中最多。据报道，油菜花粉含油菜素内酯 $10^2 ~10^3 \mu g \cdot kg^{-1}$。

（二）油菜素甾体类化合物的生理效应及应用

1. 促进细胞伸长和分裂　用 $10ng \cdot L^{-1}$ 的油菜素内酯处理菜豆幼苗第二节间，便可引起该节间显著伸长弯曲，细胞分裂加快，节间膨大，甚至开裂，这一综合生长反应被用作油菜素内酯的生物测定法（bean bioassay）。

2. 提高光合速率   BRs可促进小麦叶RuBP羧化酶的活性，因此可提高光合速率。用其处理花生幼苗后9天，叶绿素含量比对照高10%~12%，光合速率加快15%，并且它还对叶片中光合产物向穗部运输有促进作用。

3. 提高抗逆性   油菜素内酯可提高植物幼苗等抗低温能力。除此之外，它还能通过对细胞膜的作用，增强植物对干旱、病害、盐害、除草剂、药害等逆境的抵抗力，因此有人将其称为"逆境缓和激素"。

在农业生产上，BRs主要用于提高作物产量，增强作物抗逆性，减轻环境胁迫。一些科学家已提议将油菜素甾醇类列为植物的第六类激素。

二、多胺

（一）多胺的种类、分布及其代谢

多胺（polyamine）是一类具有生物活性的低分子量脂肪族含氮碱基化合物。包括二胺、三胺、四胺和其他胺。在高等植物中，二胺主要有腐胺（putrescine，Put）、尸胺（cadaverine，Cad），三胺主要有亚精胺（spermidine，Spd），四胺有精胺（spermine，Spm）等。

在高等植物中，多胺主要以游离形式存在，其分布具有组织和器官特异性。植物细胞分裂最旺盛的地方多胺生物合成也最为活跃，不同类型多胺分布具有差异。植物细胞发育阶段不同，多胺在细胞器中的分布也有差异。年幼细胞中，大部分多胺位于原生质体内，而较老细胞中多胺则主要结合在细胞壁上。

多胺由精氨酸和赖氨酸生物合成而来。在植物细胞中，多胺常与羟基肉桂酸、香豆酸和咖啡酸等酚类化合物结合。多胺在细胞中可通过氧化脱氨而降解生成醛或其衍生物、NH_3和H_2O_2。

（二）多胺的生理效应及应用

1. 促进生长   休眠的菊芋块茎是不进行细胞分裂的，但是如果在培养基中加入多胺，块茎细胞分裂、生长，并且刺激形成层分化和维管束组织形成。

2. 延缓衰老   多胺可以延缓植物叶片衰老进程。实验证明，多胺抑制稀脉浮萍离体叶状体在暗诱导衰老过程中叶绿素的损失；外施精胺和亚精胺可明显抑制离体小麦叶片老化过程中蛋白水解酶活性的上升；外施多胺可以延缓贮藏中荔枝果实的衰老。

3. 参与植物适应环境胁迫   在高NaCl、山梨糖醇、甘露醇等渗透胁迫条件和遭受臭氧、水分、盐渍、低温和大气污染等影响时，豌豆、燕麦、大麦等的ADC活性显著加强，腐胺含量增加，维持渗透平衡，保护质膜稳定和原生质体完整。因此，多胺可以使细胞适应逆境条件。

多胺在农业上的应用已初见成效，如促进苹果花芽分化、受精，增加坐果率等。

三、茉莉酸类

（一）茉莉酸的代谢和分布

茉莉酸类（jasmonates，JAs）是广泛存在于植物体内的一类化合物，现已发现 30 多种。茉莉酸（jasmonic acid，JA）和茉莉酸甲酯（methyl jasmonate，MJ）是其中最重要的代表（图 8 - 25）。茉莉酸的化学名称是 3 - 氧 - 2 - （2′ - 戊烯基）- 环戊烷乙酸。无论是 JA 还是 MJ，它们的异构体都具有生物活性，其中以 （ + ） - JA 活性最高。现在已能合成 （ + ） - MJ，并可水解产生 （ + ） - JA。

图 8 - 25 茉莉酸（A）和茉莉酸甲酯（B）结构

JA 生物合成前体是亚麻酸，亚麻酸经脂氧合酶（lipoxygenase）催化加氧作用产生脂肪酸过氧化氢物，再经过氧化氢物环化酶（hydroperoxide cyclase）的作用转变为 18 碳的环脂肪酸（cyclic fatty acid），最后经还原及多次 β - 氧化而形成 JA。

被子植物中 JAs 分布最普遍，裸子植物、藻类、蕨类、藓类和真菌中也有分布。通常 JA 在茎端、嫩叶、未成熟果实、根尖等处含量较高，生殖器官特别是果实比营养器官如叶、茎、芽的含量丰富。

JAs 通常在植物韧皮部系统中运输，也可在木质部及细胞间隙运输。

（二）茉莉酸类的生理效应及应用

现已知茉莉酸及其衍生物可以诱导许多特异基因的表达，产生特异的茉莉酸诱导蛋白。这些蛋白是植物抵御病虫害、物理或化学伤害而诱发形成的，具有防御功能。茉莉酸及其衍生物已被认为是一种创伤诱导信号分子，由它"通知"未受伤部位和邻近植株进入"警戒状态"以抗击害虫和致病微生物的入侵。例如，JA 可诱导番茄和马铃薯叶片分别形成蛋白酶抑制物 I 和蛋白酶抑制物 II。番茄和马铃薯叶片受机械伤害或病虫害时，就会产生上述特殊蛋白质，分布于伤口附近或较远的部分，保护尚未受伤的组织，以免继续受害。

茉莉酸与脱落酸结构和生理效应有相似之处，例如抑制生长、抑制种子和花粉萌发、促进器官衰老和脱落、诱导气孔关闭、促进乙烯产生、抑制含羞草叶片运动、提高抗逆性等等。但是，JA 与 ABA 也有不同之处，例如在莴苣种子萌发的生物测定中，JA 不如 ABA 活力高，JA 不抑制 IAA 诱导燕麦芽鞘的伸长弯曲，不抑制含羞草叶片的蒸腾，不抑制茶的花粉萌发。茉莉酸类物质的生理效应非常广泛，包括促进、抑制和诱导等多个方面。故 JAs 作为生理活性物质，已被第 16 届国际植物生长会议接受为一类新的植物激素。

四、水杨酸

水杨酸（salicylic acid，SA）是从柳树皮中分离出的有效成分，它的化学成分是邻羟基苯甲酸（图 8 - 26），是桂皮酸的衍生物。现已知它在植物体内以游离态和水杨酸 - β - 葡萄糖苷两种形式存在，以水杨酸甲酯的形式释放到空气中。

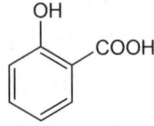

图 8 - 26　水杨酸的结构

水杨酸具有多种生理调节作用：

1. 生热效应　天南星科植物开花时期佛焰花序温度很高，经研究是由于雄花原基产生水杨酸转运到附属物中，在附属物中它促进抗氰呼吸从而产生大量的热。在严寒条件下花序产热，保持局部较高温度有利于开花结实，此外，高温有利于花序产生具有臭味的胺类和吲哚类物质的蒸发，以吸引昆虫传粉。可见，SA 诱导的生热效应是植物对低温环境的一种适应。

2. 增强抗性　某些植物在受病毒、真菌或细菌侵染后，侵染部位的 SA 水平显著增加，同时出现坏死病斑，即过敏反应（hypersensitive reaction，HR），并引起非感染部位 SA 含量的升高，从而使其对同一病原或其他病原的再侵染产生抗性。某些抗病植物在受到病原侵染后，其体内 SA 含量立即升高，进一步诱导植物产生致病相关蛋白，抵抗病原微生物，提高抗病能力。实验证明，外施 SA 于烟草，浓度越高，致病相关蛋白质产生就越多，对花叶病毒的抗性越强。

3. 其他效应　SA 还可抑制 ACC 转变为乙烯；诱导某些植物如浮萍开花；影响黄瓜的性别表达，抑制雌花分化，促进较低节位上分化雄花，并且显著抑制根系发育；抑制大豆的顶端生长，促进侧枝生长，增加分枝量等。

第七节　植物生长调节剂及其合理应用

由于植物内源的激素含量非常低，不可能大量提取应用于生产，因此人们就采用化学方法合成多种与植物内源激素结构类似，同时具有激素功能的化合物，也就是植物生长调节剂。植物生长调节剂问世之后，迅速被应用于农、林和园艺等生产中。用植物生长调节剂去调节和控制植物生长发育的手段，简称为植物化学控制。与传统的农业技术相比，化学控制具有成本低、收效快、效益高等优点，已经成为现代农业的一项重要措施。

一、植物体内激素之间的相互关系

（一）激素间的增效作用与拮抗作用

植物体内同时存在数种植物激素。它们之间可相互促进增效，也可相互拮抗抵消。

在植物生长发育进程中，任何一种生理过程往往不是某一激素的单独作用，而是多种激素相互作用的结果；同时，任一激素也不只调节一种生理过程，而是几种生长物质共同作用影响着代谢过程。

1. 增效作用 一种激素可加强另一种激素的效应，此种现象称为激素的增效作用（synergism）。如 IAA 和 GA 对于促进植物节间的伸长生长，表现为相互增效作用。IAA 促进细胞核的分裂，而 CTK 促进细胞质的分裂，二者共同作用，从而完成细胞核与质的分裂。脱落酸促进脱落的效果可因乙烯而得到增强。

IAA、ET 和 GA 之间有协同作用，促进豌豆幼苗节间生长。IAA 促进玉米 ACC 合酶活性，因此 ET 生物合成加快。施加 IAA 运输抑制剂于豌豆和烟草幼苗，可降低茎中的 GA_1 含量。外施 IAA 于豌豆茎尖，可提高茎中的活性 GA 酶的转录。

2. 拮抗作用 拮抗作用（antagonism）亦称对抗作用，指一种物质的作用被另一种物质所阻抑的现象。激素间存在拮抗作用，如 GA 诱导 α - 淀粉酶的合成和对种子萌发的促进作用，因 ABA 的存在而受到拮抗。

赤霉素与脱落酸的拮抗作用表现在许多方面，如生长、休眠等。它们都来自甲瓦龙酸，且通过同样的代谢途径形成法尼基焦磷酸（farnesyl pyrophosphate）。在光敏色素作用下，长日照条件形成赤霉素，短日照条件形成脱落酸。因此，夏季日照长，产生赤霉素使植株继续生长；而冬季来临前日照短，则产生脱落酸而使芽进入休眠。

生长素推迟器官脱落的效应会被同时施用的脱落酸所抵消；而脱落酸强烈抑制生长和加速衰老的进程又可能会被细胞分裂素所解除。细胞分裂素抑制叶绿素、核酸和蛋白质的降解，抑制叶片衰老；而 ABA 则抑制核糖、蛋白质的合成并提高核酸酶活性，从而促进核酸的降解，使叶片衰老。ABA 和细胞分裂素还可调节气孔的开闭，这些都证明 ABA 与生长素、赤霉素以及细胞分裂素间的拮抗关系会直接影响某些生理效应。

生长素与赤霉素虽然对生长都有促进作用，但二者间也有拮抗的一面，例如生长素能促进插枝生根而 GA 则抑制不定根的形成；生长素抑制侧芽萌发，维持植株的顶端优势，而细胞分裂素却可消除顶端优势，促进侧芽生长。此外，多胺和乙烯都有共同的生物合成前体蛋氨酸，因而乙烯诱导衰老的效应可以被多胺所抵消。

（二）激素间的比值对生理效应的影响

由于每种器官都存在着数种激素，因而，决定生理效应的往往不是某种激素的绝对量，而是各激素间的相对含量。

1. 影响根、茎的分化 在组织培养中生长素与细胞分裂素不同的比值影响根芽的分化。烟草茎髓部愈伤组织的培养实验证明，当细胞分裂素与生长素的比例高时，愈伤组织就分化出芽；比例低时，有利于分化出根；当二者比例处于中间水平，愈伤组织只生长而不分化，这种效应已被广泛应用于组织培养中。

2. 影响形成层的分化 赤霉素与生长素的比例控制形成层的分化，当 GA/IAA 比值高时，有利于韧皮部分化，反之则有利于木质部分化。

3. 影响性别分化 植物激素对性别分化亦有影响，如 GA 可诱导黄瓜雄花的分化，但这种诱导可为 ABA 所抑制。黄瓜茎端的 ABA 和 GA_4 含量与花芽性别分化有关，当 ABA/GA_4 比值较高时有利于雌花分化，较低时则利于雄花分化。

在自然情况下，植物根部与叶片中形成的激素间是保持平衡的，因此雌性植株与雄性植株出现的比例基本相同。由于根中主要合成 CTK，叶片主要合成 GA，用雌雄异株的菠菜或大麻进行试验时发现，当去掉根系，叶片中合成的 GA 直接运至顶芽并促其分化为雄花；当去掉叶片时，则根内合成 CTK 直接运至顶芽并促其分化雌花。可见，GA 与 CTK 间的比值可影响雌雄异株植物的性别分化。

4. 影响器官脱落　乙烯与生长素比值影响器官脱落。高浓度生长素可降低离区的乙烯敏感性并且抑制叶片的脱落。当叶片中生长素水平降低，提高离区的乙烯产量与乙烯的敏感性，启动叶片脱落程序。

二、植物生长调节剂的类型及应用

根据生理功能的不同，植物生长调节剂可分为植物生长促进剂、植物生长抑制剂和植物生长延缓剂三类。目前，植物生长调节剂在农业生产上已得到了广泛的推广使用，但在药用植物生产上应用实例还较少。不过植物生长调节剂在农作物上的应用仍可为其在药用植物生产上应用提供参考和经验。

（一）植物生长促进剂

这些生长调节剂可以促进细胞分裂、分化和伸长生长，也可促进植物营养器官的生长和生殖器官的发育。外施生长抑制剂可抑制其促进效能。现常用的植物生长促进剂有4类：

1. 生长素类

（1）生长素类物质的常见种类

①IAA 及其结构类似物 IPA 和 IBA：吲哚乙酸（IAA）本是植物体内天然生长素，但现已大量合成，因其见光容易氧化，而且价格较贵，在生产上只用于组织培养，诱导愈伤组织和根的形成。农业生产上应用它的类似物吲哚丙酸（indole propionic acid, IPA）和吲哚丁酸（indole butyric acid, IBA）。IPA 和 IBA 是最早发现的合成生长素类，它们和 IAA 的区别只是吲哚环上侧链长度不同。IBA 使用安全，常用于插条生根。

②NAA：学名 α-萘乙酸（α-naphthalene acetic acid），NAA 没有吲哚环，是萘的衍生物，它浓度低时刺激植物生长，浓度高时抑制植物生长。NAA 的主要作用是刺激生长，诱导插条生根，疏花疏果，防止落花落果，诱导开花，促进早熟和增产等。NAA 价格便宜且安全，因此生产上使用较广泛。

③2,4-D：学名2,4-二氯苯氧乙酸（2,4-dichlorophenoxyacetic acid），是氯化苯的衍生物，与其类似的还有2,4,5-三氯苯氧乙酸（2,4,5-T）、4-碘苯氧乙酸（增产灵）等。2,4-D 浓度不同，用途就不同。较低浓度（0.5~1.0mg·L^{-1}）用做组织培养的培养基成分之一；中等浓度（1~25mg·L^{-1}）可防止落花落果，诱导产生无籽果实和果实保鲜等；高浓度（1000mg·L^{-1}）可作为除草剂，杀死多种阔叶杂草

（图 8 - 27）。

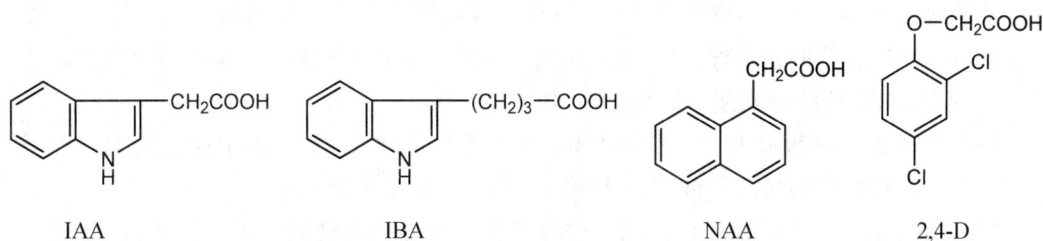

IAA　　　　　IBA　　　　　NAA　　　　　2,4-D

图 8 - 27　几种人工合成的生长素类化合物的结构

（2）生长素类物质的应用

①插枝生根：用生长素类物质处理插枝基部后，那里的薄壁细胞恢复分裂的机能，产生愈伤组织，然后长出不定根。促使插枝生根常用的人工合成的生长素是 IBA、NAA、2，4 - D 等。IBA 作用强烈，作用时间长，诱发根多而长；NAA 诱发根少而粗，最好两者混合使用。如 NAA 能大大提高木麻黄水插育苗的成活率。用 20 ~ 40mg·L^{-1} NAA 药液浸基部 24h，然后插枝基部入水 2cm，每天光照 5 ~ 6h，8 ~ 10 天即可生根。

②防止器官脱落：将锦紫苏属（coleus）的叶片去掉，留下的叶柄也会很快脱落。但如果将含有生长素的羊毛脂膏涂在叶柄的断口，就会延迟叶柄脱落，这说明叶片中产生的生长素有抑制其脱落的作用。在生产上施用 10g·L^{-1}NAA 或者 1mg·L^{-1}2，4 - D，能使棉花保蕾保铃，是因为其提高了蕾、铃内生长素的浓度而防止离层的形成。2，4 - D 也可防止花椰菜贮藏期间的落叶。

③促进结实：雌蕊受精后能产生大量生长素，从而吸引营养器官的养分运到子房，形成果实，所以生长素有促进果实生长的作用。用 10mg·L^{-1}2，4 - D 溶液喷洒番茄花簇，即可座果，促进结实，且可形成无籽果实。

④促进菠萝开花：研究证明，凡是达到 14 个月营养生长期的菠萝植株，在 1 年内任何月份，用 5 ~ 10mg·L^{-1} 的 NAA 或 2，4 - D 处理，2 个月后就能开花。因此，用生长素处理菠萝植株可使植株结果和成熟期一致，有利于管理和采收，也可使 1 年内各月都有菠萝成熟，终年均衡供应市场。

⑤促进黄瓜雌花发育：用 10mg·L^{-1} 的 NAA 或 500mg·L^{-1} 吲哚乙酸喷洒黄瓜幼苗，能提高黄瓜雌花的数量，增加黄瓜产量。

⑥其他：用较高浓度的生长素可抑制窖藏马铃薯的发芽；也可疏花疏果，代替人工和节省劳力，并能纠正水果的大小年现象，平衡年产量；还可杀除杂草。但是，在施用中要注意防止高浓度生长素残留所带来的副作用。

2. 赤霉素类　生产上应用最多的赤霉素是 GA_3，是从赤霉菌培养液中提取的。生产中的主要用途如下：

（1）提高产量　赤霉素在生产中主要用于促进作物茎叶的生长，提高产量。如用 100mg·L^{-1}赤霉素溶液浸番红花种球，可提高干花柱产量 25.96%。在苗期用 40mg·L^{-1}赤霉素溶液喷洒元胡全株，可以促进元胡生长，增加块茎产量，还可减轻霜霉病。

（2）打破休眠，促进萌发　人参和西洋参的种子萌发都需要低温处理和胚后熟阶段。催芽前用 50mg·L^{-1} 赤霉素药液浸种 36h，可增加发芽率，提前出苗。黄连种子要发芽，需 90d 左右的低温条件。用 100mg·L^{-1} 赤霉素药液浸泡种子，同时用 5℃低温处理 48h，就可以打破休眠发芽，发芽率达 60%～67%。

（3）啤酒生产中的应用　啤酒生产中，赤霉素可诱导 α-淀粉酶形成，使大麦种子在不发芽时淀粉糖化和蛋白质分解，从而减少养分消耗，降低成本。

（4）其他应用　赤霉素还可以用于诱导开花、诱导单性结实、减少棉花蕾铃脱落、促使葡萄果粒增大等多方面应用。

3. 细胞分裂素类　常用的细胞分裂素类似物质有两种，KT（激动素）和 6-BA（6-苄基腺嘌呤）（图 8-28）。

在应用方面，主要用于组织培养。此外，还可提高坐果率，促进果实生长，果蔬保鲜等。

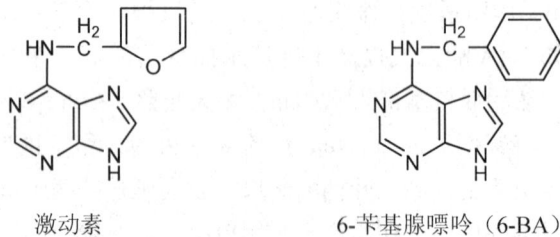

激动素　　　　　　　　　　　6-苄基腺嘌呤（6-BA）

图 8-28　两种人工合成的细胞分裂素的结构

4. 乙烯类　乙烯是气体，应用上很不方便。生产上常用的是商品名为乙烯利（2-氯乙基磷酸，2-chloroethyl phosphonic acid，CEPA）的乙烯释放剂。乙烯利是一种水溶性的强酸性液体，在 pH<4 的条件下稳定，当 pH>4 时，可以分解放出乙烯，pH 值愈高，产生的乙烯愈多。

乙烯利易被茎、叶或果实吸收。由于植物细胞的 pH 值一般大于 5，所以，乙烯利进入组织后可水解放出乙烯（不需要酶的参与），对生长发育起调节作用。

乙烯利在生产上主要用于以下几个方面：

（1）催熟果实　对于外运的水果或蔬菜，一般都是在成熟前就已收获，以便运输，然后在售前 1 周左右用 500～5000μl·L^{-1}（随果实不同而异）的乙烯利浸沾，就能达到催熟和着色的目的，这已广泛用于柑橘、葡萄、梨、桃、香蕉、柿子、果、番茄、辣椒、西瓜和甜瓜等作物上。此外，用 700μl·L^{-1} 的乙烯利喷施烟草，可促进烟叶变黄，提高质量。

（2）促进开花　菠萝是应用生长调节剂促进开花最成功的植物，每公顷用 2000L 浓度为 120～180μl·L^{-1} 的乙烯利喷施菠萝，可促进菠萝开花，如再加入 5% 的尿素和 0.5% 的硼酸钠溶液，能增加乙烯利的吸收，并提高其药效。由于菠萝复果的大小取决于花芽分化前的叶数，所以，在不同时期用乙烯利处理，可以控制果实的大小，以适于罐藏。乙烯利也能诱导苹果、梨和番石榴等的花芽分化。

（3）促进雌花分化　用 100～200μl·L^{-1} 的乙烯利喷洒 1～4 叶的南瓜和黄瓜等瓜

类幼苗，可使雌花的着生节位降低，雌花数增多；用 $100 \sim 300 \mu l \cdot L^{-1}$ 的乙烯利喷洒 2 叶阶段的番木瓜，$15 \sim 30$ 天后再重复喷洒，如此 3 次以上，可使雌花达 90%，而对照却只有 30% 的雌花。

（4）**促进脱落** 乙烯是促进脱落的激素，所以可用乙烯利来疏花疏果，使一些生长弱的果实脱落，并消除大小年。用乙烯利处理茶树，可促进花蕾掉落以提高茶叶产量。

乙烯利还可促进果柄松动，便于机械采收。如银杏成熟期用 $500 \sim 800 \mu l \cdot L^{-1}$ 的乙烯利喷洒树冠，15 天后果实脱落率达 90% 以上。葡萄采前 $6 \sim 7$ 天用 $500 \sim 800 \mu l \cdot L^{-1}$ 的乙烯利喷洒，柑橘用 $200 \sim 250 \mu l \cdot L^{-1}$，枣用 $200 \sim 300 \mu l \cdot L^{-1}$ 乙烯利在采前 $7 \sim 8$ 天喷洒，都能收到很好的效果，从而节省大量的人力，避免采摘对枝条的伤害，还可增进果实的着色。

（5）**促进次生物质分泌** 用乙烯利水溶液或油剂涂抹于橡胶树干割线下的部位，可延长流胶时间，且其药效能维持 2 个月，从而使排胶量成倍增长。乙烯利对乳胶增产的机理，可能是由于排除了排胶的阻碍，而不是促进了胶的合成。因此，用乙烯利处理后，树势会受到一定的影响，要加强树体管理，追施肥料，否则会造成树体早衰。此外，乙烯利可促进漆树、松树等次生物质的分泌。

（二）植物生长抑制剂

抑制植物茎顶端分生组织生长的生长调节剂属于植物生长抑制剂（growth inhibitor）。这类物质使茎顶端分生组织细胞的核酸和蛋白合成受阻，细胞分裂慢，植株生长矮小。生长抑制剂通常能抑制顶端分生组织细胞的伸长和分化，但往往促进侧枝的分化和生长，从而破坏顶端优势，增加侧枝数目。有些生长抑制剂还能使叶片变小，生殖器官发育受到影响。外施生长素等可以逆转这种抑制效应，而外施赤霉素则无效，因为这种抑制作用不是由于缺少赤霉素而引起的。常见的植物生长抑制剂有三碘苯甲酸、青鲜素、整形素等（图 8 - 29）。

1. **三碘苯甲酸（2，3，5 - triiodobenzoic acid，TIBA）** 分子式 $C_7H_3O_2I_3$。它可以阻止生长素运输，抑制顶端分生组织细胞分裂，使植物矮化，消除顶端优势，增加分枝。生产上多用于大豆，开花期喷施 $125 \mu l \cdot L^{-1}$ TIBA，能使豆梗矮化，分枝和花芽分化增加，结荚率提高，增产显著。

2. **整形素（morphactin）** 化学名称是 9 - 羟基芴 - （9）- 羧酸甲酯，它能抑制顶端分生组织细胞分裂和伸长、茎伸长和腋芽滋生，使植株矮化成小灌木状，常用来塑造木本盆景。整形素还能消除植物的向地性和向光性。

3. **青鲜素** 也叫马来酰肼（maleic hydrazide，MH），分子式为 $C_4H_4O_2N_2$，化学名称是顺丁烯二酸酰肼，其作用与生长素相反，抑制茎的伸长。其结构类似尿嘧啶，进入植物体后可以代替尿嘧啶，阻止 RNA 的合成，干扰正常代谢，从而抑制生长。MH 可用于控制烟草侧芽生长，抑制鳞茎和块茎在贮藏中发芽。有报道，较大剂量的 MH 可以引起实验动物的染色体畸变，建议使用时注意适宜的剂量范围和安全间隔期，且不宜施用于食用作物。

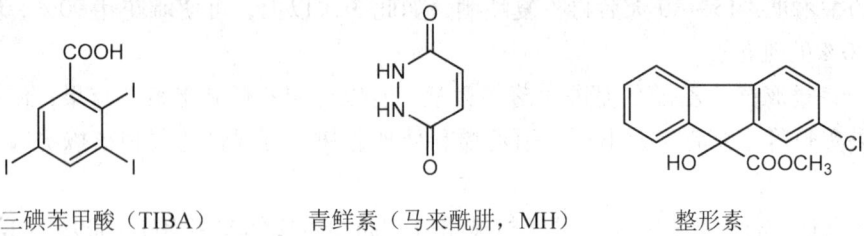

三碘苯甲酸（TIBA）　　　青鲜素（马来酰肼，MH）　　　整形素

图 8-29　几种植物生长抑制剂的化学结构

（三）植物生长延缓剂

抑制植物亚顶端分生组织生长的生长调节剂称为植物生长延缓剂（growth retardant）。亚顶端分生组织中的细胞主要是伸长，由于赤霉素在这里起主要作用，所以外施赤霉素往往可以逆转这种效应。从作用机理上看，植物生长延缓剂是一类抗赤霉素物质。它们不影响顶端分生组织的生长，而叶和花是由顶端分生组织分化而成的，因此生长延缓剂不影响叶片的发育和数目，一般也不影响花的发育。常见的植物生长延缓剂有 PP_{333}、Pix、CCC、S-3307、B_9 等（图 8-30）。

1. PP_{333}（paclobutrazol）　又名氯丁唑，国内叫多效唑（MET），化学名称为 1-（对-氯苯基）-2-（1，2，4-三唑-1-基）-4，4-二甲基-戊烷-3 醇，是英国 ZCJ 公司 20 世纪 70 年代推出的一种新型高效生长延缓剂。PP_{333} 的生理作用主要是阻碍赤霉素的生物合成，同时加速体内生长素的分解，从而延缓、抑制植株的营养生长。

PP_{333} 广泛用于果树、花卉、蔬菜和大田作物，可使植株根系发达，植株矮化，茎秆粗壮，并可以促进分枝、增穗增粒、增强抗逆性等。在药用植物生产上，如枸杞，适当使用多效唑能控制徒长，促进生殖生长，达到早期丰产、稳产和产品优质的目的。多效唑还能抑制人参的营养消耗，加快生殖生长；增加叶绿素含量；减轻病害，抑制杂草，提高产量和优质率。需要注意的是，PP_{333} 的残效期长，影响后茬作物的生长，目前有被烯效唑取代的趋势。

2. S-3307　国内俗称烯效唑，又名优康唑，高效唑，化学名称为（E）-（对-氯苯基）-2-（1，2，4-三唑-1-基）-4，4-1-戊烯-3 醇。能抑制赤霉素的生物合成，有强烈抑制细胞伸长的效果。有矮化植株、抗倒伏、增产、除杂草和杀菌（黑粉菌、青霉菌）等作用。

3. CCC　又名矮壮素，是氯化氯代胆碱（chlorocholine chloride）的简称，化学名称是 2-氯乙基三甲基氯化铵，属于季铵型化合物。

矮壮素能抑制赤霉素的生物合成过程，所以是一种抗赤霉素剂，它与赤霉素作用相反，可以使节间缩短，植株变矮、茎变粗，叶色加深。CCC 在生产上较常用，可以防止作物倒伏，防止徒长，也可促进根系发育，增强作物抗寒、抗旱、抗盐碱能力。如经矮壮素处理能使番红花球茎重增加，贮藏性增强。当归用矮壮素处理，植株矮壮，株型紧凑，叶色浓绿，叶柄变短，叶片变小、变宽、变厚，降低早期抽薹率，提高抗根腐病能力，产量提高，质量更佳。

4. Pix 国内俗称缩节安、助壮素，是1，1-二甲基哌啶翁氯化物（1，1-dimethyl pipericlinium chloride），它与CCC相似，生产上主要用于控制棉花徒长，使其节间缩短，叶片变小，并且减少蕾铃脱落，从而增加棉花产量。

5. B_9 也叫比久，是二甲胺琥珀酰胺酸（dimethyl aminosuccinamic acid）的俗称。B_9可抑制赤霉素的生物合成，抑制果树顶端分生组织的细胞分裂，使枝条生长缓慢，抑制新梢萌发，因而可代替人工整枝。同时有利于花芽分化，增加开花数和提高坐果率。B_9可防止花生徒长，使株型紧凑，荚果增多。B_9残效期长，影响后茬作物生长，有人还认为B_9有致癌的危险，因此不宜用在食用作物上，不要在临近收获时再施用。

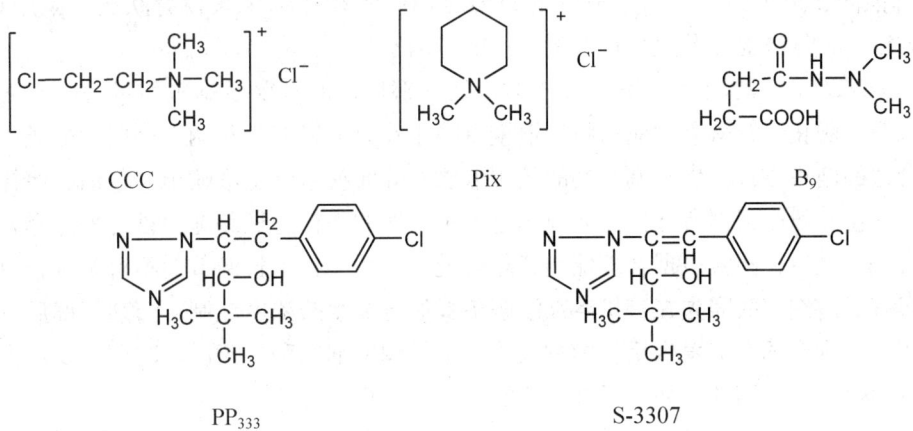

图8-30 几种植物生长延缓剂的化学结构

生长调节剂在生产实践中广泛应用，但是，有时人们对生长调节剂的特性认识不够或使用不当，不但不能达到预期效果，反而造成一定的损失。因此，以下几点事项应引起重视。

（1）配合其他农业技术措施使用 首先要明确生长调节剂不是营养物质，也不是万灵药，更不能代替其他农业措施。

（2）根据不同对象（植物或器官）和不同的目的选择合适的生长调节剂或种类组合 如促进插枝生根宜用NAA和IBA，促进长芽则要用KT或6-BA；促进茎、叶的生长用GA；提高作物抗逆性用BR；打破休眠、诱导萌发用GA；抑制生长时，草本植物宜用CCC，木本植物则最好用B_9；葡萄、柑橘的保花保果用GA，鸭梨、苹果的疏花疏果则要用NAA。

两种或两种以上植物生长调节剂混合使用或先后使用，往往会产生比单独施用更佳的效果，这样就可以取长补短，更好地发挥其调节作用。如乙烯利可以矮化玉米株高，促进根系发育，抗倒伏，但负作用是果穗发育受到明显抑制，但若与BR混合喷施于雌穗小花分化末期的玉米植株，不仅保留了乙烯利的优点，同时促进了玉米果穗的发育，减少秃尖。植物生长调节剂混合使用是当前应用的新方向之一。

（3）正确掌握药剂的浓度和剂量 生长调节剂的使用浓度范围极大，可从$0.1\mu g$·

L^{-1}到5000μg·L^{-1}，这就要视药剂种类和使用目的而异。剂量是指单株或单位面积上的施药量，而实践中常发生只注意浓度而忽略剂量的偏向。正确的方法应该是先确定剂量，再定浓度。浓度不能过大，否则易产生药害，但也不可过小，过小又无药效。药剂的剂型，有水剂、粉剂、油剂等，施用方法有喷洒、点滴、浸泡、涂抹、灌注等，不同的剂型配合合理的施用方法，才能收到满意的效果，此外，还要注意施药时间和气象因素等。

（4）确定适宜的施用时期 掌握最佳的施用时期，对获得预期的效果十分重要。同一种生长调节剂在作物的不同时期应用，具有不同的效果，有时甚至是完全相反的作用。如苹果花期或花后一段时间喷 NAA 具有疏花疏果的作用，但在采前落果之前喷施 NAA 却能防止果实脱落。确定适宜的施用时期应考虑作物生长发育状况、施用目的、施用方法、天气情况以及生长调节剂的性能等因素。

（5）采用科学的使用方法 首先确定处理部位，通常要根据施用目的确定处理部位。如用来防止落花落果，应该将药液重点喷于花朵上以抑制花柄中离层的形成。其次选择合适的施用方式。生长调节剂的使用方法有叶面喷施、土壤喷施、浸沾、涂抹、茎干流向等。一般应根据所选择的调节剂进入植物体的最佳途径和施用目的来选择合适的施用方式。最后，药液根据合理配制，随配随用。大多数生长调节剂不溶于水，只溶于乙醇等有机溶剂，故需先在有机溶剂溶解稀释后再加水按浓度配制。药剂配好后，应立即施用，否则会挥发或发生反应影响效果。生长调节剂在和农药混用时期，要考虑它们是否发生反应降低药效，如乙烯利就不能与碱性农药混合使用。

（6）先试验，再推广 应先做单株或小面积试验，再中试，最后才能大面积推广，不可盲目草率，否则一旦造成损失，将难以挽回。

第九章　药用植物的次生代谢

植物的次生代谢（secondary metabolism）是一个相对于初生代谢而言的以初生代谢的中间产物作为底物的消耗能量的过程，通常认为植物的次生代谢与生长、发育、繁殖等无直接关系。自 1892 年 Kossel 提出植物的初生代谢和次生代谢的概念以来，人们对于植物次生代谢的认识得到了不断发展。植物的次生代谢是植物长期的进化过程中产生的，与植物对环境的适应密切相关，同时，植物的次生代谢与植物的其他代谢过程一样受植物生存环境的影响。次生代谢产生的一类天然化合物称植物次生代谢物（secondary metabolites）。目前已知大约有 10 000 种次生代谢物，包括黄酮类、酚类、萜类、生物碱、皂苷、香豆素、木脂素、糖苷、甾类、多炔类、有机酸等。

药用植物的有效成分绝大多数为植物次生代谢物，也就是说，大部分药用植物的有效成分来源于其次生代谢过程，即是由初生代谢所派生而来的一些非生长发育所必须的、具有特殊生理功能的小分子有机代谢物质。药用植物次生代谢物的应用历史悠久，不同药用植物所含次生代谢产物不同，不同的次生代谢产物形成了中药不同的药性，表现出不同的疗效。

第一节　药用植物初生代谢与次生代谢的关系

初生代谢通过光合作用、三羧酸循环等途径，为次生代谢提供能量和一些小分子化合物原料，同时，次生代谢也会对初生代谢产生影响。初生代谢与次生代谢的区别为，前者在植物生命过程中始终都在发生，而后者往往发生在生命过程中的某一阶段。

初生代谢与植物的生长发育和繁衍直接相关，为植物的生存、生长、发育、繁殖提供能源和中间产物。绿色植物及藻类通过光合作用将水和二氧化碳合成为糖类，进一步通过不同的途径，产生三磷酸腺苷（ATP）、辅酶 A（NADH）、丙酮酸、磷酸烯醇式丙酮酸（PEP）、4-磷酸-赤藓糖、核糖等维持植物机体生命活动不可缺少的物质。PEP 与 4-磷酸-赤藓糖可进一步合成莽草酸（植物次生代谢的起始物）；而丙酮酸经过氧化、脱羧后生成乙酰辅酶 A（植物次生代谢的起始物），再进入三羧酸循环中，生成一系列有机酸及丙二酸单酰辅酶 A 等，并通过固氮反应得到一系列的氨基酸（合成含氮化合物的底物），这些过程为初生代谢过程。在特定的条件下，一些重要的初生代谢产物，如乙酰辅酶 A、丙二酰辅酶 A、莽草酸及一些氨基酸等作为原料或前体，又进一步进行不同的次生代谢过程,产生酚类化合物(如黄酮类化合物)、异戊二烯类化合物(如萜类化合物)和含氮化合物(如生物碱)等。

植物次生代谢产物的种类繁多,化学结构多种多样,但从生物合成途径看,次生代谢是从几个主要分叉点与初生代谢相连接的,初生代谢的一些关键产物是次生代谢的起始物。例如乙酰辅酶 A 是初生代谢的一个重要"代谢纽",在三羧酸循环(TCA)、脂肪代谢和能量代谢上占有重要地位,它又是次生代谢产物黄酮类化合物、萜类化合物和生物碱等的起始物。很显然,乙酰辅酶 A 会在一定程度上相互独立地调节次生代谢和初生代谢,同时又将整合了的糖代谢和 TCA 途径结合起来。初生代谢与次生代谢的关系如图 9 - 1 所示。

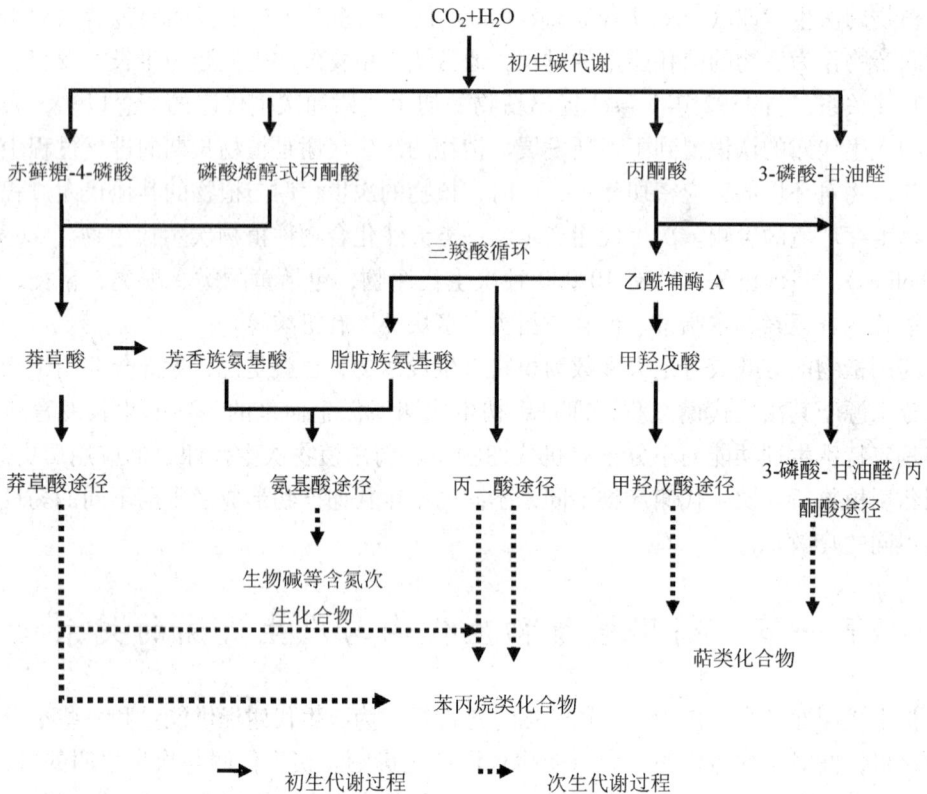

图 9 - 1　植物初生代谢与次生代谢的关系示意图

第二节　药用植物次生代谢物的生物合成与积累

一、药用植物次生代谢物的类型及其生物学作用

药用植物中有效成分大多数为植物次生代谢产物,其种类繁多、结构迥异,根据其化学性质和化学结构,可将这些次生代谢产物分为:酚类化合物、生物碱、萜类及甾类和其他等。

（一）酚类化合物

植物含有大量的酚类化合物，且结构多样。广义的酚类化合物约 8 000 种，包括简单酚类、醌类和黄酮类等。大多数酚类化合物来自莽草酸途径，该途径广泛存在于植物和微生物中。

1. 简单酚类 简单酚类是含有一个被羟基取代苯环的化合物，广泛分布于植物叶片及其他组织中。某些简单酚类具有调节植物生长的作用，而另外一些则是植保素的重要成分，或者与植物的化感作用有关。

2. 醌类 醌类是由苯式多环烃碳氢化合物（如萘、蒽等）衍生的芳香二氧化物。根据其环系的不同可以分为苯醌、萘醌和蒽醌等。醌类也是植物呈色的主要原因之一，如紫草素是紫草栓皮层中的萘醌类色素，也是重要的药品和化妆品原料。另外一些醌类，如胡桃醌，则是具有强烈异株相克作用的化感物。

3. 黄酮类 黄酮类是一大类以苯色酮环为基础，具有 $C_6 - C_3 - C_6$ 结构的酚类化合物，其生物合成的前体是苯丙氨酸和丙二酸单酰辅酶 A。根据 B 环的连接位置不同可以分为黄酮、黄酮醇、异黄酮、新黄酮等。黄酮类化合物仅在植物中存在，分布最广，几乎所有研究过的植物中都含有。黄酮类化合物因具有抗氧化作用、抗冠心病、抗某些癌症和抗衰老等功能而备受重视，如槐米中的芦丁用于毛细血管脆性引起的出血症及高血压的辅助治疗；从银杏中提取的以黄酮糖苷为主要成分的 Ginkoba 则被认为具有改善大脑供血等作用，在北美已经上市多年。

黄酮类化合物对植物体本身具有多种生物学功能。黄酮类物质是植物组织呈色的主要原因之一，在植物繁殖过程中具有重要作用。黄酮类化合物还与植物生长调节剂生长素的极性运输有关，影响吲哚乙酸以及其他激素（如细胞分裂素、乙烯等）的水平，在调节根生长和养分吸收中起着重要作用。黄酮类化合物与植物的抗病性关系密切，参与组织和病原微生物的互作及防御反应，具有抗病毒、抑菌活性，可作为植保素在植物体内积累，使植物免受微生物的侵染，阻止植株真菌孢子发芽生长。多项研究证明，含有大量黄酮的器官和组织与植物体的紫外辐射保护有关。其作用机制可能有两种：一种观点认为黄酮类化合物具有紫外吸收作用，以减少对核酸、蛋白质等大分子的破坏作用，保护植物器官尤其是光合系统免受辐射伤害；另一种观点认为，黄酮类化合物具有清除氧自由基的功能。氧自由基对膜稳定性的伤害是植物遭遇逆境胁迫时生理代谢紊乱，导致细胞功能丧失的主要原因，很多黄酮类物质表现出较强的自由基清除功能，如槲皮素、儿茶素等有利于植物抵御外界逆境的胁迫，这些黄酮类物质也是治疗心血管疾病、抗衰老、美容药物和天然抗氧化剂的重要来源。

（二）生物碱类

生物碱是起源于氨基酸的一类含有氮原子的化合物。生物碱一般呈碱性，在植物中可以游离态、盐或氮氧化物的形式贮存于液泡中。目前，在植物中已发现约 12 000 种生物碱，其中很多可以作为药用，对心血管系统、中枢神经系统、抗炎、抗菌、抗病毒、保肝、抗癌等多方面具有明显的药理活性。如黄连中的小檗碱、麻黄中的麻黄碱、喜树中的喜树碱、长春花中的长春新碱等。根据生物碱化学结构的不同，生物碱分为有机胺类（麻黄碱），吡啶衍生物类（苦参碱、莨菪碱），喹啉衍生物类（喜树碱），喹唑酮衍生物类（常山碱），嘌呤衍生物类（茶碱），异喹啉衍生物类（小檗碱），吲哚衍生物类（长春新碱）等。

关于生物碱的生物学作用，目前关注较多的是生物碱的化学防御功能，在植物的根、茎或叶中积累的生物碱对昆虫或植食动物具有拒食或趋避作用，对病毒、细菌或真菌等病原微生物具有抑制、阻断或毒杀作用。植物生物碱的合成代谢可对植食动物或昆虫的取食及微生物的攻击产生积极的应答。例如，昆虫对烟草叶的啃食能诱导烟碱在体内的大量合成和积累。植物也可通过向环境中释放某些生物碱，影响其他植物的生长，在生态群落中增强生存竞争能力。有研究表明，某些生物碱可抑制种子的萌发和生长，具有某种生长调节物质的功能。某些植物的生物碱合成代谢可对外界非生物胁迫产生响应，从而增强植物的抗逆性，例如含高水平双吡咯烷类生物碱的高羊茅比低水平生物碱含量的高羊茅具有更强的耐旱性；在高温、干旱、遮阴以及水淹条件下，喜树中喜树碱的含量会升高 2~3 倍，表明喜树碱可能参与了植物抵御外界环境胁迫的过程。

（三）萜类及甾类

萜类和甾类化合物是以异戊二烯为基本单位构成的一类化合物，萜类是植物天然产物中最大的一类，多数以各种含氧衍生物如醇、酮、酯类及糖苷的形式存在，大约已经有 25 000 种化合物的结构被阐明。许多萜类化合物具有很好的药理作用，如抗癌、抗肿瘤的紫杉醇，抗疟疾的青蒿素，镇痛解毒的甘草酸等。从结构上看，绝大多数的萜类都由五碳（C_5）的异戊烯基焦磷酸（isopentenyl pyrophosphate，IPP）和二甲基丙烯基焦磷酸酯（dimethylallyl pyrophosphate，DMAPP）基本结构以"头-尾"的方式形成。根据含有 C_5 单元数量的不同，萜类可以划分为：半萜，如由光合作用活跃组织释放的异戊二烯；由 2 个 IPP 组成的单萜，它们往往是植物气味（如花香）的主要成分；由 3 个 IPP 组成的倍半萜，倍半萜是植物挥发油的主要成分，可以作为植保素参与植物对微生物侵染和昆虫采食的防御过程；4 个 IPP 组成的二萜，如植醇（叶绿素的侧链）、赤霉素等，一些二萜也是植保素，脱落酸虽然只含有 15 个碳，但却是从二萜化合物衍生而来的。此外，萜类还包括由两个倍半萜形成的三萜，如油菜素内酯、皂苷和甾类等；由 2 个二萜形成的四萜，如类胡萝卜素；以及由更多异戊二烯基本结构形成的多萜，如作为电子载体的质醌、泛醌等。

萜类化合物对植物的生物学功能主要表现为对生物胁迫或非生物胁迫的适应性生理生化反应。某些萜类化合物具有强烈的抑菌杀菌作用，如在印度楝中分离到一系列的四环三萜类抗菌化合物，这些萜类化合物可以增强植物的抗病性，阻断病原微生物继续向其他部位感染或具有直接的杀菌作用。某些植物在受到昆虫侵袭时产生的某些萜类物质具有防御、趋避害虫的作用，如棉酚等萜类化合物对烟芽叶蛾和红铃虫具有防御作用。植物所产生的芳香物质中有很多属于萜酚类化合物，具有刺激昆虫取食或起昆虫性信息素的作用，可引诱昆虫前来取食从而实现授粉，繁衍种群。通过分泌、挥发或淋溶到外界环境中的萜类化合物具有强烈的化感作用，可对周围其他植物产生相生或相克作用，如一些萜类能抑制种子萌发和幼苗生长，从而增强环境竞争力，维护种群的稳定。

（四）其他

其他的次生代谢物还包括胺类、非蛋白质氨基酸、生氰苷、多炔、有机酸等。胺类是 NH_3 中氢的不同取代物，根据取代基数目可以分为伯、仲、叔、季 4 种。通常胺类来自氨基酸脱羧或醛转氨而产生，已知的胺类次生代谢物质有 100 种以上，广泛分布于种子植物中，胺类通常存在于花部，并具有臭味。有些胺类与植物的生长发育有关。非蛋白氨基酸多集中于豆科植物，常有毒。由于与蛋白氨基酸结构类似，常被误掺入蛋白质中。生氰苷是由脱羧氨基酸形成的 O – 糖苷，生氰苷是植物生氰过程中产生 HCN 的前体，一些生氰苷与植物趋避捕食者有关。多炔是植物体内发现的天然炔类，主要分布在菊科及伞形科植物，现已发现 1000 种左右。有机酸包括莱莉酸、水杨酸等，广泛分布于植物各部位，在植物抗虫抗病反应的信号传导中起重要作用。

二、药用植物次生代谢物主要生物合成途径

药用植物次生代谢产物的具体合成途径目前尚不完全清楚，但其生物合成途径有以下几种。

（一）丙二酸途径

以乙酰辅酶 A、丙酰辅酶 A、异丁酰辅酶 A 等为起始物，丙二酸单酰辅酶 A 起到延伸碳链的作用。这一途径主要生成脂肪酸类、酚类（苯丙烷途径也产生酚类）、蒽醌类等（见图 9 – 2）。

1. **脂肪酸类** 饱和脂肪酸类均由丙二酸途径生成，这一过程的生物合成基源（起始物）是乙酰辅酶 A、丙酰辅酶 A、异丁酰辅酶 A 等，但起延伸碳链作用的是丙二酸单酰辅酶 A。碳链的延伸由缩合及还原两个步骤交叉而成。

2. **酚类** 酚类化合物的生物合成与脂肪酸有所不同，由乙酰辅酶 A 出发，延伸碳链过程中只有缩合过程，生成的聚酮类中间体经不同途径环合而成。

3. **蒽醌及萘类化合物** 蒽醌及萘类化合物由丙二酸途径生成，属于多酮类化合物。

虽然萜类化合物数量庞大，结构繁杂，但是其生物合成的基本结构都是异戊烯基焦磷酸（IPP）。长期以来，人们一直认为所有萜类都是通过甲羟戊酸（mevalonic acid，MVA）途径，由乙酰辅酶 A 经生物合成产生甲羟戊酸，然后合成异戊烯基焦磷酸（isopentenyl diphosphate，IPP）和二甲基丙烯基焦磷酸（dimethylallyl diphosphate DMAPP）。但是自 20 世纪 90 年代初开始，一系列研究工作表明，在绿色植物和相当大一部分藻类中，用于单萜和倍半萜合成的 IPP 不仅来自不同的代谢途径，而且在细胞中的合成部位也不同。倍半萜和三萜通过甲羟戊酸途径在细胞质中合成，而单萜和二萜则是由质体中的丙酮酸和甘油醛 –3 – 磷酸通过非甲羟戊酸途径（nonmevalonate pathway，又称 DOXP

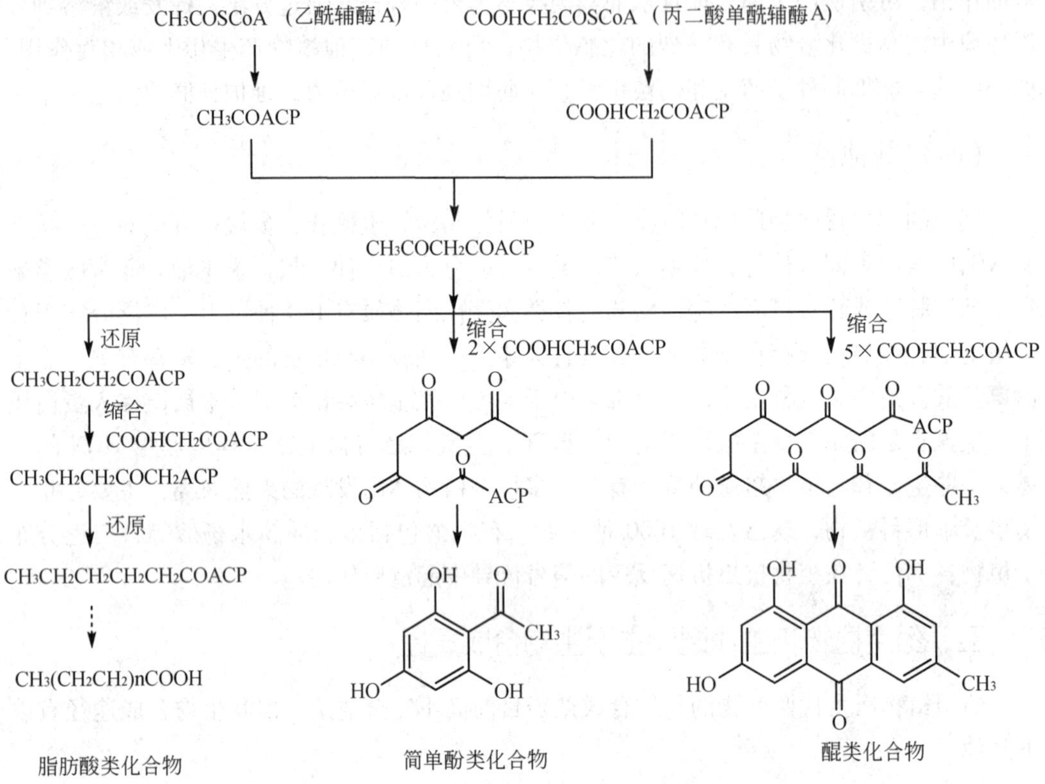

CH3COSCoA（乙酰辅酶A）
COOHCH2COSCoA（丙二酸单酰辅酶A）
CH3COACP
COOHCH2COACP
CH3COCH2COACP
还原
缩合
2×COOHCH2COACP
缩合
5×COOHCH2COACP
CH3CH2CH2COACP
缩合
COOHCH2COACP
CH3CH2CH2COCH2ACP
还原
CH3CH2CH2CH2CH2COACP
CH3(CH2CH2)nCOOH
ACP
CH3
OH
HO
脂肪酸类化合物
简单酚类化合物
醌类化合物

图 9-2　丙二酸途径代谢图

途径或 MEP 途径）合成。这两条途径均形成 IPP（如下图 9-3 所示），MEP 途径除了存在于高等植物外，在蓝藻、绿藻、细菌、真菌和一些原生动物中也存在。

（二）甲羟戊酸途径（MVA 途径）

该途径由三分子乙酰辅酶 A 在细胞质内经生物合成产生甲羟戊酸（MVA），然后经由磷酸化、脱羧过程形成异戊二烯类化合物的基本骨架 IPP 和 DMAPP，再经过异戊烯基转移酶的催化缩合成非环式牻牛儿基焦磷酸（geranyl diphosphate，GPP）、法尼基焦磷酸（farnesyl diphosphate，FPP）和牻牛儿基牻牛儿基焦磷酸（geranylgeranyl diphosphate，GGPP），然后经过多种类型的环化、稠合和重排，最后形成具有典型代表的每一种结构骨架，再经过 ATP 或 NADPH 中间产物的氧化、缩合等变化，最后形成植物体中成千上万种不同的萜类化合物的代谢产物（见图 9-3）。倍半萜、三萜、甾类化合物等经过这一过程合成。

（三）3-磷酸-甘油醛/丙酮酸途径

该途径也称去氧木酮糖磷酸还原途径（deoxyxylulose phosphate pathway，DOXP），或 2C-甲基-4-磷酸-D-赤藓糖醇途径（2C-methy - D-erythritol-4-phosphate pathway，MEP）。胡萝卜素、单萜和二萜等通过该途径合成（见图 9-3）。在这一途径

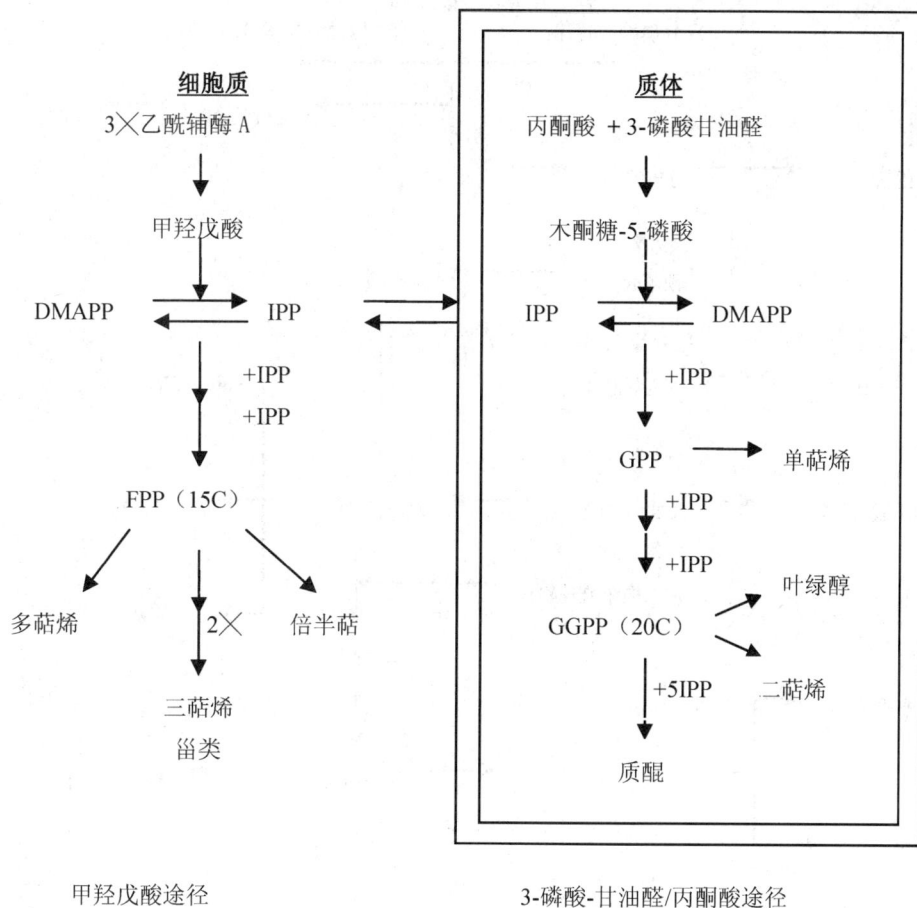

图 9 - 3 异戊二烯类化合物代谢途径

中，IPP 的直接前体不是 MVA，而是丙酮酸和甘油醛 - 3 - 磷酸（glyceraldehyde 3 - phosphate，GA - 3P），其合成部位不是细胞质，而是在质体中。

（四）莽草酸途径

莽草酸途径是一条初生代谢与次生代谢的共同途径，在植物体内，大多数酚类化合物由该途径合成。高等植物将 4 - 磷酸 - 赤藓糖（磷酸戊糖途径的产物）与磷酸烯醇式丙酮酸（糖酵解途径的产物）结合生成莽草酸，莽草酸转化为分支酸，分支酸经预苯酸生成苯丙氨酸和酪氨酸，为苯丙烷类化合物生物合成的起始分子。天然化合物中具有 $C_6 - C_3$ 骨架的苯丙素类、香豆素类、木脂素类、一些黄酮类化合物均由苯丙氨酸经苯丙氨酸解氨酶（Phenylalanine ammonialyase，PAL）脱氨后生成的反式肉桂酸得来，途径过程如下图 9 - 4 所示。由分支酸产生的苯丙氨酸、酪氨酸和色氨酸也是生物碱的合成前体。

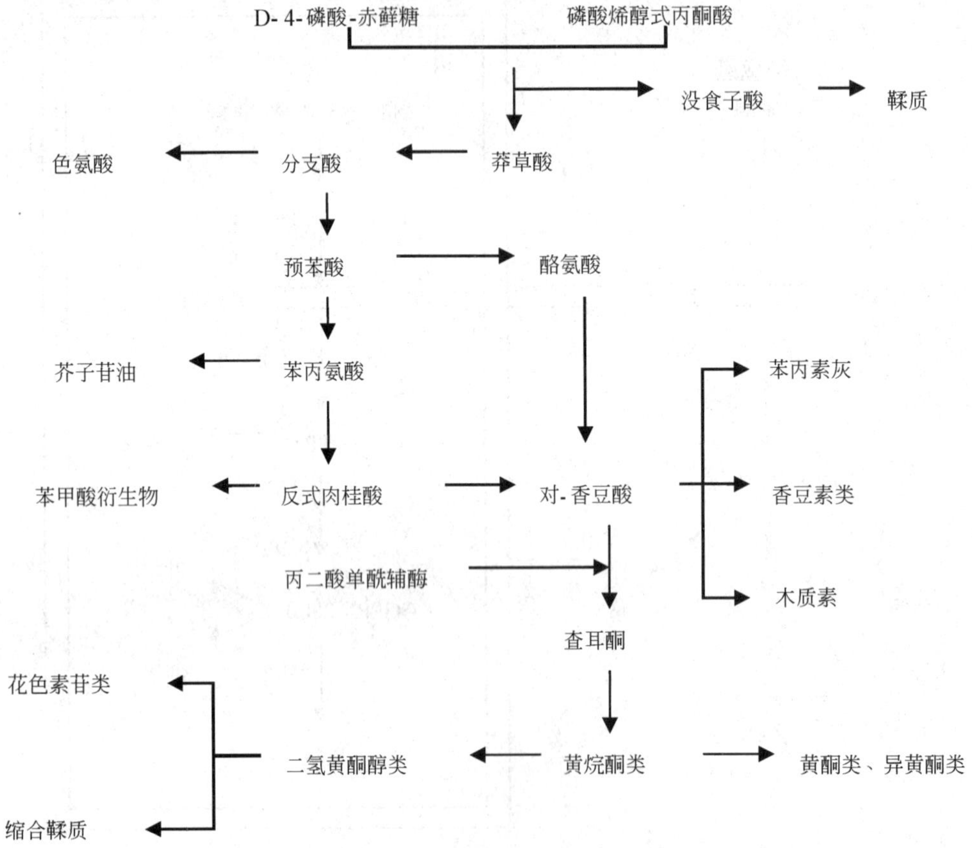

图 9-4 莽草酸途径代谢

（五）氨基酸途径

天然产物中的生物碱类成分大部分由氨基酸途径生成。有些氨基酸脱羧成为胺类，再经过一系列化学反应（甲基化、氧化、还原、重排等）后即转变成为生物碱。并非所有的氨基酸都能转变成为生物碱。已知作为生物碱前体的氨基酸主要有鸟氨酸、赖氨酸、苯丙氨酸、酪氨酸、色氨酸等。其中，芳香族氨基酸来自莽草酸途径，脂肪族氨基酸则基本上由 TCA 循环及糖酵解途径中形成的 α-酮戊二酸经还原、转氨化后形成。

（六）复合途径

由复合途径生成的化合物均由 2 个或 2 个以上不同的生物合成途径结合所生成，一般生成结构较为复杂的天然化合物。常见的复合途径有下列几种组合：①丙二酸-莽草酸途径；②丙二酸-甲羟戊酸途径；③氨基酸-甲羟戊酸途径；④氨基酸-丙二酸途径；⑤氨基酸-莽草酸途径。

综上所述，植物次生代谢产物的种类繁多，化学结构多种多样，但从它们的生源发生和生物合成途径看，它和初生代谢的关系与蛋白、脂肪、核酸与初生代谢的关系很相似，也是从几个主要分叉点与初生代谢相连接。次生代谢产物的生物合成和积累是个复杂的网络系统，合成过程中涉及大量的酶和关键基因的调控，以上的生物合成途径只是次生代谢物合成过程的框架式结构。下面以丹参酮类化合物为例，简述次生代谢在体内复杂的生物合成过程。

丹参酮类化合物是丹参根中分离的脂溶性的二萜类成分，主要包括丹参酮Ⅰ、丹参酮ⅡA、丹参酮ⅡB、隐丹参酮、丹参内酯等化合物。现代临床药理研究表明，丹参酮类化合物治疗心绞痛、心肌梗死等冠状动脉疾病效果显著，另外还有保肝、抗菌、促进组织修复再生、降血脂等作用。丹参酮类化合物为松香烷二萜类化合物，合成过程主要包括以下三个部分：

第一部分：主要通过萜类合成途径中的 MEP/DOXP 途径，合成二萜类的骨架 GGPP 牻牛儿基牻牛儿基焦磷酸（如图 9-5 示）。在 MEP/DOXP 途径中，丙酮酸和 3-磷酸甘油醛（GA-3P）在 5-磷酸脱氧木酮糖合成酶（DXP synthase，DXS）的作用下合成 5-磷酸脱氧木酮糖（DXP）。DXP 在 5-磷酸脱氧木酮糖还原异构酶（DXP reductoisomerase，DXR）的作用下生成 2C-甲基-4 磷酸-4D-赤藓糖醇（MEP）。MEP 再经过酶的催化作用生成异戊烯基焦磷酸（IPP）和二甲基丙烯基焦磷酸（DMAPP）。IPP 和 DMAPP 之间在异戊烯基焦磷酸异构酶（IPP isomerase，IPI）的作用下可以互相转化。接下来一个 DMAPP 和一个或者多个 IPP 在一系列异戊烯基转移酶如牻牛儿基焦磷酸合成酶（geranyl diphosphate synthase，GPPS）、法尼基焦磷酸合成酶（farnesyl diphosphate synthase，FPPS）和牻牛儿基牻牛儿基焦磷酸（geranylgeranyl diphosphate synthase，GGPPS）的作用下连接合成萜类化合物基本骨架 GPP、FPP 和 GGPP。在整个反应过程中 5-磷酸脱氧木酮糖合成酶（DXS）是生成 IPP 和 DMAPP 过程中的一个关键的限速酶。

第二部分：GGPP 立体特异性合成丹参酮类化合物基本骨架次丹参酮二烯（见图 9-6）。GGPP 是二萜类化合物的共同前体，经过不同萜类环化酶的催化形成各种不同的环状结构，进而形成结构多样的二萜类化合物。因此，二萜环化酶（diterpene cyclase）被认为是合成二萜类次生代谢终产物的关键酶之一。柯巴基焦磷酸合酶（copalyl diphosphate synthase，CPS）是植物三环二萜类生物合成过程中起始环化酶。CPS 催化线性结构的 GGPP 环化形成的柯巴基焦磷酸（copalyl diphosphate，CPP）具有多种构型，而从丹参中发现的特异性的 CPS（Salvia miltiorrhiza copalyl diphosphate synthase，SmCPS）催化形成的具有特异立体结构的 CPP 可能为丹参中松香烷型二萜醌类化合物生物合成途径中的前体物质。CPP 能在特异性 CPP Ⅰ类二萜合酶（CPP-specific class Ⅰ diterpene synthase，又称类贝壳杉烯合酶），的催化下环化和重排形成各种三环二萜类结构。丹参代谢过程中 CPP 在丹参类贝壳杉烯合酶（Salvia miltiorrhiza kaurene synthase-like，SmKSL）催化下合成丹参酮二烯。

丙酮酸   3-磷酸甘油醛

↓ DXS

5-磷酸脱氧木酮糖（DXP）

↓ DXR

2C-甲基-4磷酸-4D-赤藓糖醇（MEP）

↓

DMAPP   ⇌ IPI ⇌   IPP

↓ GPPS

GPP   IPP

↓ FPPS

FPP   IPP

↓ GGPPS

GGPP

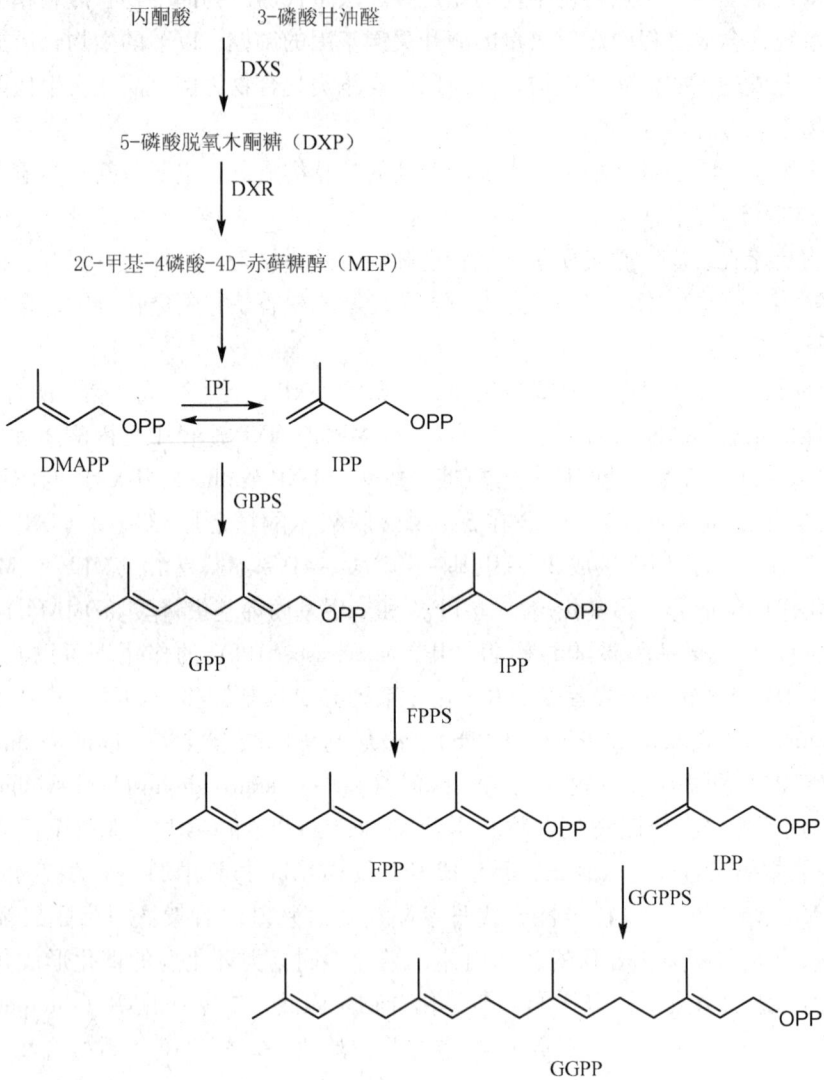

图 9－5   MEP/DOXP 途径生物合成 GGPP

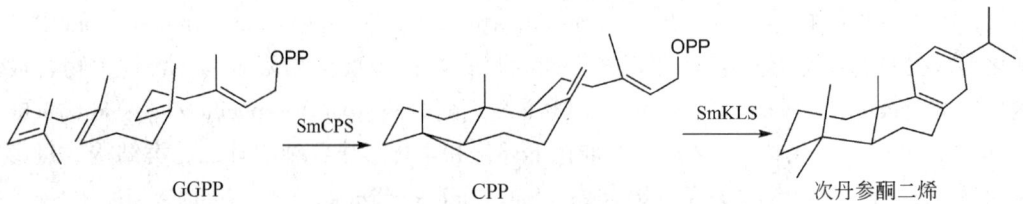

GGPP   → SmCPS →   CPP   → SmKLS →   次丹参酮二烯

图 9－6   GGPP 在 SmCPS 和 SmKSL 催化下合成次丹参酮二烯

    第三部分：次丹参酮二烯通过一系列可能的化学结构重排和氧化还原合成丹参新酮、新隐丹参酮、隐丹参酮、丹参酮ⅡB、丹参酮ⅡA、丹参酮Ⅰ、丹参酮内酯等（见图 9－7）。这些过程相关的酶类和调控基因还没有明确，还需要进一步的深入研究。

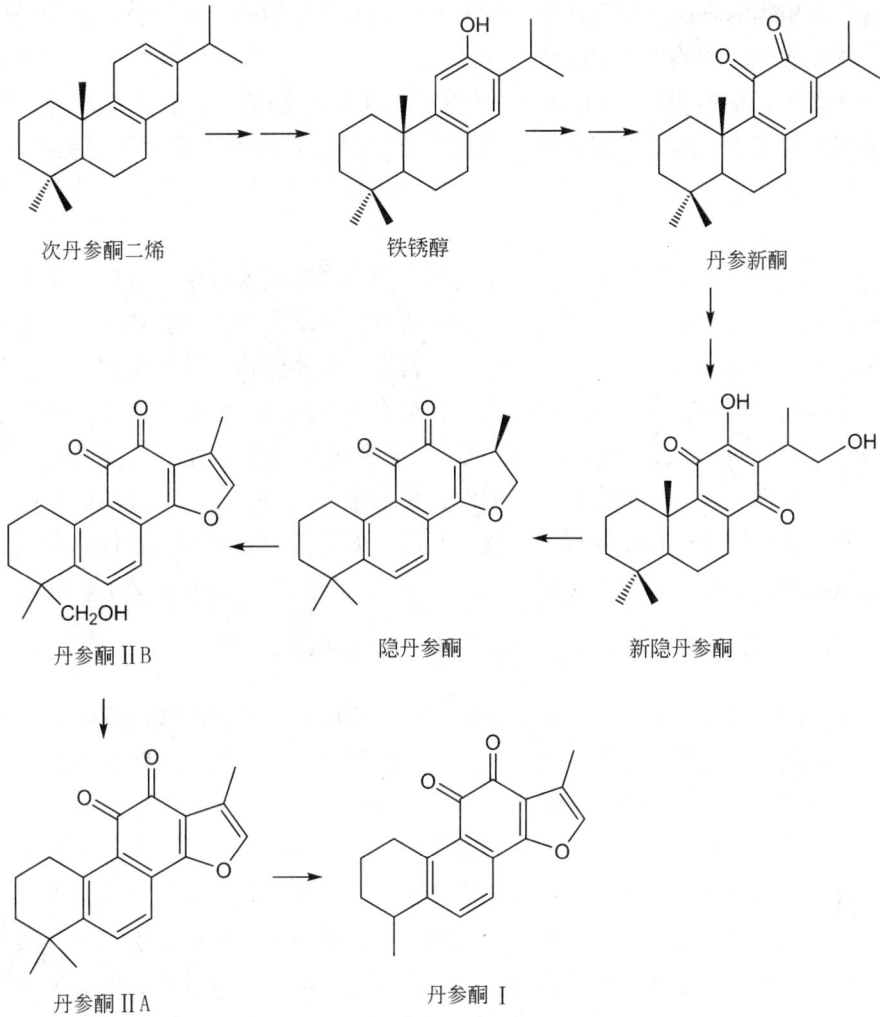

次丹参酮二烯 → 铁锈醇 → 丹参新酮

丹参酮ⅡB ← 隐丹参酮 ← 新隐丹参酮

丹参酮ⅡA → 丹参酮Ⅰ

图 9-7 丹参酮类化合物可能存在的生物合成过程

三、药用植物次生代谢物合成和积累的特点

植物次生代谢产物的合成和积累随着植物的不同种类个体，植物的不同生长环境、植物的不同部位，植物的生长周期、物候期等不同而不同。植物次生代谢产物的合成和积累在植物的系统进化史上呈现出一个动态的过程，在植物的个体生长史上也呈现出一个动态的过程。同种类植物中的不同有效成分的积累动态不同，同一种有效成分在不同植物中的积累动态也不同。研究次生代谢物合成和积累的规律和特点是认识和提高次生代谢物产量的一条重要途径。只有掌握次生代谢产物合成和积累过程的规律，才能更好地利用植物的次生代谢产物。

（一）药用植物细胞次生代谢的"全能性"

植物细胞次生代谢的"全能性"是指任何植物的离体细胞在适宜的人工培养条件

下都具有亲本植物的合成次生代谢物的能力——培养细胞的药物生物合成的全能性。换句话说，就是次生代谢物合成的全部遗传信息（转录、翻译、基因表达等）和生理基础（酶、底物、代谢枢纽），都存在于一个离体细胞中。植物细胞在离体培养下有再分化为完整植株的能力，这种形态建成的全能性必定是以其内部生理生化过程为基础的，这些生理生化过程也包括药物生物合成。这为细胞培养生产次生代谢物提供了理论依据。

植物细胞次生代谢全能性的一个典型的例子是：在新疆紫草中，紫草素及其衍生物的分布部位是根部的木栓层。将新疆紫草种子萌发，用幼苗的根、胚轴、真叶和子叶诱导的愈伤组织，均能合成紫草素类蒽醌色素，其组分与原植物的基本相同，有的含量则明显超过原植物，如具有抗肿瘤活性的乙酰紫草素。在栽培或野生条件下，紫草地上部分的细胞不合成（或合成强度很弱）紫草素，而在组织培养条件下，合成能力都表现出来，表明这些细胞含有全部合成紫草素的遗传信息和生理基础，即代谢的全能性。植物细胞代谢的全能性是植物细胞代谢工程的基础，如果培养细胞不具备代谢全能性，植物次生代谢细胞工程的研究就无法进行。

（二）药用植物次生代谢的多途径性和可调控性

次生代谢的多途径性主要表现在：①同一底物可以通过不同的代谢途径合成不同的代谢产物；②同一产物可以由同一底物经由不同途径产生；③同一产物也可由不同底物通过不同途径形成，如黄酮类、多酚类化合物可由不同途径、不同底物形成。这些途径在时间上是并行和交错的，在空间上是多方向的。这种多途径在时间和空间上不同强度和速度的搭配，构成了植物次生代谢的不同类型。次生代谢的多途径观点，表明次生代谢具有可调控性，包括含量的提高和成分的改变。植物生长的环境发生改变，其产生的次生代谢物种类和数量会随之发生变化。光、温度、湿度、土壤营养、大气组成等环境因子均影响植物次生代谢，调控次生代谢物的合成。在特定次生代谢物生产过程中酶、基因、激素、诱导因子等亦能有效地调节控制次级代谢物生物合成和积累。

（三）近缘种植物次生代谢产物的相似性

次生代谢产物的合成部位、分布范围及含量受植物遗传性的影响，并且通过植物亲缘关系反映出来。一般说来，如果一种植物含有某种次生代谢产物，那么与其亲缘关系较近的其他植物往往也含有。利用"亲缘关系相近的植物类群具有相似的化学成分"这一规律可以预测某些化合物在植物界的分布，有方向、有目的地在某些类群中寻找新药源、新成分，开发和利用植物资源，并为植物系统演化和生物多样性保护等方面的研究提供一定的化学依据。在植物资源开发利用过程中，利用近缘种化学成分相似性的原理，在相近种中寻找新的资源植物，是既省时间又省人力的一条捷径。如印度在 20 世纪 50 年代研制出的"利血平"（降血压药物），是从印度蛇根木中提取出来的，我国没有这种植物，但应用近缘种化学成分相似性原理，我国专家在其同属植物中找到了含有相似成分的国产植物萝芙木，研制出了替代品"降压灵"，打破了国外对"利血平"的垄断局面。

（四）药用植物次生代谢物分布范围的广布性和特异性

所有高等植物都存在着次生代谢，每一种植物中所含的次生代谢物有许多种，因此，次生代谢物的存在范围十分广泛。如生物碱在植物界分布广泛，存在于约50多个科中，绝大多数存在于双子叶植物中。但对有些特定的次生代谢产物来说，其产生的范围似乎又是狭窄的，一种次生代谢物只产生于某一种或几种植物中，或只在某种植物中含量较高。如杜仲胶只产生于杜仲树；长春花碱只在长春花中含量较高；紫杉醇只在红豆杉中有较高的含量。

（五）药用植物次生代谢产物合成和积累部位的差异性

不同部位次生代谢物的差异性表现在两个方面，即不同部位次生代谢物成分的差异性和不同部位同种次生代谢物含量的差异性。不同种类植物发生次生代谢的器官往往不同。如烟草属、滇茄属等茄科植物的生物碱在根系中合成，金鸡纳属植物中的奎宁碱却在叶中合成。次生代谢产物合成后可在原处积聚或转化，也可转运至他处贮存，结果使它们在不同植物体内的分布状况各异。有的植物各器官均含某种活性成分，但含量高低不同，如雅连植株根茎、须根、茎杆及叶中小檗碱的含量分别为 3.55%、0.88%、0.35%、0.44%。每种植物都有含次生代谢产物最多的器官，如麻黄髓部、黄柏树皮等。有些植物同一器官不同部位次生物质含量有差异；同一植物不同器官所含次生物质种类也常有差异，如白屈菜植株根主含白屈菜碱、原阿片碱、α – 别隐品碱，种子却主含黄连碱、白屈菜红碱及小檗碱等。

（六）药用植物次生代谢产物的积累与生长周期的相关性

药用植物次生代谢产物的积累与生长年限和年生长周期相关。处于不同生长发育阶段（或一年中的不同季节）植物的次生代谢产物含量往往呈现一定的变化趋势，例如，益母草的总生物碱含量在幼苗期、盛叶期、花蕾期、盛花期、晚花期、果熟期、枯草期分别为 1.06%、0.97%、0.939%、1.06%、0.70%、0.39%、0.08%。据此可为确定最佳采收期提供参考，如我国北方广为流传的"三月茵陈四月蒿，五月砍了当柴烧"的谚语，就说明三月份生长的茵陈的药用有效成分含量高，可以作为药材，而四月份以后的就不是茵陈而是"蒿"和"柴"了。许多多年生植物，随着年龄的增长或生长年限不同，次生代谢活动也有差异，其次生代谢物含量亦有变化。例如黄连中小檗碱的含量，以5龄最高，6龄较少，故5龄为最佳采收期；人参随植株年龄增长有效成分逐年增加，5年生植株含量接近6年生植株，但4年生植株只有6年生植株的一半。

第三节 药用植物次生代谢的生理生态学意义

植物次生代谢在植物对物理、化学环境的反应和适应，植物与植物之间的相互竞争和协同进化，植物对昆虫、草食动物甚至人类的化学防御以及植物与微生物的相互作用等过程中，都起着重要作用。从动态发展的角度看，植物与环境的关系就是植物对环境的适应与进化的过程。

一、植物次生代谢与生物进化

由于气候、地理因素的变化，陆生植物只可能有两种选择：适应或灭亡，植物自身不能通过移动来躲避环境中的各种危害，要想生存就得采取相应的措施，因而进化出多种有效的抗性机制。次生代谢物质就是植物在长期进化过程中适应生态环境的结果，是植物自身防御机制的表现。普遍认为，植物次生代谢所产生的化学成分可以通过保护植物自身不受草食动物和病原菌的侵害和调控枯枝落叶的分解等，从而在生态系统的平衡中起着非常重要的作用。次生代谢物的成分种类由简单到复杂的规律与植物由初级向高级进化的规律是基本一致的，所以，次生代谢物成分种类的复杂性也是植物进化的一个重要标志。

二、植物次生代谢的生理功能

虽然通常认为植物的次生代谢是与植物生长、发育、繁殖等无直接关系的代谢过程，可是近代研究发现，许多植物次生代谢产物不仅具有极其重要的生态意义，在植物的生命活动中也有着重要生理功能。如吲哚乙酸、赤霉素等直接参与生命活动的调节；木质素为植物细胞壁的重要组成成分，纤维素、木质素、几丁质等对维持生物个体的形态必不可少；花青素是一类广泛存在于植物中的水溶性天然色素，在植物的生殖器官如花冠、种子和果实中呈现不同的颜色；叶绿素、类胡萝卜素等作为光合色素参与植物光合作用过程；有些次生代谢物如水杨酸和茉莉酸，还作为信号分子参与植物的生理活动；植物体内合成的维生素 C 在植物抗氧化和自由基清除、光合作用和光保护、细胞生长和分裂以及一些重要次生代谢物和乙烯的合成等方面具有非常重要的生理功能。

三、植物次生代谢与病原微生物的防御作用

植物次生代谢产物参与植物抗真菌、细菌、病毒甚至线虫的作用，植物的挥发性次生代谢物对微生物具有杀灭或抑制作用。当植物受到真菌、病毒、细菌等病原微生物的诱导后可以产生抗病菌能力，其生化机理是植物产生的次生物质构成植保素或抑菌物质参与了免疫反应。参与植物抗病反应的次生代谢产物有些是植物原有的成分，如角质、木栓质、木质素等相对分子质量高的成分，在病原菌侵入前作为物理障碍；而有些组成型表达的单宁酸、多酚、生物碱类等相对分子质量小的次生代谢物也可以阻止病原菌侵入而起抗病作用；另外，一类诱导型次生代谢产物则是植物体在病原菌或其他诱导因子的作用下，通过抑制或激活相关的酶系基因而合成新的代谢产物，即植保素，这些物质主要是萜类、芪类、异黄酮类、生物碱类等小分子次生代谢产物。这些物质能够提高植物的抗病能力，增强免疫能力。如油茶中的皂苷对炭疽病菌有较强的毒害作用；存在于木本植物心材部分的萜类和酚类物质，具有很强的抗腐性。而在植物体内非诱导的次生

代谢物可以作为预先形成的抑菌物质暂时贮存在一定的组织中，当植物受到病原体的诱导后转变为植保素、木质素等产生免疫反应。

四、植物次生代谢对天敌的抵御作用

在植物防御其天敌如昆虫和植食动物的侵食过程中，次生代谢物作为阻食剂发挥着重要的作用。阻食剂的作用十分复杂，它们可以通过降低植物的适口性或营养价值起作用，也可以通过其毒性起作用，还可以通过影响动物体内的激素平衡起作用。

与抗虫性有关的植物次生代谢物主要是生物碱、萜类和酚类，这些物质通过多种方式影响昆虫的行为，作用包括直接毒性作用和间接保护作用。直接毒性作用是指植物中的多酚、黄酮类化合物可直接影响植食性昆虫的取食并表现出毒性或排趋性。其中萜烯中的柠檬烯、蒎烯、香叶烯等许多成分可直接作用于致害昆虫，抑制取食，产生忌避或抗生作用；生物碱中的茄碱、番茄素对马铃薯甲虫的成虫和幼虫均有阻止取食、抑制生长的作用。有些植物在受到植食性昆虫取食攻击时，能够释放出特异性挥发物吸引天敌，以减轻害虫对植物自身的进一步伤害，这种通过吸引天敌来保护寄主植物的防卫措施可视为是一种间接抗性机制。

植物对植食性动物采食的防御包括造成钩、刺等物理防御和利用次生代谢产物进行的化学防御。由于有些时候动物能抗御植物的物理防御，因此植物对被采食最有效的防卫是植物利用次生代谢产物进行的化学防御。其防御的机制主要有三种：一是次生物质决定植物可食部分的适口性，使动物拒食，如由生物碱、皂苷类、萜类、黄酮类等化合物形成的苦味对动物有拒斥作用，使动物不以味苦的植物为食；二是利用氰类及生物碱等有毒物质进行防御，由于这类物质易被吸收，在剂量很低时就对动物产生有效的生理影响，从而达到防御目的，如蓖麻种子中的蓖麻蛋白比砷和氰化物的毒性强500倍；三是利用酚类和萜类化合物抑制动物消化，限制觅食。

五、植物次生代谢与植物对物理环境的适应性

植物对非生物因素的防御主要表现在对物理环境的适应。在自然环境条件下，高温、低温、干旱、高盐等物理环境都有可能对植物造成伤害。在一定程度上，植物对环境的变化可以作出反应。植物对物理环境的适应可以发生在形态结构上，也可以发生在生理生化上，而次生代谢产物则成为后生理生化适应的物质基础。干旱胁迫下植物组织中一些次生代谢产物的浓度常常上升，如生氰苷、硫化物、萜类化合物、生物碱、单宁和有机酸等，以提高植物的抗逆性。如小麦在发生萎蔫的4h内，脱落酸含量增加达40倍。许多盐生植物体内大量积累甜菜碱和脯氨酸，以抵御不良环境，盐生植物通过在细胞内积累这些无毒溶质，用来平衡由于液泡内无机离子（如Na^+等）积累所造成的细胞质渗透压的变化，能对细胞起到保护作用。耐霜植物在低温下糖类积累增加，在苹果、山梨、石榴中发现有多元醇如甘油、山梨醇、甘露醇等的积累，糖类和多元醇的增多可减少液泡中冰的形成，增加体内不饱和脂肪酸的含量，增强细胞膜液化程度，提高细胞膜抗寒力。同样，高温可使植物体内饱和脂肪酸含量增加，从而使细胞膜不易液

化，抗热能力增强。由紫外光辐射诱导产生的酚类等次生代谢物可吸收紫外光，具有增强植物抗氧化能力和抗虫食能力、减少紫外光辐射对植物自身的伤害和影响枯枝落叶分解的功能。

六、植物次生代谢与植物之间的协同和竞争作用

植物间的化感作用是近年来颇受重视的研究领域，它主要是指植物产生并向环境释放次生代谢产物从而影响周围植物生长和发育的过程。化感作用包括促进和抑制两个方面，在范围上包括种群内部和物种间的相互作用。植物间相互存在着以化学物质为媒介的交互作用，也称为克生作用，这些化学物质就是次生代谢物。植物通过次生物质对同种或不同种植物产生相生或克生作用（化感作用），在营养和空间的生存竞争上作出防御反应，以控制种群数量，达到有利种群的持续繁衍。

第四节　生态环境对次生代谢产物的合成影响与调控

与初生代谢产物相比，植物次生代谢物的产生和变化与环境有着更强的相关性和对应性。次生代谢物的形成积累与环境条件密切相关，生存环境的改变对植物次生代谢产物的形成有非常显著的作用。植物遗传物质感受环境应力信号并控制蛋白质合成的过程是植物次生代谢产物与环境之间相关性和对应性的内在机制。植物次生代谢产物在植物体内的合成和积累是在植物具有相关基因的基础上经环境条件诱导作用的结果。即环境刺激细胞外部的信号受体，激活次生代谢信使产生信号分子，通过信号传递转入细胞，启动合成次生代谢物关键酶相关基因的表达，相关的酶再催化次生代谢的生物化学合成过程，促使植物体内产生次生代谢物。

次生代谢物质在不同药用植物体内的合成和积累是药用植物在一定环境条件下长期生存选择的结果，与产地的生态环境具有紧密的联系，从而形成了"道地"药材的特性。外界生态环境条件的不同会导致相同品种的药用植物体内次生代谢过程的变化，从而影响同一品种药材的内在质量。因此，深入研究和了解不同生态环境条件对药用植物次生代谢成分和含量的影响，对于揭示中药材"道地性"的形成机理，培育优良的药用植物品种，合理引种和规划药用植物的道地性栽培产区，规范药用植物的现代化栽培生产具有重要意义。我国具有丰富的植物资源，其中药用植物有 11 146 种，占全世界 25 000 种药用植物的 40% 以上，而大多数的种属在次生代谢途径上都有或多或少的特异。11 146 种药用植物的次生代谢物是一个巨大的宝藏，有待我们去开发和保护。

一、药用植物次生代谢产生的生理机制

植物次生代谢物合成的生理机制尚不明确，但是不少人进行了这方面的研究，先后提出了几种基本假说，主要有生长/分化平衡假说（Growth/Differentiation Balance Hypothesis，GDBH）、碳/营养平衡假说（Carbon/Nutrient Balance Hypothesis，CNBH）、积极防御假说（Active Defense Hypothesis，ADH）和资源获得假说（Resource Availability

Hypothesis，RAH)。

1. **生长/分化平衡假说** GDBH 认为，植物的生长发育在细胞水平上可分为生长和分化两个过程，生长主要是指细胞的分裂和增大，分化主要指细胞的成熟、特化、形态及化学成分的差异。其理论基础是假设在与植物生长和分化有关的代谢之间存在竞争（包含所有的初生代谢和次生代谢过程），即植物在生长和分化过程中的生理代谢上存在物质交换平衡。植物细胞生长和分化都依赖于光合产物，消耗同一资源，但光合产物在它们之间的分配却不平均，即光合产物分配给细胞生长的投入增加，而分配给分化的投入就会减少。次生代谢产物是细胞分化（特化和功能转化）过程中生理活动的产物。GDBH 认为，任何对植物生长与光合作用有不同程度影响的环境因子，都会导致次生代谢物质的变化，对植物生长抑制作用更强的因素将增加次生代谢产物。GDBH 认为，在资源充足的情况下，植物以生长为主；中等资源水平时，如轻微干旱、适当的养分胁迫或温凉的生境，植物就以分化为主，并伴随着更多次生代谢产物的合成积累；在资源匮乏时，植物的生长和分化均减小。

2. **碳/营养平衡假说** CNBH 认为，植物个体的 C/N 平衡强烈地影响植物初生代谢和次生代谢资源的分配方式。植物体内以碳为基础的次生代谢产物如酚类化合物、萜类化合物和单宁等的产量与植物体 C/N 比例呈正相关，而以氮为基础的次生代谢物质如生物碱和氰苷等含氮化合物与植物体内的 C/N 比呈负相关。其理论基础是假设植物营养对植物生长的影响大于其对光合作用影响。CNBH 认为在营养不足时，植物生长的速度大大减慢，与之相比光合作用变化不大，植物会积累较多 C 元素，体内 C/N 比增大，光合作用过多积累的碳被用于合成次生代谢物质，酚类、萜烯类等以 C 为基础的次生代谢物质就会增多，含 N 次生代谢产物减少。当生境养分充足时，植物营养生长旺盛，植物体内 C/N 比降低，光合作用固定的碳被用于生长，酚类、萜烯类等不含 N 次生代谢物质数量降低，生物碱数量增加。

3. **积极防御假说** ADH 认为，次生代谢物的积累是植物普遍的防御机制，可以保护植物免受其他化合物产生的毒害和食草动物产生的机械伤害。其理论基础是植物次生代谢物的产生是以减少植物生长的成本为代价，次生代谢产物在植物体内的功能是防御作用，防御就需要成本，防御功能与其他功能如生长和繁殖之间存在对立平衡关系。植物只有在其产生的次生代谢物质所获得的防御收益大于其生长所获得的收益时才产生次生代谢物质。即当植物生长受到大的伤害威胁时，才会产生次生代谢物质。ADH 认为，在虫害胁迫下，植物产生具有抗虫性的次生代谢物质（主要是酚类、萜烯类物质）是植物对植食性昆虫的一种积极的防御反应，是植物与植食性昆虫协同进化的产物，植物在受虫害侵袭时产生的化学防御物质是一种积极主动的过程。

资源获得假说（RAH）认为，所有植物的生长发育都依赖于光、营养、水等必需资源的获得，然而自然界中的环境条件多种多样，有资源丰富、良好的生态环境，也有资源匮乏、恶劣的生态环境，生境中资源的丰富程度是影响植物次生代谢物质类型及数量的重要进化因素。RAH 认为，由于自然选择的结果，在环境恶劣的自然条件下生长的植物具有生长慢而次生代谢物质多的特点，而在良好自然条件下生长的植物生长较快且次生代谢物质较少。植物保护自己不受外界伤害的能力建立在资源获得的基础上，在一定的条件下，用于保护而分配的成本强烈地影响着植物的生长。生长在资源丰富的环境中的植物具有生长速度快、叶片寿命短的特点，在叶片衰老前获得的稳定次生代谢物如生物碱和生氰苷少；反之，生活在资源贫乏环境中的植物具有生长速度慢和叶片寿命长的特点，这类植物产生较多相对稳定的次生代谢物。

目前，关于次生代谢与环境关系的这些假说或解释都具有一定的局限性，还没有一个假说被发现具有普遍意义。这可能一方面是由于人们尚未认识到次生代谢产物合成积累与环境的内在、本质的关系，另一方面也反映出次生代谢及诱导机制的多样性、复杂性。尽管这些假说都存在缺陷或不足，但对探讨药用植物次生代谢有效成分的变化规律仍具有重要的指导或参考意义。

二、不同生态因子对药用植物次生代谢产物合成和积累的影响

植物的年龄、生长的季节、微生物的侵染、放牧、辐射、植物间的竞争和营养供应状态等均对高等植物的次生代谢有很大影响。大多数植物根据其所处环境的变化来决定合成次生代谢产物的种类和数量，只有在特定的环境下才合成特定的次生代谢产物，或者显著地增加特定次生代谢产物在体内的产量。影响植物次生代谢的环境因子可分为物理、化学和生物因子3大类，其中物理类包括水分（干旱、水涝）、温度（热害、冻害）、紫外线辐射、电损伤、风害、土壤理化性质等；化学类包括营养、元素、毒素、重金属、盐碱、农药、大气组成等；生物因子包括竞争、抑制、化感作用、病虫害、有害微生物、个体密度等。以下主要从光照、水分、温度、土壤、大气环境以及生物因素等环境因子对植物次生代谢的影响进行叙述。

（一）光照的影响

光照的强度、光照时间以及光质都对药用植物的次生代谢产生影响。光强对不同药用植物次生代谢的作用并不是一致的。不同的药用植物最适宜的光照强度不同，对于某些阳生药用植物，光强的增加能够提高其次生代谢物质的含量，如生于阳坡的金银花中绿原酸的含量高于阴坡；而对于阴生植物，则须适当遮荫以减少光照强度，如在20%的荫棚透光率时人参皂苷含量可达干重的4.5%。对于不同的药用植物光照时间长短对次生代谢产物积累的影响也各不相同，对某些药用植物来说，适当延长光照时间，有利于提高其药用次生代谢物的含量，如长日照可提高许多植物酚酸和萜类的含量。产于河南、山东等道地产区金银花中的绿原酸和黄酮类化合物含量明显高于江苏等非道地产区，其主要决定因素就是光照时间。光质与次生代谢物的生成密切相关，如紫外辐射的增强可诱导植物产生较多酚醛类等紫外吸收物质，增强抗氧化能力，减少紫外辐射对植物自身的伤害。不同光质对洋地黄组织培养中强心苷形成与积累有影响，蓝光照射下，强心苷含量最高，而黄光、红光、绿光及黑暗条件下则很低。

（二）温度的影响

药用植物次生代谢成分的合成也受到环境温度的影响。温度变化引起植物的生理、

生化等代谢变化和植物次生代谢产物的变化，是植物自身防御机制的表现。同一植物所处温度不同时，其次生代谢活动强弱不同，次生代谢产物积累量也有差异。适温条件有利于无氮物质如多糖、淀粉等的合成。高温却有利于生物碱、蛋白质等含氮物质的合成。高温诱导植物产生次生代谢物是植物对温度胁迫的积极反应，如在高温干旱条件下，颠茄、金鸡纳等植物体内生物碱的含量较高。不同植物忍受高温胁迫的能力和产生次生代谢物的种类以及次生代谢物的积累量不同。低温一方面影响植物的光系统 I、光系统 II、ATP 的合成以及碳循环，从而影响植物的次生代谢，如在低温下，贯叶连翘中金丝桃苷的含量降低。另一方面，低温诱导植物产生化学成分以保护植物免遭冻害的破坏，如低温引起植物体内不饱和脂肪酸增加而产生抗低温防御反应。在进行药用成分的细胞培养时，温度的高低与培养细胞中有效成分含量有密切关系，如水母雪莲愈伤组织生长和黄酮合成的适宜温度在 2℃ 左右。

（三）水分的影响

水分是植物生长发育不可或缺的条件，降水量和土壤中水分含量的多少会影响到药用植物的次生代谢。如黄连、何首乌、半夏等喜温暖湿润的土壤环境，而甘草、麻黄则以在适当干燥的环境中有效成分含量较高。干旱胁迫通常会使药用植物体内的次生代谢物质浓度升高，如萜类、生物碱、有机酸等。如金鸡纳在高温干旱条件下，奎宁含量较高，而在土壤湿度过大的环境中，含量就显著降低，甚至不能形成；干旱胁迫可对银杏叶片中槲皮素含量的提高有一定的促进作用，而抑制了芦丁含量的增加；干旱胁迫的薄荷叶中，萜类物质浓度升高，水分较多时薄荷油的含量则下降。干旱对次生化合物含量的影响通常与干旱胁迫的程度、发生时间的长短有关。短时间的干旱胁迫，可使次生代谢成分的含量增加；但长时间的胁迫，会得到相反的结果。原因是在适度干旱条件下，一方面脱落酸和脯氨酸等次生代谢产物增多，提高植物的抗逆性；另一方面植物的生长受到限制，大量的光合产物在体内积累，植物利用这些"过剩"的光合产物合成含碳次生化合物（如萜类），使组织中次生代谢物的浓度上升。但严重的干旱会使植物体内水分失去平衡，生理代谢过程发生紊乱，使产生的光合产物和其他原料非常有限，从而使植物中含碳次生化合物的合成受到限制。

（四）土壤因素的影响

植物的根系在植物和土壤之间进行着频繁的物质交换，土壤条件是药用植物获得养分和水分的基础，是影响植物生长和次生代谢物积累的重要生态环境因子。影响植物生长并影响其次生代谢的关键因子主要有土壤的质地、土壤养分（矿质元素）、土壤 pH 值和土壤中的盐分含量。泽泻、黑三棱等适宜粘土生长，而北沙参、川贝母、阳春砂等在砂土中有利于次生代谢物积累。土壤中的无机营养元素在药用植物次生代谢过程中起着重要作用。如土壤元素钾、磷、锰、锌、镁和土壤有机质含量的差异是当归道地性形成的主要土壤生态因子。根据次生代谢的 C/N 平衡假说，土壤氮素的增加会导致植物中非结构碳水化合物含量下降，从而使以非结构碳水化合物为直接合成底物的单萜类次生代谢物水平减少，但以氨基酸为前体的次生代谢产物水平提高；反之，在增加植物体内非结构碳水化合物的条件下，缩合单宁、纤维素、酚类化合物和萜烯类化合物等含碳次生代谢产物大量产生。如限制氮肥和磷肥的施用有利于黄酮类物质的积累。大部分的药用植物适宜在 pH 6 ~ 7 的土壤环境中生长，其土壤的养分条件最好，有利于植物的生长，但也有许多植物喜微酸或微碱性的土壤，如石松、狗脊、肉桂喜酸性土壤，而甘草、柏木等喜碱性土壤。土壤中的含盐量也影响到药用植物次生代谢成分。不同生境土壤含盐量对枸杞果实的多糖含量具有一定的影响，过高与过低的土壤盐分浓度下，枸杞果实积累的多糖含量均低于含中等土壤盐分下的累积。

（五）大气环境

大气中的 CO_2 可以通过植物光合作用形成碳水化合物，从而间接地对植物的次生代谢等生理过程产生影响。增加 CO_2 的浓度会使植物的光合作用增强，引起植物内非结构碳水化合物过剩，促进以碳为基础的次生代谢物如酚类、萜类、单宁等的合成。有试验证明，CO_2 倍增条件下，白杨的淀粉储存量上升，糖槭叶片的防御性化合物（单宁）含量也大大增加；薄荷叶片挥发性物质如单萜和倍半萜烯的总含量升高。CO_2 对植物次生代谢物的影响存在种间差异，高 CO_2 浓度下的小麦，灌浆期叶的酚类化合物含量明显高于对照，而橙树无变化，松树叶片酚类化合物浓度反而呈下降趋势，但是，总体上 CO_2 倍增会诱发植物次生代谢物含量的增加。除二氧化碳外，臭氧也影响次生代谢物积累量，如针叶植物暴露在臭氧中可以增加其酚类物质的含量。植物叶子暴露在臭氧中后，其缩合单宁的含量增加。

（六）生物因素的影响

药用植物在与动、植物和微生物协同进化过程中，会产生一些次生化感物质如酚类、单宁、萜类、生物碱等来抵御天敌的侵袭，增强抗病能力，提高种间的竞争能力以适应环境。植物在遭到昆虫侵害后，植物的挥发性化感化合物的含量和组分会发生改变，次生代谢产物可作阻食剂或毒性物质驱避昆虫；也可释放到空气中使植食性昆虫难以辨认或增强对天敌昆虫的引诱作用，如受棉红蜘蛛侵袭的棉会释放一些萜类物质以吸引智利小植绥螨。微生物的侵袭可引起药用植物次生代谢的改变，例如普遍认为菌根真菌的侵染会在一定程度上促进药用植物次生代谢产物的积累。另外，一些微生物是某些药用植物生长和产生有效药用成分的必要条件，如不同生物学类型的蜜环菌，对天麻的生物量和化学成分含量有明显的差异。从短叶红豆杉树皮和德国鸢尾根状茎中分离出的内生真菌可产生紫杉醇和鸢尾酮等次生代谢物质，此源于高等植物与其寄生菌之间存在的基因转移现象。

三、药用植物次生代谢物生产的生理生态调控

一直以来，人类从植物中获得大量的次生代谢产物用于医药卫生，目前，药用植物次生代谢产物主要来源于以下几种生产途径，直接从植物中提取次生代谢产物、化学合

成模拟、微生物（细菌或真菌）发酵、利用植物组织和细胞培养法生产次生代谢产物、利用基因工程生产次生代谢产物。其中可以通过生理生态方式进行调控的主要是种植栽培技术的调控、植物细胞和组织培养技术调控和基因工程调控。

（一）药用植物次生代谢的栽培技术调控

药用植物次生代谢是其长期适应外界环境的结果，当环境条件发生改变时，药用植物次生代谢就会受到影响，有效成分含量就会发生变化，进而影响到药材的质量。虽然栽培条件下药用植物次生代谢活动有被抑制的可能，但在实际中仍可采取一些有效措施来促进次生代谢物质积累，提高与稳定药材质量。因此，结合药用植物的生长特点，利用生产技术措施如选育良种、合理施肥、灌溉排水、控制栽培密度、改善栽培方式，合理采收加工等可以在一定程度上调控药用植物的次生代谢物的含量。

1. 良种选育与次生代谢 控制种质是保证植物药材质量的先决条件，不同物种甚至同一物种的不同品种、不同个体所含次生代谢产物的种类与数量往往差异较大。植物的同一品种在不同的气候条件下，经过长期的自然选择和人工培养，形成各种不同的生态型。这种生态型可以引起植物生理代谢类型上的不同，从而改变植物次生代谢产物的含量。故而可通过选择性的培育次生代谢物产量高的优良品种，提高次生代谢物的产量。许多药用植物存在着不同倍性的个体，这种染色体数目的变异对植物次生代谢物具有重要的影响。如菖蒲是一个包含有二倍体、三倍体、四倍体的复杂群体，其根茎的产量、精油的化学成分及体内草酸钙的含量都与染色体数目有关，除了在产生代谢物的含量上有明显差异外，不同倍性的植株次生代谢物种类上也有明显的差异。可以根据不同需要选择性地进行倍性育种，培育多倍体植物是提高次生代谢物产量的有效途径之一。由于多数药用植物的栽培历史比较短，野生性强，遗传不稳定，虽然形成了一些农家品种，但种质不均一，良种选育工作仍然面临很大的困难。因此，目前药用植物良种选育工作还只存在于农家品种上进行适当筛选。

2. 合理施肥与次生代谢 植物中不同种类次生代谢产物的合成和积累对各种营养元素的需求不同。施肥不当会导致产量和内在次生代谢物含量下降，合理施肥是保证药用植物生长状况良好和次生代谢产物含量高的前提条件。不同的肥料种类对不同药用植物的作用效果不同。如氮、磷和钾肥都能提高银杏叶中总黄酮的含量，其中氮肥和磷肥的效果尤其明显；氮肥和磷肥的缺乏造成西洋参中皂苷含量不同程度的降低，而施用有机肥则能提高人参皂苷含量的 27.86%。但是这并非说明施肥对所有药用植物次生代谢物的合成和积累都有帮助，如施用氮肥不利于喜树幼苗中喜树碱的生物合成，喜树碱的含量随施用氮素的增加而降低，而适当的低氮胁迫反而会促进喜树碱的合成。另外，营养元素存在的形态对不同的次生代谢产物合成的影响也不一致。如以铵态氮和硝态氮为氮源的黄连根茎中小檗碱的含量最高，仅以铵态氮为氮源次之，而以硝态氮为氮源的黄连根茎小檗碱的含量最低。

3. 灌溉排水与次生代谢 水分对生理代谢具有重要的作用。水分可影响根系的生长发育及形态，同时，病虫害的发生也与土壤水分条件密切相关。田间的灌溉和排水工作不仅关系到药用植物的产量，还直接影响到药用植物的内在质量。应当在了解药用植物对水分需求的基础上合理灌溉，适度调节田间含水量，在不影响植物地上部分的光合作用和生长发育的同时，达到对地下部分根系的生长和次生代谢调控的目的。在生产后期药材产量接近最大值时，为药用植物创造一定的逆境，可以促进次生代谢物质积累、提高药材质量。如含挥发油药材在连续晴天后采收，含黄酮类药材在连续干旱后采收等，均可在一定程度上提高次生代谢物的含量。

4. 种植密度与次生代谢　栽植密度对植物所造成的影响主要是引起植株间对光照、水分、养分等环境资源的相互竞争。合理密植对于药用植物的生长和次生代谢产物的积累有极其重要的作用。如丹参的次生代谢产物主要分布在根的表皮，次生代谢的含量与根的直径呈负相关，根条越细表面积越大，次生代谢物含量越高。栽植密度主要通过影响根系在土壤中的分布、分支数、根径和表面积来影响丹参的产量和次生代谢物积累的量。生产上的合理密植要求做到产量、产品外观质量和内在的次生代谢物的含量相协调统一。

5. 合理采收加工与次生代谢　药用植物在不同的生长发育阶段，其生物量和次生代谢产物的含量都不同，在采收时不仅要考虑单位面积的产量还要考虑次生代谢产物的积累量。适宜采收时期的确定必须综合考虑药用植物生长发育动态和次生代谢产物积累动态两个指标。适宜采收期当为次生代谢产物的含量处于显著的高峰期，而药用部位的产量变化不明显时。如甘草在种植后第三年实生根的总量、长度和直径增长均较快，其中甘草酸的含量可达到 9.49%，因此栽培甘草宜在种植后第三年的秋季采收。药用植物的产地的加工也是关系到中药材质量好坏的关键。新鲜药材中含有可以使次生代谢产物分解的胞内酶，未经干燥或未经杀青处理的材料放置时间越长，由于胞内酶的分解作用，次生代谢产物含量降低越多。

（二）药用植物组织和细胞培养技术调控

药用植物野生资源的不断匮乏使人们不得不寻求既不会毁坏野生药用植物资源，又能保证植物药可持续生产的方法。利用生物技术生产有效成分，可缓解药用植物资源压力，对于那些生长条件要求严格、生长缓慢、产量小、采集困难、价值贵重的植物药更具有重要意义。由于植物细胞具有全能性，即使是单个细胞也具有合成整株植物所有化合物的潜在能力。所以人们希望能够利用植物组织和细胞培养的方法来工业化生产植物药用成分。许多药用植物的组织和细胞培养体系已经建立，例如红豆杉（*Taxus chinesis*）、青蒿（*Artemisia annua*）、新疆紫草（*Arnebia euchroma*）、人参（*Panax ginseng*）、长春花（*Catharanthus roseus*）、藏红花（*Crocus sativus*）、铁皮石斛（*Dendrobium candidum*）、雪莲（*Saussurea involucrata*）等。利用植物组织和细胞大量培养植物生产次生代谢物可以实现工业化生产，不占用耕地，也可以不受天气、地理、季节等自然条件的限制，可以通过改变培养条件和选择优良培养体系得到超整株植物产量的代谢产物，有利于细胞筛选、生物转化、寻找新的有效成分，有利于研究植物的代谢途径。但是其操作复杂，对生产环境要求高，生产成本过高，但效率不高，因此，组织和细胞培养生产植物药能否实现工业化生产取决于它在成本上与野生植物以及有效成分化学合成竞争的成败。

由于植物细胞培养过程中有许多因素影响次生代谢物含量，如表 9 - 1。通过调控细胞培养的条件如外植体的选择、培养基的组成、培养环境、添加诱导子、前体或者抑制剂、培养方法等，都可以调控药用植物次生代谢途径，提高次生代谢物含量，减少成本。

表 9 - 1　影响植物细胞次生代谢物产量的因素

方　向	因　素
培养基变化	营养水平
	激素水平
	前体
	诱导子
培养条件	pH
	温度
	光照
特殊培养技术	固定化培养
	半连续培养
	两相培养
	两步培养

1. 外植体的调控　理论上讲，单个细胞和任何外植体在适宜的条件下都可以脱分化形成愈伤组织，实际上，各种外植体诱导形成愈伤组织的难易程度和条件都不一样。对于植物愈伤组织的诱导、增殖、次生代谢产物的含量，外植体的筛选十分关键。在同一植株上不同部位的外植体进行培养，其产量、产物和产物积累量都不一样。一般选择新鲜、幼嫩、生长旺盛的植物组织，如胚轴、生长区、韧皮部等。

2. 培养基的调控

（1）**糖的水平**　糖具有作为碳源和渗透调节物质的双重功效。

（2）**氮素水平**　氮素对培养细胞的生长和次生代谢物的形成有较大的影响，培养基中氮的浓度影响细胞培养物中蛋白质和氨基酸的含量。氮素对次生代谢的影响与氮素水平、存在的状态及氨基氮和硝态氮的比例有关。

（3）**磷元素水平**　磷在植物细胞生命中起重要作用，磷可以促进或抑制产生次生代谢物酶的活性，对植物培养细胞中次生代谢物的积累产生影响，通常高水平的磷能促进细胞的增长，但却抑制次生代谢的积累。

（4）**激素水平**　激素能够影响植物细胞的生长和分化以及次生代谢，是诱导愈伤组织不可缺少的一部分。生长素和细胞分裂素的种类和浓度或生长素与细胞分裂的比率均影响细胞培养的生长和次生代谢物的合成和积累，如一定浓度的生长素可以明显促进愈伤组织的生长，同时也会抑制次生代谢物的产生。

（5）微量元素水平　无机微量元素能够促进次生代谢物在植物组织和细胞中的积累，主要源于这些无机盐中的元素（如金属离子）能够激活次生代谢过程中一些关键酶，例如提高培养基中 Cu^{2+} 浓度对紫草细胞的生长，以及紫草宁衍生物的合成均具有促进作用；另外，一些无机元素（如稀土元素）能够破坏细胞膜的完整性，有利于次生代谢产物的扩散，减少反馈抑制，硝酸镧和硫酸铈铵这两种稀土化合物都可以显著提高紫杉醇的产量和渗透率。

3. 培养环境的调控

（1）温度　温度影响植物细胞培养的分裂速度，对次生代谢过程中酶的活性也有影响，因此，只有在适宜的培养环境下才能生产出较多的次生代谢产物，通常细胞的培养温度为17℃~25℃，但是不同的植物最适宜的温度不同。

（2）光照　光能调控次生代谢过程中能使一些关键酶基因的表达，调节一些相关酶的活性，在细胞培养中，光对药用成分合成和积累起关键性作用。例如紫草细胞系仅适合暗培养过程，白光不但抑制新疆紫草愈伤组织的生长，而且抑制紫草宁及其衍生物的合成。

（3）pH值　培养基的pH值可以改变培养细胞溶质的pH值和培养基中营养物质的离子化程度，从而影响细胞对营养物质的吸收以及代谢反应中各种酶的活性和次生代谢水平，不同植物生长和次生代谢所适宜的培养基的pH值环境有差异。有些次生代谢产物是与 H^+ 通过交换形式进行跨膜转运，当培养基中的pH值降低时，会促进次生代谢产物向胞外运输。

此外，培养环境的湿度、通气量、悬浮培养的搅拌速度等都可以用于调控次生代谢过程。

4. 诱导子的调控作用

所谓诱导子（elicitor）是指那些能够在细胞内或细胞外发生作用，诱导与调控次生代谢的物质。根据诱导子的来源可以将其划分为非生物和生物两类。非生物诱导子包括射线、重金属以及生理活性化合物。生物诱导子应用最广泛的则是寡糖素和真菌诱导子。大多数诱导子的作用机制是诱导子与细胞膜上的特异蛋白相结合，经过一系列信号传导过程，通过调节一些酶的活性或通过增强一些基因的表达甚至诱导一些基因的表达来调节次生代谢过程，提高某一成分的含量。寡糖素是植物与微生物相互识别和作用过程中所降解的细胞壁成分。有研究者将从黑节草中分离到的寡糖素加入到滇紫草愈伤组织培养基中，发现从黑节草中分离纯化的寡糖素能明显提高愈伤组织中紫草色素的含量。真菌诱导子之所以能够促进次生代谢产物的合成，关键就在于真菌对植物发生作用时的信号物质够选择性地诱导或加强植物特定基因的表达，进而活化特定次生代谢途径并积累特定的目标次生代谢产物。

5. 前体和抑制剂的调控作用

次生代谢产物是通过一系列代谢过程产生的，其代谢过程中某一中间产物加入到培养基中，能使细胞代谢反应平衡向目的产物方向移动，从而增加终产物的浓度。任何一种中间产物，无论是处于代谢的起始阶段还是后期，都有机会提高终端产品的产量。例如将苯丙氨酸、乙酸钠分别添加到南方红豆杉愈伤组织培养基中，均能提高紫杉醇的含量；在延胡索愈伤组织细胞悬浮培养基中添加延胡索生物碱合成前体——苯丙氨酸、酪氨酸，结果发现二者均能促进生物碱的合成。同理，使用抑制代谢支路和其他相关次生代谢途径的抑制剂，可以使代谢流更多地流向目标次生代谢产物。

（三）药用植物的基因工程

基因工程即重组 DNA 技术，是指根据人们的意愿对不同生物的遗传基因进行切割、拼接或重新组合，再转入生物体内产生出人们所期望的产物，或创造出具有新遗传性状的生物类型的一门技术。基因工程使得人们可以克服物种间的遗传障碍，定向培养创造出自然界所没有的新的生命形态，以满足人类社会的需要。基因工程生产次生代谢产物具有高效、经济、清洁、低耗和可持续发展的优势。

随着基因工程技术的发展，人们认识到植物次生代谢产物的生物合成是由多种酶参与的多步反应，在此过程中酶控制着代谢的方向，而酶的作用又离不开基因的调控。基因工程调控就是通过调控次生代谢途径的关键基因从而调控次生代谢过程的关键酶，进而调控次生代谢产物的合成和积累。植物次生代谢基因工程调控的方式有很多种，植物次生代谢基因工程调控模式如下图 9－8。植物次生代谢基因工程通过调控次生代谢途径中关键酶的基因表达以提高关键酶的活性和数量、抑制人们不需要产物的合成酶的活性；通过反义技术和 RNA 干扰技术等降低靶基因的表达水平从而抑制竞争性代谢路径，改变代谢流和增加目标物质的含量；通过基因修饰，主要包括导入一个或者多个靶基因或完整的代谢途径，使宿主细胞合成新的化合物；对控制生物合成的基因转录因子进行修饰，通过某些基因的超表达，增加次生代谢某些合酶的活性从而加速生物合成过程，更有效地调控植物次生代谢过程，以提高次生代谢物的积累。

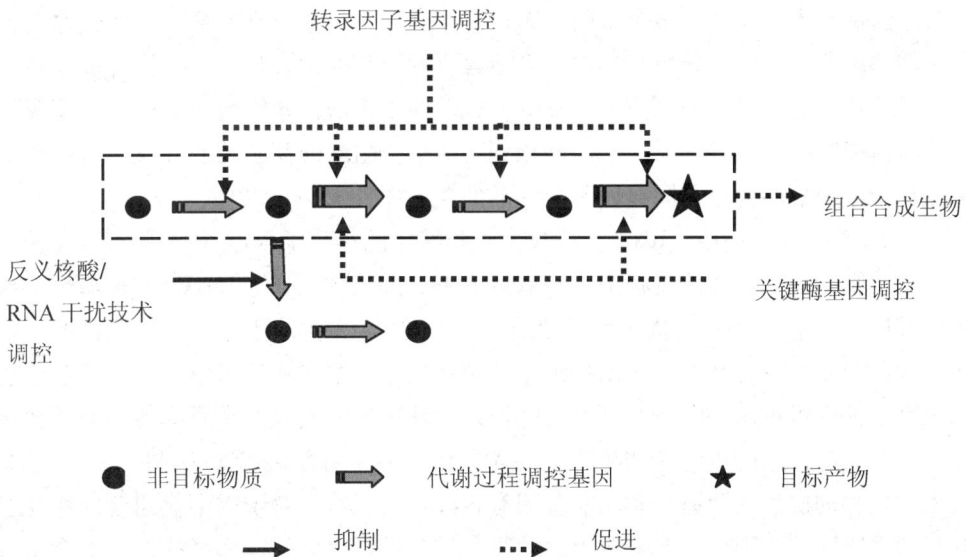

图9－8 药用植物次生代谢基因调控模式

1. 转基因器官培养 转基因器官的培养是利用农杆菌质粒的基因转移系统，主要是通过根癌农杆菌和发根农杆菌进行植物基因组的直接操作，即转化。根癌农杆菌和发根农杆菌都能够通过伤口侵染植物将自身质粒（Ti 质粒和 Ri 质粒）上的 T－DNA 基因转移并整合入植物基因组，从而引起植物在形态和代谢上的变化，分别形成转基因器官冠瘿细胞和毛状根。转基因器官能够在没有激素的环境下快速增值，并且能合成与原植物相同或者相似的次生代谢产物并且具有稳定的遗传性。转基因器官培养用于药用植物次生代谢的生产具有较高的经济价值。经发根农杆菌诱导出的黄芪毛状根在 16 天内即可增殖 404 倍，且有效成分黄芪皂苷甲的含量略高于生药。

2. 关键酶基因调控   植物次生代谢物合成是由多步酶促反应完成的，每一步酶促反应都是调控基因作用的靶位点，与次生代谢物生物合成有关的基因均可以调控植物次生代谢物的合成种类和途径。关键酶调控是指将次生代谢途径中关键酶基因克隆、重组后导入植物细胞中，然后超表达，提高关键次生代谢过程中关键酶的活性和数量，增加代谢强度，提高目标次生代谢物的积累。关键酶基因调控技术可以实现对次生代谢途径中限速步骤的局部调控，对提高次生代谢物产量有一定的效果。青蒿素是青蒿中世界公认的有效抗疟成分，青蒿素的前体是青蒿酸，青蒿酸具有典型的杜松烯骨架。将棉花的杜松烯合酶 cDNA 和法尼基焦磷酸合酶的 cDNA 分别插入到植物载体中，通过发根农杆菌和根癌农杆菌介导入青蒿中，转基因青蒿中的青蒿素含量提高到原来的五倍。

3. 反义核酸技术调控   反义核酸是利用基因重组技术构建表达载体，使其离体或在体内表达出反义的 RNA，能够把靶 DNA 或 RNA 片段互补、结合的一段 DNA 或 RNA 序列。反义核酸技术是利用反义核酸关闭目标基因表达的技术。反义 RNA 的重组体内含有启动子及终止子，当转染细胞后，重组体能自动表达反义 RNA。重组体自身可能整合到宿主的基因组 DNA 中，或作为"附加体"长期存在。在植物次生代谢调控过程中，利用反义技术可以关闭某个基因的表达或切断某个代谢分支，从而合成代谢向预期的目标转移。薄荷呋喃是薄荷精油中不希望含有的单萜类化合物，其生物合成是单萜代谢网中竞争性分支途径，抑制薄荷呋喃的合成能使更多的代谢物用于薄荷油中薄荷醇的合成。将薄荷呋喃合成酶的反义基因转化到薄荷中，阻断薄荷呋喃的合成，可以提高转基因植株中薄荷醇的含量，同时使薄荷呋喃的含量降低 35% ~ 50%。

4. RNA 干扰技术调控   RNA 干扰技术是指特定的小分子双链 RNA 使基因在转录或翻译阶段沉默的现象，在此过程中，与双链 RNA 有同源序列的信使 RNA 被降解，从而抑制该基因的表达。RNA 干扰技术对植物次生代谢途径中的目的基因进行调控，是植物次生代谢调控的一种新的分子调控策略。利用反义技术将咖啡树中的可可碱合成酶的基因沉默后使得可可碱的转录水平大大降低，转移植株的其他两种甲基转移酶的转录水平也降低，其叶片中的可可碱和咖啡因的含量比对照组分别降低 28% 和 46%。RNA 干扰技术对植物的次生代谢途径和功能基因有较深入的了解，对于次生代谢合成途径、转运和积累等方面的知识尚未非常明确的植物，对其进行次生代谢途径的干扰常会出现预想不到的结果。

5. 转录因子基因调控   转录因子是能够与真核基因启动子区域中的顺式作用元件发生特异性相互作用的 DNA 结合蛋白，通过干扰目标基因启动区域的序列，调控被

RNA 聚合酶Ⅱ转录的初速度。转录因子对植物次生代谢有着重要的调节作用，转录因子对植物次生代谢的调节通过与合成基因启动子上的相应的顺式作用元件结合而实现，合成基因启动子中均含有转录因子能够识别的顺式作用元件，它可以调节生物体内多个功能基因表达水平。一个或者多个转录因子的超表达可以激活植物次生代谢合成途径中多个基因的表达，开启整个生物合成途径来提高次生代谢物的积累。

6. **"组成生物合成"技术调控** "组成生物合成"是将来自于不同生物的基因相结合以产生具有生物活性物质的办法。人们期望，在不久的将来，人们能够利用组合生物合成的方法，将一个种类的产物和另一个种类的酶相结合，生产人们期望的产物。植物次生代谢物的组合生物合成方法是将基本代谢途径重建在微生物寄主上。组成生物合成技术现在仍主要用于抗生素类药物的生产，植物次生代谢物的组成生物合成研究仍处于起步阶段，目前，我国青蒿素组合生物合成取得了较大的进展，国际上利用组合生物合成方法生产紫杉醇已较成熟。已利用 PCR 方法克隆编码大肠杆菌 1 - 脱氧 - 5 - 磷酸木酮糖合酶、异戊烯二磷酸异构酶以及编码辣椒双牻牛儿基二磷酸合酶的基因，在大肠杆菌中建立能够合成紫杉烯的代谢途径。

第十章　逆境与药用植物生理生态

在自然条件下，植物的生长发育会受到各种胁迫，例如环境变化、人为活动等。植物为了更好生存，进化出了一套完整的系统来对抗生活环境改变带来的胁迫。因此，了解植物对抗逆境的能力、研究植物相关的逆境生理，对于研究药用植物的生活环境及其人工栽培药材，有着重要的意义。

第一节　逆境及药用植物的抗逆性

一、植物逆境种类

逆境（environmental stress）亦称为环境胁迫，是指对植物生长和生存不利的各种环境因素的总称。逆境的种类可以分为生物因素和理化因素。生物因素包括病害、虫害等；理化因素又可以分为物理性、化学性等因素（如表 10-1）。

表 10-1　逆境胁迫的种类

生物因素	理化因素	
	物理性	化学性
病害	机械损伤	重金属污染
虫害	辐射	盐碱地
杂草	水分（旱害、涝害）	气体污染
	温度（低温、高温）	化学药品

植物在长期的进化和适应环境的过程中所形成的对逆境的忍耐能力和抵抗能力，称为植物的抗逆性（stress resistance），简称抗性。植物在遭遇不良环境时做出相应的反应，逐渐适应逆境的过程称为锻炼（hardenging）。

二、逆境胁迫下植物的生理变化

逆境可以导致植物的形态发生不同变化。干旱会导致植物叶片及嫩芽萎蔫；淹水会引起叶片黄化、干枯；病原菌会造成叶片出现病斑。最主要的是引起细胞显微结构的变化，引起细胞膜结构的损伤。逆境除了引起植物形态变化，生物膜结构及其功能稳定性，也可以影响植物各项生理变化，例如光合、呼吸、水分、物质代谢等过程，从而影响植物的生长。

逆境影响植物主要的生理变化如下：

（1）光合作用下降　在逆境胁迫下，植物气孔关闭，造成 CO_2 供应不足，叶绿素含量下降，光合作用酶受伤或者活性降低，导致光合作用下降。

（2）呼吸作用的变化　逆境对植物呼吸作用引起的变化因逆境种类而异。冻害、热害、盐渍和涝害会使植物的呼吸速率下降；冷害和旱害使植物的呼吸速率先升后降；植物发生病害或是受到伤害时，呼吸作用增强。植物在逆境下呼吸作用的途径也会发生变化，磷酸戊糖途径（PPP）会加强。

（3）水分代谢的变化　多种胁迫作用于植物体都会对植物造成水分胁迫。干旱可直接导致水分胁迫，而低温、冰冻、高温等情况可间接导致水分胁迫，引起植物脱水，影响生物膜的结构和功能。

（4）物质代谢的变化　在逆境下，植物体内的合成酶活性下降，水解酶的活性增强，淀粉和蛋白质等大分子物质被降解，物质合成小于分解。

第二节　药用植物对逆境的适应性

一、植物对逆境适应性概述

自然界中的动植物很少能够生活在对它们来说最适宜的地方，由于其他生物的竞争，它们常常被从最适宜的生境中排挤出去，结果只能生活在它们占有更大竞争优势的地方。如很多沙生植物在潮湿的气候条件下能够生长得更茂盛，但由于它们竞争不过当地的优势物种，才主要分布在它们占有最大竞争优势的沙漠中。

植物本身是否能有效地运用自身的防御机制去抵制环境胁迫是决定其生存繁育的关键。多种因素决定植物如何适应环境胁迫，如植物的基因型、发育状态、胁迫的严重程度和持续时间、植株适应胁迫的协同效应的时间长短等。通常，植物通过多种反应机制抵抗胁迫，无法补偿均衡的严重胁迫将导致植株死亡。

总体上讲，植物可以通过避逆和耐逆两种方式来抵抗逆境。前者指植物通过对生育周期的调整来避开逆境干扰，在相对适应的环境中完成生活史；后者指植物处于不利环境时，通过代谢反应来阻止、降低或修复由逆境造成的损伤，使植物仍保持正常的生理活动。

生物适应环境的改变有的是表现型变化，有的也出现遗传性上的变化。其对生态因子耐受范围的扩大或变动（不管是大的调整还是小的调整）都涉及生物的生理适应和行为适应问题。但是，对非生物环境条件的适应通常并不限于一种单一的机制，往往要涉及一组（或一整套）彼此相互关联的适应性，而且很多生态因子之间也是彼此相互关联的，甚至存在协同和增效作用。因此，对一组特定环境条件的适应也必定会表现出彼此之间的相互关联性，这一整套协同的适应特性就称为适应组合（adaptive suites）。

生活在最极端环境条件（如干旱沙漠）下的肉质植物，适应组合现象表现得最为明显。

二、植物适应逆境的应激性反应

生物体可以与受到和识别的环境信号组成应激性反应。各种环境胁迫被识别后，信号被传输到细胞内和整个生物体。典型的环境信号传导导致细胞水平基因的表达，反过来又可以影响生物体的发育和代谢。

植物体通常是以细胞和整个生物有机体抵抗环境胁迫。逆境下，植物会在形态结构、组织细胞及分子水平不同层次做出反应，如植物形态结构、生理生化、植物激素水平、渗透调节、膜保护物质及活性氧平衡、逆境蛋白形成等诸多环节发生变化，涉及植物水分、光合、呼吸、物质代谢等过程。

三、抗逆相关物质

（一）与渗透调节有关的小分子有机物质

多种环境胁迫会影响植物的水分代谢，直接或者间接给植物造成水分胁迫，因此植物会积累各种物质来调节细胞渗透压，适应水分胁迫的环境。这类调节物质分子量小、易溶解，合成速度快，能够在维持细胞渗透势上起到重要的作用。

1. 脯氨酸（proline） 脯氨酸具有较强的与水结合的能力，是最重要和有效的渗透调节物质。各种逆境几乎都会刺激脯氨酸的积累，干旱胁迫时尤为明显。在环境胁迫下，脯氨酸与细胞内的一些化合物形成类似亲水胶体的聚合物，可以保持原生质与环境的渗透平衡；脯氨酸还可以与蛋白质相互作用增强蛋白质的溶解性，保持细胞膜的稳定性。

2. 甜菜碱（betaines） 甜菜碱是一类季铵化合物，也是植物的渗透调节物质。在多种胁迫下，许多植物细胞质中积累甜菜碱类物质维持细胞的正常膨压，其作用与脯氨酸类似，合成部位主要在叶绿体中，合成途径经胆碱由甜菜碱醛生成甜菜碱。甜菜碱比脯氨酸积累速度慢，降解也慢。

3. 可溶性糖 可溶性糖主要包括蔗糖、葡萄糖、果糖等。主要来源于淀粉等物质的分解或者是光合作用的产物，其亲水性强，在细胞中积累能有效维持细胞膨压。

（二）与抗逆相关的蛋白质

植物在干旱、高盐、低温等逆境胁迫下会新合成或者合成增加一些蛋白质，对植物适应和抵抗胁迫起到重要的作用。逆境蛋白是植物体内基因表达的结果，在逆境下植物一些正常基因关闭，而一些和抗逆相关的基因得到了表达。这也是植物在长期环境胁迫下产生的适应方式。

1. 热休克蛋白 热休克蛋白（Heat shock proteins，HSPs）又被称为热激蛋白，是生物体受到高温、缺氧、重金属离子等不良环境因素影响时诱导合成的一类应激蛋白。HSPs 种类很多，按照 SDS 电泳的表观分子量大小可以把植物 HSPs 分为五大类：HSP100，HSP90，HSP70，HSP60 以及小分子量热激蛋白 smHSP。在逆境条件下，热激蛋白作为分子伴侣能促进其他蛋白的重新折叠、稳定、组装、胞内运输和降解，对受损蛋白的修复和细胞的存活都有作用。植物中的 HSPs 以寡聚物的形式存在，胁迫的时候能与部分变性蛋白结合，阻止蛋白不可逆集聚；部分变性的蛋白与热激蛋白结合后处于可折叠的中间态，随后在其他 HSPs 分子伴侣的作用下恢复折叠态。

2. **LEA 蛋白** LEA 蛋白（late embryogenesis protein abundant）是胚胎发育晚期丰富蛋白，是在正常种子发育后期，伴随脱水干燥过程的一类低分子量蛋白。植物 LEA 蛋白基因的表达受多种因子的调节，其中 ABA 被认为是最重要的调节因子之一，根据基因表达对 ABA 的依赖与否主要分为两条途径：依赖 ABA 的途径（ABA dependent pathway）和不依赖 ABA 的途径（ABA independent pathway）。LEA 蛋白共有的显著特点是具有较高的亲水性、热稳定性，含有高比例的甘氨酸、赖氨酸和组氨酸，缺少丙氨酸和丝氨酸，缺乏明显的二级结构。LEA 蛋白广泛存在于高等植物的种子中，能够在水分缺少时代替水分子，保持细胞液处于溶解状态，保护细胞膜系统免受伤害，避免细胞结构塌陷。该蛋白是各种胁迫对植物造成直接或者间接水分胁迫的一种保护反应。

3. **病程相关蛋白** 病程相关蛋白（pathogenesis - related proteins，PRP/PRs）是植物被病原物浸染后产生的一类防御相关蛋白。PRP 主要分布于植物细胞间隙和液泡内，其分布与等电点及诱发菌和植物的亲和性有关。一般来说，等电点小于 7 的酸性 PRP 多分布于细胞间隙中，而等电点大于 7 的碱性 PRP 则多分布于细胞胞液中。已有报道，病程相关蛋白是在植物对病毒、类病毒、细菌的入侵反应中产生的，也有一些病程相关蛋白是由化学试剂诱导产生的，如聚丙烯酸、氨基酸衍生物、重金属盐、水杨酸；还有一些病程相关蛋白被植物激素诱导产生，如细胞分裂素和生长素。病程相关蛋白在健康的植物中也有发现，根、衰老的叶子、植物开花期间都发现有病程相关蛋白的表达。PRP 的功能主要包括：攻击病原物、降解细胞壁大分子释放二级（内源）激发子、分解毒素、结合或抑制病毒外壳蛋白等。

4. **抗氧化酶** 植物在自身新陈代谢过程中以及外界逆境胁迫下，体内会不可避免地产生大量活性氧，这类物质在植物体内如不能及时清除，将会对植物的生长发育产生严重的毒害作用，如酶活性抑制、膜稳定性破坏、信号传导受阻等。在逆境胁迫下，植物体内的活性氧数量骤增，为了有效地缓解活性氧带来的伤害，植物的抗氧化酶活性迅速升高，以及时清除活性氧。超氧化物歧化酶（SOD）、过氧化氢酶（CAT）和过氧化物酶（POD）是抗氧化酶系统中控制植物体内活性氧积累的最主要的酶。SOD 是植物抗氧化的第一道防线，能清除细胞中多余的超氧阴离子。CAT 和 POD 可以使 H_2O_2 歧化成水和氧分子。

（三）植物激素与抗逆性

1. **脱落酸（ABA）** 低温、高温、干旱、盐害等多种逆境下，ABA 含量都会显著增加，ABA 作为一种胁迫激素或信号物质调节植物对逆境的适应性，植物交叉适应的作用物质可能是 ABA。ABA 可以促进气孔关闭，降低蒸腾速率，提高水的通导性；胁迫下，叶绿体膜对 ABA 通透性增加，ABA 可以增加叶绿体的热稳定性，降低高温对叶绿体超微结构的破坏。在逆境下，植物体内积累 ABA 的含量与其抗逆性呈正相关。

2. 乙烯（ethylene） 乙烯也是植物体中重要的一种植物激素。植物在多种逆境下，体内的乙烯含量会成倍增加，胁迫解除后含量又恢复正常。乙烯可以促进植物果实成熟，刺激器官衰老，引起叶片脱落，减少蒸腾面积，保持水分，从而克服环境胁迫对植物带来的伤害。

3. 其他植物激素 细胞分裂素（cytokinin，CTK）是促进植物细胞分裂的激素。有研究表明，CTK 能直接或间接清除氧自由基，减少膜脂过氧化作用，从而减轻细胞膜受逆境的损害。植物在受到动物取食后，CTK 也可以促进植物生长发育，尽快恢复因取食而造成的损失。

有研究表明，赤霉素在抗冷性强的植物中含量低于抗冷性弱的植物，外施赤霉素也可以降低植物的抗冷性。

植物激素在植物的逆境生理中有十分重要的地位。植物在逆境中的各项生理活动发生了明显的变化，这些变化都依赖于植物激素的调控作用，但是植物的抗逆性不是某种植物激素的单独作用而形成的。植物在逆境下通过植物激素来调控各项生理活动的变化，使其能够对逆境有更好的适应能力。

第三节 温度胁迫与药用植物的适应性

一、植物冷害与抗冷性

（一）冷害及其对植物的影响

零度以上低温对植物的危害叫做冷害（chilling injury）。而植物对零度以上低温的适应能力叫抗冷性（chilling resistance）。根据植物对冷害的反应速度，可将冷害分为直接伤害与间接伤害两类。直接伤害是指植物受低温影响后几小时，至多在一天之内即出现症状；间接伤害主要是指因代谢失调而造成的细胞伤害。这些变化是代谢失常后生物缓慢化学变化造成的，并不是低温直接造成的。

冷害时，植物体主要表现为膜透性增加，细胞内可溶性物质大量外渗；原生质流动减慢或停止；根系吸水能力下降，水分代谢失调；叶绿素合成受阻，光合酶活性受抑制，导致光合速率减弱；呼吸速率先升后降；物质代谢失调（图 10 – 1）。

（二）冷害机制

1. 膜脂发生相变 在低温冷害下，生物膜的脂类由液晶态变为凝胶态，从而引起与膜相结合的酶解离或使酶亚基分解失去活性。因为酶蛋白是通过疏水键与膜脂相结合的，而低温使二者结合脆弱，易于分离。相变温度随脂肪酸链的长度增加而增加，但随不饱和脂肪酸所占比例增加而降低。温带植物比热带植物更耐低温的原因之一是构成膜脂的不饱和脂肪酸含量较高。膜不饱和脂肪酸指数，即不饱和脂肪酸在总脂肪酸中的相对比值，可成为衡量植物抗冷性的重要生理指标。

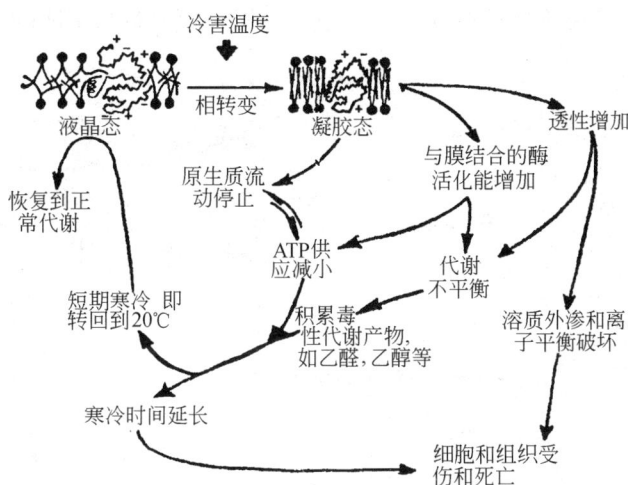

图 10 - 1　冷害引起的细胞代谢变化

2. 膜的结构改变　在缓慢降温条件下，由于膜脂的固化使得膜结构紧缩，降低了膜对水和溶质的透性；在寒流突然来临的情况下，由于膜体紧缩不匀而出现断裂，因而会造成膜的破损渗漏，胞内溶质外流。

3. 代谢紊乱　低温使得生物膜结构发生显著变化，进而导致植物体内新陈代谢的有序性被打破，特别是光合与呼吸速率改变，植物处于饥饿状态，而且还积累有毒的中间物质。

（三）提高植物抗冷性的措施

1. 低温锻炼　植物对低温的抵抗往往是一个适应锻炼过程。很多植物如预先给予适当的低温锻炼，而后即可抵抗更低温度的影响，不致受害。否则就会在突然遇到低温时遭到灾难性的伤害。

2. 化学诱导　植物生长调节剂及其他化学试剂如细胞分裂素、2，4 - D、脱落酸、PP_{333}、抗坏血酸、油菜素内酯等可诱导植物抗冷性的提高。

3. 合理施肥　调节氮磷钾肥的比例，增加磷、钾肥比重能明显提高植物抗冷性。

二、植物冻害与抗冻性

（一）冻害及其对植物的影响

零度以下低温对植物的危害叫冻害（freezing injury）。植物对冰点以下低温逐渐形成的一种适应能力叫抗冻性（freezing resistance）。冻害发生的温度限度，可因植物种类，生育时期、生理状态以及器官的不同，经受低温的时间长短而有很大差异。

植物受冻害时，细胞失去膨压，组织柔软，叶色变褐，最终干枯死亡。严格说冻害就是冰晶的伤害。植物组织结冰可分为两种方式：胞外结冰与胞内结冰。胞外结冰（也称胞间结冰）是指在通常温度下降时，细胞间隙和细胞壁附近的水分结成冰。胞内结冰是指温度迅速下降，除了胞间结冰外，细胞内的水分也冻结。一般先在原生质内结冰，后来在液泡内结冰。细胞内的冰晶体数目众多，体积一般比胞间结冰的小。（见图10 - 2）

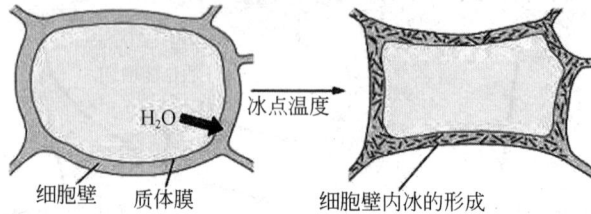

图10 - 2 细胞结冰时的变化

（二）冻害机制

1. 结冰伤害 结冰会对植物体造成危害，但胞间结冰和胞内结冰的影响各有特点。胞间结冰引起植物受害主要原因是：①当胞外出现冰晶，胞内含水量较大，细胞内较高的蒸气压使胞内水分迁移到胞间，后又结冰。如此反复，细胞内水分不断被夺取，造成原生质发生严重脱水，蛋白质变性或原生质不可逆的凝胶化。②冰晶体对细胞的机械损伤。逐渐膨大的冰晶体给细胞造成机械压力，使细胞变形，甚至可能将细胞壁和质膜挤碎，使原生质暴露于胞外而受冻害，同时细胞亚微结构遭受破坏，酶活动无秩序，代谢紊乱。③解冻过快对细胞的损伤。若遇温度骤然回升，冰晶迅速融化，细胞壁吸水膨胀，而原生质尚来不及吸水膨胀，有可能被撕裂损伤。胞内结冰对细胞的危害更为直接。因为原生质是有高度精细结构的组织，冰晶形成以及融化时对质膜与细胞器以及整个细胞质产生破坏作用。胞内结冰常给植物带来致命的伤害。

2. 蛋白质凝聚假说（硫氢基假说） 由于组织结冰脱水时，蛋白质的活性表面相互靠近，于是使蛋白质分子内或蛋白质分子间相邻的硫基彼此靠近，氧化形成二硫键。由于二硫键比氢键牢固得多，故若再度吸收水时，蛋白质空间构象变化，蛋白质变性凝聚，从而导致细胞死亡。

3. 膜伤害 膜对结冰最敏感。低温造成细胞间结冰时，可产生脱水、机械和渗透3种伤害，这3种伤害使蛋白质变性或改变膜中蛋白和膜脂的排列，膜透性增大，溶质大量外流。膜脂相变使得一部分与膜结合的酶游离而失去活性，光合磷酸化和氧化磷酸化解偶联，ATP形成明显下降，引起代谢失调，严重时则使植株死亡。

（三）提高植物抗冻性的措施

1. 抗冻锻炼 在植物遭遇低温冻害之前，逐步降低温度，通过设置预先胁迫，使植物发生各种生理生化变化，以提高植物的抗冻能力。如12℃3天低温锻炼明显提高桑树幼苗的抗冷性。

2. 化学调控 一些植物生长物质如脱落酸、生长延缓剂 Amo - 1618 与 B_9 等可以用来提高植物的抗冻性。

3. 农业措施 采取有效农业措施，加强田间管理，也能在一定程度上提高植物抗寒性，防止冻害发生。这些农业措施包括：①通过施肥、培土、通气等农业措施，如提高钾肥比例，厩肥与绿肥压青等，促进幼苗健壮，增强秧苗抗冻性。②寒流霜冻来临前实行冬灌、盖草、熏烟，以抵御强寒流袭击。③采用日光温室苗床、地膜覆盖等，防止早春冻害。

三、植物热害与抗热性

（一）热害及其对植物的影响

由高温胁迫引起植物伤害的现象称为热害（heat injury）。而植物对高温胁迫（high temperature stress）的适应则称为抗热性（heat resistance）。

植物受高温伤害后会出现各种症状，如树干干裂，叶片黄褐，出现死斑；同时，高温胁迫也影响药材的质量，如果实大小、成熟度、化学成分等；其次长期高温条件下，植物因得不到必要的低温刺激而无法完成发育阶段。

（二）热害的机制

高温对植物的危害可分为直接伤害与间接伤害两个方面。

直接伤害是高温直接影响细胞质的组成结构，在几秒到几十秒的极短时间内就可能出现症状，并可从受热部位向非受热部位传递蔓延。其伤害实质可能主要是由于高温引起蛋白质变性以及膜脂的液化，使膜失去半透性和主动吸收的特性。

间接伤害是由于高温导致代谢的异常，使植物缓慢受害的过程。其热害机制主要包括以下几点：①过度蒸腾失水：高温常引起植物过度的蒸腾失水，与旱害相似，细胞失水导致一系列代谢失调，植物生长不良。②代谢性饥饿：在高温下呼吸作用大于光合作用，消耗多于合成，体内贮藏的有机物大量消耗，正常的代谢活动缺乏营养物质。若高温持续时间过长，植物体会出现饥饿死亡。③毒性物质积累：高温使氧气的溶解度减小，植物有氧呼吸受到抑制，无氧呼吸增强，无氧呼吸所产生的乙醇、乙醛等物质积累致毒。④代谢物质缺乏：高温使一些生化环节发生障碍，造成植物生长所必需的活性物质如维生素，核苷酸缺乏，引起生长不良。⑤蛋白质合成下降：高温破坏了氧化磷酸化的偶联，丧失了为蛋白质生物合成提供能量的能力，使蛋白质合成速率下降。同时，高温还破坏核糖体和核酸的生物活性，从根本上降低蛋白质合成能力。

（三）植物耐热性及抗高温措施

耐热性与植物的生长习性有关。通常生长在炎热干燥环境中的植物，其耐热性高于生长在冷凉潮湿环境中的植物。起源于热带或亚热带地区的 C_4 植物耐热性一般高于 C_3 植物。植物不同的生育时期、部位，其耐热性也有差异。休眠种子的耐热性最强，随着种子吸水膨胀，耐热性下降。耐热性强的植物在代谢上的基本特点是构成原生质的蛋白质相对热稳定，在高温下仍可维持一定的正常代谢。同时，耐热植物体内合成蛋白质的速度很快，可以及时补偿因热害造成的蛋白质损耗。

环境条件对植物耐热性具有重要影响，可利用环境措施提高植物的耐热性，主要措施包括以下几点：①高温锻炼。高温处理植物后，会诱导形成一些新的蛋白质（酶）分子，即热激蛋白（HSP），热激蛋白有稳定细胞膜结构与保护线粒体的功能，可提高植物的耐热性。②水分控制。研究表明，细胞含水量低时，植物耐热性强。干燥种子的耐热性强，随着含水量增加，耐热性下降。在大田生产中，调控灌溉量，可使细胞含水量不同，调节抗热性。③矿质营养调控。矿质营养与耐热性有关，有研究表明氮素过多，耐热性减低；相反，如营养缺乏，其热死温度反而提高。

第四节　光照胁迫与植物的反应

一、光照胁迫概述

光是绿色植物合成有机物的能量来源。光照强度对植物的生长发育和形态结构有着重要的作用。植物在长期的进化过程中，根据对自身生存环境的适应，可以将植物分为阳生植物、阴生植物和耐阴植物三大类型。

光照胁迫主要是光照强度的改变。光照强度的变化往往决定着植物光合作用的变化。当光照强度超过光饱和点后，植物光合过程的超负荷会导致光量子利用率降低，强光甚至会引起光合色素和类囊体结构的破坏。光照胁迫主要会引起植物光抑制、光破坏和光破坏防御等问题。

二、光抑制对植物的影响

光抑制（photoinhibition）是由于过度的光照对植物光合作用引起的抑制作用。光抑制最显著的特征就是光合作用效率的降低。因此，广义的光抑制被定义为只要是植物暴露在光照下引起光合作用效率的降低，即为光抑制。

光抑制可以分为两类。一类是当光照胁迫的条件解除后，由于强光引起植物光合结构的破坏，光合能力恢复较慢；另外一类是光照胁迫去除后，植物光合作用能力迅速恢复，主要是和一些能量耗散过程相联系。

相关研究表明，光照强度对光合结构的破坏主要发生在阴生植物，能量耗散的过程多发生在阳生植物。两种光抑制的情况也可以发生在同种植物中，其取决于光照的强度。光抑制的分子机理尚且不明确，仍在广泛深入的研究当中。

三、光破坏对植物的影响

植物光系统 II（PSII）对于光照最为敏感，光合机构的光破坏（photodamage）主要发生在 PSII 反应复合体核心组成部分 D1 蛋白的净损失上。D1 蛋白在光下不断地降解与合成，在正常情况下，D1 蛋白的降解与合成保持着动态平衡，光破坏导致 D1 蛋白的降解大于合成的速度，导致 D1 蛋白的净损失，影响了 PSII 的电子传递过程，引起光合速率的下降，出现光抑制。

四、光破坏防御

植物在长期的进化过程中，形成一系列在强光下防御光破坏的机制，被称为光破坏防御（photoprotective）。植物可以通过加强光合作用来增强对光能的利用，叶片上的蜡质和绒毛来增强对强光的反射，抗氧化系统能力增强来加强对活性氧的清除、保护 D1 蛋白等方式来起到防御作用。

植物的光破坏保护包括形态结构方面，也包括了内部的生理生化改变。在不同的环境条件下，植物起主导的保护机制不同，因此针对植物在不同条件下的保护机制的研究是非常必要的。

五、太阳紫外线 UV–B 辐射对药用植物的影响

（一）太阳紫外线的基本特征

太阳辐射是植物唯一的能量来源。紫外线（ultraviolet，UV）波长位于 $100 \sim 400nm$ 之间，依据在地球大气层中的传导性质和对生物的作用效果，通常将 UV 辐射分为 UV–A（$315 \sim 400nm$）、UV–B（$280 \sim 315nm$）和 UV–C（$100 \sim 280nm$）三部分。太阳光透过大气层时波长短于 290nm 的紫外线被大气层中的臭氧吸收掉。UV–A 波段单个的光子能量较低，不仅不足以引起光化学反应，而且也不能同臭氧发生反应。对 UV–C 而言，在经过地球表面平流层时被臭氧层吸收，不能达到地球表面。因此，UV–B 大部分被臭氧层吸收，只有不足 20% 到达地球表面。但当平流层臭氧通过吸收 UV–B 而被消耗，从而导致到达地球表面的 UV–B 辐射明显增强。

植物在进行光合作用的同时也承受着 UV–B 辐射的伤害。UV–B 辐射为一种胁迫因子，对植物的细胞核 DNA 和各项生理过程带来了影响。

（二）UV–B 辐射对植物生长发育的影响

UV–B 辐射对植物生长影响的一个指标是植物总生物积累量，它是植物多方面因子共同作用的结果。UV–B 辐射可以改变植物干物质的分配，将更多的干物质分配到叶片中；UV–B 辐射也会影响植株形态，导致植物器官生长不均匀，并且解除优势；UV–B 辐射还会引起植物产量和品质的改变，主要是因为影响植物光合作用而导致的。

（二）UV　B 辐射对植物光合作用的影响

在 UV–B 辐射增强的情况下，部分植物表现为光合作用效率下降，少数植物表现出不受抑制。C_3 植物较 C_4 植物对 UV–B 辐射的敏感度高。UV–B 辐射对植物光合作用的影响主要分为直接作用和间接作用两方面。

直接作用：UV–B 辐射会直接影响光合作用的光反应和暗反应。主要包括伤害叶绿体微结构、降低 Calvin 循环酶的活性和光合色素间的激发转移。UV–B 辐射能改变光合机构类囊体膜上的光系统 I 和光系统 II 反应中心的完整性，由于光系统 II 对 UV–B 辐射更加敏感，因此辐射主要作用于光系统 II 引起反应中心的光失活，从而降低光合

作用效率。

间接作用：UV－B 辐射会降低植物气孔导度，影响气孔的开关速率，导致 CO_2 传导率降低，细胞间 CO_2 浓度下降，影响光合作用同化效率。同时对气孔开关速率的影响，也降低叶片蒸腾速率，导致植物水分利用效率的提高。因此，UV－B 辐射从多方面间接影响植物光合作用效率。

（四）UV－B 辐射对植物物质代谢的影响

1. 对核酸代谢的影响　核酸在 UV－B 辐射波段有较强的吸收，因此会受到破坏。研究表明，UV－B 辐射的增强会降低植物核酸的含量。但是 UV－B 会引起植物体内 SOD、CAT、POD 酶转录水平的提高，原因是辐射引起植物体内活性氧数量增加，植物体内应激性的提高抗氧化酶基因表达来对抗活性氧的伤害。

2. 对蛋白质代谢的影响　目前研究 UV－B 辐射对蛋白质的代谢主要集中在蛋白质的合成与积累上。不同的植物在受到 UV－B 辐射后蛋白质变化的规律不同。有的植物受到刺激后蛋白质合成增加，有的受到刺激后合成下降。例如有的植物在受到 UV－B 辐射后，类黄酮类物质积累增加，而芳香族氨基酸是类黄酮物质合成的前体，因此芳香族类氨基酸的合成会有所增加。UV－B 辐射下蛋白质合成的增减关键在于辐射的强度和植物对辐射的敏感度。

3. 对植物色素代谢的影响　UV－B 辐射可以影响光合色素的合成，例如叶绿素、胡萝卜素等。除此之外，UV－B 辐射还会影响植物体内抗 UV－B 辐射色素的合成，其中最主要的是类黄酮类物质。类黄酮对 UV－B 辐射有强吸收，植物在受到 UV－B 辐射的时候，会合成类黄酮物质来吸收辐射，减少辐射对植物的伤害，是植物的一种天然屏障。大量研究表明，植物在 UV－B 辐射下，体内会合成吸收辐射的物质，对植物起到保护作用。

（五）植物的保护机制

1. 屏蔽作用　植物通过产生 UV－B 辐射吸收物质和叶片附属物（角质层、蜡质层等）等方式来对抗辐射带来的伤害。其中产生 UV－B 辐射吸收物质是最主要的方法。

植物在受到 UV－B 辐射时，会产生一些次生代谢产物对抗辐射的伤害。例如类黄酮、羟基肉桂酸酯等物质。类黄酮在 $270 \sim 345nm$ 有最大吸收峰，肉桂酸酯在 $320nm$ 左右，花色素苷的吸收峰位于 $530nm$ 附近，但与肉桂酸酯化后，也可以吸收辐射，阻止大部分的 UV－B 光量子进入叶肉细胞伤害光合色素。

2. DNA 伤害的修复途径　植物叶片中的 UV－B 辐射吸收物质不能完全吸收辐射，于是植物还具有一套核酸修复系统来对抗 UV－B 辐射对植物核酸的伤害。植物体内的修复辐射对基因组伤害的系统包括：光复活、切除修复、重组修复和后复制修复。

植物的修复途径由 DNA 的伤害程度所决定。在低伤害水平下，仅能检测到光复活作用。光复活通过 DNA 光裂合酶经过蓝光或者 UV－A 激活后修复损伤的 DNA 分子，是植物主要的修复 DNA 损伤的途径。

3. 活性氧清除系统　UV－B 辐射会引起植物体内活性氧含量增加，导致膜脂过氧化反应，破坏生物膜活性。植物体内有一套完整的抗氧化系统来对抗活性氧的危害，包括抗氧化物质和抗氧化酶系统。如抗坏血酸、谷胱甘肽等含量的升高，以及抗氧化酶基因表达的增强，活性提高等以减轻辐射伤害。

（六）UV－B 辐射对生态系统的影响

关于 UV－B 辐射对生态系统的影响，多数研究是针对 UV－B 辐射对植物个体的影响，对植物群落和生态系统的影响研究较少。UV－B 辐射对植物群落的影响可以根据辐射对植物个体的影响来加以推断。现在更多的 UV－B 辐射对植物群落影响的实验多放在自然环境中开展，以求更好更完整的反应辐射增强的生物学效应和对生态系统的影响。

从植物个体和生态系统水平考虑，UV－B 辐射对植物体的影响可大致分为两类：直接影响和间接影响（表 10－2）。

表 10－2　增加 UV－B 辐射对植物的直接和间接影响

影响类型	影响结果
直接影响	1. DNA 伤害：环丁烷嘧啶二聚体（CPO）、（6－4）光产物 2. 光合作用：PSII 反应中心、Calvin 循环酶、类囊体膜、气孔功能 3. 膜功能：不饱和脂肪酸的过氧化、膜蛋白的伤害
间接影响	1. 植物形态构成：叶片厚度、叶片角度、植物体构型、生物量分配 2. 植物物候：萌发、衰老、开花、繁殖 3. 植物体化学组成：单宁、木质素、类黄酮

UV－B 辐射对植物生态系统的一个重要影响是改变某些物种的次生代谢成分。如上文提到的，UV－B 辐射可以增加植物体内吸收辐射物质的合成，如类黄酮等。有关研究表明，UV－B 辐射的增强可以使植物组织中呋喃香豆素含量增加，昆虫幼虫取食后可以导致生长缓慢。在某些豆科植物、针叶树和双子叶植物中，UV－B 辐射也可以导致诱发杀菌素的合成增加。

第五节　水分胁迫与药用植物适应性

一、植物旱害与抗旱性

（一）旱害及其对植物的影响

当植物耗水大于吸水时，就使组织内水分亏缺。过度水分亏缺的现象，称为干旱（drought）。旱害（drought injury）是指土壤水分缺乏或大气相对湿度过低对植物的危害。植物抵抗旱害的能力称为抗旱性（drought resistance）。

根据引起水分亏缺的原因，干旱可分为：①大气干旱，是指空气过度干燥，相对湿度过低，伴随高温和干风，造成植物蒸腾过强，根系吸水补偿不了失水。②土壤干旱，是指土壤中没有或只有少量的有效水，严重降低植物吸水，使其水分亏缺引起永久萎蔫。③生理干旱，土壤中的水分并不缺乏，只是因为土温过低、土壤溶液浓度过高、积累有毒物质等原因，妨碍根系吸水，造成植物体内水分平衡失调。

干旱对植物影响的外观表现，最易直接观察到的是萎蔫（wilting）。永久萎蔫与暂时萎蔫的根本差别在于前者原生质发生了严重脱水，引起了一系列生理生化改变。原生质脱水是旱害的核心。

（二）旱害机制

干旱导致植物生理生化改变，从而伤害植物，甚至致死的原因主要有以下几条。

1. 机械损伤 细胞失水时，生活细胞的原生质体和细胞壁收缩，由于它们的弹性不同，二者的收缩速度不同，失水到一定限度后致使原生质被拉破。失水后尚存活的细胞如再度吸水，由于细胞壁吸水膨胀速度远远超过原生质体，使其再度遭受机械损伤。可见，严重干旱使植物死亡的原因不是失水本身，而是失水和再吸水时对细胞原生质造成的机械损伤。

2. 蛋白质凝聚 同冻害造成的脱水反应。由于干旱使细胞过度脱水时，蛋白质变性凝聚，空间结构破坏，导致细胞死亡。

3. 膜伤害 干旱脱水引起膜蛋白变性，膜脂－蛋白质构象的改变，使膜结构发生变化如图 10-3，膜透性受到破坏，由此造成离子外渗，细胞内的离子平衡丧失。同时，造成酶的区隔也受到破坏，膜上的酶游离下来，直接影响酶的活力。最终代谢失调，能量供应受阻，膜系统进一步破坏，最后使细胞死亡。

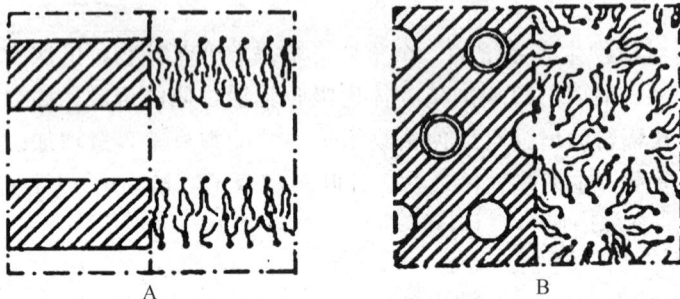

图 10-3 膜内脂质分子排列

A. 在细胞正常水分状况下双分子排列；B. 脱水膜内脂质分子成放射星状排列

（三）抗旱性的机制及其提高途径

1. 耐旱植物的特点 通常植物在抗旱性方面的特征主要表现在形态与生理两方面。

（1）不同植物可通过不同形态特征适应干旱环境。耐旱植物常具有以下形态特点：①根系发达而深扎，根冠比大，能有效地吸收利用土壤中的水分（特别是土壤深层水分），以维持植物体内的水分平衡。②叶片细胞小、细胞间隙小、细胞壁较厚，可以减少细胞失水收缩时产生的机械伤害。③叶片气孔多而小，叶片表面茸毛多，角质化程度高或蜡质层厚等，能减少水分的丢失。叶脉较密、输导组织发达，能增强植物对水分的吸收和运输。

（2）耐旱植物常具有以下生理特点：①细胞液浓厚，原生质水合度高，束缚水含量多，原生质的弹性、黏性大，保水能力强，遇干旱时不致因脱水而使原生质变性凝聚。原生质弹性大，抗机械损伤的能力也强。②耐旱植物在干旱缺水条件下，气孔仍能维持一定的开度，以保证二氧化碳的供应并维持较高或一定水平的光合作用，避免植物会因有机物的缺乏而死亡。③耐旱植物受旱时正常代谢活动如蛋白质（或酶）、核酸、叶绿素等代谢受到的影响小，能维持正常或接近正常水平的代谢活动。

2. 提高作物抗旱性的途径

（1）品种选育 在干旱区种植耐旱品种。

（2）抗旱锻炼 利用抗旱锻炼处理，使植株根系发达，吸水能力增强，叶绿素含量增加，蛋白质含量提高，干物质积累增多，从而增加抗旱性。

（3）化学诱导 用化学试剂处理种子或植株，可产生诱导作用，提高植物抗旱性。

（4）矿质营养 磷、钾肥能促进根系生长，提高根冠比，促进蛋白质合成，提高原生质的水合能力，提高保水力。而氮素过多或不足对作物抗旱都不利。

（5）生长延缓剂与抗蒸腾剂的使用 生长延缓剂能提高作物抗旱性。脱落酸可使气孔关闭，减少蒸腾失水。矮壮素、B_9等能增加细胞的保水能力。抗蒸腾剂（antitranspirant）是可降低蒸腾失水的一类药物。反射剂对光有反射性，从而减少用于叶面蒸腾的能量。气孔开度抑制剂可改变气孔开度大小，或改变细胞膜的透性，达到降低蒸腾的目的。

二、植物涝害与抗涝性

（一）涝害及其对植物的影响

水分过多对植物的危害称涝害（flood injury）。水分过多的危害并不在于水分，而是水分过多引起缺氧产生的一系列危害。如果排除了这些间接的原因，植物即使在水溶液中也能正常生长（如溶液培养）。植物对积水或土壤过湿的适应力和抵抗力被称为植物的抗涝性（flood resistance）。

水涝缺氧可造成植物生长矮小，叶黄化，根尖变黑，叶柄偏上生长，生长量降低，细胞亚微结构由于缺氧发生异常，种子萌发受到显著抑制。

（二）涝害机制

水涝缺氧主要限制了有氧呼吸，促进了无氧呼吸，产生大量无氧呼吸（发酵）产物，如丙酮酸、乳酸、乙醇等，使代谢紊乱。无氧呼吸还使根系缺乏能量，缺氧使土壤中的好气性细菌（如氨化细菌、硝化细菌等）的正常生长活动受抑制，影响矿质供应和吸收。相反，使土壤厌气性细菌活跃，增加土壤溶液的酸度，降低其氧化还原势，使土壤内形成大量有害的还原性物质（如 H_2S、Fe^{2+} 等），一些元素如 Mn、Fe、Zn 也易被还原流失，造成植株营养缺乏。在淹水条件下植物根系大量合成 ETH 前体 ACC，

ACC 上运到茎叶后，接触空气转变成 ETH，造成植物叶片脱落，根系生长减慢，花瓣褪色等。

（三）植物的抗涝性及抗涝措施

不同作物抗涝能力有别，作物抗涝性的强弱决定于对缺氧的适应能力。缺氧所引起的无氧呼吸使体内积累有毒物质，而耐缺氧的生化机制就是要消除有毒物质，或对有毒物质具忍耐力。某些植物（如甜茅属）在淹水时改变呼吸途径，起初缺氧刺激糖酵解途径，后以磷酸戊糖途径占优势，这样通过提高代谢增强抗缺氧能力，根本上消除了有毒物质的积累。另一些植物有发达的通气系统，它们可以通过胞间空隙把地上部吸收的氧气输入根部或缺氧部位，其发达的通气系统可增强植物对缺氧的耐力。因此，抗涝的首要工作就是进行品种选育，得到抗涝品种，及时排涝，结合洗苗，保证光合作用、呼吸作用顺利进行。

第六节　盐渍化与药用植物适应性

据联合国教科文组织和粮农组织的不完全统计，世界盐渍土面积约为 $10^9 hm^2$，亚洲约为 $3.99 \times 10^8 hm^2$。我国盐渍土面积约为 $3.5 \times 10^7 hm^2$，相当于耕地的 1/3。此外，由于灌溉和化肥使用不当、工业污染加剧等原因，次生盐渍化土壤面积还在逐年扩大。我国盐渍土壤主要分布于西北、华北、东北和滨海地区，这些地区多为平原，土层深厚，如能改造开发，对发展农业有着巨大的潜力。

土壤中盐类以碳酸钠（Na_2CO_3）和碳酸氢钠（$NaHCO_3$）为主要成分时称碱土（alkaline soil），若以氯化钠（NaCl）和硫酸钠（Na_2SO_4）等为主时，则称盐土（saline soil）。盐土和碱土常混合在一起，习惯上称为盐碱土（saline and alkaline soil）。

土壤中可溶性盐过多对植物的不利影响叫盐害（salt injury）。植物对盐分过多的适应能力称为抗盐性（salt resistance）。一般在海滨地区或气候干燥、地下水位高的地区，随着海水或地下水分蒸发把盐分带到土壤表层，易造成土壤盐害。

一、盐胁迫下植物的生理生化改变

1. 吸收水分能力降低　由于土壤含盐量高，土壤溶液水势低，植物吸水困难，甚至体内水分有外渗，植物组织的含水量降低，即引起生理干旱，从而引起一系列的生理异常，抑制植物的生长发育，严重时导致植物萎蔫或死亡。

2. 膜选择透性改变　由于盐胁迫对植物产生的脱水效应和离子胁迫，破坏细胞膜结构，导致膜的选择透性减弱或丧失，可溶性内含物质外渗，对植物产生伤害。

3. 光合作用下降　在盐胁迫下，一方面是叶绿体中类囊体成分与超微结构发生变化，另一方面影响光能吸收和转换以及电子传递与碳同化。盐分过多使叶绿体趋于解体，PEP 羧化酶和 Rubisco 活性降低，叶绿素和类胡萝卜素的生物合成受抑制，气孔关闭。从而造成植物光合强度降低，最终植物因不能通过光合作用中获取足够的物质和能量而使生长受到抑制，甚至因"饥饿"致死。

4. 呼吸作用不稳　土壤盐分浓度将直接影响植物的呼吸作用。低盐促进呼吸，高盐抑制呼吸。盐胁迫降低呼吸作用的效率使电子传递和氧化磷酸化解偶联。一般在盐胁迫的初期，呼吸作用升高，而后随时间的延长而减弱。因为，在胁迫的初期阶段，植物需要合成一些新的胁迫蛋白以及其他有机渗调物质，需要积累或拒绝盐离子，需要修复损伤，因此需要消耗大量的能量。

5. 产生离子胁迫　在发生盐胁迫的土壤中，Na^+、Cl^- 和 Mg^{2+} 等离子的浓度过高，使营养元素 NO_3^-、HPO_4^{2-}、K^+ 和 Ca^{2+} 等吸收减少，使植物出现缺乏症状。如 Na^+ 浓度过高时，植物对 K^+ 的吸收减少，并可能导致磷和 Ca^{2+} 的缺乏，由此造成植物营养失调，不仅抑制了植物生长，还可能产生单盐毒害。植物细胞的许多酶只能在很窄的离子浓度范围内才具有活性，过量的 Na^+、Cl^- 和 Mg^{2+} 进入细胞后，会使原生质凝聚，叶绿素被破坏，蛋白质合成受到抑制，蛋白质水解作用加强，造成体内氨基酸的积累。部分氨基酸转化成为丁二胺、戊二胺及游离氨，当它们达到一定浓度时细胞就会中毒死亡。

6. 改变蛋白质合成　盐分过多使许多植物蛋白质合成受阻，降解加快。其原因有盐胁迫使核酸分解大于合成，进而抑制蛋白质合成，同时高盐胁迫下氨基酸的生物合成也受阻。在盐胁迫下植物会合成耐盐蛋白。

7. 积累渗调物质　盐胁迫下植物体内积累渗透调节物质。如淀粉和蛋白质分别分解成糖、氨基酸等小分子物质。这些小分子物质可以稳定细胞膜、蛋白质结构和原生质胶体，使植物细胞免受伤害或减轻伤害。

8. 积累有害物质　盐胁迫使植物体内积累有毒物质，如大量积累氮代谢的中间产物，包括氨，以及由一些游离氨基酸转化而成的腐胺和尸胺，对细胞具有一定的毒性。盐胁迫还会引起体内活性氧的积累。

9. 激素水平的变化　植物激素与植物抗盐性密切相关。盐胁迫下 ABA 和乙烯等激素水平增加可提高植物的抗盐性，消除盐胁迫的不利效应。

二、植物抗盐的生理机制

植物对盐分过多（盐胁迫）的适应能力称为抗盐性。在生理层面上，植物的抗盐机制可分为避盐性和耐盐性。

（一）植物避盐的生理机制

植物通过某些生理机制避免体内盐分过多，称为避盐（salt avoidance），它是指植物通过被动拒盐，主动排盐和稀释盐分来达到避盐的效果。其途径有拒盐、排盐、稀盐和隔离盐。隔离盐一般被划入耐盐机制中，但根据避盐和耐盐的定义，将它划入避盐更为合理。

1. 拒盐　这类植物的根细胞对 Na^+ 的透性很小，即使生长在盐分较多的环境中，也只吸收很少的 Na^+ 和 Cl^-。另外，植物根部能向土壤分泌根系分泌物，主要成分为有机酸和氨基酸类，它们能与土壤溶液中的某些离子起螯合或络合作用，所以在一定范围内能减少对这些离子的吸收。植物的拒盐是一个被动的过程。某些抗盐性较强的植物如长冰草（*Argopyron elongatum*）、蒿属（*Artemisia*）、盐地风毛菊（*Saussuiea salsa*）和碱地风毛菊（*S. runcinata*）等就具有这种特性。

有些沙生植物的细胞液中积累大量的可溶性盐，导致渗透压提高，从而可以吸收较高盐渍度的潜水或土壤水。如红砂（*Reaumuria soongarica*）、珍珠猪毛菜（*Salsola passerina*）的渗透压可达 5066.3 kPa，梭梭可高达 8106.0 kPa，这使根系主动吸水的能力大为加强，提高了植物的抗旱性。

2. 泌盐 指植物将吸收的盐分主动排泄到茎叶的表面，而后被雨水冲刷脱落，防止过多盐分在体内的积累。泌盐也称为排盐。盐生植物排盐主要通过盐腺（salt gland），如补血草（*Limonium sinensis*）和大米草（*Speatina anglica*）等药用植物都有排盐作用。有的植物可通过吐水将盐分排出体外，如匙叶草等。

3. 稀盐 指植物通过加快吸收水分或加快生长速率来稀释细胞内盐分的浓度。如肉质化的植物靠细胞内大量贮水来冲淡盐的浓度。植物吸收盐离子的同时，通过叶片或茎部不断肉质化，形成发达薄壁组织，贮存大量的水分，使得进入植物体内的盐分被稀释，盐离子始终保持在较低浓度水平。如盐生滨藜属（*Atiplex*），落地生根属（*Bryophyllam*）中的某些植物都是以提高肉质化程度，增加细胞含水量来逃避盐害的。

4. 隔离盐（盐分区域化） 有些植物吸收的 Na^+、Cl^- 等积累在液泡中使盐分与细胞质溶胶和其他细胞器隔离，不但避免了盐离子对细胞质中各种酶的影响，阻止了其对细胞质和叶绿体等生理代谢过程的干扰，而且增加了液泡的溶质浓度，降低水势，增强吸水能力，从而避免离子胁迫和脱水胁迫。还有些植物可将吸收的盐分转移到老叶中积累，最后老叶脱落，以此来阻止盐分在体内的过量积累。

（二）植物耐盐的生理机制

植物通过生理过程或代谢反应的改变来适应细胞内的高盐环境称为耐盐（salt tolerance），植物通过渗透调节以适应盐分过多产生的水分胁迫，通过代谢产物与盐类结合减少盐离子对原生质的破坏作用，在高盐条件下保持一些酶活性稳定。其主要方式有渗透调节，维持营养元素平衡，稳定膜系统及代谢调节等。

1. 渗透调节 盐胁迫下，由于外界渗透势较低，植物细胞会发生水分亏缺现象。为避免这种伤害，在盐胁迫下，植物细胞内会积累一些可溶性渗调物质，如可溶性糖、甜菜碱和脯氨酸等来降低细胞的渗透势，以保证逆境条件下水分的正常供应，防止细胞脱水。

2. 营养元素平衡 有些植物在盐渍时能增加对 K^+ 的吸收，有的蓝绿藻能随 Na^+ 供应的增加而加大对 N 素的吸收，所以它们在盐胁迫下能较好地保持体内营养元素的平衡，防止某种离子过多造成的危害。

3. 改变代谢类型 盐胁迫对植物的直接效应是水分亏缺和离子胁迫。一些盐生植物和碱土植物具有一定的代谢调节能力以适应这些胁迫。例如，有些植物在盐胁迫时，由 C_3 途径转变为 CAM 途径。同时积累保护性物质，降低代谢反应对离子胁迫的敏感性。

4. 具有解毒作用　有些植物在盐渍环境下形成二胺氧化酶以分解有毒的二胺化合物，如腐胺、尸胺等，防止其毒害作用。

5. 维护膜系统的完整性　在盐分胁迫下，细胞质膜首先受到盐离子胁迫影响而受到损伤，使膜透性增大，细胞可溶性内含物质大量外渗，外界的 Na^+、Cl^- 等大量进入细胞，导致细胞伤害。耐盐性强的植物细胞膜具有较强的稳定性，从而减小或完全排除盐胁迫对质膜损伤。

6. 增强活性氧清除能力　在盐胁迫下，在植物体内会积累活性氧，耐盐性强的植物具有较强的清除活性氧酶活性并有较高含量的抗氧化物质。

三、植物抗盐的分子机制

盐胁迫可以诱导许多植物基因的表达，根据这些基因产物的作用，可以分为两大类。一类是功能基因，包括：编码渗调物质如甜菜碱、甘露醇、海藻糖及脯氨酸等合成酶的基因；编码维持离子平衡的转运蛋白如 Na^+/H^+ 反向转运蛋白的基因；编码活性氧清除酶如超氧化物歧化酶、谷胱甘肽过氧化物酶、谷胱甘肽还原酶的基因；编码直接保护细胞免受盐胁迫伤害的功能蛋白如胚胎发生后期丰富蛋白、伴侣蛋白和水通道蛋白等的基因。

另一类为编码调节蛋白的基因，包括调控基因表达的转录因子，如 DREB 转录因子、MYB 转录因子、MYC 转录因子及 bZIP 转录因子等，以及感受和传导胁迫信号途径中的蛋白激酶基因等。

四、提高植物抗盐性途径

植物对盐分的抵抗力有一个适应锻炼过程。因此可以通过一定的措施提高抗盐性。在一定浓度的盐溶液中浸泡种子使其吸水膨胀，然后再播种萌发，可提高作物生育期的抗盐能力。用植物激素处理植株，如植物喷施 IAA，或 IAA 浸种，可促进作物生长和吸水，提高抗盐性。利用杂交育种和分子育种方法，选育抗盐品种，利用离体组织和细胞培养技术筛选鉴定耐盐种质。

第七节　药用植物与病虫害

一、植物病害与抗病性

（一）病原物对植物的伤害

植物受到病原微生物侵染后，其局部或全株发生病害，不同病害植物出现症状不同。

1. 水分平衡失调　植物受到病菌感染后，首先表现为水分平衡失调，出现萎蔫、猝倒等特征。受到细菌侵染的根吸收能力大大下降；病原菌通过分泌水解酶和毒素使细胞透性增加，物质外漏增加；蒸腾失水加快，叶组织产生萎蔫现象。

2. 呼吸作用加强 病原微生物侵染植株后细胞正常结构受破坏，酶与底物的直接接触，呼吸酶活性增加，氧化磷酸化解偶联，呼吸途径发生变化，戊糖磷酸途径（PPP）增加，多酚氧化酶活性明显增加。

3. 光合作用下降 植物被病菌侵染后，可能致使叶绿体结构受破坏，叶绿素含量减少，叶绿体还原活性下降，CO_2同化速率下降，光合作用下降。

4. 激素发生变化 组织中某些激素含量会明显增加，出现同化物较多运向病区，正常运输受阻等一系列变化。植物在染病过程中激素含量会发生变化，其中以 IAA 含量升高最为突出。

5. 同化物正常运输受阻 植物染病后，同化物较多运向病区，正常运输受阻等一系列变化。

（二）植物抗病机制

植物拥有多种抵抗能力来对抗病菌侵染，这种抵抗力类似于动物的免疫能力。植物的抗病能力有一定的形态结构和生理基础，主要表现在以下 4 个方面。

1. 形态结构屏障 很多植物都在外部有保护层，例如组织表面有蜡被、叶毛，角质层也可以防止病原菌到达机体组织，减少侵染。

2. 组织局部坏死 有些病原菌只能寄生在活细胞中，在死细胞里不能生存。抗病品种在和病菌接触后，会形成过敏反应（hypersensitive response，HR）引起被侵染的组织坏死，使病原体得不到合适的环境而死亡。这样病菌就被局限在某一个范围中不能浸染其他组织，从而起到保护植物的作用。

3. 抗病物质 植物在侵染后会在体内产生一些抗病性物质，或是一些抗病物质的合成量增加，从而使植物能抵抗病菌侵害。主要的抗病物质有以下几种：

（1）植保素 植保素（phytoalexins）也称植物抗毒素，是植物受侵染后产生的一类低分子量的化合物，其产生速度与积累量和植物抗病性有关。植保素大量积累后能导致病原微生物的死亡或者生理功能紊乱。

（2）病程相关蛋白 病程相关蛋白（PRs）在前文已经提到过。主要是在植物受到病菌侵染后在植物体内产生的。PRs 主要通过抵抗昆虫取食和病原物侵染，保护暴露在外的种子内部组织免受微生物侵染，来保护植物免受病菌侵染。

（3）酚类化合物 植物本身体内就含有一类抗病物质，酚类化合物就是一种典型性物质。如绿原酸、单宁酸、儿茶酚和原儿茶酚等酚类物质对病菌具一定的毒性，可以明显抑制一些病菌活性。

除此之外，生物碱、单宁类物质也有一定的抗病作用。植物也会通过其他方式来增强自己的抗病能力，例如增强抗氧化酶活性分解毒素，促进植物的伤口愈合。苯丙氨酸代谢途径的产物，如木质素、香豆素等化合物也具有抑制病菌的作用，因此常通过考察苯丙氨酸代谢途径的第一个关键——酶苯丙氨酸解氨酶的活性，来作为植物抗病性的重要指标。

（三）提高植物抗病性的途径

提高植物抗病性的途径主要包括

1. 抗病品种选育。

2. 病害的发生常需要特定的环境，通过调节植物生长环境，如合理施肥，开沟排渍，控制温度和湿度，可降低植物发病率。

3. 施用生长调节剂以诱导抗病相关基因的表达。植物普遍存在着潜在的抗病基因，经适当的诱导，抗性基因表达，免疫反应增强，从而使植物获得对病原物的抗性。由于诱导表达的抗性具有广谱性、持久性，而且成本低，不产生环境污染，在植物防治中具有良好前景。

二、植物虫害与抗虫性

（一）抗虫性的概念

昆虫对植物的伤害主要是取食造成的，虫害严重时对植物的危害可以超过病害。为了避免、阻碍或限制昆虫的侵害，植物采用了不同的机制，或是通过再生来忍耐虫害的能力，称为植物的抗虫性（pest resistance）。对植物抗虫性的分类方法很多，主要分为生态抗性和遗传抗性两种。

生态抗性：是昆虫与植物之间相互作用时必须考虑的环境条件。改变播种的时间，可以回避害虫的物候期，达到抗虫的目的。

遗传抗性：是指植物遗传方式将拒虫性、抗生性、耐虫性传给子代的能力。拒虫性是指植物通过避免害虫不降落、产卵和取食的能力。抗生性是指植物会影响昆虫的繁殖、发育和生存，从而引起昆虫的死亡。耐虫性是指植物的代偿性生长速度快，可以快速弥补昆虫取食带来的伤害。

（二）植物抗虫的机制

1. 抗虫性的形态解剖结构特性 主要是指用物理方式干扰昆虫对植物的选择、取食、消化、交配及产卵。

2. 抗虫性的生理生化特性 不同植物合成的不同物质，会引起昆虫拒绝取食，或者是取食后死亡。植物通过腺毛等分泌出的物质，会让昆虫拒绝产卵，从而降低产卵率。

3. 环境因子对抗虫性的影响 植物的抗虫性也会受到气候条件和栽培条件的影响。在气候和栽培条件改变后，会造成植物本身的一些生理活动变化，引起植物体内物质的合成改变，昆虫会因此改变取食量或是昆虫的产卵率。

（三）提高植物抗虫性的途径

1. 利用生物技术培育抗虫品种，将成为提高作物抗虫性的重要手段。

2. 合理施肥，合理灌溉。人为加强和改变植物的抗虫性。

3. 根据害虫的物候期，适当改变植物的播种期来避开虫害。

第八节　环境污染与药用植物适应性

一、环境污染概述

环境污染（environmental pollution）主要包括大气污染、水体污染和土壤污染。大气污染物主要包括二氧化硫、氟化物、氯气、光化学烟雾；水体及土壤污染物有酚类化合物、氰化物、三氯乙醛、重金属及酸雨（雾）、农残等。

由于植物叶片与空气不断进行气体交换，植物根不断从土壤中吸收水分和无机元素，很多植物对大气污染敏感。环境污染伤害植物的机制很复杂。以重金属为例，重金属元素可抑制酶的活性，或与蛋白质结合，破坏质膜的选择透性，阻碍植物的正常代谢活动过程。

二、大气污染对植物的伤害

大气污染指大气中的污染物对植物的伤害。大气中的污染物包括各种气体、农药、尘埃等。其危害程度与植物的类型、发育程度及环境条件有关，也与有害气体的种类、浓度和持续时间等有密切的关系。植物与大气接触的主要部位是叶，所以叶最易受到大气污染物的伤害。植物的其他暴露部分，如芽、嫩枝等也会受到污染伤害。气体进入植物的主要方式是气孔。白天气孔张开，使 CO_2 进入植物体内进行同化作用，同时也导致有毒气体进入。某些导致大气污染的气体会直接影响气孔的开合，如 SO_2 刺激气孔张开，增加叶片对 SO_2 的吸收；O_3 促使气孔关闭。植物的角质层对 HF 和 HCl 的透性较高，是以上 2 种有害气体侵入植物的主要方式。

三、水体污染对植物的伤害

水体污染物包括各种金属污染物、有机污染物等，种类繁多。工业生产和日常居民生活排放的废水中含有重金属、盐类、洗涤剂、酚类化合物、氰化物、有机酸、含氮化合物、油脂、漂白粉、染料等，污染各种水体。在使用这些受污染的水体灌溉植物的同时，也对植物带来不同程度的影响。

受污染水质中所含的各种金属，如汞、铬、铅、铝、硒、铜、锌、镍等，有的是植物生长所必须的元素。但是，污水中的金属含量超过一定值后，会对植物造成伤害。主要表现为金属离子会引起植物体内某些蛋白质和酶变性，影响其正常的生理功能，从而对植物的生长带来伤害。

水中酚类化合物含量在 0.5～30mg/L 时，可以刺激植物生长；当酚类物质的含量在 50～100mg/L 时会抑制植物的生长；当含酚量高于 250mg/L 时，植物的生长受到明显的抑制，叶片失水，植物会逐渐死亡。不同的植物对于酚类物质的敏感度不同，有的植物会在含酚量为 50mg/L 就出现明显的生长抑制情况。

氰化物主要是影响植物的呼吸作用。不同类型的植物对氰化物浓度的敏感程度不同。氰化物浓度较低时对有的植物无明显伤害，当浓度提高时会明显影响植物的生长，降低产量。

三氯乙醛主要来源于工厂废水。采用含有三氯乙醛的污水灌溉植物时，会造成植物的急性中毒现象。单子叶植物很容易受到三氯乙醛的危害引起减产。三氯乙醛浓度越高，对植物的伤害也就越大。

酸雨或酸雾对植物的伤害也很大。酸雨和酸雾 pH 值较低，附着于叶片时可以随着水分的蒸发而浓缩，损坏叶片表皮后，继续损伤植物的叶肉细胞。伴随降雨次数的增多，大量的酸雨进入叶片，从而引起原生质体的分离，对植物的伤害越来越大。相比叶片，酸雨和酸雾更容易伤害植物花瓣。花瓣中的色素容易受到酸雨中的 H^+ 影响，并且酸雨可以破坏细胞膜的通透性引起细胞死亡。

四、土壤污染对植物的伤害

土壤污染（soil contamination）主要来源是大气污染和水体污染。土壤中有害物质的积累会改变土壤的一些理化性质，影响土壤微生物的活动。同时在施用农药和化肥时，也会在土壤中形成残留，对植物的生长带来一定影响。

土壤污染对植物的生长带来的影响有：①土壤理化性质的改变。例如影响土壤 pH 值，改变土壤结构。②土壤蓄积的重金属、农药等物质，首先会影响土壤中的微生态系统，其次会在植物体内积累，当污染物浓度较高时，会对植物形成胁迫，影响植物生长情况。

五、提高植物抗污染能力和环境保护

（一）提高植物抗污染力的相关措施

1. 对植物的种子或者幼苗施用低浓度的污染物前处理，提高种子或者幼苗对污染的抵抗力。

2. 改善土壤条件，使用化学方法调节土壤理化性质。

3. 积极培育抗污能力强的新品种。

（二）利用植物保护环境

1. 根据植物的吸收、代谢污染物的能力，起到降低和分解污染物的目的。

2. 植物吸收大气中的 CO_2，水生植物也可以吸收水体中的营养物质，能够净化大气和水体。

3. 植物能够阻挡、过滤和吸收大气中的粉尘。

4. 有的植物对低浓度的某种污染物质十分敏感，因此可以选择植物检测环境污染程度。

主要参考文献

[1] 阮晓，王强，颜启传．药用植物生理生态学．北京：科学出版社，2010.

[2] 黄璐琦，郭兰萍．中药资源生态学．上海：上海科技出版社 2009.

[3] 宋纯鹏，王学路译．Lincoln Taiz，Eduardo Zeiger 著．植物生理学．北京：科学出版社，2009.

[4] 鞠美庭，张磊，方景清，译．Vladimir N. Baskin 编著．现代生物地球化学：环境风险评价［M］．北京：化学工业出版社．2009.

[5] 董娟娥，张康健．植物次生代谢与调控．杨凌：西北农林科技大学出版社，2009.

[6] 武维华．植物生理学．第2版．北京：科学出版社，2008.

[7] 潘瑞炽．植物生理学．第六版，北京：高等教育出版社，2008.

[8] 林文雄，王庆亚．药用植物生态学．北京：中国林业出版社，2007.

[9] 迟清华，鄢明才．应用地球化学元素丰度数据手册［M］．北京：地质出版社．2007.

[10] 王德群．药用植物生态学．北京：中国中医药出版社，2006.

[11] 李合生．现代植物生理学．第2版．北京：高等教育出版社，2006.

[12] 张国平，周伟军译．Hans Lambers et al 著．植物生理生态学．杭州：浙江大学出版社，2005.

[13] 蒋高明．植物生理生态学．北京：高等教育出版社，2004.

[14] 赵福庚，何龙飞，罗青云．植物逆境生理生态学．北京：化学工业出版社，2004.

[15] 戈峰．现代生态学．北京：科学出版社，2002.

[16] 赵杨景．药用植物营养与施肥技术．北京：中国农业出版社，2002.

[17] 王忠．植物生理学．北京：中国农业出版社，2002.

[18] 于淑文，汤章城主编．植物生理与分子生物学［M］．北京：科学出版社，1998.

[19] 翟志席等译．植物生态生理学．北京：中国农业大学出版社，1997.

[20] 韩兴国，李凌洁，黄建辉．生物地球化学概论［M］．北京：高等教育出版社．1999.